Über Charles Darwin

Charles Darwin, 1809 in Shrewsbury geboren, studierte zunächst Medizin und dann Theologie, um Ende 1831 zu einer fünfjährigen Expedition nach Südamerika aufzubrechen. Seine Beobachtungen während dieser Reise führten zur Formulierung der Evolutionstheorie, die er jedoch über 20 Jahre ausarbeitete, bevor er sie veröffentlichte. Erst als Alfred Russel Wallace ähnliche Gedanken entwickelte, entschied sich Darwin zur raschen Publikation. Innerhalb eines Tages war die erste Auflage ausverkauft. Er starb 1882 in Downe.

Die Herausgeberin

Julia Voss, geb. 1974, studierte Neuere Deutsche Literatur, Kunstgeschichte und Philosophie an der Albert-Ludwigs-Universität in Freiburg i. Brsg., am Goldsmiths College in London und an der Humboldt-Universität zu Berlin. Derzeit arbeitet sie als Redakteurin bei der Frankfurter Allgemeinen Zeitung. Für ihr Buch »Darwins Bilder«, das die Rolle der Abbildungen bei der Entstehung der Evolutionstheorie untersucht, erhielt sie die Otto-Hahn-Medaille der Max-Planck-Gesellschaft und den Förderpreis der Deutschen Gesellschaft für Geschichte der Medizin, Naturwissenschaft und Technik.

CHARLES DARWIN

Das Lesebuch

Herausgegeben, eingeleitet
und mit Begleittexten versehen von
Julia Voss

S. FISCHER

Für diese Ausgabe und Zusammenstellung
© S. Fischer Verlag GmbH, Frankfurt am Main 2008
Alle Rechte vorbehalten
Satz: Fotosatz Reinhard Amann, Aichstetten
Druck und Bindung: CPI – Clausen & Bosse, Leck
Printed in Germany
ISBN 978-3-10-010232-4

Inhalt

Einleitung

Warum sollten wir heute Charles Darwin lesen? Der Autor, den wir von unzähligen Abbildungen als gütig aussehenden alten Mann mit weißem Bart kennen, wurde vor zweihundert Jahren im kleinstädtischen Shrewsbury geboren, er umsegelte als junger Mann die Welt, zog sich nach seiner Rückkehr auf einen Landsitz in der Grafschaft Kent zurück und lebte die nächsten vierzig Jahre an diesem Ort, ohne England auch nur einmal wieder zu verlassen. Als er seine Bücher schrieb, gab es noch keine Autos, Flugzeuge oder Hochhäuser, kein Internet, keine Gentechnologie, und das Fach Biologie wurde an keiner Universität gelehrt. Die Länder, die er auf seiner Reise besuchte, würde er selbst inzwischen kaum wiedererkennen: In der brasilianischen Provinz Bahia, wo er mit dreiundzwanzig Jahren im April 1832 zum ersten Mal einen tropischen Urwald betrat, steht heute eine Millionenstadt aus Beton. Die einst abgeschiedenen Galápagosinseln im pazifischen Ozean, die er im September 1835 nach mehrwöchiger Überfahrt erreichte, sind zu einem Tourismusmagneten geworden, der Kreuzfahrtschiffe und Linienflugzeuge anzieht, mit jährlich über 100 000 Besuchern an Bord. Die Welt, die er sah, gibt es also fast nicht mehr. Geblieben aber ist die Theorie, die ihn zu einem der einflußreichsten Denker der Geschichte machen sollte: Evolution.

Charles Darwin hat seine Evolutionstheorie in insgesamt 32 Büchern ausgearbeitet und seinen Lesern erklärt: Buch für Buch legte er, der sich einmal einen »Millionär von seltsamen und wunderlichen kleinen Tatsachen« nannte, neue Beobachtungen und Beweise dafür vor, daß sich alles Lebendige, vom Pantoffeltierchen bis zum Menschen, im Wechselspiel von Variation und Selektion herausgebildet hat. Seine Evolutionstheorie besagt, um es auf eine Kurzformel zu bringen, daß sich Organismen durch winzige, kleine Merkmale unterscheiden und daß diese, falls erblich, zur Grundlage des Artwandels werden können. Merkmale, die zum Vorteil eines Tiers oder einer Pflanze sind, vergrößern dessen Überlebenschancen oder Fortpflanzungserfolg, nachteilige verringern sie. Darwin hat außerdem die Hypothese aufgestellt, daß Mensch und Tier miteinander verwandt seien und einen gemeinsamen Vorfahren teilen. Eine lange Kette von Generationen, die uns in Form von Fossilien überliefert sind, verknüpft demnach durch Jahrmillionen vergangene Welten mit der unsrigen. Seit Darwin benötigen wir keinen Gott mehr, um die Artenvielfalt zu erklären, die Natur hat sich in einem nie abreißenden Prozeß selbst geschaffen.

Wissenschaftliche Theorien haben es manchmal an sich, daß wir vor ihnen zurückschrecken, weil wir glauben, es brauche einen Fachmann, um sie zu verstehen. Wir nehmen uns vor, uns einmal damit zu beschäftigen, dann schieben wir es hinaus und es kommt nicht dazu. Darwin, dies sei vorausgeschickt, macht es uns leicht: »Ich halte es für wichtig«, schrieb er an einen Korrespondenten wenige Wochen nachdem sein Buch über die *Entstehung der Arten* erschienen war, »daß meine Ideen von intelligenten Menschen gelesen werden, die an wissenschaftliche Beweisführung gewöhnt sind, aber *keine Naturforscher* sind«. Er zählte also auf den unvoreingenommenen Geist von Lesern, die bereit waren, das Für und Wider seiner Argumente zu prüfen, ohne von vornherein zu meinen, die richtige Antwort zu kennen. Der Erfolg gibt ihm recht: Kaum ein wissenschaftliches Werk hat eine so breite Leserschaft gefunden, die Evolutionstheorie hat weit über die Fachgrenzen hinaus ausgestrahlt und Eingang in Philosophie, Geschichtstheorie, Soziologie oder Kunstgeschichte gefunden. Und wir dürfen uns, auch hundertfünfzig Jahre nach der Publikation dieses Gründungswerks, noch immer zu dem Kreis zählen, um den sich Darwin bemühte. Wir finden in ihm einen Autor, der seine Leser ernstnimmt, Verständlichkeit für eine Tugend des wissenschaftlichen Schreibens hält und den interessierten Laien schätzt, mehr noch, ihn sogar als Prüfstein seiner Theorie versteht. Vielleicht sollten wir uns ihn daher eher als eine Art Detektiv vorstellen, dessen Gabe darin besteht, unseren Blick auf merkwürdige, übersehene Details der Natur zu lenken. Wie in einer guten Kriminalgeschichte nimmt er häufig Kleinigkeiten zum Ausgangspunkt, winzige Merkmale eines Tiers oder einer Pflanze, und rekonstruiert davon ausgehend den Hergang ihrer Entstehung. Ein scheinbar wenig sprechendes Randphänomen verwandelt sich so in ein Beispiel für das Wirken der Evolution, eine Fähigkeit, die seinen Schriften eine eigentümliche Spannung verleiht. Mit seinem sich beharrlich auf die Makel, Unzulänglichkeiten und Besonderheiten des Lebendigen heftenden Blick schuf er im 19. Jahrhundert ein vollkommen neues Bild der Natur. Es lohnt sich immer noch, mit ihm in die Risse und Ritzen der scheinbar perfekten Schöpfung zu spähen, bis sie sich wie eine Tür auftun und dahinter Evolution erscheint.

Bei allen wissenschaftlichen Qualitäten war Darwin aber vor allem auch eines: ein guter Erzähler. Sein Reisebericht, der zuerst 1839 und dann 1845 in zweiter Auflage unter dem Titel *Die Fahrt der Beagle* erschien, verkaufte sich innerhalb der ersten zwei Jahre 4000 Mal, ein für das 19. Jahrhundert erstaunlicher Erfolg. Selbst Alexander von Humboldt, das große Vorbild des jungen Darwin, gratulierte ihm nach der Lektüre in einem langen Schreiben, beeindruckt von der »glücklichen literarischen Veranlagung« des angehenden Naturforschers. Die Grundzüge von Darwins Theorie zu verstehen ist also eine Sache, seine Bücher wirklich zu lesen die andere.

Das vorliegende Lesebuch wird einige Überraschungen bieten. Darwins *Über die Entstehung der Arten* erschien am 24. November 1859, es war noch am selben Tag vergriffen und wurde schnell in zahlreiche Sprachen übersetzt. Es ist das Gründungswerk der Evolutionstheorie und zugleich sein berühmtestes Buch. Weniger bekannt ist aber, daß Darwin vor 1859 bereits vierzehn Bücher publiziert hatte und nach 1859 weitere siebzehn folgen ließ; darunter sind herrliche Werke, in denen der englische Forscher sein besonderes Talent entfaltet, an einem Versuchsobjekt, das nicht größer ist als ein Finger, die ganze Welt der Evolutionstheorie abzuhandeln – an Regenwürmern etwa oder fleischfressenden Pflanzen. Diese Bücher, die heute vielfach vergriffen und in Vergessenheit geraten sind, sollen hier wieder zu Wort kommen.

Noch weniger bekannt ist ein weiteres Buch, das hier vorab benannt werden muß, da wir ohne es die Geschichte der Evolutionstheorie kaum richtig verstehen werden: Dieses Werk trägt den Titel *Vestiges of the Natural History of Creation*, ins Deutsche als die *Natürliche Geschichte der Schöpfung des Weltalls, der Erde und der auf ihr befindlichen Organismen* übersetzt, und es gehört zu den erstaunlichsten Eigenheiten unseres historischen Gedächtnisses, daß ausgerechnet diese Publikation lange Zeit vergessen wurde. In diesem über die Maßen erfolgreichen Buch, erschienen 1844, vertrat nämlich bereits ein anonymer Autor die Ansicht, daß alle Tiere und Pflanzen, die Land, Wasser und Himmel bevölkerten, in einem langen Prozeß entstanden wären und daß Mensch und Affe miteinander verwandt seien. Darwin war im 19. Jahrhundert also nicht der erste, der in England Bücher über Evolution schrieb. Bis jedoch endlich aufgedeckt wurde, wer der Urheber dieser frühen Evolutionstheorie war, dauerte es fast ein halbes Jahrhundert. Erst 1890, acht Jahre nach Darwins Tod und weit über vierzig Jahre nach Erscheinen des Buchs, wurde der anonyme Verfasser als Robert Chambers enttarnt, ein schottischer Publizist und Verleger aus Edinburgh. Die Details dieser atemberaubenden Geschichte wurden von dem englischen Wissenschaftshistoriker James Secord 2000 in *Victorian Sensation: The* extraordinary publication, reception, and secret authorship of ›Vestiges of the natural history of creation‹ rekonstruiert. Uns soll hier nur die Frage interessieren, welche Rolle dieses Evolutionswerk für Charles Darwin spielte. Er besaß natürlich eine Ausgabe von *Vestiges*, heute Eigentum der Universitätsbibliothek im Cambridge. Wie seine Randnotizen zeigen, hatte er es auch gründlich studiert. Doch was er in kleinen Buchstaben auf die Seiten notierte, ist erst einmal recht verblüffend: »Rubbish« steht dort, was im Deutschen so viel wie »Unsinn« oder »Müll« bedeutet. »Monstrous« – monströs – heißt es an einer anderen Stelle, wo Chambers davon spricht, daß sich ein Fisch in ein Reptil verwandeln könne. Um Darwins Ärger nachzuvollziehen, müssen wir kurz einen Blick auf seinen eigenen intellektuellen Werdegang werfen.

Charles Darwin wurde als fünftes von sechs Kindern am 12. Februar 1809 in Shrewsbury geboren. Sein Vater, Robert Waring Darwin, war ein angesehener Arzt, sein Großvater, Erasmus Darwin, einer der führenden Intellektuellen der Aufklärungszeit. In seiner zweibändigen Schrift *Zoonomia, or the Laws of Organic Life*, erschienen 1794 und 1796, stellte auch Erasmus Darwin eine Evolutionstheorie vor, in Form eines poetischen Lehrgedichts. Allerdings umfaßten seine Ausführungen dazu nur etwa zehn Seiten, das Buch war vor allem eine medizinische Abhandlung, die mehrere hundert Krankheiten und ihre Heilungsmethoden erläuterte. Der kurze evolutionstheoretische Passus verpuffte dementsprechend folgenlos in der englischen Naturgeschichtsschreibung, und auch auf den jungen Darwin übte er wenig Einfluß aus. Immerhin machten ihn die Schriften des Großvaters aber früh mit der Vorstellung vertraut, daß sich Arten wandeln könnten, eine Idee, die ihn wie ein Hintergrundgeräusch von Kindheit an begleitete.

Darwins Mutter starb, als er acht Jahre alt war, nach einer längeren Krankheit. Die Schulzeit verbrachte er von 1818 bis 1825 auf einem Internat in seiner Heimatstadt Shrewsbury. Mit sechzehn Jahren, den Wünschen des Vaters gemäß, ging er zum Medizinstudium nach Edinburgh, eine der besten Universitäten der Zeit und Hochburg der Aufklärung: In der schottischen Hauptstadt hatten unter anderem Adam Smith und David Hume gelehrt. Darwin belegte neben rein medizinischen Kursen auch Vorlesungen in Zoologie und Geologie. Als sich abzeichnete, daß der Arztberuf seinem eher empfindlichen Gemüt wenig entsprach, insbesondere das Sezieren von Leichen, wechselte er nach zwei Jahren zum Theologiestudium nach Cambridge. Im 19. Jahrhundert waren naturwissenschaftliche Fächer noch Teil des Theologiestudiums, Darwin hörte also auch Vorlesungen über Geologie und Botanik. Im Jahr 1831 schloß er sein Studium ab und erhielt das Angebot, auf dem Expeditionsschiff H. M. S. Beagle mitzufahren. Das Schiff stach im Dezember 1831 in See, nahm von England aus zunächst Kurs auf Teneriffa, die Route führte durch den Kapverdischen Archipel zur Ostküste Brasiliens, nach Bahia, und dann zu den Falklandinseln, nach Feuerland und Patagonien; die Westküste wurde bis nach Lima bereist, über die Galápagosinseln ging die Fahrt weiter nach Tahiti, Neuseeland, Australien, die Kokosinseln, schließlich über Mauritius und das südafrikanische Kap zurück nach England, das es im Oktober 1836 erreichte.

Unser Bild von Forschungsreisenden ist häufig von einem romantischen Blick geprägt, der Vorstellung, daß Neugier und Wissensdurst als Grund für das Auslaufen von Schiffen gereicht hätten und die Welt umsegelt worden sei, um den intellektuellen Fortschritt der Menschheit voranzutreiben. Der Fall Darwin lehrt uns, solche Reisen nüchterner zu sehen: Weder hatte die HMS Beagle den Auftrag, Charles Darwin über Meere zu befördern, noch fiel ihm während der Reise die Evolutionstheorie wie Schuppen von den Augen. Beides gehört ins Reich der Mythen. Ausgerüstet mit dem modernsten technischen Gerät sollte die Besatzung des Schiffes unter der Kommandantur von Kapitän Robert FitzRoy den exakten Verlauf des Längengrads durch das brasilianische Bahia, das heutige Salvador, klären, den französische und englische Kartenwerke abweichend verzeichneten. Mehr als die Hälfte der Zeit verbrachten der Kapitän und seine Mannschaft damit, die Küste Südamerikas zu kartographieren oder bestehende Karten zu präzisieren. Während der Reise kreuzte die Beagle mehrfach die Wege anderer Schiffe, die ebenfalls unter englischer Flagge an der südamerikanischen Küste entlangsegelten. Im Zeitraum zwischen 1831 bis 1835 fuhren allein zweihundertfünfzig britische Handelsschiffe nach Südamerika, um Waren abzusetzen und Rohstoffe einzukaufen; der Beagle waren in kurzem Abstand zwei weitere Forschungsschiffe gefolgt, die ebenfalls den Auftrag hatten, Karten zu erstellen, das Landesinnere zu erfassen und nach Bodenschätzen Ausschau zu halten.

Wissenschaftliche Entdeckungen müssen wir uns als Nebenprodukte solcher Reisen vorstellen, auch wenn sie im Fortlauf der Geschichte mehr Bedeutung erlangen als der ursprüngliche Reisegrund. Darwin war zunächst als eine Art Unterhalter an Bord gebeten worden, da sich der Kapitän einen in Stand und Bildung ebenbürtigen Begleiter ausgebeten hatte, um der Vereinsamung auf der Reise zu entgehen, die den ersten Kapitän des Schiffes wenige Jahre zuvor in den Selbstmord getrieben hatte. Kurz nach Anbruch der Fahrt fiel Darwin der Posten des Bordnaturalisten zu, seine Aufgabe bestand damit im Planen, Verwalten und Protokollieren von Sammlungsstücken: Auf See sortierte er, was in die Netze ging, überwachte die Konservierung der ausgewählten Funde und numerierte diese anschließend. Auf dem Festland unternahm er selbst ausgedehnte Expeditionen oder wies, wenn er nicht persönlich auf Jagd ging, seine Diener an, welche Tiere zu jagen, zu sammeln und zu präparieren seien. Bei der Rückkehr umfaßten seine Sammlungen 1529 in Spiritus eingelegte Tiere und Pflanzen, dazu 3907 Trockenpräparate. Im Lauf der fünf Reisejahre füllte er außerdem 15 Feldnotizbücher, schrieb 770 Seiten Tagebuch, verfaßte 368 Seiten zoologische Aufzeichnungen, allein 200 Seiten über wirbellose Meerestiere, dazu umfangreiche geologische Notizen.

In Darwins Reiseaufzeichnungen können wir nachlesen, daß auch er zuerst – wie die meisten seiner Zeitgenossen – die Ansicht vertrat, Gott habe die Tiere und Pflanzen, die er sammelte, geschaffen. Während seines Studiums in Cambridge hatte er begeistert die Abhandlung *Natürliche Theologie* des anglikanischen Geistlichen William Paley gelesen, worin dieser Körper von Menschen und Tieren mit Maschinen verglich. Das Auge ähnelte laut Paley beispielsweise einem Teleskop, Atmungsorgane, Blutkreislauf, Gelenke, Muskelaufbau etc. hydraulischen Anlagen oder mechanischen Apparaten. Nach Paleys Auffassung übertrafen die organischen Maschinen technische Erfindung sogar noch in Perfektion. Wie aber jede Maschine einen Ingenieur brauche, der sie entwerfe, verrieten auch die Werke der Natur ihren Schöpfer. Gott, so Paley, war dieser Ingenieur der organischen Welt. Noch 1836, im letzten Reisejahr, sprach Darwin in seinen Notizen von der »einen Hand«, die das gesamte Universum gestalte – dem Schöpfergott also.

Als er im Oktober 1836 nach England zurückkehrte, wurde in London das Reisen, das schaukelnde Schiff, die fremden Länder und Sitten Arbeitszimmer, Schreibtisch, Bibliothek und der Austausch mit Fachleuten abgelöst, die den Bewegungsradius innerhalb weniger Kilometer im Stadtzentrum absteckten. Die neue Seßhaftigkeit schuf die Bedingung der Möglichkeit für das neue Theorieprojekt. »Nach meiner Rückkehr von meiner Reise im Herbst 1836«, schreibt Darwin später, »begann ich sofort, mein Tagebuch für die Veröffentlichung vorzubereiten und sah bei dieser Gelegenheit, wie zahlreich die Tatsachen waren, die auf den gemeinsamen Ursprung der Arten hinweisen.« Aus den Untiefen der Erde hatte er fossilierte Knochen nach Hause gebracht, die wie Großversionen von Faultier, Gürteltier und Ameisenbär aussahen, Arten, die nur auf dem mittel- und südamerikanischen Kontinent lebten. Daß zwischen diesen ausgestorbenen Organismen und den neuzeitlichen südamerikanischen Tieren eine jahrtausendalte verwandtschaftliche Bindung bestand, lag nahe. Außerdem erklärte der mit dem Bestimmen der Vogelsammlung beauftragte John Gould, daß viele der Vögel, die Darwin von den Galápagosinseln mitgebracht hatte, einer Gattung angehörten. Bis dahin hatte sie der englische Forscher für Arten verschiedener Gattungen gehalten – für Amseln, Grasmücken oder Zaunkönige. Gould ordnete sie in einer Gattung zu: den *Geospizinae*, die wir heute als die sogenannten »Darwinfinken« kennen. Jede dieser Arten weist einen auffällig anders geformten Schnabel auf, und die fein abgestuften Varianten brachten den heimgekehrten Bordnaturalisten schließlich auf die Idee, die Vögel als abgeänderte Formen zu betrachten, die sich im Lauf von Generationen aus einer Ursprungsart herausgebildet hatten. »I think«, notierte Darwin kurz nach dem Zusammentreffen mit John Gould im Sommer 1837 in sein in braunes Leder eingeschlagenes Notizbuch. Dem Satz folgt ein faustgroßes Diagramm: Von einem mit der Ziffer »1« bezeichneten Ursprung heraus schießt eine Linie, die sich kurz darauf mehrfach gabelt, einige Verstrebungen enden im Nichts, andere fächern sich immer weiter auf (s. S. 111). Dreizehn Enden zählt Darwins Diagramm, dreizehn Arten Galápagosfinken hatte die Bestimmung ergeben. Zum ersten Mal kamen hier alle Elemente seiner Evolutionstheorie zusammen: das Entstehen, Variieren und Aussterben von Arten.

Die anschließenden zwanzig Jahre verbrachte Darwin damit, seinen Entwurf auszuarbeiten. »Im Juli erstes Notizbuch über ›Transmutation der Arten‹ begonnen«, notierte er rückblickend, »war seit einem Monat des vergangenen Märzes sehr beeindruckt von der Beschaffenheit der S. Amerikanischen Fossilien – & Arten der Galápagosinseln. Diese Tatsachen Ursprung (besonders letztere) Ursprung meiner gesamten Sicht.« Mit der Skizze hatte er den Grundriß eines Theoriegebäudes gezeichnet, in dem er nun

15

Wände hochzog, Räume abteilte und Möbel einstellte. Im Jahr 1842 verfaßte er ein erstes zusammenhängendes Essay zur Evolutionstheorie, 1844 folgte eine weitere, ausführliche Fassung von 230 Seiten. Eben in demselben Jahr erschien auch *Vestiges of Creation* mit der Evolutionstheorie, die Darwin so mißfiel. Im Sommer hatte er seinen eigenen Entwurf ausgearbeitet, im Winter wurde Chambers' Traktat anonym veröffentlicht, und wenn wir beide miteinander vergleichen, stellen wir fest, daß sich die Autoren nur in einem Punkt trafen: Natur war in einem langen Prozeß geworden, nicht durch einen Schöpfungsakt geschaffen. Darüber hinaus hätten ihre Evolutionstheorien nicht unterschiedlicher sein können. Nach Chambers' war Evolution so etwas wie eine gerade Straße, auf der sich Organismen stufenweise höher entwickelten, und die im Verlauf schnurstracks zum Menschen führte. Die Erzeugung des »nächst höheren Typus«, wie er es nannte, stellte er seinen Lesern als eine verlängerte Schwangerschaft vor, in der ein Organismus zur nächsten Stufe heranreift, der Fisch etwa zum Reptil. Chambers' Evolutionsgeschichte kannte keinen Zufall, keine Seitenpfade, keine Blindgänger und keine Sackgassen. Darwin hingegen hatte ein labyrinthisches System entworfen, mit immer wieder neuen Abzweigungen, ein gigantischer Zickzackkurs, in dem es tote Winkel und Enden gab, Zufälle und Überraschungen. Deshalb mußten ihm, wie er in einer Randnotiz festhält, Chambers' Vorstellungen, aus Fischen würden ganz einfach Reptilien, monströs erscheinen – der gesamte Entwurf konnte ihn nicht überzeugen.

Jedes von Darwins Büchern wird deswegen immer zwei Themen behandeln. Zum einen natürlich Evolution, zum anderen aber auch die Frage, wie wir einen Prozeß, der für uns unsichtbar ist, beobachtbar machen können. Evolution dauert zu lange, als daß wir der Natur dabei zusehen können, sie vollzieht sich während Jahrtausenden, Jahrmillionen. Wie können wir uns dieser Geschichte wissenschaftlich nähern? Wie rekonstruieren wir die

16

Vergangenheit? Es war Darwin, der Kriterien dafür entwickelte, wie wir eine Entwicklung, die wir nicht sehen können, aus den Ergebnissen herleiten, die erhalten sind. Das deutlichste Indiz für ihn war die Unvollkommenheit der organischen Welt, ihre Fehler und Makel. Über Jahrhunderte hatten Naturforscher argumentiert, daß die Perfektion der Natur auf den Gott verweise, der sie geschaffen habe; Darwin, der am Ende seines Lebens das gesamte Naturreich von Kletterpflanze bis Käfer, von Regenwurm zu Affe, Mammut und Mensch durchdekliniert hatte, entdeckte dagegen die vielen Unzulänglichkeiten von Tieren und Pflanzen. Argumentativ verhielt sich der Makel zur Evolutionstheorie wie die Makellosigkeit zum Schöpfergott. Niemand würde Gott für den Urheber eines mangelhaften Objekts halten. In der Perfektion offenbarte sich der Gott; im Fehler verriet sich die Natur.

Noch ein letztes vorab: Nach hundertfünfzig Jahren Evolutionstheorie ein Lesebuch in deutscher Sprache herauszubringen ist vor allem eine Chance. Im März 1868 schrieb Darwin an den Jenaer Korrespondenten Wilhelm Preyer, daß die Unterstützung, die er in Deutschland erhielte, der »Hauptgrund für die Hoffnung sei, die Evolutionstheorie werde sich auf lange Sicht durchsetzen«. Nach England erhielt Darwin in Deutschland im 19. Jahrhundert den größten Zuspruch, seine Arbeiten wurden breit rezipiert, viele seiner wichtigsten Anhänger lebten und forschten hier. Deutsch war die Sprache, in die seine Werke am schnellsten und vollständigsten übersetzt wurden, bis heute durchlaufen sie neue Auflagen. Für das vorliegende Lesebuch konnte im Fall des Reiseberichts *Fahrt der Beagle* auf die hervorragende Übersetzung Eike Schönfelds zurückgegriffen werden, bei den *Notizbüchern M* und *N* auf die kongeniale Übertragung ins Deutsche von Henning Ritter. Bisher nur auf Englisch vorhandene Notizbuchpassagen und Briefe wurden außerdem von Sebastian Vogel für diese Ausgabe übersetzt. Ansonsten diente Victor Carus' Übersetzung als Grundlage, der Darwins gesammelte Werke im 19. Jahrhundert dem deutschen Publikum zugänglich machte, und dabei jedoch, trotz aller Verdienste, nicht immer eine glückliche Hand bewies. Aus Darwins »struggle for existence« machte er im Deutschen den »Kampf ums Dasein«, eine Wendung, die bald zum geflügelten Wort wurde. Aus dem Sich-Durchschlagen des englischen »struggle« war dadurch eine kämpferische Auseinandersetzung mit einem Gegner geworden. Einmal mehr legte die Übersetzung also nahe, in der Natur ginge es zu wie in einer Gladiatorenarena: Der Größte, Stärkste mit den gefährlichsten Waffen setzt sich durch. Im *Darwin-Lesebuch* haben wir daher den »struggle for existence« mit »Ringen ums Überleben« wiedergegeben, und auch schon Darwin bemühte sich, dem falschen Eindruck entgegenzuwirken. In einem Passus, den er der fünften Auflage von *Entstehung der Arten* beifügte, schrieb er, daß er wiederholt gehört habe,

> »wie man sich verwunderte, daß so große Tiere, wie das Mastodon und die älteren Dinosaurier haben untergehen können, als ob die bloße Körperkraft schon ausreiche, den Sieg im Kampfe ums Dasein zu erringen. Im Gegenteil konnte gerade beträchtliche Größe […] in vielen Fällen wegen des größeren Nahrungsbedarfs das Aussterben beschleunigen.«

Stärke und Größe ließen in diesem Fall das Wollhaarmammut aussterben. In Darwins Sinne soll das vorliegende Lesebuch daher auch eine Expedition zu den kleinen Überlebenskünstlern sein: zu Galápagosfink, Regenwurm und Orchidee.

Das Lesebuch

1.

Die Fahrt der Beagle

Im Jahr 1839 erschien Charles Darwins erstes Buch, der Reisebericht *Die Fahrt der Beagle*. Fünf Jahre hatte der junge Absolvent der Cambridge University die Welt umsegelt: Das Schiff nahm im Dezember 1831 von England aus zunächst Kurs auf Teneriffa, die Route führte weiter durch den Kapverdischen Archipel zur Ostküste Brasiliens, nach Bahia, dann zu den Falklandinseln, nach Feuerland und Patagonien; die Westküste wurde bis nach Lima bereist, über die Galápagosinseln ging die Fahrt weiter nach Tahiti, Neuseeland, Australien, die Kokosinseln, schließlich über Mauritius, das südafrikanische Kap und Brasilien zurück nach England, wo die Mannschaft im Oktober 1836 eintraf. Berühmt wurde Darwins Bericht wegen zwei Abenteuern: zum einen dem Besuch der Galápagosinseln, ein Archipel im Pazifischen Ozean, rund tausend Kilometer westlich der Küste von Ekuador; zum anderen wegen der Begegnung mit den Bewohnern Feuerlands, ein kleines Volk am südlichen Zipfel Südamerikas, auf das der dreiundzwanzigjährige Engländer 1832 zum ersten Mal traf und das hundert Jahre später verschwunden war. Galápagos und Feuerland beeindruckten ihn von allen Reisestationen am meisten. Sie waren der Grund, warum ihm die Vorstellung, ein Gott habe die Welt mitsamt von Mensch, Tier und Pflanze geschaffen, nicht mehr einleuchtete. Auch wenn in *Die Fahrt der Beagle* von Evolution noch nicht die Rede ist, weist Darwin in zahlreichen Anspielungen auf die Theorie hin, die er nach seiner Rückkehr im Geheimen ausarbeiten wird. Über die Galápagosinseln schreibt er etwa, sie bringe den Reisenden dem »Rätsel aller Rätsel« nahe: »dem ersten Erscheinen neuer Lebewesen auf dieser Erde«. Der Reisebericht war ein großer Erfolg. Er verkaufte sich innerhalb der ersten zwei Jahre 4000 Mal und erschien 1845 in zweiter überarbeiteter Auflage. Beeindruckt zeigte sich auch der große deutsche Naturforscher Alexander von Humboldt, der seinem jungen Kollegen in einem Brief zu dessen »glücklicher literarischer Veranlagung« gratulierte (s. Kap. 13, Briefe, 1831–1881).

* * *

Feuerland

17. Dezember 1832 – Nachdem ich nun mit Patagonien und den Falklandinseln zu Ende bin, möchte ich unsere erste Ankunft in Feuerland beschreiben. Ein wenig nach Mittag umschifften wir Kap St. Diego und fuhren in die berühmte Straße von La Maire ein. Wir hielten uns dicht an die feuerländische Küste, dennoch zeichneten sich die Konturen der zerklüfteten, unwirtlichen Staaten-Insel zwischen den Wolken ab. Am Nachmittag ankerten wir in der Bahía Buen Suceso. Bei unserer Einfahrt wurden wir in einer Art und Weise begrüßt, die den Bewohnern dieses wilden Landes ziemte. Eine Gruppe Feuerländer, teilweise verborgen von dem wüsten Wald, hockten auf einer öden Spitze, die übers Meer hinausragte, und als wir vorüberglitten, sprangen sie auf, schwenkten ihre abgerissenen Umhänge und stießen ein lautes, volltönendes Gebrüll aus. Die Wilden folgten dem Schiff, und kurz vor Einbruch der Dunkelheit sahen wir ihr Feuer und hörten erneut das wilde Geschrei. Ihr Hafen besteht aus einem schönen Stück Wasser, das halb von niederen, gerundeten Bergen aus Tonschiefer umgeben ist, welche bis ans Wasser hin von einem einzigen dichten, düsteren Wald

bedeckt sind. Ein Blick auf die Landschaft genügte, um mir zu zeigen, wie sehr sie sich von allem unterschied, was ich je erblickt hatte. Nachts blies ein Sturm, und von den Bergen fegten schwere Böen an uns vorüber. Auf See wäre es schlimm gewesen, und wir dürfen es, ebenso wie andere, die Bucht des Guten Erfolges nennen.

Am Morgen sandte der Kapitän eine Gruppe aus, um Kontakt mit den Feuerländern aufzunehmen. Als wir auf Rufweite heran waren, trat einer der vier Eingeborenen vor, um uns zu empfangen, und hub in dem Wunsch, uns dahin zu leiten, wo wir landen sollten, ganz heftig zu schreien an. Als wir am Ufer waren, wirkte die Gruppe recht bestürzt, redete und gestikulierte jedoch mit großer Schnelligkeit weiter. Es war ausnahmslos das merkwürdigste und interessanteste Schauspiel, dessen ich je ansichtig wurde: Ich hätte nicht geglaubt, wie groß der Unterschied zwischen dem wildem und dem zivilisierten Menschen ist: Er ist größer als zwischen wildem und domestiziertem Tier insofern, als beim Menschen ein größeres Vermögen zur Besserung vorhanden ist. Der Hauptwortführer war alt und anscheinend das Oberhaupt der Familie; die drei anderen waren kräftige junge Männer, ungefähr sechs Fuß groß. Frauen und Kinder hatte man fortgeschickt. Diese Feuerländer unterscheiden sich erheblich von den verkümmerten, elenden Teufeln weiter westlich, und sie scheinen eng verwandt mit den berühmten Patagoniern an der Magellanstraße. Ihr einziges Kleidungsstück besteht aus einem aus Guanakofell gefertigten Umhang mit der Wolle nach außen; diesen tragen sie einfach über die Schultern geworfen, wobei ihre Gestalt ebenso häufig entblößt wie bedeckt ist. Ihre Haut ist von schmutzigkupferroter Farbe.

Der alte Mann hatte ein Stirnband aus weißen Federn um den Kopf gebunden, das sein schwarzes, grobes, verfilztes

Haar teilweise im Zaume hielt. Sein Gesicht war von zwei breiten, querlaufenden Balken durchkreuzt; der eine, leuchtend rot gemalt, reichte von einem Ohr zum anderen, wobei er die Oberlippe einschloß, der andere, weiß wie Kalk, verlief parallel überm ersten, so daß selbst die Augenlider mit eingefärbt waren. Die anderen beiden Männer waren mit Streifen aus schwarzem Pulver aus Holzkohle geschmückt. Die Gruppe glich insgesamt den Teufeln, die in Stücken wie *Der Freischütz* auf die Bühne kommen.

Ihre Haltung war unterwürfig und ihr Gesichtsausdruck mißtrauisch, überrascht und verschreckt. Nachdem wir ihnen etwas scharlachrotes Tuch überreicht hatten, das sie sich sogleich um den Hals banden, wurden sie gute Freunde. Das zeigte sich dadurch, daß der alte Mann uns auf die Brust tätschelte und dabei eine Art schnalzendes Geräusch machte, wie man es tut, wenn man Hühner füttert. Ich ging neben dem Alten, und dabei wurde diese Freundschaftsbekundung mehrmals wiederholt; sie wurde mit drei festen Schlägen besiegelt, die mir gleichzeitig auf Brust und Rükken verabreicht wurden. Sodann entblößte er seinen Busen, damit ich das Kompliment zurückgäbe, was geschah, worauf er hoch erfreut schien. Die Sprache dieser Leute verdient es nach unseren Vorstellungen kaum, artikuliert genannt zu werden. Kapitän Cook hat sie mit einem sich räuspernden Mann verglichen, gewiß aber hat dies noch kein Europäer mit so vielen heiseren, gutturalen und klackenden Lauten getan.

Sie sind hervorragende Imitatoren: Sooft wir husteten oder gähnten oder eine seltsame Bewegung machten, ahmten sie uns sogleich nach. Einige von uns begannen zu schielen und scheele Gesichter zu ziehen, doch einem der jungen Feuerländer (dessen ganzes Gesicht bis auf einen weißen Streifen über den Augen schwarz gefärbt war) gelangen noch weit scheußlichere Grimassen. Jedes Wort in jedem Satz, den wir an sie richteten, vermochten sie vollkommen korrekt zu wiederholen, und solche Wörter behielten sie auch eine Zeit lang. Dabei wissen wir Europäer alle, wie schwierig es ist, die Laute in einer Fremdsprache auseinander zu halten. Wer von uns könnte beispielsweise einem Indianer bei einem Satz aus mehr als drei Wörtern folgen? Alle Wilden scheinen in ungewöhnlichem Maße die Fähigkeit zur Nachahmung zu besitzen. Beinahe in denselben Worten erzählte man mir von der gleichen abstrusen Angewohnheit der Kaffern; ebenso sind die Australier seit langem schon bekannt dafür, daß sie den Gang eines jeden Menschen imitieren und beschreiben können, so daß man ihn erkennt. Wie ist diese Fertigkeit zu erklären? Ist sie eine Folge der geübteren Gewohnheit der Wahrnehmung und schärferer Sinne, die, verglichen mit den lange schon zivilisierten, allen Menschen im wilden Zustand gemein sind?

Als von unserer Gruppe ein Lied angestimmt wurde, glaubte ich, die Feuerländer fielen gleich um vor Verblüffung. Ebenso überrascht betrachteten sie unseren Tanz, doch einer der jungen Männer hatte, als er aufgefordert wurde, gegen einen kleinen Walzer nichts einzuwenden. Offenkundig wenig an Europäer gewöhnt, kannten und fürchteten sie doch unsere Feuerwaffen; nichts konnte sie dazu bewegen, eine Flinte in die Hand zu nehmen. Sie bettelten um Messer, wobei sie sie mit dem spanischen Wort *cuchilla* benannten. Was sie wollten, erklärten sie auch dadurch, daß sie vorgaben, ein Stück Speck im Mund zu haben, und dann so taten, als schnitten sie es durch, statt es zu zerreißen.

Bis jetzt habe ich noch nicht die Feuerländer erwähnt, die wir an Bord hatten. Auf der früheren Fahrt von *Adventure* und *Beagle* von 1826 bis 1830 nahm Kapitän Fitz Roy eine Gruppe Eingeborener als Geiseln für den Verlust eines

Bootes, das zur großen Gefährdung einer mit Vermessungen beschäftigten Gruppe gestohlen worden war, und einige dieser Eingeborenen, darunter auch ein Kind, welches er für einen Perlenknopf gekauft hatte, nahm er mit nach England in dem Vorsatz, sie auf eigene Kosten zu erziehen und in der Religion zu unterweisen. Diese Eingeborenen in ihrem eigenen Land anzusiedeln war ein Hauptanlaß für Kapitän Fitz Roy, die gegenwärtige Fahrt zu unternehmen, und noch bevor die Admiralität den Beschluß gefaßt hatte, diese Expedition zu entsenden, war Kapitän Fitz Roy so großzügig gewesen, ein Fahrzeug zu chartern, auf dem er sie selbst zurückgebracht hätte. Die Eingeborenen waren in Begleitung eines Missionars, R. Matthews, über den wie auch über die Eingeborenen Kapitän Fitz Roy einen umfassenden und hervorragenden Bericht verfaßt hat. Es waren zwei Männer, wovon einer dann in England an den Pocken starb, ein Junge und ein kleines Mädchen mitgenommen worden, so daß wir nun York Minster, Jemmy Button (dessen Name seinen Kaufpreis beinhaltet) und Fuegia Basket an Bord hatten. York Minster war ein ausgewachsener, kleiner, dicker, kräftiger Mann; sein Wesen war zurückhaltend, wortkarg, mürrisch und, wenn erregt, hitzig und leidenschaftlich; seine Zuneigung war weitgehend einigen Freunden an Bord vorbehalten; sein Intellekt gut. Jemmy Button war der Liebling aller, aber ebenfalls leidenschaftlich; sein Gesichtsausdruck zeigte sogleich sein freundliches Gemüt. Er war fröhlich, lachte oft und war bemerkenswert mitfühlend mit allen, die Schmerzen litten: War das Meer rauh, so war ich gern ein wenig seekrank, und dann kam er zu mir und sagte mit klagender Stimme: »Armer, armer Kerl!«, doch nach seinem Leben auf dem Wasser war die Vorstellung eines seekranken Mannes zu lächerlich, und oftmals mußte er sich abwenden, um ein Lächeln oder Lachen zu verbergen, und dann wiederholte er sein »Armer, armer Kerl!« Er war patriotisch gesinnt, und er rühmte gern seinen Stamm und sein Land, wo es, wie er wahrheitsgemäß sagte, »viele Bäume« gebe, und beschimpfte alle anderen Stämme: Hartnäckig erklärte er, in seinem Land gebe es keinen Teufel. Jemmy war klein, dick und fett, aber eitel, was sein Äußeres betraf; stets trug er Handschuhe, hatte die Haare ordentlich geschnitten und geriet in Verzweiflung, wenn seine fein polierten Schuhe schmutzig wurden. Gern bewunderte er sich im Spiegel, was ein kleiner Indianerjunge mit lustigem Gesicht vom Rio Negro, den wir einige Monate an Bord hatten, bald merkte und ihn dann aufzog: Jemmy, der immer eifersüchtig auf die Aufmerksamkeit war, die diesem kleinen Jungen erwiesen wurde, gefiel das überhaupt nicht, und er sagte immer mit einem verächtlichen Drehen des Kopfes: »Zu viel Unfug.« Dennoch erscheint es mir, wenn ich an seine vielen guten Eigenschaften denke, ganz wunderbar, daß er derselben Rasse angehörte und zweifellos dasselbe Wesen hatte wie die elenden, erniedrigten Wilden, denen wir hier zuerst begegnet waren. Fuegia Basket schließlich war ein hübsches, bescheidenes, zurückhaltendes junges Mädchen mit einem recht angenehmen, manchmal jedoch grämlichen Ausdruck und sehr schnell darin, alles zu lernen, besonders Sprachen. Dies bewies sie, indem sie etwas Portugiesisch und Spanisch aufschnappte, als sie in Rio de Janeiro und Monte Video nur für kurze Zeit an Land gelassen worden war, und mit ihren Kenntnissen des Englischen. York Minster war auf jede Aufmerksamkeit, die ihr erwiesen wurde, sehr neidisch, denn es war klar, daß er entschlossen war, sie zu heiraten, sobald sie wieder festen Boden unter den Füßen hatten.

Obgleich alle drei recht ordentlich Englisch sprachen und auch verstanden, war es doch ungemein schwierig, viele Informationen, die Lebensweise ihrer Landsleute betreffend, von ihnen zu erhalten; dies war teilweise ihrer offenkundigen Schwierigkeit geschuldet, die einfachste Alternative zu verstehen. Jeder, der sehr kleine Kinder gewohnt ist, weiß, wie selten man eine Antwort selbst auf eine so einfache Frage erhält, ob etwas schwarz oder weiß ist; die Vorstellung von Schwarz oder Weiß scheint abwechselnd ihre Gedanken zu beherrschen. So war es auch bei diesen Feuerländern, weswegen es im allgemeinen auch unmöglich war, durch Nachfragen herauszubekommen, ob man etwas, was sie behauptet hatten, auch richtig verstanden hatte. Ihr Sehvermögen war bemerkenswert scharf: Es ist weithin bekannt, daß Seeleute durch lange Übung einen entfernten Gegenstand besser als eine Landratte erkennen können, doch York und Jemmy waren jedem Seemann an Bord weit überlegen; mehrmals haben sie erklärt, was ein entfernter Gegenstand gewesen ist, und obgleich alle es bezweifelten, behielten sie recht, als es durch ein Fernrohr überprüft wurde. Dieser Fähigkeit waren sie sich durchaus bewußt, und wenn Jemmy einen Streit mit dem wachhabenden Offizier hatte, sagte er: »Ich seh Schiff, ich nicht sag.«

Es war interessant, das Verhalten der Wilden, als wir an Land gingen, gegenüber Jemmy Button zu beobachten: Sogleich erkannten sie den Unterschied zwischen ihm und uns und erörterten das Thema ausführlich untereinander. Der alte Mann richtete einen langen Wortschwall an Jemmy, womit er ihn offenbar einladen wollte, bei ihnen zu bleiben. Doch Jemmy verstand sehr wenig von ihrer Sprache und schämte sich überdies seiner Landsleute. Als dann auch noch York Minster an Land kam, nahmen sie ihn in gleicher Weise wahr, und sie forderten ihn auf, sich zu rasieren, dabei hatte er keine zwanzig kümmerlichen Haare im Gesicht, während wir alle ungestutzte Bärte trugen. Sie untersuchten seine Hautfarbe und verglichen sie mit der unseren. Als einer einen Arm entblößte, bekundeten sie die lebhafteste Überraschung und Bewunderung darüber, wie weiß er war, ganz so, wie ich es den Orang-Utan im Zoologischen Garten habe tun sehen. Wir glaubten, sie hielten zwei oder drei unserer Offiziere, die deutlicher kleiner und blonder waren, wenn auch mit langen Bärten geziert, für die Damen unserer Gesellschaft. Der größte unter den Feuerländern war offenkundig erfreut darüber, daß wir seine Größe zur Kenntnis nahmen. Rücken an Rücken an den größten der Bootsmannschaft gestellt, versuchte er alles, um auf eine höhere Stelle zu rücken und auf Zehenspitzen zu stehen. Er öffnete den Mund, um seine weißen Zähne zu zeigen, und drehte den Kopf zu einer Seitenansicht, und das alles geschah mit solcher Munterkeit, daß ich wohl sagen darf, er empfand sich als den bestaussehenden Mann von ganz Feuerland. Nachdem unser erstes tiefes Erstaunen abgeklungen war, konnte nichts lächerlicher sein als die wunderliche Mischung aus Überraschung und Nachahmung, welche diese Wilden jeden Augenblick zur Schau stellten.

Am folgenden Tag versuchte ich, ein Stück ins Land vorzudringen. Feuerland kann als gebirgiges Land beschrieben werden, das teils unter Wasser liegt, so daß tiefe Meeresarme und Buchten die Flächen einnehmen, wo Täler sein sollten. Die Berghänge sind von der Wasserkante an aufwärts mit einem einzigen großen Wald bedeckt. Die Bäume reichen bis auf eine Höhe von 1000 bis 1500 Fuß, danach folgt ein Torfstreifen mit winzigen alpinen Pflanzen, diesem wiederum die Grenze ewigen Schnees, welche, Kapitän King zufolge, in der Magellanstraße auf 3000 bis 4000 Fuß herabgeht. Im ganzen Land ist selbst ein Ar ebene Fläche nur selten anzutreffen. Ich erinnere mich an gerade ein kleines flaches Stück bei Port Famine und ein weiteres von weit größerem Ausmaß bei der Goeree Road. An beiden Orten wie auch überall sonst ist der Boden mit einer dicken Schicht sumpfigen Torfs bedeckt. Selbst im Wald ist der Boden von einer Masse langsam faulender Pflanzenstoffe verborgen, welche, da sie mit Wasser vollgesogen ist, beim Gehen nachgibt.

Da ich es nahezu aussichtslos fand, mich durch den Wald zu schlagen, folgte ich dem Lauf eines Gebirgsbaches. Anfangs kam ich wegen der Wasserfälle und etlicher abgestorbener Bäume kaum voran, doch das Bachbett wurde bald ein wenig offener, da die Fluten die Seiten ausgeschwemmt hatten. Langsam kletterte ich eine Stunde das eingebrochene und felsige Ufer hinan und wurde von der Pracht der Landschaft reich entschädigt. Die düstere Tiefe der Schlucht paßte gut zu den allgemeinen Anzeichen von Gewalt. An beiden Seiten lagen wirre Felsmassen und ausgerissene Bäume, andere Bäume, die noch aufrecht standen, waren bis ins Mark verrottet und bereit, umzustürzen. Die verschlungene Masse der gedeihenden und gefallenen Bäume erinnerte mich an die Wälder in den Tropen – doch einen Unterschied gab es: Denn in dieser stillen Einsamkeit erschien als vorherrschender Geist nicht das Leben, sondern der Tod. Ich folgte dem Wasserlauf, bis ich an eine Stelle kam, wo ein großer Erdrutsch eine gerade Fläche den Berghang hinab geschaffen hatte. Auf dieser Straße stieg ich auf eine beträchtliche Höhe und erhielt einen guten Blick über die umliegenden Wälder. Die Bäume gehörten alle einer Art an, dem *Fagus betuloides,* denn die Zahl der anderen Fagus-Arten und der Winterrinde ist ganz unerheblich. Diese Buche behält ihre Blätter das ganze Jahr, doch ihr Laub ist von einer besonderen braungrünen Farbe mit einem Stich ins Gelbe. Da die gesamte Landschaft so gefärbt ist, eignet ihr ein

30

düsteres, dumpfes Bild, das auch nicht häufig von Sonnenstrahlen aufgeheitert wird.

20. Dezember – Eine Seite des Hafens wird von einem ungefähr 1500 Fuß hohen Berg gebildet, den Kapitän Fitz Roy nach Sir J. Banks zum Gedenken seiner verhängnisvollen Exkursion benannt hat, die für zwei Mann seiner Gesellschaft und beinahe auch für Dr. Solander tödlich geendet hatte. Der Schneesturm, der die Ursache ihres Unglücks war, geschah mitten im Januar, was unserem Juli entspricht, und das auf der Breite von Durham! Ich wollte unbedingt den Gipfel dieses Berges erreichen, um alpine Pflanzen zu sammeln, denn in den tieferen Regionen sind Blumen jeder Art seltener vertreten. Wir folgten demselben Wasserlauf wie am Vortage, bis er sich verlor und wir uns genötigt sahen, blind zwischen den Bäumen hindurchzuklettern. Diese waren durch die stürmischen Winde niedrig, dick und krumm. Endlich erreichten wir das, was von fern wie ein schöner, grüner Rasenteppich aussah, sich aber zu unserem Verdruß als eine dichte Masse kleiner Buchen erwies, die ungefähr fünf Fuß hoch waren. Sie standen so dicht beieinander wie Buchs an der Einfassung eines Gartens, so daß wir uns über den flachen, aber tückischen Boden mühen mußten. Nach einer weiteren kleinen Anstrengung erreichten wir den Torf und dann den nackten Schieferfels.

Ein Kamm verband den Berg mit einem weiteren, der in einigen Meilen Entfernung lag und höher war, weswegen Schneefelder darauf lagen. Ich beschloß, dorthin zu gehen und unterwegs Pflanzen zu sammeln. Das hätte sehr harte Arbeit bedeutet, wenn nicht Guanakos einen ausgetretenen und geraden Weg gebahnt hätten, denn diese Tiere folgen, wie die Schafe, stets dem gleichen Weg. Als wir den Berg erreichten, erkannten wir, daß er der höchste in der unmit-

telbaren Umgebung war und daß das Wasser in entgegengesetzten Richtungen zum Meer floß. Wir erhielten einen
weiten Blick über das umliegende Land: Nach Norden hin
erstreckte sich ein sumpfiges Moorland, nach Süden hin bot
sich uns dagegen eine Szene wilder Schönheit, die Feuerland gut anstand. Berg auf Berg, die dazwischenliegenden
tiefen Täler und alles von einer dichten, dunklen Waldmas-
se überzogen, das besaß eine mysteriöse Erhabenheit. Auch
die Luft in diesem Klima, wo Sturm auf Sturm folgt, dazu
Regen, Hagel und Graupel, scheint schwärzer als irgendwo
sonst. In der Magellanstraße, von Port Famine aus nach Süden blickend, erschienen die fernen Kanäle zwischen den
Bergen ob ihrer Düsternis über den Rand dieser Welt hin-
auszuführen.

21. Dezember – Die *Beagle* fuhr ab: Und am darauf folgenden Tag näherten wir uns, in ungewöhnlichem Maße von
einem guten Ostwind begünstigt, den Barnevelts, und nachdem wir Deceit mit seinen Felsengipfeln passiert hatten,
umschifften wir gegen drei Uhr das wetterumtoste Kap
Hoorn. Der Abend war ruhig und hell, und wir genossen
einen schönen Blick auf die umliegenden Inseln. Kap Hoorn
jedoch forderte seinen Tribut und schickte uns noch vor der
Nacht einen Sturm ins Gesicht. Wir lagen nach See zu und
am zweiten Tag wieder landwärts, als wir luvseits voraus das
berüchtigte Vorgebirge in seiner wahren Gestalt sahen – in
Nebel gehüllt, die matten Konturen von einem Sturm aus
Wind und Wasser umgeben. Große schwarze Wolken rollten
über den Himmel, und Regengüsse, dazu Hagel, jagten mit
solch extremer Wucht an uns vorbei, daß der Kapitän sich
entschloß, in die Wigwam-Bucht zu fahren. Dies ist ein trau-
licher kleiner Hafen, nicht weit von Kap Hoorn, und hier
ankerten wir am Heiligen Abend in ruhigem Wasser. Das

einzige, das uns an einen Sturm draußen erinnerte, war hin und wieder ein Stoß von den Bergen, wovon das Schiff an seinen Ankern zerrte.

25. Dezember – Nahe der Bucht erhebt sich ein spitzer Berg namens Kater's Peak bis auf eine Höhe von 1700 Fuß. Die umliegenden Inseln bestehen alle aus konischen Massen Grünstein, zuweilen gesellen sich weniger regelmäßige Berge aus gebranntem und verändertem Tonschiefer hinzu. Dieser Teil Feuerlands könnte als die höchste Spitze der schon erwähnten versunkenen Bergkette betrachtet werden. Die Bucht trägt ihren Namen Wigwam nach einigen der feuerländischen Ansiedlungen, doch mit gleicher Berechtigung könnte jede Bucht in der Umgebung so genannt sein. Die Bewohner, die hauptsächlich von Schalentieren leben, müssen unablässig ihren Wohnsitz verändern, aber immer wieder kehren sie zu den gleichen Orten zurück, wie aus den Haufen alter Schalen hervorgeht, welche sich oftmals auf viele Tonnen Gewicht belaufen dürften. Diese Haufen lassen sich schon von weitem an der hellgrünen Farbe bestimmter Pflanzen erkennen, die stets darauf wachsen. Darunter können der wilde Sellerie und das Löffelkraut aufgezählt werden, zwei sehr nützliche Pflanzen, deren Verwendung von den Eingeborenen noch nicht entdeckt worden ist.

Der feuerländische Wigwam ähnelt in Größe und Ausmaßen einem Heuschober. Er besteht lediglich aus ein paar abgebrochenen Stöcken, die in die Erde gesteckt und an einer Seite sehr unvollkommen mit einigen wenigen Grasbüscheln und Binsen abgedeckt sind. Das Ganze kann nicht die Arbeit einer Stunde sein und wird nur einige Tage lang benutzt. Bei den Goeree Roads sah ich eine Stelle, wo einer dieser nackten Männer geschlafen hatte, sie war nicht grö-

ßer als der Abdruck eines Hasen. Der Mann lebte offensichtlich allein, und York Minster sagte, er sei ein »sehr schlechter Mensch« und daß er wahrscheinlich etwas gestohlen
habe. An der Westküste hingegen sind die Wigwams deutlich besser, denn sie sind mit Robbenfellen bedeckt. Das
schlechte Wetter hielt uns hier mehrere Tage fest. Das Klima ist gewiß erbärmlich: Die Sommersonnenwende war
nun vorüber, doch jeden Tag fiel Schnee auf die Berge, und
in den Tälern gab es Regen, begleitet von Graupeln. Das
Thermometer stand im allgemeinen bei 7°, fiel nachts aber
auf 3° oder 5°. Wegen des feuchten und aufgewühlten Zu-
stands der Luft, die von keinem Sonnenstrahl aufgeheitert
war, empfand man das Klima als noch schlimmer, als es tatsächlich war.

Als wir einmal bei Wollaston Island an Land gingen, fuhren wir längsseits eines Kanus mit sechs Feuerländern darin.
Es waren die erbärmlichsten und elendigsten Wesen, die ich
jemals erblickt hatte. An der Ostküste tragen die Eingeborenen, wie wir gesehen haben, Guanako-Umhänge, an der
Westküste besitzen sie Robbenfelle. Bei diesen zentralen
Stämmen haben die Männer im allgemeinen Otterhäute
oder einen kleinen Fetzen so groß wie ein Taschentuch, was
kaum ausreicht, um den Rücken bis zu den Lenden hinab zu
bedecken. Es wird mit Schnüren über der Brust befestigt
und je nachdem, wie der Wind weht, von einer Seite zur
anderen geschoben. Die Feuerländer in dem Kanu waren jedoch ganz nackt, und selbst eine erwachsene Frau war völlig
unbekleidet. Es regnete stark, und das Süßwasser wie auch
die Gischt rannen ihr den Körper hinab. In einem anderen,
nicht weit entfernten Hafen kam eine Frau, die gerade ihr
Neugeborenes säugte, ans Fahrzeug und blieb dort aus reiner
Neugier, während der Schneeregen ihr auf den nackten Busen und dem Säugling auf die nackte Haut fiel und dort

schmolz! Diese armen Teufel waren im Wachstum verkümmert, ihre häßlichen Gesichter mit weißer Farbe beschmiert,
die Haut verdreckt und schmierig, die Haare verfilzt, die
Stimme mißtönend und die Gebärden gewalttätig. Angesichts solcher Männer vermag man sich kaum einzureden,
daß dies Mitmenschen und Bewohner ein und derselben
Welt sind. Es ist ein verbreiteter Gegenstand der Vermutung, welche Freude am Leben manche der niederen Tiere
genießen können: Um wie viel berechtigter kann dieselbe
Frage hinsichtlich dieser Barbaren gestellt werden! Nachts
schlafen fünf oder sechs Menschen, nackt und kaum vor
Wind und Regen dieses stürmischen Klimas geschützt, auf
der nassen Erde, eingerollt wie Tiere. Bei jedem Niedrig-
wasser, winters wie sommers, Nacht wie Tag, müssen sie
aufstehen, um Schalentiere von den Felsen zu pflücken, und
die Frauen tauchen entweder, um Seeigel zu sammeln, oder
sitzen geduldig im Kanu und fischen mit einer Haarschnur
mit Köder, aber ohne Haken daran, kleine Fische heraus.
Wird ein Seehund erlegt oder ein verwesender Wal entdeckt, so ist dies ein Fest, und dies klägliche Essen wird
durch wenige geschmacklose Beeren und Pilze bereichert.

Oft leiden sie Hunger. Ich hörte Mr. Low, einen Robbenfänger, der mit den Eingeborenen dieses Landes eng vertraut ist, einen wunderlichen Bericht vom Zustand einer
Gruppe aus einhundertfünfzig Eingeborenen an der Westküste geben, die sehr dünn und in großer Not waren. Eine
Folge von Stürmen hinderte die Frauen daran, Schalentiere
auf den Felsen zu sammeln, auch konnten sie nicht in ihren
Kanus hinaus, um Seehunde zu fangen. Eines Morgens
brach eine kleine Gruppe dieser Männer auf, und die anderen Indianer erklärten ihm, sie machten sich auf eine vier-
tägige Suche nach Nahrung; bei ihrer Rückkehr ging Low
zu ihnen und traf sie äußerst erschöpft an. Jeder trug ein

großes viereckiges Stück fauligen Walspecks mit einem Loch in der Mitte, durch das sie den Kopf gesteckt hatten, so wie die Gauchos es mit ihren Ponchos oder Umhängen tun. War der Speck in einen Wigwam gebracht, schnitt ein alter Mann dünne Scheiben davon ab, kochte sie brabbelnd eine kurze Weile und verteilte sie dann an die hungernde Gruppe, die während dieser Zeit in tiefes Schweigen gehüllt war. Mr. Low glaubt, daß die Eingeborenen jedes Mal, wenn ein Wal an den Strand getrieben wird, große Stücke davon als Notration für Hungerzeiten im Sand vergraben, und ein Eingeborenenjunge, den er an Bord hatte, fand einmal solch ein vergrabenes Lager. Die verschiedenen Stämme sind, wenn sie Krieg führen, Kannibalen. Aufgrund der übereinstimmenden, aber völlig unabhängigen Aussagen des Jungen, den Mr. Low dabeihatte, und Jemmy Buttons ist es sicherlich wahr, daß sie, wenn der Hunger im Winter übermächtig wird, ihre alten Frauen töten und aufessen, bevor sie ihre Hunde töten; der Junge, von Mr. Low gefragt, warum sie das täten, antwortete: »Hunde fangen Otter, alte Frauen nicht.« Der Junge beschrieb die Art und Weise, wie man sie tötet, indem man sie nämlich über Rauch hält und so erstickt; er ahmte im Scherz ihre Schreie nach und nannte die Teile ihres Körpers, die als besonders schmackhaft gelten. So grausig ein solcher Tod von der Hand der eigenen Freunde und Verwandten sein mag, ist doch die Vorstellung der Angst der alten Frauen, wenn der Hunger zunimmt, noch schmerzvoller. Man sagte uns, sie flüchteten häufig in die Berge, würden aber von den Männern verfolgt und zurück zum Schlachthaus an ihr eigenes Feuer gebracht!

Kapitän Fitz Roy konnte nicht in Erfahrung bringen, ob die Feuerländer einen ausgeprägten Glauben an ein künftiges Leben haben. Manchmal begraben sie ihre Toten in Höhlen, manchmal in den Bergwäldern, aber welche Zeremonien sie vollziehen, wissen wir nicht. Jemmy Button aß keine Landvögel, weil »fressen tote Menschen«; sie sind nicht einmal bereit, von ihren toten Freunden zu sprechen. Wir haben keinen Grund zu der Annahme, daß sie irgendeine Form eines religiösen Kultes pflegen, aber vielleicht ist ja das Brabbeln des alten Mannes, bevor er den fauligen Speck an seine hungernde Gruppe verteilte, etwas Derartiges. Jede Familie, jeder Stamm hat einen Zauberer oder Medizinmann, dessen Aufgabe wir nie so recht ermitteln konnten. Jemmy glaubte an Träume, nicht aber, wie schon gesagt, an den Teufel: Ich meine nicht, daß die Feuerländer sehr viel abergläubischer waren als manche unserer Seeleute, glaubte doch ein alter Steuermannsmaat fest, die Abfolge schwerer Stürme, die wir vor Kap Hoorn hatten, rühre daher, daß wir Feuerländer an Bord hatten. Die größte Annäherung an eine religiöse Empfindung, von der ich hörte, verlautete von York Minster, der, als Mr. Bynoe einige sehr junge Entlein als Musterexemplare schoß, aufs ernsteste erklärte: »Oh, Mr. Bynoe, viel Regen, Schnee, weht viel.« Das war offenbar eine Vergeltungsstrafe für die Verschwendung menschlicher Nahrung. Auch erzählte er ganz wild und aufgeregt, sein Bruder habe einmal, als er zurückkehrte, um tote Vögel aufzusammeln, die er an der Küste zurückgelassen hatte, bemerkt, wie einige Federn vom Wind fortgeblasen wurden. Sein Bruder sagte (York ahmte dessen Art nach): »Was das?«, kroch weiter und spähte über das Kliff und sah, wie »wilder Mann« seine Vögel aufhob; er kroch ein Stück näher und schleuderte einen großen Stein und tötete ihn. York erklärte, danach habe lange Zeit ein Sturm getobt, und viel Regen und Schnee seien gefallen. Soweit wir es verstanden, schien er die Elemente selbst als die Rächenden anzusehen: Es liegt hier auf der Hand, wie natürlich die Elemente bei einer Rasse, die in der Kultur ein wenig fortgeschritten ist, personifiziert werden. Was die »bösen wilden Männer« waren, ist mir stets ein großes Rätsel geblieben: Nach dem, was York sagte, als wir die Stelle in der Form eines Hasen fanden, wo ein Mann in der Nacht davor geschlafen hatte, hätte ich geglaubt, es seien Diebe, die von ihrem Stamm verjagt worden waren, doch andere obskure Aussagen nährten bei mir Zweifel. Manchmal stellte ich mir vor, die wahrscheinlichste Erklärung sei, daß sie verrückt waren.

Die verschiedenen Stämme haben weder Regierung noch Häuptling, doch ein jeder ist von anderen, feindlichen Stämmen umgeben, die einen anderen Dialekt sprechen und von denen sie lediglich durch eine verlassene Grenze oder neutralen Boden getrennt sind; der Anlaß für ihre Kriege scheint ihre Existenzgrundlage zu sein. Ihr Land ist eine zerklüftete Masse wilder Felsen, hoher Berge und nutzloser Wälder, und diese sehen sie durch Nebel und endlose Stürme. Das bewohnbare Land beschränkt sich auf die Steine am Strand; die Nahrungssuche zwingt sie, von einem Ort zum andern zu streifen, und die Küste ist so steil, daß sie nur in ihren elenden Kanus umherfahren können. Das Gefühl, ein Zuhause zu haben, können sie nicht kennen, noch weniger das häuslicher Zuneigung, denn der Ehemann ist der Frau brutaler Herr einer arbeitsamen Sklavin. War je eine scheußlichere Tat verübt worden als jene, deren Zeuge Byron an der Westküste wurde, als er sah, wie eine elende Mutter ihren blutenden, sterbenden kleinen Jungen aufhob, den ihr Mann erbarmungslos gegen die Steine geschleudert hatte, weil er einen Korb mit Schalentieren hatte fallen lassen! Wie wenig können die höheren Geisteskräfte zur Anwendung gelangen: Was kann sich die Vorstellungskraft ausmalen, was die Vernunft vergleichen, wonach die Einsicht urteilen? Um eine Napfschnecke von einem Fels zu schlagen, bedarf es nicht einmal der Schläue, der niedrigsten Geisteskraft. Ihre Fertigkeit in manchen Dingen kann mit dem Instinkt von Tieren verglichen werden, denn sie wird durch Erfahrung nicht verbessert; das Kanu, ihre geschickteste Arbeit, so erbärmlich sie auch sei, hat sich, wie wir von Drake wissen, während der letzten zweihundertfünfzig Jahre nicht verändert.

Beim Anblick dieser Wilden fragt man sich: Woher sind sie gekommen? Welcher Reiz hätte einen Menschenstamm locken, welcher Wandel ihn zwingen können, die schönen Regionen des Nordens zu verlassen, um die Kordilleren oder das Rückgrat Amerikas hinabzuziehen, um Kanus zu ersinnen und zu bauen, wie sie von den Stämmen Chiles, Perus und Brasiliens nicht genutzt werden, und dann eines der unwirtlichsten Länder auf dem Erdenkreis zu betreten? Auch wenn solche Überlegungen einem gewiß als erste in den Sinn kommen, dürfen wir doch als sicher annehmen, daß sie teilweise irrig sind. Es besteht kein Grund zu der Annahme, daß die Zahl der Feuerländer abnimmt, weswegen wir vermuten müssen, daß sie ein hinreichendes Glück empfinden, von welcher Art auch immer, so daß das Leben ihnen lohnend erscheint. Die Natur hat den Feuerländer, indem sie die Gewohnheit allmächtig und ihre Wirkungen erblich gemacht hat, an das Klima und die Erzeugnisse seines erbärmlichen Landes angepaßt.

Nachdem wir von sehr schlechtem Wetter sechs Tage lang in der Wigwam-Bucht festgehalten worden waren, liefen wir am 30. Dezember aus. Kapitän Fitz Roy wollte nach Westen, um York und Fuegia in ihrem Land abzusetzen. Auf See hatten wir eine beständige Abfolge von Stürmen, und die Strömung lief uns entgegen: Wir trieben bis auf 57° 23' S. Am 11. Januar 1833 gelangten wir, indem wir Segel preßten, bis

auf wenige Meilen an den großen zerklüfteten Berg York
Minster heran (so genannt von Kapitän Cook und der Ursprung des Namens des älteren Feuerländers), als eine heftige Bö uns zwang, die Segel zu mindern und uns nach See zu
legen. Die Brandung donnerte fürchterlich an die Küste,
und die Gischt wurde über ein Kliff getragen, dessen Höhe
auf 200 Fuß geschätzt wurde. Am 12. war der Sturm sehr
stark, und wir wußten nicht genau, wo wir uns befanden; es
war ganz unangenehm, ständig wiederholt zu hören: »Hal-
tet gut Ausschau nach Lee.« Am 13. tobte der Sturm mit
höchster Wut, und unser Horizont war eng begrenzt von den
Gischtwänden, die der Wind mit sich trug. Das Meer sah
bedrohlich aus, wie eine trübe, wallende Ebene mit Flecken
hingewehten Schnees: Während das Schiff schwer stampfte,
glitt der Albatros mit ausgebreiteten Schwingen gegen den
Wind. Um Mittag brach eine schwere See über uns hinweg
und füllte eines der Walboote, was dann sofort abgetrennt
werden mußte. Die arme *Beagle* erzitterte von dem Schock
und gehorchte einige Minuten lang nicht ihrem Ruder, doch
bald richtete sie sich wieder auf und kam zurück in den
Wind. Wäre der ersten See eine weitere gefolgt, so wäre unser Schicksal schnell und auf immer besiegelt gewesen. Wir
hatten nun vierundzwanzig Tage vergebens versucht, nach
Westen zu kommen; die Männer waren von Müdigkeit erschöpft und hatten viele Tage und Nächte nichts Trockenes
mehr auf dem Leib gehabt. Kapitän Fitz Roy gab den Versuch auf, an der Außenküste nach Westen zu gelangen. Am
Abend liefen wir hinter dem Falschen Kap Hoorn ein und
ließen den Anker in siebenundvierzig Faden fallen; Feuer
schoß von der Winsch, als die Kette herumrauschte. Wie
köstlich war die stille Nacht, nachdem wir so lange im Getöse der streitenden Elemente gefangen gewesen waren!

15. Januar 1833 – Die *Beagle* ankerte in den Goeree Roads. Kapitän Fitz Roy hatte beschlossen, die Feuerländer, ihrem Wunsche gemäß, im Ponsonby-Sund an Land zu setzen, worauf vier Boote ausgerüstet wurden, um sie durch den Beagle-Kanal zu bringen. Dieser Kanal, den Kapitän Fitz Roy auf seiner vorigen Fahrt entdeckt hatte, ist ein ganz auffallendes Merkmal in der Geographie dieses wie überhaupt jedes anderen Landes: Er ließe sich mit dem Tal Loch Ness in Schottland mit seiner Kette von Seen und Fjorden vergleichen. Er ist ungefähr einhundertzwanzig Meilen lang, bei einer durchschnittlichen Breite, die verhältnismäßig gleichbleibend ist, von ungefähr zwei Meilen und den größeren Teil hindurch vollkommen gerade, so daß der Blick, zu beiden Seiten von einer Bergkette begrenzt, in der weiten Ferne zunehmend unscharf wird. Er durchschneidet den südlichen Teil Feuerlands in westöstlicher Richtung, und in seiner Mitte mündet an der Südseite im rechten Winkel eine unregelmäßige Wasserstraße ein, die Ponsonby-Sund genannt worden ist. Dies ist der Wohnort von Jemmy Buttons Stamm und Familie.

19. Januar – Drei Walboote und die Jolle brachen mit achtundzwanzig Mann unter dem Kommando von Kapitän Fitz Roy auf. Am Nachmittag gelangten wir in die östliche Einfahrt des Kanals und entdeckten wenig später eine geschützte kleine, von umliegenden Inseln verborgene Bucht. Hier schlugen wir die Zelte auf und entzündeten unsere Feuer. Nichts konnte behaglicher aussehen als diese Szene. Das glasige Wasser des kleinen Hafens, dazu die Zweige der Bäume, die über dem felsigen Strand hingen, die Boote vor Anker, die von den gekreuzten Rudern gestützten Zelte und der Rauch, der sich aus dem bewaldeten Tal emporringelte, formten sich zu einem Bild stiller Abgeschiedenheit. Am

folgenden Tage (20.) glitten wir ruhig mit unserer kleinen
Flotte weiter und gelangten in ein dichter besiedeltes Gebiet. Wenige dieser Eingeborenen, wenn überhaupt welche,
dürften einen Weißen zuvor gesehen haben; gewiß konnte
nichts ihre Verwunderung übertreffen als die Erscheinung
der vier Boote. Auf jeder Spitze wurden Feuer entzündet
(daher der Name Tierra del Fuego, Land des Feuers), um
unsere Aufmerksamkeit zu wecken, aber auch, um diese
Nachricht zu verbreiten. Einige der Männer rannten mei-
lenweit am Ufer entlang. Nie werde ich vergessen, wie wild
und ungestüm sich eine der Gruppen gab: Unvermittelt kamen vier, fünf Männer an den Rand eines überhängenden
Kliffs; sie waren vollkommen nackt, und langes Haar hing
ihnen übers Gesicht; sie hielten derbe Knüttel in den Händen, sprangen in die Luft, schwenkten die Arme um den
Kopf und stießen ganz fürchterliche Schreie aus.

Zur Abendessenszeit landeten wir inmitten einer Gruppe
Feuerländer. Anfangs waren sie uns nicht freundlich geson-
nen, denn erst als der Kapitän den anderen Booten voraus
heranfuhr, legten sie ihre Schleudern beiseite. Bald jedoch
erfreuten wir sie mit unbedeutenden Geschenken, indem
wir ihnen beispielsweise rote Bänder um den Kopf schlangen. Sie mochten unseren Schiffszwieback, doch einer der
Wilden legte den Finger auf das in Blechdosen konservierte
Fleisch, das ich gerade aß, und als es sich weich und kalt
anfühlte, bekundete er ebenso viel Abscheu davor, wie ich es
vor fauligem Fleisch getan hätte. Jemmy schämte sich seiner Landsleute zutiefst und erklärte, sein Stamm sei ganz
anders, womit er jämmerlich Unrecht hatte. So leicht es war,
diese Wilden zu erfreuen, so schwierig war es, sie zufrieden
zu stellen. Jung und Alt, Männer und Kinder wiederholten
unablässig das Wort »Jammerschoner«, was »gib mir« bedeutet. Nachdem sie nacheinander auf beinahe jeden Ge-

genstand gezeigt hatten, selbst auf die Knöpfe unserer Rök-
ke, und ihr Lieblingswort mit jedem nur denkbaren Ausdruck gesagt hatten, gebrauchten sie es nun intransitiv und
wiederholten gedankenleer »Jammerschoner«. Nachdem sie
sehr begierig nach jedem Gegenstand gejammerschonert
hatten, zeigten sie mit simpler Schläue auf ihre jungen
Frauen oder kleinen Kinder, als wollten sie sagen: »Wenn ihr
es schon nicht mir geben wollt, so doch denen da.«

Nachts versuchten wir vergebens, eine unbewohnte Bucht
zu finden, und mußten schließlich nicht weit von einer
Gruppe Eingeborener biwakieren. Solange sie in geringer
Zahl waren, blieben sie ganz harmlos, doch nachdem am
Morgen (21.) andere dazustießen, zeigten sie Anzeichen von
Feindseligkeit, und wir dachten schon, es werde zu einem
Scharmützel kommen. Ein Europäer hat im Umgang mit
solchen Wilden, die nicht die geringste Ahnung von der
Wirkung von Feuerwaffen haben, mit großen Nachteilen zu
kämpfen. Legt er seine Muskete an, erscheint er dem Wilden, einem mit Pfeil und Bogen, einem Speer oder auch nur
einer Schleuder bewaffneten Manne, weit unterlegen. Ebenso schwierig ist es, ihnen unsere Überlegenheit beizubringen, es sei denn, man führt einen tödlichen Schlag aus.
Gleich wilden Tieren scheinen sie Zahlen nicht zu vergleichen, denn jeder wird, wenn angegriffen, statt sich zurück-
zuziehen, versuchen, einem mit einem Stein den Schädel
einzuschlagen, so wie ein Tiger einen unter ähnlichen Umständen zerreißen würde. Als Kapitän Fitz Roy einmal aus
gutem Grund sehr daran gelegen war, eine kleine Gruppe
zu vertreiben, schwang er zunächst ein Entermesser, worüber sie nur lachten, und feuerte sodann dicht neben einem
Eingeborenen zweimal eine Pistole ab. Beide Male schaute
der Mann verdutzt drein und rieb sich vorsichtig und schnell
den Kopf, starrte dann eine Weile vor sich hin und schnat-

terte mit seinen Gefährten, doch es schien ihm nicht in den Sinn zu kommen fortzulaufen. Wir können uns kaum in diese Wilden hineinversetzen und ihre Handlungen verstehen. Was diesen Feuerländer betrifft, so hätte er sich die Möglichkeit eines Geräuschs wie des Knalls einer Waffe dicht an seinem Ohr niemals vorstellen können. Vielleicht wußte er einen Moment lang buchstäblich nicht, ob es sich um einen Ton oder einen Schlag gehandelt hatte, und rieb sich daher naturgemäß den Kopf. In ähnlicher Weise kann es, wenn ein Wilder ein Ziel von einer Kugel getroffen sieht, eine Weile dauern, bis er überhaupt begreift, wie das geschieht, denn daß ein Gegenstand aufgrund seiner Geschwindigkeit unsichtbar wird, wäre für ihn vielleicht vollkommen unbegreiflich. Zudem könnte die äußerste Kraft einer Kugel, die eine harte Substanz durchbohrt, ohne sie zu zerreißen, dem Wilden beweisen, daß sie überhaupt keine Kraft hat. Jedenfalls glaube ich, daß viele Wilde von niederstem Rang wie diese in Feuerland gesehen haben, wie Gegenstände von der Muskete getroffen und selbst kleine Tiere davon getötet wurden, ohne daß es ihnen im mindesten bewußt geworden wäre, wie tödlich dieses Gerät ist.

22. Januar – Nachdem wir gewissermaßen auf neutralem Boden zwischen Jemmys Stamm und den Leuten, die wir gestern sahen, eine unbelästigte Nacht verbracht hatten, fuhren wir heiter weiter. Ich kenne nichts, was die Feindseligkeit zwischen den verschiedenen Stämmen deutlicher zeigt als diese breite Grenze oder neutrale Zone. Obgleich Jemmy die Macht unserer Gruppe wohl kannte, war er anfangs nicht bereit, bei dem feindseligen Stamm nächst seinem eigenen an Land zu gehen. Er erzählte uns häufig, wie die wilden Männer der Oens, »wenn Laub rot«, von der Ostküste Feuerlands die Berge überquerten und die Eingeborenen dieses Land-

strichs überfielen. Es war höchst eigenartig, ihn zu beobachten, wenn er so redete, und zu sehen, wie seine Augen funkelten und sein ganzes Gesicht einen neuen, wilden Ausdruck annahm. Auf unserer weiteren Fahrt durch den Beagle-Kanal gewann die Landschaft ein merkwürdiges und großartiges Gepräge, doch der Effekt wurde von dem niedrigen Blickpunkt vom Boot aus gemindert und auch dadurch, daß man das Tal entlangblickte und so alle Schönheit der aufeinander folgenden Kämme verloren ging. Die Berge waren hier ungefähr dreitausend Fuß hoch und endeten in scharf gezackten Gipfeln. Sie erhoben sich in einem ungebrochenen Schwung von der Wasserkante und waren bis zu einer Höhe von vierzehn- bis fünfzehnhundert Fuß von dem dunklen Wald bedeckt. Es war ganz eigenartig zu beobachten, wie gerade und wahrhaft horizontal, so weit das Auge reichte, die Linie am Berghang war, an der die Bäume endeten: Sie ähnelte ganz der Hochwassermarke aus Treibholz an einem Meeresstrand.

Nachts schliefen wir nahe der Einmündung des Ponsonby-Sunds in den Beagle-Kanal. Eine kleine Familie Feuerländer, die in der Bucht lebte, war still und arglos und gesellte sich bald zu unserer Gruppe um ein prasselndes Feuer. Wir trugen dicke Kleidung, und obwohl wir dicht am Feuer saßen, war uns keineswegs zu warm; bei diesen nackten Wilden jedoch floß, obgleich sie weiter weg saßen, zu unserer großen Überraschung der Schweiß in Strömen, da sie derart rösteten. Dennoch schienen sie bester Stimmung, und alle stimmten sie in den Chor der Seemannslieder ein, doch die Art, wie sie dabei stets ein wenig hinterherhinkten, war recht lächerlich.

Schon in der Nacht hatte sich die Nachricht verbreitet, und am frühen Morgen (23.) traf dann die frische Gruppe ein, die zu den Tekenika gehörte, also Jemmys Stamm. Einige waren so schnell gerannt, daß sie aus der Nase bluteten

und Schaum vor dem Mund hatten, weil sie so schnell rede-
ten, und mit ihren nackten Leibern, die ganz mit Schwarz,
Weiß und Rot beschmiert waren, sahen sie aus wie Dämo-
nen, die gekämpft hatten. Sodann fuhren wir (in Begleitung
von zwölf Kanus mit jeweils vier bis fünf Leuten darin)
durch den Ponsonby-Sund bis zu der Stelle, wo der arme
Jemmy seine Mutter und seine Verwandten zu finden hoffte. Er hatte schon gehört, daß sein Vater tot war, doch da er
diesbezüglich einen »Traum im Kopf« gehabt hatte, schien
ihn das nicht weiter zu kümmern, und er tröstete sich wiederholt mit der natürlichen Überlegung – »Ich nicht kann
ändern«. Einzelheiten über den Tod seines Vaters vermochte
er nicht in Erfahrung zu bringen, da seine Verwandten nicht
darüber sprechen wollten.

Jemmy war nun in einer Gegend, die ihm wohlvertraut
war, und lenkte die Boote zu einer recht hübschen Bucht
namens Woollya, die von kleinen Inseln umgeben war, wovon jede wie auch jede Spitze ihren korrekten angestamm-
ten Namen hatte. Dort trafen wir eine Familie von Jemmys
Stamm an, die aber nicht mit ihm verwandt war; wir freun-
deten uns mit ihnen an, und am Abend schickten sie ein
Kanu aus, um Jemmys Mutter und Brüder zu informieren.
Die Bucht war von einigen Hektar guten, abschüssigen Landes umgeben und nicht (wie anderswo) von Torf oder Wald-
bäumen bedeckt. Kapitän Fitz Roys ursprüngliche Absicht
war es, wie schon bemerkt, York Minster und Fuegia zu ihrem Stamm an der Westküste zu bringen, doch da sie den
Wunsch bekundeten, hier zu bleiben, und die Stelle ausneh-
mend günstig war, beschloß Kapitän Fitz Roy, die ganze
Gruppe hier anzusiedeln, darunter auch Matthews, den Missionar. Fünf Tage wurden damit verbracht, ihnen drei große
Wigwams zu bauen, ihre Güter an Land zu bringen, zwei
Gärten anzulegen und Saat auszubringen.

Am Morgen nach unserer Ankunft (24.) begannen die Feuerländer herbeizuströmen, und auch Jemmys Mutter und Brüder trafen ein. Jemmy erkannte die Stentorstimme eines seiner Brüder schon aus erstaunlicher Entfernung. Die Begegnung war weniger interessant als zwischen einem Pferd, das aufs Feld gelassen wird, mit seinem alten Gefährten. Es gab keinerlei Bekundung von Zuneigung; sie starrten einander nur eine Weile an, dann ging die Mutter sogleich nach ihrem Kanu sehen. Allerdings erfuhren wir durch York, daß die Mutter wegen des Verlustes Jemmys untröstlich gewesen war und überall nach ihm gesucht hatte in der Hoffnung, er sei vielleicht doch zurückgelassen worden, nachdem man ihn ins Boot gebracht hatte. Die Frauen schenkten Fuegia große Beachtung und waren sehr freundlich zu ihr. Wir hatten schon bemerkt, daß Jemmy seine eigene Sprache fast vergessen hatte. Ich würde sagen, daß es kaum einen zweiten Menschen mit einem so geringen Sprachschatz gab, denn auch sein Englisch war sehr unvollkommen. Es war lachhaft, aber auch mitleiderregend, wie er mit seinem wilden Bruder Englisch redete und ihn dann auf Spanisch fragte *(»no sabe?«)*, ob er ihn nicht verstehe.

Während der folgenden drei Tage, als die Gärten angelegt und die Wigwams gebaut wurden, verlief alles friedlich. Wir schätzten die Zahl der Eingeborenen auf ungefähr einhundertzwanzig. Die Frauen arbeiteten hart, während die Männer den ganzen Tag herumlümmelten und zusahen. Sie baten um alles, was sie sahen, und stahlen, was sie konnten. Sie erfreuten sich an unseren Tänzen und Gesängen, und besonders interessierte es sie, wie wir uns in einem nahe gelegenen Bach wuschen; andere Dinge beachteten sie kaum, nicht einmal unsere Boote. Von allem, was York während seiner Abwesenheit von seinem Land gesehen hatte, schien ihn nichts mehr erstaunt zu haben als ein Strauß bei

Maldonado: Atemlos vor Verwunderung kam er zu Mr.
Brynoe gerannt, mit dem er unterwegs war – »Oh, Mr.
Brynoe, Vogel ganz wie Pferd!« Sosehr unsere weiße Haut
die Eingeborenen verblüffte, tat dies Mr. Lows Bericht zufolge ein Negerkoch auf einem Robbenfänger noch wir-
kungsvoller, und der arme Kerl wurde so bedrängt und an-
geschrieen, daß er nie wieder an Land gehen wollte. Alles
ging so ruhig vonstatten, daß einige Offiziere und ich lange
Wanderungen durch die umliegenden Berge und Wälder
unternahmen. Plötzlich jedoch, am 27., verschwanden alle
Frauen und Kinder. Das machte uns beklommen, da auch
weder York noch Jemmy eine Erklärung dafür hatten. Manche meinten, sie seien davon vertrieben worden, daß wir am
Abend davor unsere Musketen gereinigt und abgefeuert
hätten, andere wiederum, daß es von der Kränkung eines
alten Wilden war, der, als man ihm sagte, er solle weiter zu-
rückbleiben, dem Posten kühl ins Gesicht gespuckt hatte
und danach durch Gebärden, die er über einem schlafenden
Feuerländer ausführte, deutlich, wie es hieß, zum Ausdruck
brachte, daß er unseren Mann am liebsten zerstückeln und
aufessen würde. Kapitän Fitz Roy hielt es für ratsam, daß
wir in einer mehrere Meilen entfernten Bucht schliefen,
um so die Möglichkeit eines Zusammenstoßes, der für viele
Feuerländer tödlich geendet hätte, zu vermeiden. Matthews
entschloß sich mit seiner üblichen ruhigen Standhaftigkeit
(bemerkenswert bei einem Manne, der scheinbar über wenig Charakterstärke verfügte), bei den Feuerländern zu bleiben, die keine Besorgnis um sich selbst zeigten, und so ließen wir sie zurück und bis ihre erste schreckliche Nacht
verbringen.

Bei unserer Rückkehr am Morgen (28.) trafen wir zu
unserer Freude alles ruhig und die Männer beim Fischeste-
chen in ihren Kanus an. Kapitän Fitz Roy entschied, die

Jolle und ein Walboot zum Schiff zurückzuschicken und mit den beiden anderen Booten weiterzufahren, eines unter seinem Kommando (worin ihn zu begleiten er mir aufs freundlichste gestattete), und eines unter Mr. Hammond, um die westlichen Teile des Beagle-Kanals zu vermessen und danach umzukehren und die Ansiedlung zu besuchen. Der Tag war zu unserer Verblüffung überwältigend heiß, so daß unsere Haut versengt wurde; bei diesem schönen Wetter war der Ausblick in der Mitte des Kanals ganz bemerkenswert. In beiden Richtungen versperrte nichts die Fluchtpunkte dieses langen Kanals zwischen den Bergen. Daß es sich dabei um einen Meeresarm handelte, zeigte sich sehr deutlich an mehreren gewaltigen Walen, die in verschiedene Richtungen spritzten. Einmal sah ich zwei dieser Ungeheuer, wahrscheinlich Männchen und Weibchen, keinen Steinwurf entfernt von der Küste, über welche die Buche ihre Äste reckte, langsam hintereinander schwimmen.

Wir fuhren weiter, bis es dunkel wurde, und schlugen dann unsere Zelte an einem stillen Bach auf. Die größte Annehmlichkeit war es, für unsere Betten einen Kieselstrand zu finden, denn die Steine waren trocken und gaben dem Körper nach. Torferde ist feucht, Fels uneben und hart; Sand dringt ins Fleisch, wenn es nach Bootsart gegart und gegessen wird, doch wenn wir in unseren Schlafsäcken auf einem guten Bett aus weichen Kieseln lagen, verbrachten wir die behaglichsten Nächte.

Meine Wache ging bis ein Uhr. Diese Szenen haben etwas sehr Erhabenes. Niemals sonst dringt das Bewußtsein, in was für einem entlegenen Winkel der Welt man da steht, so stark in die Gedanken. Alles trägt zu diesem Effekt bei; die Stille der Nacht wird nur vom schweren Atmen der Seemänner unter den Zelten und zuweilen vom Schrei eines

Nachtvogels unterbrochen. Gelegentlich erinnert einen Hundegebell in der Ferne daran, daß es das Land der Wilden ist.

29. Januar – Früh am Morgen erreichten wir die Stelle, wo der Beagle-Kanal sich in zwei Arme teilt; wir wählten den nördlichen. Die Landschaft wird hier noch großartiger als zuvor. Die hohen Berge an der Nordseite bilden die Granitachse oder das Rückgrat des Landes und steigen steil auf eine Höhe von drei- bis viertausend Fuß an, wobei ein Gipfel über sechstausend liegt. Sie sind von einem breiten Mantel ewigen Schnees bedeckt, und zahlreiche Kaskaden führen ihr Wasser durch die Wälder in den schmalen Kanal darunter. An vielen Stellen reichen prachtvolle Gletscher von den Berghängen bis zum Wasserrand. Etwas Schöneres als das beryllartige Blau dieser Gletscher ist kaum denkbar, zumal, wenn man es mit dem toten Weiß der weiten Schneefläche oben kontrastiert. Die Bruchstücke, die vom Gletscher ins Wasser gefallen waren, trieben davon, und der Kanal mit seinen Eisbergen bot uns auf einer Strecke von einer Meile ein Miniaturabbild des Polarmeers. Während die Boote zur Abendessenszeit an Land geholt wurden, bewunderten wir aus einer Entfernung von einer halben Meile ein senkrecht abfallendes Eiskliff und wünschten, weitere Stücke würden herabfallen. Endlich brach mit donnerndem Getöse eine Masse herab, und sogleich sahen wir den glatten Umriß einer Welle auf uns zuwandern. Die Männer rannten, so schnell sie konnten, zu den Booten, denn die Möglichkeit, daß sie in Stücke zerschmettert wurden, war offensichtlich. Einer der Seeleute bekam gerade noch den Bug zu fassen, als der rollende Brecher es erreichte; er wurde umgeworfen, blieb jedoch unversehrt, und auch die Boote nahmen, obgleich sie drei Mal angehoben und herabgeworfen

wurden, keinen Schaden. Das war unser großes Glück, denn wir waren hundert Meilen vom Schiff entfernt und wären ohne Proviant und Feuerwaffen gewesen. Ich hatte schon davor bemerkt, daß einige große Gesteinsbrocken auf dem Strand erst kürzlich dorthin gelangt waren, doch erst als ich die Welle sah, begriff ich den Grund dafür. Eine Seite des Kanals wurde von einem Vorsprung aus Glimmerschiefer gebildet, sein Ende von einem ungefähr vierzig Fuß hohen Eiskliff und die andere Seite von einem fünfzig Fuß hohen Vorgebirge, das sich aus riesigen gerundeten Trümmern aus Granit und Glimmerschiefer aufbaute, auf denen alte Bäume wuchsen. Dieses Vorgebirge war offenkundig eine Moräne, die in einer Zeit angehäuft worden war, als der Gletscher noch größere Ausmaße hatte.

Als wir die westliche Öffnung dieses nördlichen Arms des Beagle-Kanal erreichten, fuhren wir zwischen vielen unbekannten Inseln hindurch, und das Wetter war erbärmlich schlecht. Wir begegneten keinen Eingeborenen. Beinahe überall war die Küste so steil, daß wir mehrmals etliche Meilen pullen mußten, bis wir genügend Platz für zwei Zelte fanden; in einer Nacht schliefen wir auf großen runden Felsblöcken, zwischen denen faulender Tang steckte, und wenn die Flut stieg, mußten wir aufstehen und unsere Schlafsäcke verlagern. Der westlichste Punkt, den wir erreichten, war die Stewart-Insel, hundertfünfzig Meilen von unserem Schiff entfernt. Wir kehrten über den südlichen Arm in den Beagle-Kanal zurück und gelangten von da ohne weiteres Abenteuer zum Ponsonby-Sund.

6. Februar – Wir langten in Woollya an. Matthews gab einen so schlimmen Bericht vom Verhalten der Feuerländer, daß Kapitän Fitz Roy entschied, ihn wieder mit zur *Beagle* zu nehmen, und schließlich ließ man ihn in Neuseeland zu-

rück, wo sein Bruder Missionar war. Gleich nach unserer Abfahrt hatte ein geradezu systematisches Plündern begonnen; ständig trafen neue Gruppen von Eingeborenen ein: York und Jemmy verloren viele Gegenstände und Matthews fast alles, was er nicht in der Erde versteckt hatte. Jeder Gegenstand schien zerrissen und unter den Eingeborenen verteilt worden zu sein. Matthews schilderte die Wache, die er stets halten mußte, als äußerst zermürbend; Nacht und Tag war er von den Eingeborenen umgeben, die ihn zu ermüden suchten, indem sie dicht an seinem Kopf unaufhörlich Lärm machten. Einmal forderte Matthews einen alten Mann auf, seinen Wigwam zu verlassen, worauf dieser sogleich mit einem großen Stein in der Hand zurückkehrte; ein andermal kam eine ganze mit Steinen und Stöcken bewaffnete Gruppe, und einige der jüngeren Männer und Jemmy weinten: Matthews ging ihnen mit Geschenken entgegen. Eine andere Gruppe machte ihm mit Gesten deutlich, daß sie ihn nackt ausziehen und ihm alle Haare aus Gesicht und Körper reißen wolle. Ich glaube, wir kamen gerade rechtzeitig, um ihm das Leben zu retten. Jemmys Verwandte waren so eitel und töricht gewesen, Fremden ihre Beute zu zeigen und wie sie dazu gekommen waren. Es war ganz betrüblich, die drei Feuerländer bei ihren wilden Landsleuten zurückzulassen, doch war es ein großer Trost, daß sie keine Angst um sich hatten. York, ein kräftiger, entschlossener Mann, würde mit seiner Frau Fuegia bestimmt gut zurechtkommen. Der arme Jemmy schaute recht verzweifelt drein und wäre, dessen bin ich mir sicher, gern mit uns zurückgekehrt. Sein eigener Bruder hatte ihm viele Dinge gestohlen, und indem er bemerkte: »Was für Art das«, beschimpfte er seine Landsleute, »alles böse Männer, *sabe* (wissen) nichts!« und, obgleich ich ihn nie hatte fluchen hören: »verdammte Narren«. Unsere drei Feuerländer hätten, obgleich sie nur drei Jahre unter

52

zivilisierten Menschen gewesen waren, gewiß gern ihre neue Lebensweise beibehalten, das aber war offensichtlich unmöglich. Ich fürchte, es ist mehr als zweifelhaft, ob ihr Besuch ihnen überhaupt etwas genützt hat.

Am Abend brachen wir, mit Matthews an Bord, zurück zum Schiff auf, nicht durch den Beagle-Kanal, sondern die Südküste entlang. Die Boote waren schwer beladen und die See rauh, und es war eine gefährliche Fahrt. Am Abend des 7. waren wir nach einer Abwesenheit von zwanzig Tagen, in denen wir dreihundert Meilen in offenen Booten zurückgelegt hatten, wieder an Bord der *Beagle*. Am 11. besuchte Kapitän Fitz Roy die Feuerländer allein und fand, daß sie gut zurechtkamen und nur noch sehr wenige Dinge verloren hatten.

Am letzten Februartag des folgenden Jahres (1834) ankerte die *Beagle* in einer schönen kleinen Bucht an der östlichen Einfahrt zum Beagle-Kanal. Kapitän Fitz Roy entschloß sich zu dem kühnen und, wie sich herausstellte, erfolgreichen Versuch, gegen den Westwind auf derselben Route zu kreuzen, der wir in den Booten zur Ansiedlung Woollya gefolgt waren. Wir sahen nicht viele Eingeborene, bis wir dann in der Nähe des Ponsonby-Sund waren, wo uns zehn bis zwölf Kanus folgten. Die Eingeborenen verstanden den Grund unseres Lavierens überhaupt nicht, und statt uns bei jedem Schlag zu begegnen, mühten sie sich vergebens, uns auf unserem Zickzackkurs zu folgen. Mich belustigte die Erkenntnis, welchen Unterschied der Umstand, daß wir an Kraft deutlich überlegen waren, bei der Betrachtung dieser Wilden ausmachte. Im Boot war mir zunehmend allein schon der Klang ihrer Stimmen zuwider, so viel Ärger hatten sie uns bereitet. Das erste und letzte Wort war immer »Jammerschoner«. Wenn wir in eine ruhige kleine Bucht einlie-

fen, uns umsahen und gedachten, eine ruhige Nacht zu verbringen, schrillte das widerwärtige Wort »Jammerschoner«
aus einem düsteren Winkel, und dann ringelte sich das kleine Rauchsignal empor, um die Nachricht weit und breit zu
verkünden. Fuhren wir irgendwo ab, sagten wir zueinander:
»Dem Himmel sei Dank, endlich haben wir diese Wichte
hinter uns gelassen!«, als erneut ein schwaches Hallo von
einer allmächtigen Stimme, aus einer großen Entfernung
vernommen, an unser Ohr drang, und deutlich konnten wir
wieder »Jammerschoner« ausmachen. Nun jedoch war es
desto lustiger, je mehr Feuerländer es waren, und wie lustig
es dann war! Beide Seiten lachten, staunten, gafften einander an; wir bedauerten sie, daß sie uns gute Fische und Krab-
ben gegen Lumpen usw. gaben, sie wiederum ergriffen die
Gelegenheit, auf Leute zu treffen, die so dumm waren, daß
sie solch prachtvolle Ornamente gegen ein gutes Mahl ein-
tauschten. Es war höchst amüsant, das unverhohlen befrie-
digte Grinsen bei einer jungen Frau zu sehen, deren Gesicht
schwarz bemalt war, während sie sich einige Fetzen rotes
Tuch mit Binsen um den Kopf schnürte. Ihr Mann, der das
in diesem Land sehr gängige Privileg genoß, zwei Ehefrauen
zu besitzen, wurde offensichtlich neidisch auf die große Aufmerksamkeit, die seiner jungen Frau erwiesen wurde, und
ließ sich nach einer Unterredung mit seinen nackten Schönen von ihnen davonpaddeln.

Einige der Feuerländer zeigten deutlich, daß sie eine pas-
sable Vorstellung vom Feilschen hatten. Ich gab einem
Mann einen großen Nagel (ein äußerst wertvolles Geschenk), ohne die Geste eines Gegengeschenks zu machen;
er jedoch hob sogleich zwei Fische auf und reichte sie mir an
der Spitze seines Speers herauf. Fiel ein Geschenk, das einem Kanu galt, in die Nähe eines anderen, so wurde es stets
dem richtigen Besitzer übergeben. Der feuerländische Jun-

ge, den Mr. Low an Bord hatte, zeigte durch einen heftigen Wutanfall, daß er den Tadel, einen Lügner genannt zu werden, denn das war er auch, durchaus verstand. Jetzt wie auch bei allen früheren Anlässen waren wir sehr überrascht über die geringe oder vielmehr völlig fehlende Aufmerksamkeit, die sie vielen Dingen schenkten, deren Verwendung den Eingeborenen bekannt gewesen sein mußte. Einfache Umstände – wie die Schönheit eines scharlachroten Tuches oder blauer Perlen, das Fehlen von Frauen, die Sorgfalt, mit der wir uns wuschen – erregten ihre Bewunderung weit mehr als jeder großartige oder komplizierte Gegenstand wie etwa unser Schiff. Bougainville hat über diese Leute wohl bemerkt, sie behandelten die »chef-d'œuvres de l'industrie humaine comme ils traitent les loix de la nature et ses phénomènes«.

Am 5. März ankerten wir in der Bucht von Woollya, doch sahen wir dort keine Menschenseele. Das bestürzte uns, denn die Eingeborenen vom Ponsonby-Sund hatten durch Gebärden angezeigt, daß es Kämpfe gegeben hatte, und später erfuhren wir, daß die gefürchteten Oens-Männer eingefallen waren. Bald darauf näherte sich uns ein Kanu, in dem eine Fahne flatterte, und einer der Männer darin wusch sich gerade die Farbe vom Gesicht. Dieser Mann war der arme Jemmy – nun ein dünner, hagerer Wilder mit langem, wirrem Haar und bis auf den Fetzen einer Decke um die Hüften nackt. Wir erkannten ihn erst, als er nahe bei uns war, denn er schämte sich und drehte dem Schiff den Rücken zu. Als wir ihn zurückgelassen hatten, war er rundlich, dick, sauber und gut gekleidet – nie habe ich eine solch vollständige und schlimme Verwandlung gesehen. Sobald er aber mit Kleidung versehen war und die erste Aufregung sich gelegt hatte, sah alles schon wieder besser aus. Er speiste mit Kapitän Fitz Roy, und er aß sein Mahl so reinlich wie zuvor.

Er sagte uns, er habe »zu viel« (was genug bedeutete) zu essen, daß ihm nicht kalt sei, daß seine Verwandten gute Menschen seien und daß er nicht zurück nach England wolle: Am Abend entdeckten wir dann die Ursache des großen Wandels von Jemmys Haltung, als nämlich seine junge und hübsche Frau eintraf. Mit seiner üblichen Empfindsamkeit brachte er zweien seiner besten Freunde zwei schöne Otterfelle und dem Kapitän eigenhändig gefertigte Speerspitzen und Pfeile. Er sagte, er habe sich selbst ein Kanu gebaut, und brüstete sich, er könne schon etwas in seiner eigenen Sprache sprechen! Ganz ungewöhnlich ist aber, daß er seinem Stamm anscheinend etwas Englisch beigebracht hat: Ein alter Mann kündigte spontan »Jemmy Buttons Frau« an. Jemmy habe alles Hab und Gut verloren. Er erzählte uns, York Minster habe ein Kanu gebaut und sei mit seiner Frau Fuegia mehrere Monate zuvor auf sein eigenes Land gezogen und habe sich mit einer ausgemachten Schurkerei verabschiedet; er habe Jemmy und seine Mutter überredet mitzukommen und sie dann unterwegs bei Nacht verlassen und dabei ihr gesamtes Eigentum gestohlen.

Jemmy ging zum Schlafen an Land und kehrte am Morgen zurück an Bord, bis das Schiff den Anker lichtete, was seine Frau ängstigte, worauf sie so lange heftig weinte, bis er in sein Kanu stieg. Beladen mit wertvollen Gütern kehrte er zurück. Jede Seele an Bord war von Herzen traurig, ihm zum letzten Mal die Hand zu geben. Heute zweifle ich nicht mehr daran, daß er so glücklich sein wird, vielleicht glücklicher, als wenn er nie sein Land verlassen hätte. Jeder muß aufrichtig hoffen, daß des Kapitäns edle Hoffnung in Erfüllung gehe, er möge für die zahlreichen großzügigen Opfer, die er diesen Feuerländern gebracht hatte, belohnt werden, indem einmal ein schiffbrüchiger Seemann von den Nachfahren Jemmy Buttons und seines Stammes beschützt wer-

de! Als Jemmy das Ufer erreichte, entzündete er ein Signal-
licht, und der Rauch stieg auf und sagte uns ein letztes und
langes Lebewohl, während das Schiff Kurs aufs offene Meer
nahm.

Die absolute Gleichheit unter den Einzelnen, welche die
feuerländischen Stämme bilden, dürfte ihre Zivilisierung
auf lange Zeit verzögern. So wie wir sehen, daß jene Tiere,
deren Instinkt sie veranlaßt, in einer Gemeinschaft zu leben, einem Anführer gehorchen, so verhält es sich auch bei
den Rassen der Menschheit. Ob wir es nun als Ursache oder
Folge ansehen, die zivilisierteren haben doch stets die künst-
lichste Regierung. Beispielsweise waren die Bewohner von
Otaheite, die bei ihrer Entdeckung von erblichen Königen
regiert wurden, auf einer weit höheren Stufe angelangt als
ein anderer Zweig desselben Volkes, die Neuseeländer – die,
obgleich sie davon profitierten, daß sie ihre Aufmerksamkeit dem Ackerbau zuwenden mußten, Republikaner im ab-
solutesten Sinne waren. In Feuerland erscheint es so lange,
wie kein Häuptling mit genügend Macht auftritt, um sich
erworbene Vorteile wie domestizierte Tiere zu sichern,
kaum möglich, daß sich der politische Zustand des Landes
bessert. Gegenwärtig wird noch ein Stück Tuch, das man
einem schenkt, in Fetzen zerrissen und an alle verteilt, und
keiner kann reicher werden als der andere. Andererseits ist
es schwer zu begreifen, wie ein Häuptling auftreten soll, bis
es nicht einen irgendwie gearteten Besitz gibt, womit er seine Überlegenheit manifestieren und seine Macht mehren
kann.

Ich glaube, in diesem äußersten Teil Südamerikas existiert der Mensch auf einem niedereren Stand des Fort-
schritts als irgendwo sonst auf der Welt. Die Südseeinsula-
ner der beiden Rassen, welche den Pazifik bewohnen, sind
vergleichsweise zivilisiert. Der Eskimo in seiner unterirdi-

schen Hütte erfreut sich mancher Annehmlichkeiten des Lebens und beweist in seinem Kanu, wenn völlig ausgerüstet, beträchtliches Geschick. Einige der Stämme Südafrikas, die auf der Suche nach Wurzeln umherstreifen und im Verborgenen auf den wilden und ariden Ebenen leben, sind ziemlich elend. Der Australier kommt mit seiner Schlichtheit in der Kunst des Lebens dem Feuerländer am nächsten; indes hat er seinen Bumerang, seinen Speer und Wurfstock, seine Methode, auf Bäume zu klettern, Tiere aufzuspüren und zu jagen. Obgleich der Australier ihm an Kenntnissen überlegen ist, folgt daraus keineswegs, daß dies auch beim geistigen Vermögen der Fall ist; ja, nach dem, was ich von den Feuerländern sah, wenn sie an Bord waren, und dem, was ich über die Australier gelesen habe, meine ich, daß der Fall genau umgekehrt liegt.

Galapagos-Archipel

15. September [1835] – Dieser Archipel besteht aus zehn Hauptinseln, wovon fünf deutlich größer als die anderen sind. Sie liegen unterhalb des Äquators und fünf- bis sechshundert Meilen westlich der amerikanischen Küste. Sie bestehen allesamt aus Vulkangestein; einige Fragmente merkwürdig geglätteten und von der Wärme veränderten Granits können kaum als Ausnahme betrachtet werden. Einige der Krater, die auf den größeren Inseln aufragen, sind von beträchtlicher Größe und erheben sich bis auf eine Höhe von drei- bis viertausend Fuß. Ihre Flanken sind von zahllosen kleineren Öffnungen durchsetzt. Ich zögere kaum zu behaupten, daß es auf dem ganzen Archipel wenigstens zweitausend Krater gibt. Diese bestehen entweder aus Lava, Schlacke oder einem fein geschichteten, sandsteinartigen Tuff. Letztere sind überwiegend schön symmetrisch; sie

verdanken ihren Ursprung den Eruptionen vulkanischen Schlamms ohne jede Lava: Es ist bemerkenswert, daß bei jedem einzelnen der achtundzwanzig Tuffkrater, die wir untersuchten, die Südseite entweder viel niedriger als die anderen oder ganz niedergebrochen und abgetragen war. Da alle diese Krater offenbar geformt wurden, als sie im Meer standen, und da die Wellen vom Passatwind und der Dünung aus dem offenen Pazifik ihre Kräfte hier an der Südküste aller Inseln bündeln, läßt sich diese einzigartige Gleichförmigkeit der niedergebrochenen Krater, die ja aus dem weichen und nachgiebigen Tuff bestehen, leicht erklären.

Angesichts dessen, daß diese Inseln unmittelbar unter dem Äquator liegen, ist das Klima keineswegs übermäßig heiß; das scheint in der Hauptsache an der auffallend niedrigen Temperatur des sie umgebenden Wassers zu liegen, das von dem großen Südpolarstrom hierher geführt wird. Bis auf eine kurze Zeit fällt nur sehr wenig Regen, und selbst dann ist er unregelmäßig; allerdings hängen die Wolken meistens tief. Während die tieferen Bereiche der Inseln sehr karg sind, herrscht daher in den oberen ab einer Höhe von tausend Fuß und darüber ein feuchtes Klima und eine leidlich üppige Vegetation. Das gilt insbesondere für die nach Luv liegenden Seiten der Inseln, welche die Feuchtigkeit aus der Luft als erste empfangen und kondensieren.

Am Morgen (17.) gingen wir auf Chatham Island an Land, welche sich, wie die anderen auch, mit weich gerundeten Konturen erhebt, in denen hier und da Hügel eingestreut sind, die Reste ehemaliger Krater. Nichts könnte weniger einladend sein als dieser erste Eindruck. Ein zerklüftetes Feld schwarzer Basaltlava, in stark gezackten Wellen hingeworfen und von tiefen Rissen durchzogen, ist überall von verkümmertem, sonnenverbranntem Buschwerk bewachsen, das kaum Zeichen von Leben aufweist. Die trockene, ausgedörrte, von der Mittagssonne aufgeheizte Oberfläche verlieh der Luft etwas Dumpfes und Drückendes gleich der aus einem Backofen: Wir meinten, selbst die Büsche röchen unangenehm. Obwohl ich fleißig versuchte, so viele Pflanzen wie möglich zu sammeln, war mir doch nur geringer Erfolg beschieden, und solch kümmerliche kleine Kräuter hätten einer arktischen Flora besser angestanden als einer äquatorialen. Das Buschwerk erscheint noch aus geringer Entfernung ebenso blattlos wie unsere Bäume im Winter,

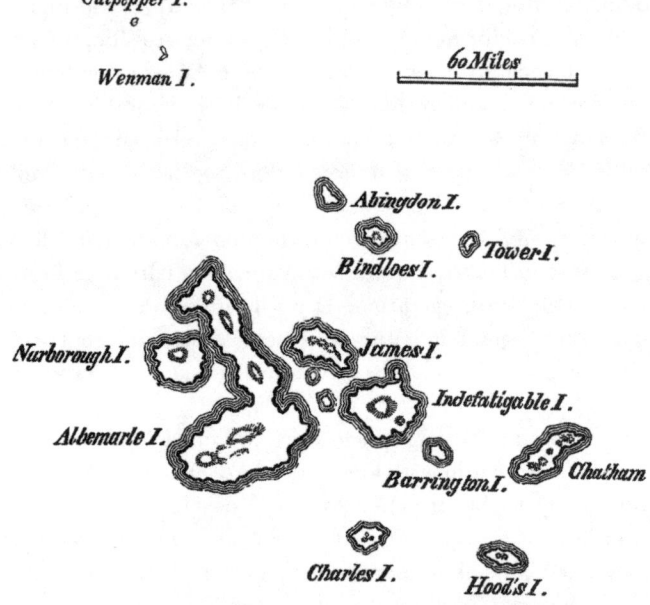

Das Galapagos-Archipel.

und es dauerte eine Weile, bis ich entdeckte, daß hier fast jede Pflanze nicht nur in vollem Laub stand, sondern überwiegend auch in Blüte. Der verbreitetste Busch ist eine Art der Euphorbiaceae: Eine Akazie und ein großer, merkwürdig aussehender Kaktus sind die einzigen Bäume, die Schatten spenden. Nach der Zeit des starken Regens soll die Insel für eine kurze Weile teilweise grün sein. Die Vulkaninsel Fernando Noronha, in vieler Hinsicht nahezu identischen Bedingungen ausgesetzt, ist das einzige andere Land, wo ich überhaupt eine Vegetation wie die auf den Galapagosinseln gesehen habe.

Die *Beagle* umsegelte Chatham Island und ankerte in mehreren Buchten. Eine Nacht verbrachte ich an der Küste eines Inselabschnitts, wo es außerordentlich viele schwarze abgestumpfte Kegel gab; von einer kleinen Erhebung aus zählte ich deren sechzig, allesamt gekrönt von mehr oder minder voll ausgebildeten Kratern. Die meisten bestanden lediglich aus einem Ring aus roter Schlacke, die zusammengebacken war, und ihre Höhe über der Lavaebene betrug nicht mehr als fünfzig bis hundert Fuß; keiner war in letzter Zeit aktiv gewesen. Die gesamte Fläche dieses Inselteils scheint, gleich einem Sieb, von den unterirdischen Dämpfen durchdrungen: Hier und da wurde die Lava, als sie noch weich war, zu großen Blasen aufgeworfen; an anderen Stellen sind die Decken ähnlich geformter Höhlen eingefallen, wobei kreisrunde Gruben mit steilen Rändern entstanden sind. Mit ihrer regelmäßigen Form verliehen diese Krater dem Land etwas Künstliches, was mich lebhaft an jene Gegenden in Staffordshire erinnerte, in denen die großen Eisengießereien am zahlreichsten sind. Der Tag war glühend heiß, und sich den Weg über die rauhe Oberfläche und durch die verworrenen Dickichte zu bahnen war sehr ermüdend, doch wurde ich durch die eigenartige, zyklopische Szenerie

reich belohnt. Als ich so dahinging, stieß ich auf zwei große
Schildkröten, die jeweils mindestens 200 Pfund gewogen
haben müssen: Eine fraß ein Stück von einem Kaktus, und
als ich mich ihr näherte, starrte sie mich an und stapfte
langsam davon; die andere gab ein tiefes Zischen von sich
und zog den Kopf ein. Diese riesigen Reptilien, umgeben
von der schwarzen Lava, den blattlosen Büschen und großen
Kakteen, erschienen meiner Phantasie wie vorsintflutliche
Wesen. Die wenigen dunkel gefärbten Vögel beachteten
mich nicht mehr als die großen Schildkröten.

23. September – Die *Beagle* fuhr weiter zu Charles Island.
Dieser Archipel wird schon seit langem besucht, anfangs
von Freibeutern, später dann von Walfängern, aber erst
während der letzten sechs Jahre hat sich hier eine Kolonie
angesiedelt. Die Einwohner zählen zwischen zwei- und
dreihundert: Es handelt sich dabei nahezu ausschließlich
um Farbige, die von der Republik Ecuador, deren Hauptstadt Quito ist, wegen politischer Verbrechen verbannt wurden. Die Siedlung ist ungefähr viereinhalb Meilen landeinwärts in einer Höhe von wohl tausend Fuß angelegt. Auf
dem ersten Teil der Reise gelangten wir durch blattlose Dik-
kichte wie auf Chatham Island. Je höher wir kamen, desto
grüner wurden die Wälder: Und sobald wir den Kamm der
Insel überschritten hatten, wurden wir von einer schönen
südlichen Brise abgekühlt und unser Auge von grüner, blü-
hender Vegetation erfrischt. In dieser oberen Region über-
wiegen grobe Gräser und Farne, Baumfarne gibt es aber keine: Nirgendwo sah ich ein Mitglied der Palmenfamilie, was
desto auffallender ist, als die Kokosinsel 360 Meilen weiter
nördlich ihren Namen von den zahlreichen Kokosnüssen erhalten hat. Die Häuser sind unregelmäßig über eine flache
Ebene verstreut, auf der Süßkartoffeln und Bananen ange-
baut werden. Man kann es sich nur schwer vorstellen, wie

angenehm uns der Anblick schwarzer Erde war, nachdem
wir so lange die ausgedörrte Erde Perus und Nordchiles gewohnt waren. Die Einwohner klagen zwar über ihre Armut,
können jedoch ohne großen Aufwand für ihren Lebensunterhalt sorgen. In den Wäldern gibt es viele Wildschweine
und Ziegen; hauptsächlich jedoch besteht ihre tierische
Nahrung aus Schildkröten. Natürlich wurde deren Zahl auf
der Insel stark dezimiert, doch noch immer zählen die Leute
darauf, daß zwei Tage Jagd ihnen das Essen für den Rest der
Woche liefern. Früher soll ein einziges Schiff bis zu sieben-
hundert erbeutet haben, und vor Jahren einmal soll die Besatzung einer Fregatte an einem Tag zweihundert Schildkröten an den Strand gebracht haben.

29. September — Wir umsegelten die Südwestspitze von Albemarle Island, und am folgenden Tag lagen wir zwischen
ihr und Narborough Island fast in einer Flaute. Beide Inseln
sind mit gewaltigen Fluten schwarzer nackter Lava bedeckt,
die entweder über den Rand der großen Kessel geflossen
sind wie Pech über den Rand eines Topfs, in dem es gekocht
wurde, oder aus kleineren Öffnungen an den Flanken; bei
ihrem Weg hinab haben sie sich viele Meilen weit an der
Meeresküste ausgedehnt. Auf beiden Inseln haben, wie man
weiß, Eruptionen stattgefunden, und auf Albemarle sahen
wir eine kleine Rauchfahne, die sich aus dem Gipfel eines
großen Kraters ringelte. Am Abend gingen wir auf Albemarle Island in Bank's Cove vor Anker. Am folgenden Morgen brach ich zu einem Rundgang auf. Südlich des geborste-
nen Tuffkraters, in dem die *Beagle* ankerte, gab es einen
weiteren wunderschön symmetrischen von elliptischer
Form; seine Längsachse betrug ein wenig unter einer Meile,
seine Tiefe ungefähr 500 Fuß. An seinem Grund war ein
flacher See, in dessen Mitte ein winziger Krater ein Eiland

bildete. Der Tag war drückend heiß, und der See war klar und blau: Ich hastete den schlackigen Hang hinab und kostete, mit verstaubter Kehle, begierig das Wasser – doch zu meinem Verdruß war es salzig wie das Meer.

Die Felsen an der Küste wimmelten von großen schwarzen Echsen, zwischen drei und vier Fuß lang, und in den Bergen war eine häßliche, gelblichbraune Art ebenso zahlreich. Wir sahen viele jener Letzteren; manche liefen plump vor uns davon, andere verzogen sich in ihren Bau. Ich werde die Lebensweise beider Reptilien sogleich eingehender beschreiben. Der gesamte Nordteil von Albemarle Island ist erbärmlich karg.

8. Oktober – Wir langten auf James Island an; diese Insel wurde, wie auch Charles Island, schon vor langem nach unseren Königen der Stuart-Linie benannt. Mr. Brynoe, ich selbst und unsere Bedienten wurden hier für eine Woche mit Vorräten und einem Zelt zurückgelassen, während die *Beagle* Wasser bunkern fuhr. Wir trafen hier auf eine Gruppe Spanier, die von Charles Island hergeschickt worden waren, um Fisch zu trocknen und Schildkrötenfleisch zu salzen. Ungefähr sechs Meilen landeinwärts, auf einer Höhe von beinahe 2000 Fuß, war eine Hütte errichtet worden, in der zwei der Männer hausten, um auf Schildkrötenfang zu gehen, während die anderen vor der Küste fischten. Dieser Gruppe stattete ich zwei Besuche ab und schlief einmal dort. Wie auf den anderen Inseln war die untere Region von nahezu blattlosen Büschen bedeckt, die Bäume hingegen waren von höherem Wuchs als anderswo; mehrere hatten einen Durchmesser von zwei Fuß, andere sogar von zwei Fuß und neun Zoll. Die obere Region, von den Wolken feucht gehalten, wies eine grüne, blühende Vegetation auf. Der Boden war so feucht, daß es große Felder mit grobem Cyperus gab,

in denen zahlreiche sehr kleine Wasserrallen lebten und brüteten. Solange wir in dieser oberen Region waren, ernährten wir uns fast ausschließlich von Schildkrötenfleisch: Die Brustplatte mit dem Fleisch darin geröstet (wie die Gauchos es mit *carne con cuero* machen) schmeckt sehr gut, und die jungen Schildkröten geben eine hervorragende Suppe ab; ansonsten ist das Fleisch für meinen Geschmack aber mäßig.

An einem Tag begleiteten wir einige der Spanier auf ihrem Walboot zu einer Salina, einem See also, aus dem Salz gewonnen wird. Nach der Landung ging es auf eine recht rauhe Wanderung über ein zerklüftetes Feld mit jüngerer Lava, die einen Tuffkrater, an dessen Grund der Salzsee liegt, beinahe ganz umschlossen hat. Das Wasser ist nur drei, vier Zoll tief und ruht auf einer Schicht wunderschön kristallisierten weißen Salzes. Der See ist kreisrund und von einem Streifen hellgrüner Sukkulenten gesäumt; die nahezu senkrecht abfallenden Wände des Kraters sind mit Wald bestanden, so daß die Szenerie recht malerisch und eigentümlich war. Einige Jahre zuvor ermordeten die Seeleute eines Segelschiffs an dieser ruhigen Stelle ihren Kapitän; wir sahen seinen Schädel im Gebüsch liegen.

Während des größeren Teils unseres einwöchigen Aufenthalts war der Himmel wolkenlos, und wenn sich der Passat einmal für eine Stunde legte, wurde die Hitze recht drükkend. An zwei Tagen stand das Thermometer im Zelt einige Stunden lang bei 34 °C, im Freien, in Wind und Sonne hingegen nur bei 29°. Der Sand war äußerst heiß; das Thermometer, auf einen von brauner Farbe gelegt, stieg sogleich auf 58°, und wie weit es noch gestiegen wäre, weiß ich nicht, denn höher war es nicht graduiert. Der schwarze Sand fühlte sich noch heißer an, so daß es selbst in dicken Stiefeln recht unangenehm war, darauf zu gehen.

Die Naturgeschichte dieser Inseln ist äußerst merkwürdig und verdient sehr wohl Aufmerksamkeit. Die meisten organischen Erzeugnisse sind heimische Geschöpfe, die nirgendwo sonst zu finden sind; sogar zwischen den Bewohnern der verschiedenen Inseln gibt es Unterschiede, doch alle zeigen eine ausgeprägte Verwandtschaft mit denen Amerikas, obgleich sie von diesem Kontinent durch einen freien Ozean von 500 bis 600 Meilen Breite getrennt sind. Der Archipel ist eine kleine Welt für sich oder vielmehr ein an Amerika angegliederter Satellit, woher vereinzelte Kolonisten stammen und er das allgemeine Gepräge seiner heimischen Erzeugnisse erhalten hat. Angesichts der geringen Größe dieser Inseln sind wir desto erstaunter über die Zahl ihrer ursprünglichen Lebewesen und deren begrenzter Ausbreitung. Da jede Anhöhe von einem Krater gekrönt und die Begrenzungen der meisten Lavaströme noch deutlich zu sehen sind, gelangen wir zu der Annahme, daß der durchgängige Ozean in einer geologisch jungen Zeit hier ausgebreitet war. Daher scheint es, als seien wir, sowohl in Zeit wie Raum, einigermaßen nahe jenem großen Faktum gebracht – jenem Rätsel aller Rätsel –, dem ersten Erscheinen neuer Lebewesen auf dieser Erde.

An Landsäugetieren gibt es nur eines, das als heimisch angesehen werden muß, nämlich eine Maus *(Mus galapagoensis)*, die, soweit ich feststellen konnte, auf Chatham Island, die östlichste Insel der Gruppe, beschränkt ist. Sie gehört, wie Mr. Waterhouse mir mitteilt, zu einer Untergruppe jener Mäusefamilie, die charakteristisch für Amerika ist. Auf James Island lebt eine Ratte, die sich von der gewöhnlichen Art hinreichend unterscheidet, so daß sie von Mr. Waterhouse benannt und beschrieben wurde, doch da sie der altweltlichen Untergruppe der Familie angehört und da diese Insel während der letzten einhundertfünfzig Jahre von

Schiffen besucht worden ist, habe ich kaum Zweifel, daß diese Ratte lediglich eine Variante ist, hervorgebracht von dem neuen und besonderen Klima, dem Boden und der anderen Nahrung, denen sie ausgesetzt ist. Auch wenn niemand das Recht hat, ohne klare Fakten zu spekulieren, sollte doch hinsichtlich der Chatham-Insel-Maus bedacht werden, daß es sich möglicherweise um eine aus Amerika eingeführte Art handelt, denn ich habe in einem sehr dünn besiedelten Teil der Pampas eine einheimische Maus gesehen, die im Dach einer neu gebauten Hütte lebte, und daher ist ihr Transport mit einem Fahrzeug nicht unwahrscheinlich: Analoge Fakten wurden von Dr. Richardson in Nordamerika beobachtet.

An Landvögeln sammelte ich sechsundzwanzig Arten, allesamt der Gruppe angehörig und nirgendwo sonst anzutreffen; eine Ausnahme bildet ein großer, lerchenähnlicher Fink aus Nordamerika *(Dolichonyx oryzivorus)*, der auf diesem Kontinent bis auf 54° N verbreitet ist und vorzugsweise Marschen bewohnt. Zu den anderen fünfundzwanzig Vögeln, gehört zunächst ein Falke, der in seiner Struktur ganz eigentümlich zwischen dem Bussard und der amerikanischen Gruppe des Aas fressenden *Polybon* steht; am meisten gleicht er jenen Vögeln in seinen Lebensgewohnheiten und sogar in der Stimme. Sodann zwei Eulen, welche für die kurzohrige und weiße Schleiereule Europas stehen. Drittens ein Zaunkönig, drei Tyrannen (zwei davon von der Art *Pyrocephalus*, wovon einer oder gar beide von manchen Ornithologen als einzige Varietät bezeichnet würden) und eine Taube — allesamt analog zu, aber verschieden von amerikanischen Arten. Viertens eine Schwalbe, die, obgleich sie sich von der *Progne purpurea* Nord- und Südamerikas nur dadurch unterscheidet, daß sie deutlich dunkler, kleiner und schmaler ist, von Mr. Gould als spezifisch gesondert betrachtet wird. Fünftens gibt es drei Arten der Spottdrossel – eine Art, die für Amerika äußerst typisch ist. Die verbleibenden Landvögel bilden eine ganz eigentümliche Gruppe Finken, von Mr. Gould in drei Untergruppen unterteilt, die durch die Form des Schnabels, des kurzen Schwanzes sowie Körper und Gefieder miteinander verwandt sind: Es gibt dreizehn Arten, die Mr. Gould in vier Untergruppen eingeteilt hat. Alle diese Arten sind auf diesen Archipel beschränkt, ebenso die gesamte Gruppe mit Ausnahme einer Art der Untergruppe *Cactornis, d*ie unlängst von der Bow-Insel des Low-Archipels eingeführt wurde. Die beiden Arten der *Catornis* sieht man häufig auf den Blumen der großen Kaktusbäume umherklettern; alle anderen Arten dieser Finkengruppe, die in Scharen auftreten, finden ihre Nahrung auf dem trockenen, unfruchtbaren Boden der unteren Regionen. Die Männchen von allen oder jedenfalls der überwiegenden Zahl sind rabenschwarz, die Weibchen (vielleicht mit einer oder zwei Ausnahmen) braun. Das Merkwürdigste ist die vollkommene Abstufung der Schnabelgröße bei den verschiedenen Arten des *Geospiza,* von einem, der groß ist wie der des Kernbeißers, bis zu dem des Buchfinken und (wenn Mr. Gould recht damit hat, seine Untergruppe *Certhidea* der Hauptgruppe zuzurechnen) selbst dem der Grasmücke. Der größte Schnabel in der Gattung *Geospiza* wird in Abb. 1 gezeigt, der kleinste in Abb. 3, doch statt daß es nur eine mittlere Art mit einem Schnabel von der in Abb. 2 gezeigten Größe gibt, finden sich nicht weniger als sechs Arten mit unmerklich abgestuften Schnäbeln. Der Schnabel der Untergruppe *Certhidea* gleicht etwas dem des Staren, und jener der vierten Untergruppe, *Camarhynchus,* ist leicht papageienförmig. Wenn man diese Abstufung und strukturelle Vielfalt bei einer kleinen, eng verwandten Vogelgruppe sieht, möchte man wirklich glauben, daß von einer ursprünglich geringen Zahl an Vögeln auf diesem Archipel eine Art ausgewählt und für verschiedene Zwecke modifiziert wurde. Entsprechend könnte man meinen, daß ein Vogel, der ursprünglich ein Bussard war, hier eingeführt wurde, um die Funktion des Aas fressenden *Polybon* vom amerikanischen Kontinent auszufüllen.

1. *Geospiza magnirostis.*
3. *Geospiza parvula.*

2. *Geospiza fortis.*
4. *Certhidea olivacea.*

An Wat- und Wasservögeln sah ich nur elf verschiedene, und davon sind lediglich drei (darunter eine Ralle, die sich auf die feuchten Gipfel der Inseln beschränkt) neue Arten. Angesichts der umherziehenden Lebensweise der Möwen war ich überrascht, daß die Art, die diese Inseln bewohnt, eine eigenständige, aber mit einer aus den südlichen Regionen Südamerikas verwandt ist. Die weit größere Eigenständigkeit der Landvögel im Vergleich zu den Wat- und schwimmfüßigen Vögeln, denn von sechsundzwanzig sind fünfundzwanzig neue Arten oder wenigstens neue Rassen, hängt mit der größeren Reichweite dieser letzteren Ordnungen in allen Teilen der Welt zusammen. Hiernach werden wir dieses Gesetz, daß Wasserspezies, ob nun Salz- oder Südwasser, an jedem Ort auf der Erdoberfläche weniger eigentümlich sind als die Landspezies derselben Klassen, bei den Muscheln und in geringerem Maße bei den Insekten dieses Archipels eindrucksvoll illustriert sehen.

Zwei der Watvögel sind deutlich kleiner als die gleiche Art, die von anderswoher kam: Auch die Schwalbe ist kleiner, obwohl Zweifel bestehen, ob sie sich von ihrer Entsprechung unterscheidet oder nicht. Die zwei Eulen, die beiden Tyrannen *(Pyrocephalus)* und die Taube sind ebenfalls kleiner als die analoge, aber verschiedene Art, mit der sie am nächsten verwandt sind; die Möwe hingegen ist größer. Die zwei Eulen, die Schwalbe, alle drei Arten der Spottdrossel, die Taube in ihren jeweiligen Farben, allerdings nicht beim ganzen Gefieder, der Totanus und die Möwe sind ebenfalls dunkler getönt als ihre analoge Art. Mit Ausnahme eines Zaunkönigs mit schöner gelber Brust und eines Tyrannen mit scharlachroter Haube und Brust ist keiner der Vögel bunt gefärbt, wie man es in einer äquatorialen Region hätte erwarten können. Daher würde es als möglich erscheinen, daß dieselben Ursachen, welche die Einwanderer einiger Arten hier kleiner machen, die meisten der besonderen galapagischen Arten ebenfalls kleiner machen wie auch in den allermeisten Fällen dunkler färben. Alle Pflanzen geben ein erbärmliches, dürftiges Bild ab, und ich habe keine einzige schöne Blume gesehen. Auch die Insekten sind klein und dunkelfarben, und wie Mr. Waterhouse mir mitteilt, gibt es an ihrer allgemeinen Erscheinung nichts, was ihn zu der Annahme verleitet hätte, sie kämen aus der Nähe des Äquators. Die Vögel, Pflanzen und Insekten haben einen Wüstencharakter und sind nicht leuchtender gefärbt als jene in Südpatagonien; wir können daher schließen, daß die übliche prächtige Färbung der intertropischen Tiere und Pflanzen zwischen den Wendekreisen nicht an die Wärme oder das Licht dieser Zonen geknüpft ist, sondern an etwas anderes, vielleicht daran, daß die Existenzbedingungen das Leben dort allgemein begünstigen.

Wir wollen uns nun der Ordnung der Reptilien zuwenden, welche der Zoologie dieser Inseln den auffälligsten Charakter verleiht. Die Art ist nicht zahlreich, die Anzahl der Tiere der jeweiligen Art allerdings außerordentlich groß. Es gibt eine kleine Echse, die einer südamerikanischen Gattung angehört, und zwei Arten (wahrscheinlich mehr) des *Amblyrhynchus* – eine Gattung, die auf die Galapagosinseln beschränkt ist. Weiterhin ist eine Schlange recht verbreitet; sie ist, wie mir M. Bibron mitteilt, identisch mit der *Psammophis temminckii* aus Chile. Von den Meeresschildkröten gibt es, glaube ich, mehr als eine Art, und von den Landschildkröten, wie wir gleich zeigen werden, zwei oder drei Arten oder Rassen. Kröten und Frösche gibt es keine: Das überraschte mich, da die gemäßigten und feuchten oberen Zonen doch so geeignet für sie erschienen. Das erinnerte mich an die Bemerkung Bory St. Vincents, keine aus dieser Familie komme auf den Vulkaninseln in den großen Ozeanen vor. Verschiedenen Werken zufolge, gilt dies offenbar für den gesamten Pazifik und sogar für die größeren Inseln des Sandwich-Archipels. Mauritius stellt wohl eine Ausnahme dar; dort sah ich den *Rana mascariensis* in großer Zahl: Dieser Frosch soll nun auch auf den Seychellen, auf Madagaskar und Bourbon heimisch sein; andererseits gibt Du Bois auf seiner Reise von 1669 an, auf Bourbon gebe es an Reptilien ausschließlich Landschildkröten, und der Officier du Roi behauptet, vor 1768 sei der erfolglose Versuch unternommen worden, Frösche auf Mauritius anzusiedeln – zum Zwecke des Verzehrs, wie ich vermute: Daher läßt sich wohl bezweifeln, daß dieser Frosch auf diesen Inseln ursprünglich heimisch war. Daß die Familie der Frösche auf den ozeanischen Inseln fehlt, ist desto bemerkenswerter, wenn man dies mit den Echsen kontrastiert, wovon es auf den meisten der kleineren Inseln wimmelt. Könnte dies nicht dadurch begründet sein, daß die Eier der Echsen, da von kalkhaltigen Schalen geschützt, in Salzwasser leichter transportiert werden können als der schleimige Laich von Fröschen?

Ich möchte zunächst die Lebensweise der Schildkröte (*Testudo nigra*, zuvor *indica* genannt) beschreiben, auf die schon so häufig verwiesen worden ist. Diese Tiere kommen, glaube ich, auf allen Inseln des Archipels vor. Sie halten sich bevorzugt in den höheren, feuchten Teilen auf, doch leben sie ebenso in den unteren und ariden Bereichen. Ich habe schon anhand der Menge, die an einem einzigen Tag gefangen wurde, gezeigt, wie äußerst zahlreich sie sein müssen. Manche wachsen zu immenser Größe an: Mr. Lawson, ein Engländer und Vizegouverneur der Kolonie, sagte uns, er habe mehrere gesehen, die so groß waren, daß es sechs oder acht Männer bedurfte, um sie anzuheben, und daß manche bis zu 200 Pfund Fleisch lieferten. Die alten Männchen sind die größten, die Weibchen werden nur selten so groß: Das Männchen läßt sich vom Weibchen leicht durch seinen längeren Schwanz unterscheiden. Die Schildkröten, die auf jenen Inseln leben, wo es kein Wasser gibt, oder in den unteren, ariden Bereichen der anderen, ernähren sich hauptsächlich von dem saftigen Kaktus. Diejenigen in den höheren und feuchteren Regionen fressen die Blätter verschiedener Bäume, eine Art Beere (namens *Guayavita*), die sauer und herb ist, sowie eine hellgrüne, faserige Flechte *(Usnera plicata)*, die in Schlingen von Baumästen herabhängt.

Die Schildkröte mag sehr gern Wasser, sie trinkt es in großen Mengen und watet im Schlamm. Allein die größeren Inseln verfügen über Quellen, und diese liegen stets in eher zentralen Gebieten und in beträchtlicher Höhe. Daher müssen die Schildkröten, die sich in den unteren Bereichen aufhalten, weite Strecken zurücklegen, wenn sie durstig sind. Deswegen fächern sich von den Quellen ausgetretene Pfade in allen Richtungen zur Küste hinab aus, und indem die Spanier diesen hinauf folgten, entdeckten sie auch die Wasserstellen. Als ich auf Chatham Island landete, konnte ich mir nicht vorstellen, was für ein Tier so methodisch wohl gewählte Pfade nimmt. Nahe den Quellen war es ein wunderliches Schauspiel, diese riesigen Wesen zu beobachten; eine Gruppe lief begierig, mit gerecktem Hals, hin, während eine andere auf dem Rückweg war, nachdem sie ihren Durst gelöscht hatte. Wenn die Schildkröte die Quelle erreicht, steckt sie den Kopf, etwaige Zuschauer nicht achtend, bis über die Augen ins Wasser und nimmt gierig große Schlucke in einem Tempo von ungefähr zehn pro Minute. Die Bewohner sagen, jedes Tier halte sich drei bis vier Tage in der Nähe des Wassers auf und kehre dann ins Unterland zurück; hinsichtlich der Häufigkeit dieser Besuche unterschieden sie sich allerdings. Das Tier richtet sich dabei wahrscheinlich nach der Art der Nahrung, von der es gelebt hat. Sicher ist indes, daß Schildkröten selbst auf jenen Inseln überleben können, wo es nur das Wasser gibt, das an den wenigen Regentagen im Jahr fällt.

Es gilt inzwischen wohl als sicher, daß die Blase des Frosches als Reservoir für die Feuchtigkeit dient, die für ihn lebensnotwendig ist: Dies scheint auch bei der Schildkröte der Fall zu sein. Noch einige Zeit nach einem Besuch bei den Quellen ist ihre Urinblase von Flüssigkeit gedehnt, deren Volumen nach und nach abnimmt und weniger rein wird. Wenn die Einwohner, unterwegs im Unterland, von Durst übermannt werden, machen sie sich diesen Umstand häufig zunutze und trinken den Inhalt der Blase, wenn sie voll ist: Bei einer getöteten war die Flüssigkeit ganz durchsichtig und schmeckte nur ein wenig bitter. Die Einwohner trinken als erstes jedoch stets das Wasser im Herzbeutel, was als das Beste beschrieben wird.

Die Schildkröten laufen, wenn sie bewußt irgendwohin unterwegs sind, Tag und Nacht, so daß sie viel früher als erwartet am Ziel ihrer Reise angelangt sind. Die Einwohner schätzen aufgrund ihrer Beobachtung markierter Einzeltiere, daß sie an zwei bis drei Tagen eine Entfernung von ungefähr acht Meilen zurücklegen. Eine große Schildkröte, die ich beobachtete, lief mit einer Geschwindigkeit von sechzig Yard in zehn Minuten, das macht 360 Yard in der Stunde oder vier Meilen am Tag – abzüglich ein wenig Zeit für Pausen zum Fressen. In der Paarungszeit, wenn Männchen und Weibchen zusammen sind, stößt das Männchen ein heiseres Röhren oder Bellen aus, das noch in einer Entfernung von hundert Yard zu hören sein soll. Das Weibchen nutzt seine Stimme nie und das Männchen nur zu dieser Zeit, so daß man, hört man dieses Geräusch, weiß, daß die beiden zusammen sind. Während dieser Zeit (Oktober) legten sie ihre Eier ab. Das Weibchen legt sie auf sandigem Grund zusammen ab und bedeckt sie mit Sand; wo der Boden jedoch steinig ist, läßt sie sie wahllos in irgendwelche Löcher fallen: Mr. Brynoe fand mehrere in einer Spalte. Das Ei ist weiß und kugelförmig; eines, das ich maß, hatte einen Umfang von sieben Zoll und drei Achteln und ist somit größer als ein Hühnerei. Die jungen Schildkröten fallen, sobald sie geschlüpft sind, in großer Zahl dem Aas fressenden Bussard zum Opfer. Die älteren scheinen überwiegend an Unfällen wie dem Sturz in einen Abgrund zu sterben: Zumindest sagten mir mehrere Einwohner, sie hätten noch keine tote Schildkröte ohne eine offensichtliche Ursache gefunden.

Die Einwohner glauben, daß diese Tiere vollkommen taub sind; jedenfalls hören sie nicht, wenn jemand unmittelbar hinter ihnen geht. Es amüsierte mich immer, wenn ich eines dieser großen Ungeheuer auf seinem gemächlichen Marsch überholte und es in dem Moment, da ich an ihm vorüberging, Kopf und Beine einzog und tief zischend mit einem harten Schlag wie tot auf die Erde plumpste. Einige Male setzte ich mich einer auf den Rücken, und wenn ich ihr dann ein paar Mal hinten auf ihren Panzer klopfte, erhob sie sich und lief los – doch fand ich es sehr schwierig, das Gleichgewicht zu halten. Das Fleisch dieser Tiere wird stark genutzt, frisch wie gepökelt, und aus dem Fett wird ein wunderbar klares Öl bereitet. Wird eine Schildkröte gefangen, macht man einen Schlitz in die Haut nahe dem Schwanz, um in seinen Leib hineinzusehen, ob das Fett unter der Rückenplatte dick ist. Ist das nicht der Fall, wird das Tier freigelassen, und es soll sich von dieser seltsamen Operation rasch wieder erholen. Um diese Schildkröten festzusetzen, genügt es nicht, sie wie die Meeresschildkröte auf den Rücken zu legen, denn häufig gelingt es ihnen, sich wieder auf die Füße zu drehen.

Es kann kaum bezweifelt werden, daß diese Schildkröte eine ursprüngliche Bewohnerin der Galapagosinseln ist, findet man sie doch auf allen oder wenigstens fast allen Inseln, selbst auf manchen der kleineren, wo es kein Wasser gibt; handelte es sich um eine eingeführte Art, so wäre dies bei einer Gruppe, die so wenig besucht ist, wohl kaum der Fall. Überdies fanden die alten Freibeuter diese Schildkröte in noch größerer Zahl als heute: Wood und Rogers sagten 1708 auch, die Spanier glaubten, es gebe sie nirgendwo sonst in diesem Teil der Welt. Die Knochen einer Schildkröte auf Mauritius, assoziiert mit jenen des ausgestorbenen Dodo, werden allgemein dieser Schildkröte zugeordnet: Wenn das der Fall gewesen wäre, so muß sie dort heimisch gewesen sein, doch M. Bibron teilt mir mit, seiner Ansicht nach sei sie verschieden, so wie es gewiß die Art ist, die heute dort lebt.

Amblyrhynchus cristatus – ein Zahn in Originalgröße, daneben vergrößert

Die *Amblyrhynchus,* eine bemerkenswerte Gattung von Meerechsen, ist auf diesen Archipel beschränkt: Es gibt zwei Arten, die einander im allgemeinen Äußeren ähneln; die eine lebt im Meer, die andere an Land. Letztere *(A.cristatus)* wurde erstmals von Mr. Bell beschrieben, der wegen ihres kurzen, breiten Kopfes und den kräftigen Krallen von gleicher Länge wohl voraussah, daß sich ihre Lebensweise als sehr eigen und verschieden von jener ihres nächsten Verwandten, des Iguana, erweisen würde. Sie ist auf allen Inseln der gesamten Gruppe stark verbreitet und lebt ausschließlich auf den steinigen Stränden, wobei sie niemals, jedenfalls soweit ich es gesehen habe, auch nur zehn Yard landeinwärts angetroffen wird. Das Wesen ist häßlich anzusehen, von schmutzigschwarzer Färbung, dumm und träge in seinen Bewegungen. Gewöhnlich mißt die Länge eines ausgewachsenen Tieres ungefähr ein Yard, doch gibt es sogar vier Fuß lange; ein großes wog 20 Pfund: Auf der Albemarle Island werden sie offenbar größer als anderswo. Der

Schwanz ist seitlich abgeflacht, und alle vier Füße haben teilweise Schwimmhäute. Gelegentlich sieht man sie einige hundert Yard vor der Küste umherschwimmen; Kapitän Collnett schreibt in seiner *Voyage*: »Sie jagen in Herden Fische und sonnen sich auf den Felsen; man könnte sie Alligatoren en miniature nennen.« Man darf jedoch nicht glauben, daß sie von Fischen leben. Im Wasser bewegt sich diese Echse durch eine schlangenartige Bewegung des Rumpfes und des abgeflachten Schwanzes mit vollkommener Leichtigkeit und Flinkheit – die Beine bleiben reglos und liegen eng am Körper an. Ein Matrose an Bord versenkte eine, indem er ein schweres Gewicht an ihr befestigte, und glaubte, er habe sie damit getötet, doch als er die Leine eine Stunde später heraufzog, war das Tier noch quicklebendig. Ihre Gliedmaßen und die kräftigen Klauen sind hervorragend dafür geeignet, über die schrundigen und rissigen Lavamassen zu klettern, die überall die Küste bilden. An solchen Stellen kann man diese scheußlichen Reptilien einige Fuß über der Brandung zu sechst oder siebt auf den schwarzen Felsen sehen, wie sie sich mit ausgestreckten Beinen in der Sonne aalen.

Ich öffnete mehreren den Magen und fand sie stark von zerkleinertem Seetang *(Ulvae)* aufgebläht, der in dünnen blättrigen Schlieren von hellgrüner oder dunkelroter Farbe wächst. Ich erinnere mich nicht, diesen Seetang in größerer Menge auf den Tidefelsen gesehen zu haben, und ich habe Grund zu der Annahme, daß er auf dem Meeresboden in einiger Entfernung vom Strand wächst. Wenn das so ist, wäre der Grund dafür, daß diese Tiere gelegentlich ins Meer hinausschwimmen, erklärt. Der Magen enthielt ausschließlich Seetang. In einem jedoch fand Mr. Brynoe ein Stück von einer Krabbe, doch das konnte auch versehentlich hineingelangt sein, so wie ich eine Raupe inmitten einer Flechte im Bauch einer Schildkröte gesehen habe. Der Darm war groß wie bei anderen Pflanzen fressenden Tieren. Die Art der Nahrung dieser Echse wie auch der Bau von Schwanz und Füßen sowie der Umstand, daß man sie aus freien Stücken draußen im Meer hat schwimmen sehen, sind ein eindeutiger Beleg für ihre aquatische Lebensweise; doch ist diesbezüglich die seltsame Anomalie festzustellen, daß sie, wenn sie sich fürchtet, nicht ins Wasser geht. Daher ist es auch ein Leichtes, diese Echsen auf eine kleine Fläche überm Meer zu treiben, wo sie sich eher am Schwanz packen lassen, als ins Wasser zu springen. Es scheint ihnen nicht einzufallen zu beißen, allerdings pressen sie bei großer Angst einen Tropfen Flüssigkeit aus den Nasenlöchern. Ich warf eine mehrmals, so weit ich konnte, in einen tiefen Tümpel, den die ablaufende Tide zurückgelassen hatte, und jedes Mal kam sie wieder genau zu der Stelle zurück, wo ich stand. Sie schwamm mit sehr anmutigen und schnellen Bewegungen nahe dem Grund und half sich gelegentlich mit den Füßen über Unebenheiten hinweg. Sobald sie den Rand erreichte, aber noch unter Wasser war, versuchte sie, sich in den Seetangbüscheln zu verstecken, oder sie schlüpfte in einen Spalt. Wenn sie glaubte, die Gefahr sei vorüber, kroch sie auf die trockenen Felsen und lief davon, so schnell sie konnte. Ich fing mehrmals dieselbe Echse, indem ich sie in die Enge trieb, und obgleich sie so perfekt tauchen und schwimmen konnte, ließ sie sich durch nichts bewegen, ins Wasser zu gehen, und sooft ich sie hineinwarf, kehrte sie in der oben beschriebenen Weise wieder zurück. Vielleicht läßt sich diese scheinbar einzigartige Dummheit dadurch erklären, daß dieses Reptil an Land keinerlei Feinde hatte, wohingegen es im Meer oftmals eine Beute von Haien werden dürfte. Daher wird es möglicherweise von einem festen und ererbten Instinkt gedrängt, daß es Sicherheit nur an Land gibt, egal, welcherart die Notlage, und also sucht es dort Zuflucht.

Während unseres Besuchs (im Oktober) sah ich äußerst wenige kleine Exemplare dieser Art und keines, das ich für weniger als ein Jahr alt erachtete. Daher ist es wahrscheinlich, daß die Brutzeit noch nicht begonnen hatte. Ich fragte mehrere Einwohner, ob sie wüßten, wann diese Tiere ihre Eier ablegten: Sie sagten, sie wüßten nichts über ihre Vermehrung, obgleich ihnen die Eier der Landspezies wohl vertraut waren – was im Lichte der weiten Verbreitung dieser Echse nicht wenig außergewöhnlich ist.

Wir wollen uns nun der Landspezies *(A. demarlii)* zuwenden; sie hat einen runden Schwanz und keine Schwimmhäute an den Zehen. Diese Echse lebt nicht wie die andere auf allen Inseln, sondern ist auf den mittleren Teil des Archipels beschränkt, also auf die Inseln Albemarle, James, Barrington und Indefatigable. Südlich davon, auf Charles, Hood und Chatham, wie auch im Norden auf Towers, Bindloes und Abingdon habe ich sie weder gesehen noch gehört. Es hat den Anschein, als sei sie in der Mitte des Archipels erschaffen worden und habe sich von dort nur auf eine bestimmte Entfernung ausgebreitet. Einige dieser Echsen halten sich in den höher gelegenen, feuchten Teilen der Inseln auf, sind aber weit zahlreicher in den unteren, unfruchtbaren nahe der Küste. Ich kann keinen schlagenderen Beweis für ihre Zahl geben als zu erklären, daß wir, als wir auf James Island zurückgelassen wurden, eine Zeit lang keine Stelle für unser Zelt finden konnten, die frei von ihren Bauen war. Wie ihre Schwestern, die Meer-Variante, sind es häßliche Tiere, unten gelblich orange gefärbt, oben mit einem bräunlichen Rot: Wegen ihres niedrigen Gesichtswinkels machen sie einen ungeheuer dummen Eindruck. Sie mögen von deutlich geringerer Größe als die Meerspezies sein, aber einige wogen zwischen 10 und 15 Pfund. In ihren Bewegungen sind sie faul und halb starr. Wenn sie keine Angst haben, kriechen sie langsam dahin, wobei Schwanz und Bauch über den Boden schleifen. Sie halten häufig inne und dösen ein Weilchen mit geschlossenen Augen, die Hinterbeine auf der ausgedörrten Erde ausgestreckt.

Sie bewohnen Baue, welche sie zuweilen zwischen Lavabrocken machen, überwiegend jedoch auf ebenen Flächen des weichen sandsteinartigen Tuffs. Die Löcher scheinen nicht sehr tief zu sein, und sie dringen in spitzem Winkel in den Boden, so daß die Erde, geht man über diese Echsenbaue, beständig nachgibt, sehr zum Verdruß des müden Wanderers. Dieses Tier setzt, wenn es seinen Bau gräbt, im Wechsel jeweils eine Seite seines Körpers ein. Ein Vorderbein kratzt kurze Zeit die Erde auf und schleudert sie zum Hinterbein zurück, das so gut plaziert ist, daß es sie über die Öffnung des Lochs hinaushebt. Ist diese Körperseite müde, übernimmt die andere die Arbeit und so abwechselnd weiter. Ich beobachtete eine über eine längere Zeit, bis ihr Leib zur Hälfte vergraben war; sodann ging ich hin und zog sie am Schwanz, worüber sie sich sehr verwunderte und sich sogleich herausdrückte, um nachzusehen, was da los war; sie starrte mir ins Gesicht, so als wollte sie mich fragen: »Wie kommst du dazu, mich am Schwanz zu ziehen?«

Sie fressen bei Tage und schweifen nicht weit von ihrem Bau: Wenn sie Angst haben, eilen sie mit einem höchst plumpen Gang dorthin. Außer wenn sie bergab rennen, sind sie nicht sehr schnell, offenbar wegen der seitlichen Lage ihrer Beine. Sie sind keineswegs furchtsam: Wenn sie einen aufmerksam beobachten, rollen sie den Schwanz auf, richten sich auf den Vorderbeinen auf und machen rasche verti-

kale Nickbewegungen, wobei sie versuchen, sehr wild drein-
zuschauen, was sie aber gar nicht sind; stampft man auch
nur auf die Erde, nehmen sie den Schwanz herunter und
hasten so schnell wie möglich davon. Ich habe häufig kleine
Fliegen fressende Echsen beobachtet, wie sie, wenn sie etwas beobachten, in genau der gleichen Weise nicken, aber zu
welchem Zweck, das weiß ich nicht. Hält man diese Amblyrhynchus fest und plagt sie mit einem Stock, beißen sie fest
hinein; gleichwohl habe ich viele am Schwanz gepackt, und
nie haben sie versucht, mich zu beißen. Legt man zwei auf
die Erde und hält sie fest beieinander, kämpfen sie und beißen einander, bis Blut fließt.

Die Tiere, die das Unterland bewohnen, und das ist die
überwiegende Zahl, bekommen das ganze Jahr über kaum
einen Tropfen Wasser, doch verzehren sie viel saftigen Kaktus, dessen Äste häufig vom Wind abgebrochen werden.
Mehrmals warf ich zweien oder dreien, wenn sie zusammen
waren, ein Stück zu, und es war recht amüsant, mit anzusehen, wie sie versuchten, es zu packen und fortzutragen, ganz
wie Hunde mit einem Knochen. Sie fressen sehr bedächtig,
kauen ihr Mahl aber nicht. Die kleinen Vögel wissen, wie
harmlos diese Wesen sind: Ich habe gesehen, wie einer der
dickschnabeligen Finken am einen Ende eines Stücks Kaktus pickte, während eine Echse am anderen Ende fraß, und
später hüpfte der kleine Vogel mit äußerstem Gleichmut
dem Reptil auf den Rücken.

Ich öffnete mehreren den Magen und fand sie voller Ge-
müsefasern und Blättern verschiedener Bäume, besonders
der Akazie. Im Oberland leben sie vorwiegend von den sau-
ren und adstringierenden Beeren des Guyavita, unter dessen Bäumen ich diese Echsen zusammen mit riesigen
Schildkröten habe fressen sehen. Um die Akazienblätter zu
erreichen, erklimmen sie die niedrigen, verkümmerten

Bäume, und es ist nicht ungewöhnlich, ein Paar mehrere Fuß über dem Erdboden auf einem Ast sitzend fressen zu sehen. Gekocht liefern diese Echsen ein weißes Fleisch, das diejenigen mögen, deren Magen sich über alle Vorurteile erhebt. Humboldt hat bemerkt, daß im intertropischen Südamerika alle Echsen, die in trockenen Regionen leben, als Delikatesse geschätzt sind. Die Einwohner geben an, dass diejenigen, die in den oberen, feuchten Gebieten leben, Wasser trinken, dass die anderen jedoch nicht, wie die Schildkröten, von dem unfruchtbaren Unterland zum Saufen hinaufwandern. Zur Zeit unseres Besuches hatten die Weibchen zahlreiche große, längliche Eier im Körper, die sie in ihrem Bau ablegen: Die Einwohner suchen sie als Nahrung.

Die beiden Arten des *Amblyrhynchus* haben die allgemeine Struktur und viele Lebensgewohnheiten gemein. Beiden fehlen die schnellen Bewegungen, die für die Gattungen *Lacerta* und *Iguana* so charakteristisch sind. Beide sind sie Pflanzenfresser, obwohl die Pflanzen, von denen sie sich ernähren, sehr unterschiedlich sind. Mr. Bell hat die Gattung nach der Kürze der Schnauze benannt; ja, die Form des Mauls läßt sich beinahe mit jenem der Schildkröte vergleichen: Man möchte meinen, daß dies eine Anpassung an ihren Appetit auf Pflanzen ist. Es ist daher äußerst interessant, auf eine gut beschriebene Gattung zu stoßen, die eine im Wasser und eine an Land lebende Art hat und auf einen so kleinen Flecken der Welt begrenzt ist. Die Wasserart ist die bei weitem bemerkenswertere, weil sie die einzig existierende Echse ist, die von pflanzlichen Meeresprodukten lebt. Wie ich schon bemerkt habe, ist das Besondere dieser Inseln weniger die Anzahl der Reptilienarten als vielmehr die der Einzeltiere; wenn wir an die ausgetretenen Pfade erinnern, die von Tausenden riesiger Schildkröten gebahnt wurden – an die vielen Meerschildkröten – die großen Baue des an Land lebenden *Amblyrhynchus* – und die Gruppen der Meerspezies, die auf jeder dieser Inseln auf die Küstenfelsen klatschen –, müssen wir zugeben, daß es keine andere Gegend auf der Welt gibt, wo diese Ordnung die Pflanzen fressenden Säugetiere in so außerordentlicher Weise ersetzt. Der Geologe, der davon hört, wird wohl an die Sekundärepochen denken, als Echsen, manche Pflanzen, manche Fleisch fressend und von Ausmaßen, wie sie nur mit unseren heutigen Walen vergleichbar sind, in Scharen an Land und im Meer lebten. Daher ist seine Beobachtung verdienstvoll, daß dieser Archipel, statt über ein feuchtes Klima und eine üppige Vegetation zu verfügen, nicht anders als extrem arid und, für eine äquatoriale Region, auffallend gemäßigt betrachtet werden kann.

Um mit der Zoologie abzuschließen: Die fünfzehn Spezies von Seefischen, die ich hier gefunden habe, sind allesamt neue Arten; sie gehören zwölf Gattungen an, alle weit verbreitet, ausgenommen *Prionotus*, dessen vier zuvor schon bekannte Arten an der Ostseite Amerikas leben. An Landmuscheln sammelte ich sechzehn Spezies (und zwei bezeichnete Varietäten), die mit Ausnahme einer auf Tahiti angetroffenen *Helix* allesamt auf diesen Archipel beschränkt sind: Eine einzige Süßwassermuschel *(Paludina)* ist auf Tahiti und Van Diemen's Land heimisch. Mr. Cuming sammelte hier vor unserer Reise neunzig Arten von Seemuscheln, und darin nicht eingeschlossen sind mehrere Arten, die noch nicht spezifisch untersucht worden sind, *Trochus, Turbo, Monodonta* und *Nassa*. Er war so freundlich, mir die folgenden interessanten Ergebnisse mitzugeben: Von den neunzig Muscheln sind nicht weniger als siebenundvierzig anderswo unbekannt – ein wunderbares Faktum, wenn man bedenkt, wie weit Seemuscheln im Allgemeinen verbreitet sind. Von den dreiundvierzig Muscheln, die auch in anderen Teilen der Welt zu finden sind, bewohnen fünfundzwanzig die Westküste Amerikas, und von diesen sind acht als Varietäten erkennbar; die verbleibenden achtzehn (darunter eine Varietät) wurden von Mr. Cuming im Low-Archipel entdeckt, einige auch auf den Philippinen. Dieses Faktum, daß Muscheln von Inseln im mittleren Teil des Pazifik hier auftreten, verdient Beachtung, denn keine einzige dieser Seemuscheln ist bei den Inseln dieses Ozeans oder an der Westküste Amerikas heimisch. Das weite offene Meer, das nördlich und südlich vor der Westküste verläuft, trennt zwei sehr verschiedene konchyliologische Sphären; auf dem Galapagos-Archipel haben wir dagegen einen Rastplatz, wo viele neue Formen entstanden sind und wohin die beiden großen konchyliologischen Sphären jeweils mehrere Kolonisten ausgesandt haben. Auch die amerikanische Sphäre hat repräsentative Arten hergesandt: Es gibt die galapagische Art der *Monoceros,* eine Gattung, die nur an der Westküste Amerikas zu finden ist, und es gibt die Arten *Fissurella* und *Cancellaria,* Gattungen, die an der Westküste heimisch sind, nicht aber (wie Mr. Cuming mir mitteilt) auf den mittleren Inseln des Pazifik angetroffen werden. Andererseits gibt es die galapagischen Arten *Oniscia* und *Stylifer,* Gattungen, die in der Karibik und im chinesischen und indischen Meer verbreitet sind, aber weder an der Westküste Amerikas noch bei den mittleren Inseln im Pazifik angetroffen werden. Ich darf hier anfügen, daß nach einem Vergleich durch die Herren Cuming und Hinds von ungefähr 2000 Muscheln von der Ost- und Westküste Amerikas nur eine einzige gemeinsame entdeckt wurde, nämlich die *Purpura patula,* die in der Karibik, der Küste Panamas und bei den Galapagosinseln heimisch ist. Wir haben in diesem Teil der Welt demnach drei große konchyliologische Meeresbereiche, die völ-

lig unterschiedlich sind und dennoch verblüffend nahe beieinander liegen, getrennt durch lange Nord-Süd-Räume, sei
es Land oder Meer.

Ich unternahm große Anstrengungen, die Insekten zu
sammeln, doch mit der Ausnahme Feuerlands habe ich diesbezüglich kein ärmeres Land gesehen. Selbst in der oberen,
feuchten Region fand ich nur sehr wenige, mit Ausnahme
einiger winziger Diptera und Hymenoptera zumeist gewöhnliche, weltweit verbreitete Formen. Wie schon erwähnt, sind die Insekten für eine tropische Region von sehr
geringer Größe und matter Farbe. An Käfern sammelte ich
fünfundzwanzig Arten (ausschließlich einer *Dennestes* und
Corynetes, die mit jedem Schiff an Land kommen); von diesen gehören zwei den Harpalidae an, zwei den Hydrophili-
dae, neun drei Familien der Heteromera und die verbleibenden zwölf ebenso vielen verschiedenen Familien. Dieser
Sachverhalt bei den Insekten (und ich darf hinzufügen,
Pflanzen), wo sie gering an Zahl sind, gehören sie vielen
verschiedenen Familien an, ist, so meine ich, sehr gängig.
Mr. Waterhouse, der einen Bericht über die Insekten auf
diesem Archipel veröffentlicht hat und dem ich für die oben
ausgeführten Einzelheiten Dank schulde, teilt mir mit, es
gebe dort mehrere neue Gattungen und daß unter den nicht
neuen eine oder zwei amerikanische und die übrigen weltweit verbreitet seien. Mit Ausnahme einer holzfressenden
Apate und einem oder wahrscheinlich zwei Wasserkäfern
vom amerikanischen Kontinent sind wohl alle Arten neu.

Ebenso interessant wie die Zoologie ist die Botanik dieser
Inselgruppe. Dr. J. Hooker wird in den *Linnean Transactions*
bald einen umfassenden Bericht der Flora veröffentlichen,
und ich schulde ihm für die folgenden Ausführungen großen
Dank. An blühenden Pflanzen gibt es dort, soweit gegenwärtig bekannt, 185 Arten sowie 40 kryptogamische, was zu-

sammen 225 macht; davon gelang es mir, 193 nach Hause
zu bringen. Von den blühenden Pflanzen sind 100 neue Arten und vermutlich auf diesen Archipel beschränkt. Dr.
Hooker ist der Ansicht, daß von den nicht derart beschränkten Pflanzen mindestens 10 Arten, die nahe dem kultivier-
ten Land auf Charles Island gefunden wurden, eingeführt
worden sein müssen. Mich wundert, daß nicht mehr amerikanische Arten auf natürlichem Weg eingeführt wurden,
da die Entfernung zum Kontinent nur zwischen 500 und
600 Meilen beträgt und da (Collnett, S. 58, zufolge) häufig
Treibholz, Bambus, Stöcke und die Nüsse einer Palme an
den südöstlichen Küsten angeschwemmt werden. Der Anteil
von 100 neuen blühenden Pflanzen an 185 (oder 175, abzüglich des eingeführten Unkrauts) genügt, wie ich meine, um
den Galapagos-Archipel zu einer eigenständigen botanischen Region zu erklären, doch ist diese Flora nicht annähernd so eigen wie jene von St. Helena und auch nicht,
wie Dr. Hooker mir mitteilt, von Juan Fernandez. Die Eigen-
heit der galapagischen Flora zeigt sich am besten an bestimmten Familien – es gibt also 21 Arten von Compositae,
wovon 20 auf diesen Archipel beschränkt sind; diese gehören
zwölf Gattungen an, und von diesen Gattungen sind nicht
weniger als zehn auf den Archipel beschränkt! Dr. Hooker
teilt mir mit, daß die Flora zweifelsfrei einen westameri-
kanischen Charakter hat; er kann keinerlei Affinität mit
jener des Pazifiks erkennen. Wenn wir somit die achtzehn
Seemuscheln, die eine Süßwassermuschel und eine Land-
muschel ausnehmen, die offenbar als Kolonisten von den
mittleren Inseln des Pazifiks hierher gelangt sind, und
ebenso die eine eindeutig pazifische Art der galapagischen
Gruppe der Finken, so sehen wir, daß dieser Archipel zwar
im Pazifischen Ozean liegt, zoologisch jedoch zu Amerika
gehört.

Wäre dieser Charakter lediglich den Einwanderern aus Amerika geschuldet, so wäre wenig Bemerkenswertes daran, doch wir sehen, daß die große Mehrheit der Landtiere und über die Hälfte der blühenden Pflanzen heimische Erzeugnisse sind. Es war überaus eindrucksvoll, von neuen Vögeln, neuen Reptilien, neuen Muscheln, neuen Insekten, neuen Pflanzen umgeben zu sein und dennoch von zahllosen geringfügigen Details in der Struktur und selbst von den Stimmen und dem Gefieder der Vögel lebhaft an die gemäßigten Ebenen Patagoniens oder die heißen, trockenen Wüsten Nordchiles erinnert zu werden. Warum wurden die ursprünglichen Bewohner dieser kleinen Landpunkte, die während einer späten geologischen Periode vom Ozean bedeckt gewesen sein müssen, die aus Basaltlava geformt sind und sich daher im geologischen Charakter vom amerikanischen Kontinent unterscheiden, die unter einem besonderen Klima liegen − warum wurden sie, die, wie ich hinzufügen darf, in unterschiedlichen Verhältnissen an Art wie auch Zahl mit jenen auf dem Kontinent verwandt sind, weswegen sie einander auch in verschiedener Weise beeinflussen − warum wurden sie nach amerikanischen Organisationstypen geschaffen? Es ist wahrscheinlich, daß die Inseln der Kapverdischen Gruppe in ihrer ganzen physischen Beschaffenheit den Galapagosinseln weit mehr ähneln als jene letztere der Küste Amerikas; dennoch unterscheiden sich die Ureinwohner der beiden Gruppen vollkommen; jene auf den Kapverdischen Inseln tragen den Stempel Afrikas, so wie die des Galapagos-Archipels den Amerikas tragen.

Das auffallendste Merkmal in der Naturgeschichte dieses Archipels habe ich noch gar nicht erwähnt, nämlich daß die Inseln in erheblichem Maße von unterschiedlichen Lebewesen bewohnt sind. Meine Aufmerksamkeit wurde darauf erstmals durch den Vizegouverneur, Mr. Lawson, gelenkt, der erklärte, die Schildkröten unterschieden sich auf den verschiedenen Inseln und daß er mit Sicherheit sagen könne, von welcher Insel eine stamme. Dieser Erklärung schenkte ich eine Zeit lang nicht genügend Beachtung und hatte die Sammlungen von zweien der Inseln schon teilweise vermischt. Ich hätte mir nicht träumen lassen, daß Inseln, die rund fünfzig bis sechzig Meilen voneinander entfernt und zumeist in Sichtweite voneinander liegen, aus genau demselben Gestein geformt, einem ganz ähnlichen Klima ausgesetzt, auf eine nahezu gleiche Höhe ansteigend, unterschiedlich bewohnt sind, doch wir werden dies bald bestätigt finden. Es ist das Los der meisten Reisenden, erst dann zu entdecken, was an einem Ort das Interessanteste ist, wenn sie sich wieder davon aufmachen, aber vielleicht sollte ich dankbar sein, daß ich genügend Material erhielt, um dieses höchst bemerkenswerte Faktum bei der Verbreitung organischer Lebewesen festzustellen.

Die Einwohner behaupten, wie gesagt, daß sie die Schildkröten nach den verschiedenen Inseln unterscheiden können, und dies nicht nur nach der Größe, sondern auch nach anderen Eigenheiten. Kapitän Porter hat jene von Charles und der nächstgelegenen Insel, Hood Island, so beschrieben, daß ihr Panzer wie ein spanischer Sattel vorne dick und aufwärts gebogen sei, während die Schildkröten von James Island runder, schwärzer und, zubereitet, von besserem Geschmack seien. M. Bibron teilt mir überdies mit, er habe zwei seiner Meinung nach unterschiedliche Schildkrötenarten von den Galapagosinseln gesehen, wisse aber nicht, von welchen genau. Die Exemplare, die ich von drei Inseln mitgebracht habe, waren junge, und wahrscheinlich lag es daran, daß weder Mr. Gray noch ich bei ihnen spezifische Unterschiede feststellen konnten. Ich habe angemerkt, daß die im Wasser lebende Amblyrhynchus auf Albemarle Island größer als auf allen anderen war, und M. Bibron teilt mir mit, er habe zwei verschiedene Wasserarten dieser Gattung gesehen, so daß die verschiedenen Inseln wahrscheinlich ihre repräsentativen Arten oder Rassen der *Amblyrhynchus* wie auch der Schildkröte haben. Meine Aufmerksamkeit wurde erstmals richtig geweckt, als ich die zahlreichen Exemplare der Spottdrossel verglich, die von mir und mehreren anderen an Bord geschossen worden waren, und zu meiner Verblüffung entdeckte, dass alle von Charles Island einer Art angehörten *(Mimus trifasciatus);* alle von Albemarle Island gehörten *M. parvulus* an und alle von James und Charles Island (zwischen denen zwei weitere Inseln ans Bindeglieder liegen) *M. melanotis.* Die beiden letztgenannten Arten sind eng verwandt und würden von manchen Ornithologen als lediglich gut markierte Rassen oder Varietäten angesehen, doch die *Mimus trifasciatus* ist sehr eigenständig. Bedauerlicherweise wurden die meisten vom Tribus der Finken vermischt, doch habe ich viel Grund zu der Annahme, daß einige Arten der Untergruppe *Geospiza* auf getrennte Inseln beschränkt sind. Wenn die verschiedenen Inseln ihre repräsentativen *Geospiza* haben, kann dies eine Erklärung für das außerordentlich zahlreiche Vorkommen der Art dieser Untergruppe auf diesem einen kleinen Archipel sein, dazu als wahrscheinliche Folge ihrer Zahl die perfekt abgestufte Serie bei der Schnabelgröße. Wir erhielten auf dem Archipel zwei Arten der Untergruppe *Cactornis* und zwei von *Camarhynchus,* und von den zahlreichen Exemplaren dieser beiden Untergruppen, von vier Sammlern auf James Island geschossen, gehörten alle zu jeweils einer Art, wohingegen die zahlreichen auf Chatham und Charles Island geschossenen Exemplare (denn die beiden Gruppen wurden vermengt) alle den beiden anderen Arten angehörten: Daher können wir nahezu sicher sein, daß diese Inseln ihre repräsentativen Arten dieser beiden Untergruppen besitzen. Bei Landmuscheln scheint sich dieses Gesetz der Verbreitung nicht zu bestätigen. In meiner sehr kleinen Insektensammlung war, wie Mr. Waterhouse bemerkt, von denen, deren Herkunft bestimmt war, keine einzige auf zwei Inseln zugleich heimisch.

Wenn wir uns nun der Flora zuwenden, so finden wir die ursprünglichen Pflanzen der verschiedenen Inseln wundersam verschieden. Ich berufe mich bei allen folgenden Ergebnissen auf meinen Freund Dr. J. Hooker. Ich darf vorausschicken, daß ich auf den verschiedenen Inseln alles, was in Blüte stand, wahllos sammelte, die Sammlungen aber glücklicherweise getrennt hielt. Zu viel Vertrauen darf in die proportionalen Ergebnisse jedoch nicht gesetzt werden, da die kleinen Sammlungen, die von anderen Naturforschern mitgebracht wurden, auch wenn sie die Ergebnisse in mancher Hinsicht bestätigen, deutlich zeigen, dass in der Botanik dieser Gruppe noch viel zu tun bleibt: Die Leguminosae wurden bislang nur annähernd bestimmt (siehe Tabelle).

Somit haben wir das wahrhaft wunderbare Faktum, daß auf James Island von den achtunddreißig galapagischen Pflanzen oder jenen, die man nirgendwo anders auf der Welt findet, dreißig ausschließlich auf diese eine Insel beschränkt sind, das heißt, nur von vieren weiß man gegenwärtig, daß sie auch auf den anderen Inseln des Archipels wachsen, und, wie in der obigen Tabelle aufgeführt, so weiter bei den Pflanzen auf den Inseln Chatham und Charles. Dieses Faktum wird vielleicht noch eindrucksvoller, wenn ich einige Erläuterungen gebe: So ist *Calesia*, eine bemerkenswerte baumartige Gattung der Compositae, auf den Archipel beschränkt: Sie hat sechs Arten, eine auf Chatham, eine auf Albemarle, eine auf Charles Island, zwei auf James Island

Name der Insel	Gesamt- zahl	Zahl der in anderen Teilen der Welt gefundenen Arten	Zahl der auf den Galapagos- Archipel beschränkten Arten	Zahl der auf eine Insel beschränkten Arten	Zahl der auf den Galapagos- Archipel beschränkten, aber auf mehr als einer Insel gefundenen Art
James Island	71	33	38	30	8
Albemarle Island	46	18	26	22	4
Chatham Island	32	16	16	12	4
Charles Island	68	39*	29	21	8

* oder 29, wenn die wahrscheinlich eingeführten Pflanzen abgezogen werden

und die sechste auf einer der drei letztgenannten Inseln, doch auf welcher, ist nicht bekannt: Keine einzige dieser sechs Arten wächst auf mehr als einer Insel. Dann ist *Euphorbia*, eine weltweit oder weit verbreitete Gattung, hier mit acht Arten vertreten, wovon sieben auf den Archipel beschränkt sind und keine auf mehr als einer Insel zu finden ist: *Acalypha* und *Borreria*, beides weltweite Gattungen, haben sechs bzw. sieben Arten, wovon mit Ausnahme einer Borreria, die tatsächlich auf zwei Inseln auftritt, keine mit derselben Art auf zwei Inseln vertreten ist. Besonders lokal sind die Arten der Compositae, und Dr. Hooker hat mich mit mehreren weiteren äußerst eindrucksvollen Beispielen für die Unterschiedlichkeit der Arten auf den verschiedenen Inseln versehen. Er bemerkt, daß dieses Gesetz der Verbreitung sowohl für die Gattungen gilt, die auf den Archipel beschränkt, als auch für jene, die in anderen Teilen der Welt verbreitet sind: Gleichermaßen haben wir gesehen, daß die verschiedenen Inseln ihre je eigene Art der weltweit verbreiteten Gattung der Schildkröte wie auch der weit verbreiteten amerikanischen Gattung der Spottdrossel sowie zwei der galapagischen Untergruppen der Finken und nahezu sicher von der galapagischen Gattung *Amblyrhynchus* aufweisen.

Die Verbreitung der Bewohner dieses Archipels wäre nicht annähernd so wunderbar, wenn beispielsweise eine Insel eine Spottdrossel aufwiese und eine zweite eine gänzlich andere Gattung – wenn eine Insel ihre Echsengattung aufwiese und eine zweite Insel eine weitere andersartige Gattung oder auch gar keine –, oder wenn auf den verschiedenen Inseln nicht repräsentative Arten derselben Pflanzengattungen heimisch wären, sondern vollkommen verschiedene, was in gewissem Maße zutrifft, denn, um ein Beispiel zu geben, ein großer Beeren tragender Baum auf James Island hat keine entsprechende Art auf Chatham Island. Mich aber erstaunt nun, daß mehrere der Inseln ihre eigene Art der Schildkröte, der Spottdrossel, des Finken sowie etlicher Pflanzen aufweisen, wobei diese Arten dieselbe allgemeine Lebensweise haben, in analogen Verhältnissen leben und offensichtlich den gleichen Platz in der natürlichen Ökonomie des Archipels einnehmen. Man könnte nun argwöhnen, daß einige dieser entsprechenden Arten, zumindest im Falle der Schildkröte und einiger Vögel, sich hiernach nur als gut bezeichnete Rassen erweisen, das aber wäre von ebenso großem Interesse für den philosophischen Naturforscher. Ich habe gesagt, daß

die meisten dieser Inseln in Sichtweite voneinander liegen. Ich darf spezifizieren, daß Charles Island fünfzig Meilen vom nächsten Punkt auf Chatham Island und dreiund-
dreißig Meilen vom nächsten auf Albemarle Island entfernt
liegt. Chatham Island liegt sechzig Meilen vom nächsten
Punkt auf James Island entfernt, doch dazwischen liegen
noch zwei Inseln, die ich nicht besucht habe. James Island
ist nur zehn Meilen vom nächsten Punkt auf Albemarle
Island entfernt, die zwei Orte aber, an denen die Sammlungen erfolgten, liegen zweiunddreißig Meilen auseinander. Ich muß wiederholen, daß weder die Beschaffenheit
des Bodens noch die Höhe des Landes noch das Klima und
auch nicht der allgemeine Charakter der assoziierten Lebe-
esen und mithin auch nicht ihr Wirken aufeinander sich
auf den verschiedenen Inseln stark unterscheiden können.
Sollte es denn einen merklichen Unterschied im Klima geben, so zwischen der dem Wind zugewandten Gruppe (also
Charles und Chatham Island) und jener vom Wind abge-
wandten, doch scheint es in den Erzeugnissen dieser beiden Archipelhälften keinen entsprechenden Unterschied
zu geben.

Das einzige Licht, das ich auf diesen bemerkenswerten
Unterschied bei den Bewohnern der verschiedenen Inseln
werfen kann, ist, daß sehr starke Meeresströmungen in
westlicher und westnordwestlicher Richtung die südlichen
von den nördlichen Inseln trennen, soweit es den Transport
mit dem Meer betrifft, und zwischen diesen nördlichen Inseln wurde eine starke Nordwestströmung beobachtet, welche die Inseln James und Albemarle effektiv trennt. Da der
Archipel in einem ganz bemerkenswerten Maße frei von
Stürmen ist, würden Vögel, Insekten oder leichtere Samen
nicht von Insel zu Insel geweht. Und schließlich macht es
die große Tiefe des Ozeans zwischen den Inseln sowie ihr

offensichtlich junger (im geologischen Sinne) vulkanischer Ursprung äußerst unwahrscheinlich, daß sie jemals vereint waren; und dies ist wahrscheinlich eine weit wichtigere Erwägung als jede andere hinsichtlich der geographischen Verbreitung ihrer Bewohner. Beim Blick auf die hier genannten Fakten ist man erstaunt über die Menge der Schöpfungskraft, wenn ein solcher Begriff Anwendung finden darf, die sich auf diesen kleinen, kargen und felsigen Inseln offenbart, und desto mehr über ihre unterschiedliche und dennoch analoge Wirkung auf so nahe beieinander liegende Orte. Ich habe gesagt, man könnte den Galapagos-Archipel einen an Amerika angegliederten Satelliten nennen, viel eher aber sollte man ihn eine Satellitengruppe nennen, die physisch ähnlich, organisch verschieden und dennoch eng untereinander und alle in einem deutlichen, wenn auch viel geringeren Maße mit dem großen amerikanischen Kontinent verwandt sind.

Ich möchte meine Beschreibung der Naturgeschichte dieser Inseln mit einem Bericht über die außerordentliche Zahmheit der Vögel beschließen.

Diese Anlage ist allen Landarten gemein, also den Spottdrosseln, den Finken, Zaunkönigen, Tyrannen, der Taube und dem Aas fressenden Bussard. Alle näherten sie sich oftmals so weit, daß man sie mit einer Rute und manchmal auch, wie ich selbst es versucht habe, mit einer Mütze oder Kappe töten konnte. Eine Flinte ist hier beinahe überflüssig, denn mit dem Lauf stieß ich einen Falken von einem Ast. Einmal, als ich auf der Erde lag, ließ sich eine Spottdrossel auf dem Rand eines aus dem Panzer einer Schildkröte gefertigten Kruges nieder, den ich in der Hand hielt, und trank in aller Seelenruhe Wasser daraus; sie ließ es zu, daß ich das Gefäß vom Boden aufnahm, während sie darauf saß: Häufig habe ich versucht, beinahe mit Erfolg, diese Vögel an den Beinen zu fangen. Früher scheinen diese Vögel sogar noch zahmer als heute gewesen zu sein. Cowley sagt (im Jahr 1684), daß »die Turteltauben so zahm waren, daß sie sich oftmals auf unseren Hüten und Armen niederließen, so daß wir sie lebend fangen konnten: Sie fürchteten den Menschen nicht, bis einer aus unserer Gesellschaft dann auf sie feuerte, wodurch sie scheuer wurden.« Im selben Jahr sagt auch Dampier, ein Mann könne im Laufe eines Vormittags sechs oder sieben dieser Tauben töten. Heute setzen sie sich, obgleich sie sicherlich noch sehr zahm sind, nicht mehr auf den Arm, auch lassen sie sich nicht mehr in so großer Zahl töten. Es ist verblüffend, daß sie nicht wilder geworden sind, sind diese Inseln doch während der letzten einhundertfünfzig Jahre häufig von Freibeutern und Walfängern besucht worden, und den Matrosen bereitete es stets ein grausames Vergnügen, bei ihren Wanderungen auf der Suche nach Schildkröten diese kleinen Vögel zu erschlagen.

Die Vögel werden, obgleich sie heute noch mehr verfolgt werden, nicht so schnell wild: Auf Charles Island, die zu der Zeit ungefähr sechs Jahre lang kolonisiert war, sah ich einen Knaben an einer Quelle sitzen, eine Rute in der Hand, mit welcher er die Tauben und Finken tötete, wenn sie zum Trinken kamen. Er hatte schon einen kleinen Haufen zum Essen für sich beisammen, und er sagte, er habe es immer so gehalten und zu diesem Zweck an der Quelle auf sie gewartet. Es hat den Anschein, als hätten die Vögel auf diesem Archipel noch gar nicht gelernt, daß der Mensch ein gefährlicheres Tier als Schildkröte oder Amblyrhynchus ist, und beachteten ihn gar nicht, so wie in England scheue Vögel wie die Elster die Kühe und Pferde auf unseren Feldern unbeachtet lassen.

Die Falklandinseln bieten ein weiteres Beispiel für Vögel mit einer ähnlichen Veranlagung. Die außerordentliche Zahmheit des kleinen Opetiorhynchus wurde von Pernety, Lesson und anderen Reisenden bemerkt. Allerdings ist sie nicht auf diesen Vogel beschränkt: Caracara, Bekassine, Ober- und Unterlandgans, Drossel, Ammer und sogar einige echte Falken sind allesamt mehr oder weniger zahm. Da die Vögel dort, wo Fuchs, Falke und Eule auftreten, ebenso zahm sind, können wir schließen, daß das Fehlen von Raubtieren auf den Galapagosinseln nicht der Grund für ihre Zahmheit ist. Die Oberlandgänse auf den Falklands zeigen mit ihrer Umsicht, die sie beim Nestbau auf den Inseln verwenden, daß sie sich der Gefahr von den Füchsen wohl bewußt sind, doch das macht sie nicht wild gegenüber dem Menschen. Die Zahmheit der Vögel, zumal der Wasservögel, steht in krassem Kontrast zu der Lebensweise derselben Art auf den Falklands, wo sie seit langem von den dortigen wilden Einwohnern verfolgt werden. Auf den Falklands kann der Jäger an einem Tag mehr Oberlandgänse erlegen, als er nach Hause tragen kann, wohingegen es in Feuerland fast ebenso schwierig ist wie in England, die gemeine Wildgans zu schießen.

Zur Zeit Pernetys (1763) scheinen alle Vögel dort zahmer gewesen zu sein als heute; er gibt an, der Opetiorhynchus habe sich ihm beinahe auf den Finger gesetzt, und er selbst habe innerhalb einer halben Stunde zehn mit einer Gerte getötet. Zu jener Zeit müssen die Vögel ungefähr so zahm wie heute auf den Galapagosinseln gewesen sein. Anscheinend haben sie auf diesen Inseln langsamer als auf den Falklands gelernt, vorsichtig zu sein, wo sie entsprechende Erfahrungsmittel hatten, denn neben den häufigen Besuchen von Schiffen waren diese Inseln während der ganzen Zeit immer wieder kolonisiert worden. Selbst früher, als die Vögel so zahm waren, war es, Pernetys Bericht zufolge, unmöglich, den Schwarzhalsschwan zu töten – ein Zugvogel, der wahrscheinlich ein in fremden Ländern gelerntes Wissen mitgebracht hatte.

Ich darf noch hinzufügen, daß, Du Bois zufolge, alle Vögel 1571/72 auf Bourbon mit Ausnahme von Flamingos und Gänsen so zahm waren, daß man sie mit der Hand fangen oder in beliebiger Zahl mit einem Stock töten konnte. Ebenso schreibt Carmichael über Tristan d'Acunha im Atlantik, die beiden einzigen Landvögel, eine Drossel und eine Ammer, seien »so außerordentlich zahm, daß sie sich mit einem Handnetz fangen lassen«. Anhand dieser verschiedenen Fakten können wir, glaube ich, wohl schließen, daß erstens die Wildheit von Vögeln hinsichtlich des Menschen ein besonderer, gegen *ihn* gerichteter Instinkt ist und nicht von einem allgemeinen Maß an Vorsicht abhängt, die aus anderen Gefahrenquellen erwächst; zweitens, daß sie von einzelnen Vögeln nicht in kurzer Zeit erworben wird, selbst wenn sie stark verfolgt werden, sondern daß sie im Laufe nachfolgender Generationen erblich wird. Bei gezähmten Tieren sind wir es gewohnt, neue geistige Gewohnheiten oder Instinkte erworben oder erblich gemacht zu sehen, doch bei Tieren im Naturzustand muß es stets äußerst schwierig sein, Beispiele für erworbenes erbliches Wissen zu entdecken. Die Wildheit von Vögeln dem Menschen gegenüber kann man sich nur als ererbte Gewohnheit erklären: Vergleichsweise wenige junge Vögel wurden in England binnen eines Jahres von Menschen verletzt, doch nahezu alle, selbst Nestlinge, fürchten sie; andererseits wurden viele Tiere auf den Galapagos- wie den Falklandinseln vom Menschen verfolgt und verletzt, und dennoch haben sie keine gesunde Furcht vor ihm gelernt. Aus all dem können wir folgern, welches Unheil die Einführung eines neuen Raubtieres in einem Land auslösen muß, bevor die Instinkte der heimischen Bewohner sich an das Geschick oder die Kraft des Fremden angepaßt haben.

Deutsch von Eike Schönfeld. © Mit freundlicher Genehmigung des Marebuch Verlags, Hamburg.

2.

Das ist die Frage: Heiraten – nicht heiraten

Als Darwin im Oktober 1836 von seiner Weltreise zurückkehrte, war noch offen, welchen Beruf der Siebenundzwanzigjährige ergreifen sollte. Seine Professoren in Cambridge hätten ihm zu diesem Zeitpunkt wohl eine Karriere als Geologe vorausgesagt. Sein Vater, dessen Hoffnung, sein Sohn würde wie er selbst Arzt werden, früh enttäuscht wurde, glaubte an eine Karriere als Gemeindepfarrer auf dem Land. Das Pfarramt anzutreten schien auch Darwin während der Reise lange Zeit die naheliegendste Zukunftsperspektive. Er faßte zudem den Plan, eine große geologische Arbeit in Angriff zu nehmen, ein Vorhaben, das im 19. Jahrhundert zu einer Kirchenkarriere nicht im Widerspruch stand. Nach dem Vorbild des englischen »clergyman naturalist« hätte er im Amt naturwissenschaftliche Studien betreiben, geologische Exkursionen unternehmen und Sammlungen der lokalen Flora und Fauna anlegen können. Die andere Frage, die ihn beschäftigte, war privater Natur. Sollte er heiraten? Vertrug sich die Ehe mit seinen ehrgeizigen Plänen? Auf die Rückseite eines Briefes, der an seine Adresse in der Londoner Great Marlborough Street 36 geschickt worden war, wo er von März 1837 bis Ende 1838 wohnte, kritzelte er in Form einer Liste das Für und Wider. Am 19. Januar 1839 heiratete er seine Cousine Emma Wedgwood. Die Überlegungen, die zu diesem Entschluß führten, lesen wir hier.

* * *

Nach Abschluß der Arbeit
Wenn nicht Heirat, dann
Reisen? Europa – Ja?
Amerika?? Wenn Reisen,
dann unbedingt rein
geologische – Vereinigte
Staaten – Mexiko. Hängt ab
von Gesundheit und Kraft
und wie weit ich in der
Zoologie komme. – Wenn
ich nicht reise – Arbeit über
die Vererbung der Arten –
Mikroskop – einfachste
Formen des Lebens –
Geologie? – Älteste Formationen?? – Experimente –
physiologische Beobachtungen an niederen Lebewesen
   (B) In London leben – wo
sonst möglich – in kleinem
Haus nahe Regent Park –
Pferde halten – Sommerex-
kursionen Musterexemplare
sammeln – Gebiet der
Zoologie: Spekulationen im
Bereich der Geographie und
allgemeine geologische
Arbeiten – Verwandtschaf-
ten systematisieren und
studieren.

Nach Abschluß der Arbeit
Wenn Heirat – Mittel
beschränkt. Fühle mich
verpflichtet, gegen Geld zu
arbeiten. Londoner Leben,
nur Gesellschaft, kein
Landleben, keine Exkursionen, nicht viel Zool.
Sammeln, keine Bücher –
Professur in Cambridge,
Geol. oder Zoolog. –
Einverstanden mit dem
Aufgezählten – ich könnte
nicht so gut zoologisch
systematisieren. Aber besser
als Winterschlaf auf dem
Land – und wo dort? Besser
sogar als Landhaus nahe
London – ich könnte nicht
faul in Landhaus leben und
nichts tun – könnte ich in
London wie ein Gefangener
leben? Wäre ich einigermaßen reich, würde ich in
London leben, mit schönem
großem Haus und tun wie
(B) – aber ginge das mit
Kindern und arm? – Nein –
Dann wo auf dem Land in
der Nähe von London leben;
besser, aber sehr hinderlich
für die Wissenschaft und
Armut.

Dann Cambridge besser,
aber Fisch ohne Wasser,
wenn nicht Professor – und
Armut. Dann also Professur
in Cambridge – und das
Beste draus machen –
Pflicht erfüllen und in
Freizeit eigene Arbeit tun –
Mein Schicksal wird sein
Cambridge Professor oder
armer Mann, Außenbezirke
Londons – ein kleiner Platz
usw. und arbeiten, so gut ich
kann.

Mir macht die direkte
Beobachtung so viel mehr
Freude, daß ich nicht
verfahren könnte wie Lyell,
der seinen alten Gedanken-
gang ständig korrigiert und
durch neue Informationen
ergänzt, und ich sehe auch
nicht, welche Strategie man
verfolgen kann, wenn man
in London festsitzt. – Auf
dem Land – Experimente
und Beobachtungen an
Tieren der niederen Klassen
– mehr Bewegungsraum.

Der zweite Zettel trägt die Überschrift: *Das ist die Frage*

HEIRATEN

Kinder – (wenn es Gott gefällt) – ständige Gesell-schaft, (Freund im Alter), der sich für einen interes-siert, ein Objekt, das man lieben und mit dem man spielen kann – jedenfalls besser als ein Hund – ein Heim und jemand, der das Haus versorgt – die An-nehmlichkeiten von Musik und weiblichem Geplauder. Diese Dinge gut für die Gesundheit. Zwang, Verwandte zu besuchen und zu empfangen *aber schreck-licher Zeitverlust.*

Mein Gott, es ist uner-träglich, sich vorzustellen, ein Leben lang nur wie eine geschlechtslose Arbeitsbiene zuzubringen, nur Arbeit, Arbeit und nichts sonst. – Nein, nein, das geht nicht. Stell' dir vor, den ganzen Tag allein in rauchigem schmutzigem Londoner Haus zu leben. – Mal' dir nur eine nette sanfte Frau auf einem Sofa aus, ein

Nicht HEIRATEN

Keine Kinder (kein zweites Leben), niemand, der sich im Alter um einen küm-mert. – Was hat die Arbeit für einen Sinn ohne die Sympathie enger, lieber Freunde – wen außer Verwandten hat man im Alter noch zu Freunden.

Freiheit zu gehen wohin man will – die Wahl der Gesellschaft, auch *möglichst wenig davon.* Unterhaltung mit klugen Männern in Clubs. – Kein Zwang zu Verwandtenbesuchen und zum Nachgeben in jeder Kleinigkeit – die Kosten und Sorgen, die Kinder bedeu-ten, fallen weg – vielleicht Streitigkeiten.

Zeitverlust – kann abends nicht lesen – werde fett und faul – Sorgen und Verantwortung – weniger Geld für Bücher usw. – wenn viele Kinder, dann gezwungen, Brot zu verdienen. – (Aber es ist doch sehr schlecht für die gutes Feuer im Kamin, Bücher und Musik viel- leicht – vergleiche das mit der schmuddeligen Realität in der Gr. Marlboro' Str. Heirate – heirate – heirate

Q.E.D. [Quod erat demon- strandum]

Gesundheit, zuviel zu arbeiten).

Vielleicht mag meine Frau London nicht, dann ist das Urteil Verbannung und Erniedrigung mit indolen- tem faulem Dummkopf –

Auf der Zettelrückseite folgt die Zusammenfassung:

Da nun erwiesen ist, daß geheiratet werden muß, fragt sich: Wann? Bald oder später. Der Chef sagt bald, denn sonst ist es schlecht, falls man Kinder hat – der Charakter ist noch fle- xibler – die Gefühle noch lebhafter, und wenn man nicht bald heiratet, verpaßt man so viel schieres gutes Glück.

Aber andererseits, wenn ich morgen heiratete: unendlich viel Mühe und Kosten, bis man ein Haus findet und mö- bliert – Kämpfe, weil ich kein Gesellschaftsleben will – Be- suche am Morgen – Peinlichkeit – jeden Tag Zeitverlust – (wenn man nicht eine Frau hat, die ein Engel ist und einen zur Arbeit ermuntert) – Und wie soll ich alle meine Arbeit erledigen, wenn ich verpflichtet wäre, jeden Tag mit meiner Frau spazieren zu gehen. – Eheu!! Ich könnte nie Franzö- sisch lernen – nie den Kontinent sehen – oder nach Amerika fahren oder eine Ballonreise machen oder einsame Wande- rungen in Wales – armer Sklave, du wirst schlechter gestellt sein als ein Schwarzer –. Und dann die schreckliche Armut (wenn man keine Frau hat, die besser als ein Engel ist und Geld mitbringt) – Und wenn schon, alter Junge – nur Mut – dies einsame Leben kann man nicht immer leben, wenn ei-

Das ist die Frage:

nem ein jämmerliches Alter, freudlos und kalt und kinder-
los, ins Gesicht starrt – das Gesicht hat jetzt schon die ersten
Falten. Es hilft ja nichts, vertrau auf dein Glück – sieh dich
genau um. – Es gibt viele glückliche Sklaven –

Deutsch von Christa Krüger. © Mit freundlicher Genehmigung des Insel
Verlags, Frankfurt/Main.

3.
Notizbücher 1837–1839

Von 1837 bis 1839 füllte Darwin sieben Notizbücher, ledergebundene Hefte im Längsformat, die er mit Großbuchstaben betitelte und nach Themengebieten ordnete. In *Notizbuch A* schreibt er hauptsächlich Gedanken zur Geologie auf, in *Notizbuch M* und *N* vergleichende Beobachtungen über tierische und menschliche Verhaltensweisen und *Notizbuch B* bis *E* umfassen die sogenannten »Transmutation Notebooks«. In ihnen behandelt er im engeren Sinne das Thema Artwandel, den historischen Prozeß also, der zur Entstehung, Veränderung und zum Aussterben von Arten führt. Während der Zeit, in der diese Notizbücher entstehen, wohnt Darwin in London und ist in engem Kontakt mit der in der Hauptstadt ansässigen wissenschaftlichen Elite. Diese Spezialisten helfen ihm beim Auswerten der Sammlung, der Ertrag von Darwins Reise erweist sich in jeder Hinsicht als beachtlich: Seine Sammlungen umfassen 1529 in Spiritus eingelegte Tiere und Pflanzen, dazu 3907 Trockenpräparate. Im Lauf der fünf Reisejahre hat er außerdem 15 Feldnotizbücher verfaßt, 770 Seiten Tagebuch geschrieben, 368 Seiten zoologische Aufzeichnungen, allein 200 Seiten über wirbellose Meerestiere, dazu umfangreiche geologische Notizen. Die Form seiner Aufzeichnungen wandelt sich in den Londoner Notizbüchern im Vergleich zur Reise: Mit der Ankunft in England ersetzt die Feder den Grafitstift, das Hochformat ein Querformat, die Beobachtungsaufzeichnungen lösen immer häufiger theoretische Überlegungen ab. Aus dem Forschungsreisenden, der eilig Eindrücke festhält, das Notizbuch hochkant hält, um es im Stehen mit der linken Hand stützen zu können, wird ein seßhafter Wissenschaftler, der nun an einem Tisch mit Tinte schreibt, sitzend und mit der notwendigen Zeit, die zuvor versammelten Daten auszuwerten. Die Seßhaftigkeit schafft zugleich die Bedingung der Möglichkeit für das neue Theorieprojekt. Rückblickend schreibt Darwin später: »Im Juli erstes Notizbuch über ›Transmutation der Arten‹ begonnen – War seit einem Monat des vergangenen Märzes sehr beeindruckt von der Beschaffenheit der S. Amerikanischen Fossilien – & Arten der Galápagosinseln. Diese Tatsachen Ursprung (besonders letztere) Ursprung meiner gesamten Sicht.« Ein Ausschnitt aus dem im Juli 1837 begonnenen *Notizbuch B* folgt hier zum ersten Mal in deutscher Übersetzung. Die Form des atemlosen, von eigenwilliger Interpunktion unterbrochenen Staccatos haben wir in auch im Deutschen beibehalten. Innerhalb weniger Seiten führen Darwins Aufzeichnungen von den südamerikanischen Fossilien zu den Spottdrosseln der Galápagosinseln (*Orpheus*). »Ich denke«, notiert Darwin an den Anfang einer Seite, darauf folgt die erste Skizze seiner Theorie: ein Evolutionsdiagramm.

$$* * *$$

Notizbuch B

Wir können die Riesenfaultiere, Gürteltiere und Faultiere alle als Nachkommen eines noch älteren Typus betrachten.

Manche Zweige sterben aus – angesichts dieser Neigung zum Wandel (und bei Isolation zur Vermehrung) ist der Tod von Arten erforderlich, damit die Zahl der Formen gleichmäßig bleibt – aber besteht überhaupt ein Grund zu der Annahme, daß die Zahl der Formen gleichmäßig bleibt: Wenn dies auf Unterteilungen und das Ausmaß der Unterschiede zurückzuführen ist, sind die Formen ungefähr gleichermaßen zahlreich.

Veränderungen keine Folge des Willens der Tiere, sondern Gesetz der Anpassung wie Säure und Base

Organisierte Lebewesen bilden einen Baum. *Unregelmäßig verzweigt*, manche Zweige weitaus stärker verästelt. — Daher Gattungen — so viele endständige Knospen sterben ab wie neue gebildet werden.

Am Tod von Arten ist nichts Seltsameres als am Tod von Individuen.

Wenn wir eine endliche Existenz der Monaden unterstellen, was wir wahrscheinlich unterstellen dürfen, da ihre Erschaffung von eindeutigen Gesetzen abhängig ist, müssen jene, die sich durch den Zufall der Positionen am meisten verändert haben, in jedem Daseinszustand das kürzeste Leben haben; daher das kurze Leben der Säugetiere.

Gäbe es im Baum des Lebens nicht eine dreifache Verzweigung auf Grund der drei Elemente Luft, Land und Wasser und das Bestreben, jeweils einer typischen Klasse, ihre Domäne in die anderen Domänen hinein auszuweiten. Und die Unterteilung sechs, drei mehr, doppelte Anordnung.

Wenn jeder Hauptstamm des Baumes an diese drei Elemente angepaßt ist, gibt es in jedem Ast sicherlich Verbindungsstellen.

Eine Art bildet sich so gut wie sofort durch Trennung oder Änderung des Landesteils. Widerwille gegen Vermischung verstärkt sie — festigt sie.

Wir müssen nicht denken, daß Fische und Pinguine tatsächlich ineinanderübergehen.

Den Baum des Lebens sollte man vielleicht Koralle des Lebens nennen, unteres Ende der Zweige ist tot; so daß man die Übergänge nicht sehen kann — das wiederum ist ein Widerspruch zur ständigen Aufeinanderfolge der Keime im Fortschritt — nein macht es nur übermäßig kompliziert.

So kann man den Fisch bis auf eine einfache Organisation zurückführen.
Die Vögel — nicht.

Wir können uns vorstellen, je nach der Kürze des Lebens der Arten, daß bei Vollkommenheit die unteren Ende der Äste absterben — *so daß* Vögel unter den Säugetieren nur Kreise bilden würden — und Insekten unter den Articulata — aber in den niederen Klassen vielleicht eher lineare Anordnung.

Wie kommt es, daß in jeder Gattung abweichende Arten vorkommen (wobei zu jeder gut entwickelte Teile gehören), die sich einander annähern.

Sturmvögel haben sich in viele Arten aufgespalten, Falken auch, es gibt besondere Umstände, bei denen es einen Hinweis auf den Punkt gibt, wo zwei vorteilhafte Organisationspunkte mit der Verzweigung begonnen haben.

Da alle Arten mancher Gattungen gestorben sind; haben sie alle ein festgesetztes Leben in Abhängigkeit von der Gattung, diese Gattung von einer anderen, ganze Klasse würde deshalb nicht aussterben.

Monade hat kein eindeutiges Dasein.

Es scheint einen gewissen Zusammenhang zu geben: Kürze des Daseins, in Perfektion, Arten von vielen, deshalb Veränderungen und Stümpfe toter Äste, von denen sie sich abgespalten haben.

Typ des Eozäns im Hinblick auf Miozän in Europa?
Loudon. Journal of Nat. History.
Juli. 1837. Eyton über Hybride, welche sich ungehindert fortpflanzen.

In zu Insel benachbartem Kontinent, wo manche Arten vergangen sind und wo andere Arten heute zum Flair des Ortes gehören. Wird man sagen, diese sind dort erschaffen worden.

Sind nicht alle unsere britischen Spitzmäuse unterschiedlich, Arten vom Kontinent. Bell, & L. Jenyns durchsehen.

Falklandkaninchen vielleicht ein Fall, daß domestizierte
Tiere betroffen sind; eine Veränderung, welche französische
Naturforscher für eine Art gehalten haben.

Ascensi Studienlektion.

Reise der Coquille.

Dr. Smith sagt, er weiß genau, wann weiße Männer und
Hottentotten oder Neger sich am Kap der Guten Hoffnung
kreuzen. Hoffe, die Kinder können kein Mittelding sein, die
ersten Kinder haben mehr Anteile von der Mutter, die späteren mehr vom Vater; liegt dies nicht daran, daß jede Kopu-
lation ihre Wirkung hervorruft; beispielsweise wenn die
Jungen einer Hündin weniger reinrassig sind, weil sie zuerst Bastarde geboren hat, deshalb hat er bei den ersten beiden Kindern gesehen, wie das schwarze Blut vom Großvater
hervorkam (wo die Mutter fast ganz weiß war).

Wie ist das in Westindien – Humboldt. Neuspanien: –

Dr. Smith betont stets den getrennten Ort oder das Kernge-
biet jeder Art: Glaubt an Verweigerung der Kreuzung von
Arten im Wildzustand.

Zweifellos C. D. kreuzen sich wilde Menschen nicht leicht,
Unterschiedlichkeit der Stämme in T. del Fuego. Die Existenz weißerer Stämme in der Mitte von S. Amerika zeigt es.
Falls – Haben Pflanzenhybriden die Tendenz, sich zurückzu-
ziehen? Wenn ja, würden Menschen und Pflanzen ein Gesetz
bestätigen. ≠ wie oben gesagt: Niemand kann bezweifeln,
daß weniger oberflächliche Unterschiede durch gemischte
Ehen vermischt werden, denn das Schwarz und Weiß ist so

weit weg, daß die Arten (denn Arten sind es mit Sicherheit im allgemeinen Sprachgebrauch) ihren Typus beibehalten: bei Tieren so weit entfernt, mit Instinkt an Stelle der Vernunft wäre wahrscheinlich ein Widerwille vorhanden und es bedürfte der Kunst, eine Ehe zu Stande zu bringen. – Wie Dr. Smith anmerkte, sind Menschen und wilde Tiere in dieser Hinsicht unterschiedlich disponiert.

Steht die Kürze des Lebens der *Arten* in bestimmten Ordnungen im Zusammenhang mit Lücken in der *Reihenfolge der Verbindungen*? Wenn man über dieselbe Epoche spricht, sicher.

Das absolute Ende einer bestimmten Form erscheint bei Betrachtung von S. Amerika (*unabhängig von äußeren Ursachen*) sehr wahrscheinlich: Pferd, Lama usw. usw.

Wenn wir unterstellen – zugestehen, daß zwischen den Tieren in einem Land durch das Hervorgehen aus einem Ast eine Ähnlichkeit besteht und wenn eine Einheit eine begrenzte Lebensdauer hat, sterben alle im gleichen Zeitraum, was nicht der Fall ist. Einheiten kein begrenztes Leben

Ich denke

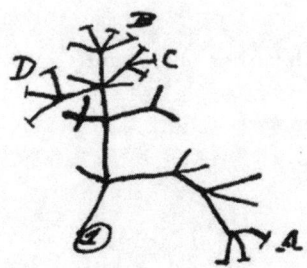

111

Es muß der Fall sein, daß eine Generation damals so viele lebende Mitglieder hatte wie heute. Dazu und damit viele Arten zu derselben Gattung gehören (was der Fall ist) ist Aussterben nötig.

Deshalb zwischen A und B gewaltige Verwandtschaftslücke. C und B die feinste Abstufung, B und D ziemlich großer Unterschied.

So entstehen Gattungen – tragen Verwandtschaft mit alten Typen – mit mehreren ausgestorbenen Formen denn wenn jede Art aus alter Zeit 13 rezente Formen hervorbringen kann – können zwölf von den zeitgenössischen überhaupt keine Nachkommen hinterlassen haben, damit die Zahl der Arten gleich bleibt. Im Hinblick auf das Aussterben erkennen wir leicht, daß diese Form der Straußenvögel, der Petise, nicht gut angepaßt war und untergehen mußte, während andererseits solche wie Orpheus, die günstig waren, in großer Zahl hervorgebracht wurden. Dies erfordert das Prinzip, daß die dauerhaften Varietäten, die durch begrenzte Kreuzzucht und veränderte Umstände entstanden sind, erhalten bleiben und entsprechend der Anpassung an solche Umstände Nachkommen produzieren und daß deshalb der Tod von Arten (im Gegensatz zu dem, was sonst aus Amerika aufscheint) eine Folge der fehlenden Anpassung an die Umstände ist.

Siehe zwei Seiten vorher. Diagramm.

Deutsch von Sebastian Vogel

112

Notizbuch M und N

Die von Darwin mit den Buchstaben«M« und »N« betitelten Notizbücher beginnen im Sommer 1838 und enden im Dezember 1839. Im Gegensatz zu *Notizbuch B* wimmelt es in ihnen von Anekdoten und unterhaltsamen Beobachtungen. Gegenstand sind dieses Mal die geistigen Eigenschaften und Gemützustände von Tier und Mensch: Wahnsinn, Wut oder Vergnügen etwa, Scham, Spiritualität und Angst. Darwin, wie üblich, geht diese Themen sehr konkret an: Er besucht den zoologischen Garten in London, wo er stundenlang die Tiere beobachtet. Er befragt außerdem seinen Vater, einen angesehenen Arzt, über dessen Erfahrungen mit Patienten. Sein Interesse gilt den Abstufungen, die zwischen Gesundheit und Wahnsinn liegen oder zwischen Gemützuständen bei Tier und Mensch. Uns Lesern wird nicht entgehen können, welche Schlüsselrolle hier das Fragen spielt. Die Themen beschäftigen Darwin die nächsten vierzig Jahre, viele davon werden wir später in *Die Abstammung des Menschen* oder *Der Ausdruck der Gemütsbewegungen bei dem Menschen und den Tieren* finden.

* * *

Mein Vater sagt, es gebe zwischen vernünftigen Leuten und irrsinnigen lauter Zwischenstufen – jeder sei irgendwann einmal irre. Manie ist etwas anderes, verschieden auch vom Delirium, einer besonderen Magenbeschwerde, die sich nicht mit Brechmitteln behandeln läßt. Plötzliche Veränderungen der Disposition, wie bei starker Vergiftung, enden oft in Irresein oder Delirium. Bei der Manie geht jede Vorstellung von Anstand & Anhänglichkeit verloren. Höchst anständige Leute begehen höchst unanständige Handlungen, als ob diese Gefühle erworben wären. Man mag dies bezweifeln, ob es nicht den natürlichen Instinkten zuwiderläuft.

Mein Großvater meinte, daß das Gefühl der Wut, das fast unwillkürlich aufsteigt, wenn jemand erschöpft ist, dem Irresein verwandt sei. Ich kenne auch das Gefühl der Depression, & diese beiden Gefühle geben dem Körper Kraft und Behagen. Ich kenne das Gefühl, über jemanden nachzudenken, der mich vielleicht leicht verletzt und schlecht über mich geredet hat, aber mit einem Bewußtsein, etwas Unrechtes zu tun. Aus Gewohnheit muß das Gefühl der Wut gegen irgend jemanden gerichtet sein. Haben Irre irgendwelche Zweifel an der Ungerechtigkeit ihrer Haßausbrüche, wie es bei mir der Fall ist? Es muß wohl so sein, aus der merkwürdigen Geschichte des Birminghamer Arztes zu schließen, der seine Schwester lobte, weil sie ihn in eine Anstalt gebracht hatte, & sie trotzdem enterbte.

N.B. Irgendwo habe ich einen Aufsatz über ein Pferd gelesen, das beim Anblick alles Purpurfarbenen irre wurde. Hunde idiotisch. Altersschwäche.

Dieser Arzt vertraute meinem Großvater an, wie er das beginnende Irresein in seinem Bewußtsein aufsteigen fühlte, schilderte seinen Kampf dagegen, sein Wissen von der Unwahrheit seiner Vorstellungen, zumal der von seiner Armut, und wie er dies kurierte, indem er die Aufstellung seiner gesamten Einkünfte in seiner Tasche mit sich führte & Mathematik lernte. Mein Vater sagt, daß die Leute, nachdem das Irresein vorbei ist, oft nicht anders daran denken als wie an einen Traum.

Irresein wird durch moralische Ursachen hervorgerufen (Idiotie durch Angst, wie vor Erdbeben in Chile) bei Menschen, die sonst wahrscheinlich nicht so gewesen wären. Bei Mr. Hardinge war die Ursache, daß er in Rom über das Elend einer Krankheit nachdachte, als er aus *zufälligem* Geldmangel nur *beinahe* in ein Spital eingewiesen wurde. Mein Vater wäre bei High Ercall beinahe ertrunken, und ein paar Jahre danach waren die Gedanken daran weit schmerzlicher als die Sache selbst.

Fragte meinen Vater, ob Irresein sich von Launen, Affekten &c nicht dadurch unterscheide, daß es plötzlich auftritt. Er verneinte dies. Denn oft, wenn nicht generell, trete es nicht wirklich plötzlich auf. Fall von Mrs. C. O., die sich aus dem Fenster stürzte, um sich aus Eifersucht zu töten wegen der Verbindung ihres Mannes mit einem Hausmädchen zwei Jahre zuvor. Um zu beweisen, daß sie nicht irre war, sagte der Mann aus, daß er es beizeiten gewußt und sich zu dem Zweck Arsen gekauft habe. Dies erwies sich als richtig. Ihr Mann schöpfte während dieser zwei Jahre nie Verdacht, daß sie die ganze Zeit über irre gewesen war.

Es gibt zahllose Personen, die durch bestimmte Vorstellungen verrückt werden, was nicht nur im allgemeinen, sondern überhaupt nicht bemerkt wird. (Fall des Gentleman aus Shrewsbury. Widernatürliche Vereinigung mit einem Truthahn; wurde durch ihm gemachte Vorhaltungen gezügelt.) Manchmal entsteht es plötzlich dadurch, daß Brechwurz nicht wirkt, in anderen Fällen durch das Trinken eines kalten Getränks. Das Gehirn wird dann gereizt, als geriete es plötzlich in leidenschaftliche Erregung. Es scheint kein Unterschied zu sein zwischen Enthusiasmus, Leidenschaft und Wahnsinn. Ira furor brevis est. Mein Vater hält die Lehre meines Großvaters entschieden für wahr, daß die einzige Kur für Wahnsinn das Vergessen ist, was einen wirklichen Unterschied zwischen Wunderlichkeit und Wahnsinn sichtbar werden läßt. Die Leute erinnern sich dann aber nicht gut, was sie in leidenschaftlicher Erregung getan haben.

Die Menschen sind sich in der Regel beständig dessen bewußt, daß sie irre sind & daß ihre Vorstellungen verkehrt sind. Darin genau gleich wie Leidenschaft, schlechte Laune und Depression, die auf körperlichen Ursachen beruhen.

Es ist ein Argument für den Materialismus, daß kaltes Wasser plötzlich im Kopf eine Stimmung auslöst ähnlich jenen Gefühlen, die als eigentlich spirituell gelten können.

Eine Person, die zuckt, wenn ihr ein unangenehmer Gedanke kommt, ist zu vergleichen mit Epilepsie & Konvulsion. Reizungen der denkenden Organe. Die Gehirntätigkeit, die Empfindungen von Schmerz herbeiführt, überträgt ihre Kraft auf die Muskeln durch Zucken.

Stolz & Mißtrauen sind Eigenschaften, von denen mein Vater sagt, daß sie fast immer bei Menschen vorhanden sind, die mit einiger Wahrscheinlichkeit irre werden. Dies ist durchaus ernsthaft zu erwägen, wenn man verstehen will, was Stolz & Mißtrauen bedeuten.

Beim Irresein gehen die Vorstellungen nicht auf die Kindheit zurück, sondern erscheinen höchst launisch wie im Delirium nach einem epileptischen Anfall. Aber bei Ausfällen aufgrund hohen Alters tun sie es regelmäßig. Im Falle Mrs. P. aus B. war es so, daß sie sich in der Nähe von Drayton und Ternhill wähnte (wo sie geboren war), obwohl sie natürlich von diesen Orten nie sprach. Wie mein Vater sagt, zeigt dies, daß die frühen Eindrücke höchst beständig sind. Der Fall von Miss Cogan zeigt, daß Wiederholung nicht nötig ist. Die Rede von der »zweiten Kindheit« bedeutungsvoll: Träume gehen nicht auf die Kindheit zurück. Die Leute, sagt mein Vater, träumen nicht von dem, woran sie am meisten, vorsätzlich denken. Verbrecher vor der Hinrichtung. Witwen nicht von ihren Ehemännern. Meines Vaters Probe auf die Ehrlichkeit.

Alte Leute übermäßig scharf in einigen Dingen, obwohl so verwirrt in anderen. Mrs. P., als sie in dem beschriebenen Zustand war und vergaß, daß ihr Mann tot war, nahm es jedoch sofort wahr, daß mein Vater, um ihre Aufmerksamkeit abzulenken, ihre linke Hand nahm, als wollte er ihr den Puls fühlen. Was versagt zuerst? Wie geschieht das? Bringt das Gedächtnis alte Vorstellungen ins Spiel?

Hunde haben Freude daran, wenn sie tun, was sie für ihre Pflicht halten, etwa einen Korb tragen, Wild apportieren oder einen Stein aufheben, obwohl sie die Regeln nur als Kunstfertigkeit gelernt haben. Es ist wie beim Gesetz der Ehre. Sie empfinden Lust, indem sie auf natürliche Weise ihren Instinkten gehorchen. Großherzigkeit bei der Verteidigung eines befreundeten Hundes. Sie fühlen Scham, wenn sie etwas tun, was falsch ist, etwa Fleisch essen, ihre Notdurft verrichten, nach Hause laufen. In diesen Fällen macht ihr Tun nicht den Eindruck von Furcht, sondern von Scham. Ich kann mich nicht an einzelne Beispiele entsinnen, bin aber ganz sicher, daß ich einmal einen Hund gesehen habe, der etwas tat, was er nicht tun sollte, und aussah, als wäre er beschämt über sich. Squib in Maer pflegte sich selbst zu verraten, indem er beschämt dreinschaute, noch ehe man be-

merkt hatte, daß er auf dem Tisch gewesen war. Schuldbe-
wußtsein. In Squibs Fall ist eine direkte Angst nicht wahrscheinlich.

16. September.
Zoologischer Garten. Machte den Versuch, die Ausdrucksbewegungen der Affen zu klassifizieren. Ich konnte lediglich
wahrnehmen, daß die amerikanischen Affen oft einen ver-
drießlichen Ausdruck aufsetzen, doch nicht annähernd so
häufig, daß jeder Ausdruck von Leidenschaft mit offenem
Maul einherging, wie bei denen der alten Welt. Obwohl sie
die ganze Kopfhaut bewegen, bewegen sie die Augenbrauen
nicht. Einige der Affen der alten Welt sehe ich die Kopfhaut
& die Ohren bewegen ... Es gibt Menschen, die dafür *ver-
kümmerte* Muskeln haben. Der schwarze Klammeraffe, mit
ganz anderer Anlage als die übrigen, langsam, vorsichtig,
mit zornigem, mürrischem Blick, dem ein Vorstülpen der
Lippen folgt, worin er einigen der alten gleicht. Siehe Spot-
ten in amerikanischen Gruppen.

21. September.
War in einem Traum auf verworrene Weise geistreich.
Meinte, daß jemand gehängt wurde & wieder zum Leben
kam & dann viele Witze darüber machte, daß er nicht fort-
gelaufen war &c, dem Tod wie ein Held ins Auge gesehen
hätte, & dann hatte ich die undeutliche Vorstellung, er zei-
ge eine Narbe hinten statt vorne, da ich das Gehängtwer-
den gegen das Köpfen ausgewechselt hatte, als eine Art von
Witz, der zeigen sollte, daß er ehrenhafte Wunden habe.
Dies alles war wie ein Scherz. Ich wechselte, glaube ich,
vom Hängen zum Köpfen. Ich hatte dabei den Eindruck
von Necken und Scherzen. Denn der ganze Verlauf des Ex-
periments von Dr. Monro mit dem Hängen trat mir vor die

Augen und zeigte mir die Unmöglichkeit, daß jemand nach dem Hängen wieder zu sich kommen könne wegen des Blutes. Doch alle diese Vorstellungen kamen eine nach der anderen, ohne daß ich sie miteinander verglich. Weder zweifelte ich an ihnen, noch *glaubte* ich an sie. Glauben besteht im Vergleichen von Vorstellungen, verbunden mit Urteilen.

Was ist die Philosophie von Scham und Erröten? Kennt der Elefant Scham? Der Hund kennt den Triumph.

23. September.
Die Pferde am Omnibus gehen augenblicklich los, wenn sie »ready« hören. Aber wenn sie vor sich etwas sehen, was der Kutscher nicht sehen kann, bewegen sie keinen Muskel. Verstand.

Lavaters Aufsätze über Physiognomik, übersetzt von Holcroft, Bd. I, S. 86: Wir sollten nie vergessen, daß jeder Mensch so gewiß mit einem Teil physiognomischen Empfindens geboren ist, wie daß jeder Mensch, der nicht verkrüppelt ist, mit zwei Augen geboren worden ist. – Ich denke, daß dies beim Menschen nicht strittiger sein kann als beim Tier.

Warum ist in den Zeichnungen von Voltaire die Unterlippe über die Oberlippe geschoben bei geschlossenem Mund, der kühle, nicht beißende Ironie ausdrückt?

Was ist eine Analyse der Ausdrucksbewegungen des Begehrens? Ist da nicht Vorschieben des Kinns wie bei Bullen & Pferden? Gutes Beispiel für nutzlose Muskelbewegungen, die das Gefühl begleiten. Wenn Pferde kämpfen, legen sie die Ohren an, wenn sie ausschlagen – sich umdrehen, um auszuschlagen –, dann tun sie dasselbe, obwohl es dann ganz nutzlos ist. Wenn nun Pferden Hörner wachsen würden, müßten sie beim Ausschlagen trotzdem weiterhin die Ohren anlegen. Gutes Beispiel für einen Ausdruck, der eine wirkliche Ähnlichkeit im Gesicht von Esel, Pferd und Zebra beim Ausschlagen zeigt. Warum legt der Hund die Ohren an, wenn er sich freut? Ist es einfach das Gegenstück zu der Bewegung, sie eng an den Kopf zu legen, wenn es ans Kämpfen geht, in welchem Fall der Ausdruck dem eines Fuchses ähnelt. Ich möchte annehmen, daß die entgegengesetzten Muskeln tätig würden, wenn in leidenschaftlicher Erregung. Der Hundeschwanz gesträubt, wenn wütend, & ganz steif. Der Rücken gekrümmt. Genau das Gegenteil, wenn fröhlich, der Schwanz locker & wedelnd. Wenn Hunter, wie ich glaube, sagt, daß weder Fuchs noch Wolf mit dem Schwanz wedelten &c, so ist das sehr merkwürdig. Wiederkehrende Freude eine so belehrende Ausdrucksbewegung wie beständiges Lächeln, strahlendes Gesicht. Jemand, der sich wohlfühlt, hat glatte im Gegensatz zu gekräuselten Augenbrauen. Ein Pferd, das schnaubt & sich wohlfühlt, richtet die Ohren auf? Wie sieht der Ausdruck von Zorn bei Schwänen, bei Papageien &c &c aus? Pfau und Truthahn in Leidenschaft. Eine Katze, die sich wohlfühlt, hat ihren Schwanz aufgerichtet.

Scham, Eifersucht, Neid, sind dies alles ursprüngliche Gefühle, die nicht weiter zerlegt werden können, wie Furcht oder Zorn? Ich möchte meinen, daß Scham leichter analysiert werden könnte als Eifersucht, da sie sich bei Tieren weniger leicht erkennen läßt als diese. Ich meine jedoch, daß man mit einem Hund auf eine Weise schimpfen & ihn sich schämen lassen kann in einer Weise, die sich von Furcht

durchaus unterscheidet; es besteht keinerlei Neigung fort-
zuspringen, es ist unklar begriffene Furcht. Aber man weiß
selbst, daß es etwas ganz anderes ist, wie eine leichte Gemütsbewegung durch das Blut, das ins Gesicht schießt, mit
weniger Herztätigkeit.

Tendenz zu Muskelbewegung, weshalb schüchterne Menschen (aus Scham, sich lächerlich zu machen) besonders
geschickt sind, Eigenheiten anzunehmen. So reiben leidenschaftlich erregte Leute, wie mein Vater, die Hände;
aufstampfen, mit den Zähnen mahlen; aus Scham und aus
Seelenqual die Stirn runzeln. Nicht so die Schüchternheit.
Affektiertes Lachen.

Ein Hund, der vom Schießen nach Hause läuft, wegläuft,
hat nicht den ganzen Weg Angst, aber ist beschämt über sich
selbst.

Eifersucht wahrscheinlich ursprünglich ganz geschlecht-
lich. Zunächst Versuch, auf ein Weibchen (oder ein Objekt
der Zuneigung) anziehend zu wirken und dann Versagen
beim Verdrängen des Rivalen.

Furcht hat den Mund offen, um zu hören, obwohl im Einzel-
fall nichts zu hören ist.

Scham würde eine Person niemals zittern lassen wie die
Furcht.

Warum läßt jede große mentale Gemütsbewegung den Körper zittern? Warum bei vielem Lachen Tränen & Schütteln
des Körpers?

Sind jene Teile des Körpers, wie Herz & Brust (Schluchzen), die am meisten dem großen Sympathikusnerv unterstehen, am stärksten der Gewohnheit unterworfen und nicht so sehr dem Willen?

Könnte nicht das moralische Gefühl aus unserer erweiterten Fähigkeit zu handeln, und doch auf dunkle Weise gelenkt zu werden, hervorgehen oder aus instinktiven sexuellen, elterlichen & sozialen Instinkten, die das »Tue anderen wie dir selbst«, »Liebe deinen Nächsten wie dich selbst« aus sich hervorgehen lassen. Dies zuende analysieren, und dabei viele neue Verhältnisse, die mit der Sprache entstehen, im Auge behalten. Der soziale Instinkt ist mehr als bloße Liebe. Angst um andere, die vereint handeln. Tätige Unterstützung, &c &c. Es läuft auf Miss Martineaus einziges Prinzip der Nächstenliebe hinaus. Könnte nicht die Idee Gottes aus unserer verworrenen Idee des »Sollens« hervorgehen, verbunden mit dem notwendigen Begriff der »Verursachung« in Beziehung auf dieses »Sollen« ebenso wie die Werke der ganzen Welt? Lesen: Mackintosh über das moralische Gefühl & die Gemütsbewegungen.

Die ganze Theorie der Ausdrucksbewegungen bezieht ihren Wert mehr als irgendein anderer Teil des Organismus aus Verknüpfung mit dem Bewußtsein (um eine Kluft im Bewußtsein zu beweisen, nicht aber einen Sprung zwischen Mensch & Tier). Niemand kann die Verbindung zwischen ihnen in Zweifel ziehen. Sieh dir die Gesichter der Leute in verschiedenen Gewerben an &c &c &c.

Ich beobachtete den asiatischen Leoparden, der *zürnte* mit weit offenem Maul, die Lippen zurückgezogen und Luft aus dem Maul schnaubend, mit gewaltiger Kraft, und dabei ein

122

knurrendes, glucksendes Geräusch machend, die Haare auf
dem Rücken gesträubt. Der Puma und einige andere taten
dasselbe. So ist das plötzliche, mit Gewalt verlängerte Ausstoßen der Luft eine gattungsmäßig allgemeine Äußerung
von großer Leidenschaft. Ich denke nicht, daß sie ihre Rükken krümmen. Der bengalische Tiger rollt, wenn leicht er-
zürnt, die Spitze seines Schwanzes ein. Machen zwei Katzen
einen Buckel, wenn sie miteinander und nicht mit Hunden
kämpfen, wo Furcht hinzukommen dürfte?

Ich glaube, daß beim gewöhnlichen Schwan die Wölbung
des Halses den Nacken hebt & das Kinn hinabdrückt. Das
Flügelschlagen krümmt die Flügel. So der schwarze Schwan.
Die Gänse aller Art recken ihren Hals und zischen. Die
Hyäne pißt vor Angst, so auch der Mensch & der Hund. Der
Mensch grinst & stampft leidenschaftlich auf. Kann ein
Ausdruck richtiger angewandt werden als dieser für C.
Sphynx?

Beim Wildesel gibt es ein merkwürdiges Blähen der Nü-
stern, wenn die Leidenschaft einsetzt.

Fast alle werden ausrufen: Deine Argumente sind gut, aber
sieh dir den unermeßlichen Unterschied zum Menschen an.
Vergiß den Gebrauch der Sprache und urteile bloß nach
dem, was du siehst. Vergleiche den Feuerländer & den
Orang-Utan, & wage zu sagen, die Unterschiede seien so
groß ... »Ay Sir, in der Ähnlichkeit liegt vieles, was wir nie
herausfinden werden.«

Diese fehlende Bereitschaft, sich den Schöpfer vorzustellen,
als regiere er durch Gesetze, hat wahrscheinlich damit zu
tun, daß wir mehr bewundern, wenn wir jedes Ding als ei-

nen Schöpfungsakt für sich betrachten und weil wir es mit
dem Maßstab unseres eigenen Geistes vergleichen können.
Das ist dann nicht mehr der Fall, wenn wir die Bildung von
Gesetzen betrachten, uns auf Gesetze berufen & schließlich
sogar die Wahrnehmung letzten Zwecks zulassen.

Gelesen:
Aufsatz über Bewußtsein bei Tieren, in »Blackwood's Maga-
zine«, Juni 1838.

H. C. Watson über die geographische Verteilung der britischen Pflanzen.

Ein Band, veröffentlicht von einem Oberst der Armee
über »Weizen« auf Jersey. Sehr merkwürdige Tatsachen über
die frühe Erzeugung fremder Samen. Viele Varietäten. Pfar-
rer R. Jones hat das sehr kuriose Buch.

Humes Abhandlung über den menschlichen Verstand,
sehr lesenswert.

D. Stewarts Lebensbeschreibung von Adam Smith, Reid
&c lesenswert, weil sie eine Kurzfassung der Ansichten von
Smith enthält.

Nimm ein Pfund aufblühender Teile von Moosen & sieh zu,
ob eine Hybride erzeugt werden kann & auch bei Farnen. Ob
eine reizempfindliche Pflanze, wenn regelmäßig jeden Tag
zu einer bestimmten Zeit gereizt, sich nach einer langen
Periode zu eben dieser Zeit auf natürliche Weise schließen
würde?

Mein Vater über doppeltes Bewußtsein & Schlafwandeln.

Vergessen Leute, wenn sie Nitroxyde einatmen, was sie getan haben, als sie in diesem Zustand waren, oder erinnern
sie sich an das, was sie in einem früheren getan haben?

Über erbliche Fertigkeiten & Gebärden; andere Fälle wie der von D. Corbet. Bilden Idioten ohne weiteres Gewohnheiten aus?

Mögen Orang-Utans Pfefferminzgeruch & Musik? Haben die Affen Läuse? Bild. Zeigen weibliche Affen nicht Anzeichen von Unruhe, wenn Weibchen anwesend sind? Spitzen sie die Lippen, spucken oder jammern sie? Scham ist unabhängig von Furcht: Farbe des Nagelbetts und der Augen. Sorgen Affenweibchen für die Männchen?

Haben wir irgendwelche Farne zu Hause im Treibhaus?

Deutsch von Henning Ritter. © Mit freundlicher Genehmigung der Friedenauer Presse, Berlin.

4.
Über den Bau und die Verbreitung
der Corallen-Riffe

Bei seiner Abfahrt auf der HMS. Beagle im Jahr 1831 überreichte Darwin John Stevens Henslow, dem Professor in Cambridge, der ihn als Bordnaturalisten vermittelt hatte, den ersten Band von Charles Lyells *Principles of Geology*, nicht ohne ihn zu ermahnen, nicht alles zu glauben, was er darin lese. Es kam umgekehrt: Lyells Bücher wurden zur wichtigsten Etappe auf Darwins Weg zur Evolutionstheorie. »Mir kommt es immer so vor«, schreibt er später, »als ob meine Bücher zur Hälfte Lyells Kopf entsprangen«. Lyell hat in der Geologie zwei Grundsätze aufgestellt: Erstens, daß in der Erdgeschichte die gleichen Kräfte wirken, die auch in der Gegenwart zu beobachten sind. Und zweitens, daß es kleine Veränderungen sind, wie etwa Bodenerosion, die sich zu großen Wirkungen akkumulieren – etwa das Verschwinden einer Insel. In seinem Werk *Über den Bau und die Verbreitung der Corallen-Riffe* entwickelt Darwin nun eine Theorie über die Bildung von Atollen, »diesen einzigartigen Ringen von Korallen, die plötzlich aus dem unergründlichen Ozean emporsteigen«. Es ist ein Lehrstück angewandter Lyellscher Geologie. Der junge Forscher fand bei den Korallenriffen beispielhaft die sich akkumulierende Wirkung kleiner Ursachen: Die Erbauer der Korallenriffe sind Polypen, winzige Tiere, die durch fortwährende Kalkablagerungen Riffe von riesigen Ausmaßen schaffen. Die verschiedenen Typen von Riffen untergliederte Darwin in drei Kategorien: Saumriffe, die an einer Insel oder einem Kontinent anliegen, Wallriffe, die durch Lagunen oder Inseln vom Festland getrennt sind, und Atolle oder ringförmige Riffe, bei denen kein Sockel gesehen werden kann.

Untergetauchte und abgestorbene Riffe

Alle drei Rifftypen beschrieb er als Verlaufsformen eines einzigen Prozesses: Zu Beginn wachsen die Riffe direkt neben dem Rand des Sockels (Saumriffe). Während der Sockel nach unten sinkt, wachsen die Riffe nach oben und nach außen, wobei sich eine Lücke zwischen dem absinkenden Sockel und der lebenden Koralle bildet (Wallriffe). Schließlich sinkt der Sockel vollständig ab und ein Korallenring zeigt seine ehemalige Gestalt an (Atoll). Im 19. Jahrhundert wurde diese Theorie unter Geologen lange debattiert, inzwischen ist sie allgemein anerkannt. Die Vorstellung von den zahlreichen Abstufungen, die geologische Formationen miteinander verbinden, übertrug Darwin auf die organische Natur.

* * *

Untergetauchte und abgestorbene Riffe

Im zweiten Abschnitt des ersten Kapitels habe ich gezeigt, daß zuweilen in der Nachbarschaft von Atollen tief untergetauchte Bänke mit ebenen Oberflächen existieren; daß es andere gibt, welche weniger tief, aber doch gänzlich untergetaucht sind, auch sämtliche Charaktere eines vollkommenen Atolls besitzen, aber bloß aus abgestorbenem Korallen-Gestein bestehen; daß es Barrièren- oder Kanal-Riffe und Atolle gibt, bei denen nur eine Partie des Riffs, meistens auf der Seite unter dem Winde, untergetaucht ist; und daß solche Partien ihren vollkommenen Umriß behalten oder mehr oder weniger verwischt erscheinen, wobei ihre frühere Stelle nur durch eine Bank noch bezeichnet wird, welche im allgemeinen Umriß mit dem Teil des Riffs, der vollkommen bleibt, übereinstimmt. Diese verschiedenen Fälle sind, wie ich glaube, sehr nahe mit einander verwandt und können durch dieselbe Wirksamkeit der Senkung erklärt werden.

Wir sehen, daß in denjenigen Teilen des Ozeans, wo Korallen-Riffe am zahlreichsten sind, die eine Insel umsäumt ist, die andere benachbarte dagegen nicht, und daß in einem und dem nämlichen Archipel sämtliche Riffe in dem einen Teil vollkommener sind als in einem anderen, – so z. B. in der südlichen Hälfte des Maldiva Archipels verglichen mit der nördlichen, und gleicherweise auch an den äußeren Küsten der doppelten Reihe von Atollen in dem nämlichen Archipel verglichen mit den inneren. Die Existenz der unzähligen, ein Riff bildenden Polypenstöcke hängt davon ab, daß sie ihren Unterhalt finden, und wir wissen, daß andere organische Wesen von ihnen leben und daß einige unorganische Ursachen ihrem Wachstum in hohem Grade schädlich sind. Kann man daher erwarten, daß die riff-bildenden Polypen während des Kreislaufs von Veränderungen, denen Erde, Luft und Wasser ausgesetzt sind, an irgend einer Stelle für alle Ewigkeit leben bleiben sollten; und noch weniger: kann dies während einer fortschreitenden Senkung erwartet werden, welcher nach unserer Theorie diese Riffe und Inseln unterworfen sind? Sollte diese Senkung zu irgend einer Zeit größer sein als die Geschwindigkeit des Wachstums der Polypen nach oben, so müßte das Absterben des Riffs erfolgen, und es wäre wohl befremdlich gewesen, wenn wir hierfür keine Beweise gefunden hätten. Es ist daher durchaus nicht unwahrscheinlich, daß die Korallen zuweilen über ein ganzes Riff hin oder an einem Teile eines solchen absterben. Stirbt nur ein Teil ab, so wird die abgestorbene Portion nach einer Senkung geringen Grades noch immer ihren ordentlichen Umriß und Stellung unter dem Wasser behalten. Nach einer länger anhaltenden Senkung wird sie in Folge der Anhäufung von Sediment eine mehr oder weniger horizontale Bank bilden, welche die Grenzen der früheren

Lagune bezeichnet. Derartige abgestorbene Partien werden meistens auf der Seite unter dem Winde liegen[1], denn
das unreine Wasser und feine Sediment werden über diese
Seite des Riffs aus der Lagune herausgetrieben werden, wo
die Gewalt der Brandungswellen geringer ist als auf der
Seite gegen den Wind und wo die Korallen in Folge hiervon weniger kräftig und weniger im Stande sind, irgend
welchen zerstörenden Kräften zu widerstehen. Es ist eine
Folge dieser nämlichen Ursache, daß Riffe auf der Seite
unter dem Winde häufig von Kanälen durchbrochen sind,
welche als Schiffskanäle dienen. Sterben die Korallen gänzlich oder auf dem größeren Teil des Umfangs eines Atolls
ab, so wird das Resultat eine atoll-förmige Bank von totem
Gestein sein, die mehr oder weniger vollständig untergetaucht ist; und weitere Senkung, verbunden mit der Anhäufung von Sediment wird ihre atollähnliche Bildung
verwischen und nur eine Bank mit einer nahezu horizontalen Oberfläche zurücklassen.

[1] Sir Ch. Lyell stellte in der ersten Auflage seiner Principles of Geology
eine etwas verschiedene Erklärung dieser Bildungsart auf. Er nimmt an,
daß Senkung eingetreten ist; aber es entging ihm, daß die untergetauchten Partien des Riffs in den meisten, wenn nicht in allen Fällen abgestorben waren; und er schreibt die Verschiedenheit der Höhe der zwei
Seiten der meisten Atolle hauptsächlich der größeren Anhäufung von
Detritus auf der Seite gegen den Wind als auf der unter dem Winde zu.
Da aber Substanz nur an dem rückwärts gelegenen Teile des Riffs angehäuft wird, so wird der vordere Teil auf beiden Seiten dieselbe Höhe
behalten. Ich will hier noch bemerken, daß in den meisten Fällen (z. B.
bei Peros Banhos, der Gambier Gruppe und der Großen Chagos Bank),
und, wie ich vermute, in allen, die abgestorbenen und untergetauchten
Partien nicht in die lebenden und vollkommenen Teile übergehen oder
in diese sich abdachen, sondern von ihnen durch eine scharfe Linie getrennt sind. In einigen Fällen erheben sich kleine Flecke lebendigen
Riffs von der Mitte der untergetauchten und abgestorbenen Teile aus bis
zur Oberfläche.

Wir begegnen allen diesen Fällen von Atollen in der Chagos Gruppe. Hier finden sich innerhalb eines Gebiets von 160 Meilen bei 60 zwei atoll-förmige Bänke von totem Gestein (außer einer anderen sehr unvollkommenen) gänzlich untergetaucht; dann eine dritte Bank, an welcher sich bloß zwei oder drei kleine Stücke lebendigen Riffs bis zur Oberfläche erheben; und eine vierte, nämlich Peros Banhos, von welcher eine neun Meilen lange Portion abgestorben und untergetaucht ist.

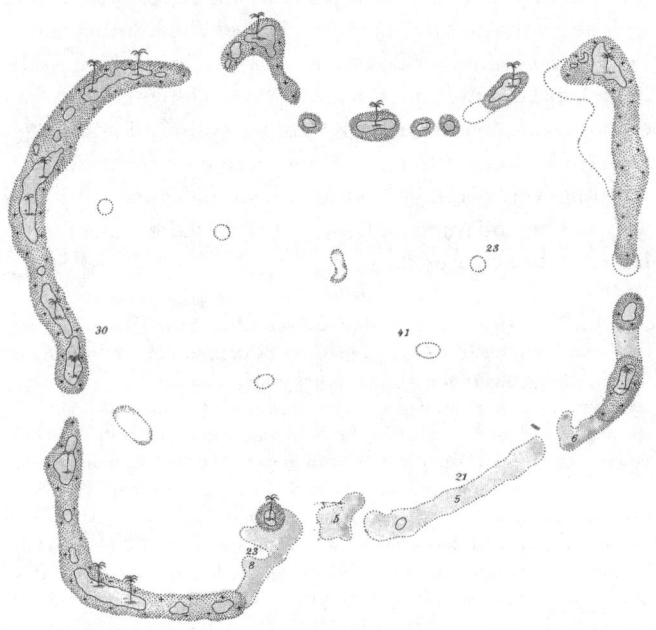

Peros Banhos Atoll

Da dieses Gebiet nach unserer Theorie untergesunken ist, und da in dem Absterben der Korallen entweder an Teilen oder über die ganze Oberfläche des Riffs entweder in Folge von Veränderungen im Zustande des umgebenden Meeres oder weil die Senkung groß oder plötzlich war, nichts Unwahrscheinliches liegt, so bieten diese Chagos Bänke keine Schwierigkeit dar. Alle die oben erwähnten Fälle von abgestorbenen untergetauchten Riffen sind in der Tat so weit entfernt, irgend welche Schwierigkeit zu bieten, daß ihr Vorkommen vielmehr nach unserer Theorie im Voraus hätte erwartet werden können; und da angenommen wird, daß frische Atolle durch das Sinken einschließender Kanal-Riffe in der Bildung begriffen sind, so hätte sich selbst ein gewichtiger Einwurf erheben lassen, daß sie nämlich an Zahl unbegrenzt zunehmen müßten, wenn sich nicht Beweise ihrer gelegentlichen Zerstörung beibringen ließen.

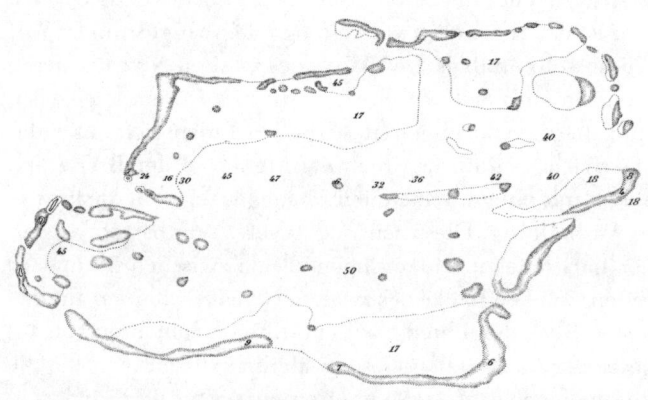

GROSSE CHAGOS BANK.
Fig. 1. ⁴⁄₅₀ Zoll = 1 engl. Meile
Die schattirten Theile sind 4 bis 10 Faden unter Wasser.

Große Chagos Bank

131

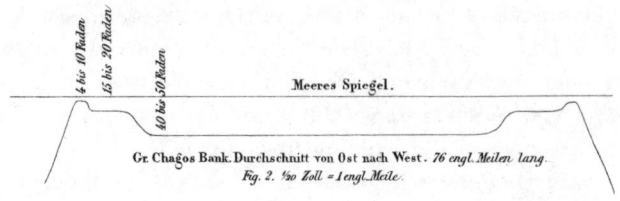

Gr. Chagos Bank. Durchschnitt von Ost nach West. *76 engl. Meilen lang.*
Fig. 2. ½0 Zoll = 1 engl. Meile.

Peros Banhos Atoll

Die Große Chagos Bank. – Ich habe bereits gezeigt, daß der untergetauchte Zustand der Großen Chagos Bank und einiger anderen Bänke in der Chagos Gruppe aller Wahrscheinlichkeit nach dem Umstande zugeschrieben werden könne, daß die Korallen während einer ungewöhnlich rapiden oder plötzlichen Senkung abgestorben sind. Der äußere Rand oder die obere Schicht (in der Karte schattiert) besteht aus abgestorbenen, dünn mit Sand bedecktem Korallen-Gestein; er liegt in einer mittleren Tiefe von zwischen 5 und 8 Faden und ist der Form nach vollkommen dem ringförmigen Riff eines Atolls ähnlich. Die Bänke des zweiten Niveaus, deren Grenzen auf der Karte mit punktierten Linien angegeben sind, liegen von ungefähr 15 bis 20 Faden tief unter der Oberfläche; sie messen mehrere Meilen in der Breite und enden mit einem sehr steilen Abhange rings um die mittlere Ausbreitung. Diese zentrale Ausbreitung besteht aus einer horizontalen schlammigen Ebene zwischen 30 und 40 Faden tief. Die Bänke des zweiten Niveaus scheinen auf den ersten Blick den inneren stufenförmigen Schichten von abgestorbenem Korallen-Gestein ähnlich zu sein, welche die Lagunen gewisser Atolle umgrenzen, doch sind ihre bedeutend größere Breite und, daß sie aus Sand gebildet sind, Punkte einer wesentlichen Verschiedenheit. Auf der östlichen Seite des Atolls sind einige der Bänke linear und parallel, gleich Inselchen in einem großen Fluß, und sie weisen direkt nach einem großen Durchbruch auf der entgegengesetzten Seite des Atolls hin: diese sind am besten auf der großen publizierten Karte zu sehen. Ich schloß aus diesem Umstande, daß zuweilen starke Strömungen direkt quer durch diese große Bank durchsetzen; und, wie ich von Capt. Moresby höre, ist dies auch der Fall. Ich beobachtete auch, daß die Kanäle oder Durchbrüche durch den Rand sämtlich von der nämlichen Tiefe sind, wie die zentrale Ausbreitung, in welche sie führen, während die Kanäle in die anderen Atolle der Chagos Gruppe und, wie ich glaube, in die meisten anderen großen Atolle, nicht annähernd so tief sind wie die Lagunen. Bei Peros Banhos beispielsweise sind die Kanäle ebenso wie der Grund der Lagune auf einer Strecke von ungefähr anderthalb Meilen rings um ihre Ufer nur zwischen 10 und 20 Faden tief, während die zentrale Ausbreitung von 35 bis 40 Faden tief ist. Wenn nun ein Atoll während einer allmählichen Senkung einmal gänzlich untergetaucht wurde wie die Große Chagos Bank und daher der Brandung nicht länger ausgesetzt blieb, so konnte nur noch sehr wenig Sediment von ihm gebildet werden; in Folge dessen werden die in die Lagune führenden Kanäle nicht länger mehr mit angeschwemmtem Sand und Korallen-Detritus erfüllt werden und werden in dem Maße kontinuierlich an Tiefe zunehmen, wie das Ganze hinabsinkt. In diesem Falle können wir erwarten, daß die Strömungen des offenen Meeres, anstatt wie anfangs rings um die submarinen Seiten zu schwenken, in dem Maße, wie die vielen Durchbrüche im Riffe sich vergrößern, direkt quer durch die Lagune fließen und auf diese Weise das feinere Sediment aus den Kanälen entfernen und seine fernere Anhäufung verhindern werden. Das untergetauchte Riff wird hiernach schließlich aus einem oberen schmalen und zerbrochenen Rande von Gestein be-

stehen, welcher an der inneren Seite von Bänken, den Über-
resten des sandigen Bettes der alten jetzt durch viele tiefe
Kanäle durchschnittenen Lagune, umgeben ist; diese Kanäle,
deren Seiten durch die ozeanischen Strömungen steil ausge-
waschen sind, vereinigen sich im Zentrum und bilden die
große zentrale Ausbreitung. Auf solchen Wegen scheint die
Große Chagos Bank – das aller abnormste Gebilde, dem ich
begegnet bin – entstanden zu sein.

Wenn diese Bank fortfahren sollte zu sinken, so würde ein
bloßes Wrack eines Atolls übrig bleiben; denn die Korallen
sind beinahe überall tot. Pitt's Bank, nicht weit nach Süden
gelegen, scheint sich faktisch in diesem Zustande zu befinden: sie besteht aus einer mäßig horizontalen, oblongen
Bank von Sand, welche von 10 bis 20 Faden unterhalb der
Oberfläche liegt, und deren zwei Seiten durch eine schmale
Schwelle von zwischen 5 und 8 Faden tief untergetauchtem
Gestein geschützt werden. Ein wenig nach Süden von dieser
Gesteinsschicht, in ungefähr derselben Entfernung, wie der
südliche Rand der Großen Chagos Bank von dem nördlichen
Rand weg liegt, finden sich zwei andere kleine Bänke mit
von 10 bis 20 Faden Wasser über ihnen; und nicht weit nach
Osten erhielt man Sondierungen von einem sandigen Grunde in zwischen 110 und 145 Faden. Die nördliche Partie von
Pitt's Bank mit ihrem schwellenartigen Rande ist hiernach
irgend einem Abschnitte der Großen Chagos Bank zwischen
zwei der Tiefwasser-Kanäle auf's genaueste ähnlich, und die
zerstreut liegenden Bänke nach Süden und Osten scheinen
das letzte Wrack der weniger vollkommenen Partien eines
einzigen großen und jetzt zerstörten Atolls zu sein.

Ich habe mit Sorgfalt die Karten des Indischen und des
Stillen Ozeans untersucht, und habe nun dem Leser die
sämtlichen von mir aufgefundenen Fälle von Riffen vorgelegt, welche von der Klasse zu der sie gehören abweichen;

und ich meine, es ist nachgewiesen worden, daß sie alle unter unserer Theorie mit begriffen werden, als durch gelegentliche Zufälligkeiten modifiziert, so wie sich's hätte erwarten lassen. Wir haben hiernach gesehen, daß im Laufe der Jahrhunderte ringsumschließende Kanal-Riffe in Atolle umgewandelt werden, – wobei der Ausdruck Atoll anwendbar wird, sobald die letzte Spitze des umschlossenen Landes unter die Oberfläche des Meeres hinabsinkt. Wir haben gesehen, daß große Atolle während der allmählich fortschreitenden Senkung der Gebiete, auf denen sie stehen, zuweilen in kleinere zerstückelt werden. Andere male werden Atolle, wenn die riff-bildenden Polypenstöcke absterben, in atollförmige Bänke von totem Gestein umgewandelt, und diese wiederum gehen in Folge weiteren Sinkens und Anhäufung von Sediment in horizontale Bänke mit kaum irgend einem unterscheidbaren Charakter über. In dieser Weise kann die Geschichte eines Atolls von seiner Geburt durch die gelegentlichen Zufälligkeiten seiner Existenz bis zu seinem Absterben und endlichen Verwischen verfolgt werden.

Deutsch von Victor Carus

5.

Der Essay von 1842

Im Jahr 1842 zog Darwin mit seiner Familie nach Downe in der englischen Grafschaft Kent, eine Zugstunde von London entfernt. Drei Jahre hatte er in der Hauptstadt das Amt des Sekretärs der Geological Society bekleidet, mit dem Umzug aufs Land stand endgültig fest, daß er als *gentleman naturalist* forschen wollte, als Privatgelehrter also, der seine Studien selbst finanziert und an keiner Universität lehrt. Auf seinem Landsitz machte er sich umgehend daran, die Evolutionstheorie, die er bereits im Sommer 1837 als Diagramm aufgezeichnet hatte, auszuarbeiten. In seiner Autobiographie schreibt er später: »Im Juni 1842 gestattete ich mir zum ersten Male die Befriedigung, einen ganz kurzen Abriß meiner Theorie, 35 Seiten lang, mit Bleistift niederzuschreiben und dieser wurde dann während des Sommers 1844 zu einem zweiten von 230 Seiten erweitert, welchen ich sauber abschreiben ließ und noch besitze.« Darwins Sohn Francis gab nach dem Tod seines Vaters beide Manuskripte in Buchform heraus. Den Essay von 1842 hatte er 1896, als das Haus der Eltern in Downe geräumt und verkauft wurde, in einem Verschlag unter der Treppe entdeckt, ein »Stapelplatz für alles mögliche«, von den Tennisschlägern der Familie bis zu aussortiertem Gerümpel. Wie die meisten Autoren legte auch Darwin besonderen Wert auf den Schluß, er schrieb ihn immer wieder um, zuletzt 1859, als *Entstehung der Arten* erschien. Abgedruckt sind hier die drei Fassungen, mit denen Darwin 1842, 1844 und 1859 seine Evolutionstheorie enden ließ.

* * *

Schluß

Dies sind meine Gründe zu der Annahme, daß spezifische Formen nicht unveränderlich sind. Die Verwandtschaft verschiedener Gruppen, die strukturelle Einheit der Typen, die repräsentativen Formen, durch welche der Fötus hindurchgeht, die Metamorphose gewisser Organe, das Rudimentärwerden anderer, alle diese Dinge werden, über ihren bisherigen Gebrauch als bildliche Darstellungsweise hinaus, zu verständlichen Tatsachen. Wir schauen nicht mehr auf ein Tier wie ein Wilder auf ein Schiff oder irgendein großes Kunstwerk, in welchem er ein über sein Verständnis hinausgehendes Ding erblickt; dafür aber fühlen wir ein ganz neues Interesse in seiner Erforschung. Wie interessant wird jeder Instinkt, sobald wir seinem Ursprung nachforschen, ob er eine ererbte oder angeborene Gewohnheit oder ob er entstanden ist durch eine Auslese von Individuen, die leicht von ihren Eltern abwichen. Wir müssen jeden komplizierten Mechanismus und Instinkt als die Summe einer langen Vorgeschichte betrachten, <als die Anhäufung>* nützlicher Vorrichtungen, sehr ähnlich wie die Vervollkommnung eines technischen Werkes sich vollzieht. Wie interessant wird nun die Verbreitung sämtlicher Tiere, indem sie die Geographie älterer Zeitalter in ein helles Licht rückt. [Wir sehen einige Meere überbrückt.] Die Geologie verliert an Nimbus durch die Unvollkommenheit ihrer Archive, aber wie sehr gewinnt sie andererseits durch das Ungeheuere ihrer Formationsperioden und der Lücken, welche diese Formationen voneinander trennen. Es liegt viel Größe darin,

---

* <> bedeutet einen Zusatz des Herausgebers Francis Darwin, [ ] bedeutet, daß das betreffende Wort im Originalmanuskript ausgestrichen war, ( ) bedeutet, daß das betreffende Wort im Originalmanuskript eingeklammert war. Anm. J.V.

die jetzt existierenden Tiere entweder als die gradlinigen Abkömmlinge von Formen, die unter tausend Fuß Erde begraben liegen oder als die Miterben eines noch älteren Vorfahren anzusehen. Es stimmt mit den Gesetzen, die nach unserer Kenntnis durch den Schöpfer der Materie eingeprägt worden sind, überein, daß die Erschaffung und Vertilgung von Formen, ebenso wie Geburt und Tod der Individuen als die Wirkung sekundärer [Gesetze] Mittel aufzufassen sind. Es ist entwürdigend, daß der Schöpfer endloser Weltensysteme einen jeglichen von den Myriaden kriechender Parasiten und [schleimiger] Würmer einzeln geschaffen haben soll, von denen es an jedem einzigen Tag zu Land und zu Wasser auf dieser unserer Erde gewimmelt hat. Wir hören auf, uns zu wundern, – so sehr wir es beklagen mögen –, daß eine Gruppe von Tieren direkt dazu geschaffen wurde, ihre Eier in die Eingeweide und das Fleisch anderer Tiere zu legen, – daß gewisse Organismen in Grausamkeit schwelgen, – daß Tiere sich durch falsche Instinkte irreführen lassen, und daß jährlich ein unberechenbarer Verlust an Eiern und Pollen stattfindet. Aus Tod, Hungersnot, Raub und dem verborgenen Kampf in der Natur ist, wie wir jetzt sehen, gerade die höchste Leistung, die wir uns vorstellen können, die Erschaffung der höheren Tiere, direkt hervorgegangen. Zweifellos übersteigt es zunächst unser bescheidenes Fassungsvermögen, uns Gesetze vorzustellen, welche die Fähigkeit besitzen, individuelle Organismen zu erschaffen, von denen jeder durch meisterhafte Herstellung und weitestgehende Anpassung charakterisiert ist. Es verträgt sich allerdings besser mit [unserer Bescheidenheit] der Beschränktheit unserer Fassungskraft, anzunehmen, daß jeder Organismus des »Werde« eines Schöpfers bedürfe, doch in demselben Verhältnis würde auch die Existenz entsprechender Gesetze unsere Vorstellung von der Macht eines allwissenden Schöpfers steigern. Es liegt eine einfache Größe in der Anschauung, daß das Leben mit seiner Wachstums-, Assimilations- und Reproduktionsfähigkeit ursprünglich in eine oder einige wenige Formen der Materie hineingehaucht worden ist, und daß, während dieser unser Planet nach festen Gesetzen seine Kreisbahn durchlief und Land und Meere in einem Zyklus von Wechseln ihre Stellung vertauschten, daß, während dies alles vor sich ging aus einem so einfachen Ursprung durch den Prozeß allmählicher Auslese infinitesimaler Veränderungen, zahllose äußerst schöne und äußerst wunderbare Formen sich entwickelt haben.

N. B. Irgendwo müßte eine Diskussion über Lyell eingefügt werden, um zu zeigen, daß sich die äußeren Bedingungen in der Tat verändern, oder eine Notiz über Lyells Werk.

Neben anderen Schwierigkeiten im II. Teil die Nicht-Akklimatisation der Pflanzen. Schwierigkeiten gegenüber der Frage: wie erklärt sich das Hervorgehen des Weißen und des Negers aus gemeinsamem mittleren Stamm: Keine Tatsachen. Wir wissen nicht, daß Spezies unveränderlich sind, im Gegenteil. Welche Argumente gibt es gegen meine Theorie, außer daß wir nicht jeden einzelnen Schritt wahrnehmen, ebenso wie bei der Erosion von Tälern.

Deutsch von Maria Semon.

6.

Der Essay von 1844

In der zweiten Fassung des Essays, die zwei Jahre später folgte, schaltete Darwin noch ein eigenes Kapitel vor den Schluß, in dem er seinen eigenen *advocatus diaboli* spielte: Er listete selbst alle Argumente auf, die gegen seine Theorie angeführt werden könnten. Dieses Verfahren ist charakteristisch für seine Schriften: Einwände, die Korrespondenten in Briefen vorbrachten, erwog er stets gründlich und arbeitete sie in seine Schriften ein. Auch *Entstehung der Arten* sollte ein eigenes Kapitel mit Einwürfen enthalten, eine Liste, die mit jeder Auflage mitwuchs und alle Gegenstimmen zu Wort kommen ließ. Darwin schrieb den 230 Seiten umfassenden Essay im Sommer 1844, im Winter desselben Jahres erschien *Vestiges of the Natural History of Creation*. Darin vertrat ein anonymer Autor, der später als der schottische Publizist Robert Chambers enttarnt wurde, ebenfalls eine Evolutionstheorie. Im Unterschied zu Darwin spielten in seiner Geschichte des Lebendigen weder Zufall noch das Aussterben von Arten eine Rolle. Darwin war wenig beeindruckt von den wissenschaftlichen Kenntnissen des Autors. »Seine Geologie ist ein Armutszeugnis«, schrieb Darwin an Joseph Dalton Hooker, »seine Zoologie noch mehr.«

* * *

Warum ist man geneigt, die Theorie einer gemeinsamen Abstammung zurückzuweisen?

So haben wir denn zahlreiche allgemeine Tatsachen oder Gesetze unter eine Erklärung vereinigt. Die Schwierigkeiten, denen wir dabei begegneten, sind nur solche, wie sie aus unserer eingestandenen Unkenntnis ganz natürlicherweise hervorgehen. Und weshalb sollten wir diese Deszendenztheorie nicht gelten lassen? Kann etwa behauptet werden, daß organische Wesen im Naturzustande *absolut keiner Abänderung unterliegen?* Kann man behaupten, daß die *Grenze der Variabilität* oder die Zahl der Varietäten, die befähigt sind, unter Domestikation geschaffen zu werden, bekannt ist? Kann eine scharfe Grenzlinie zwischen einer Rasse und einer Art gezogen werden? Auf diese drei Fragen können wir bestimmt mit »Nein« antworten. Solange man annahm, daß die Arten durch eine unübersteigliche Schranke von Unfruchtbarkeit voneinander getrennt und abgegrenzt seien, solange die Geologie uns ein unbekanntes Gebiet war und der Glaube, daß die Erde auf ein kurzes Dasein zurückblicke und nur eine kleine Anzahl früherer Bewohner aufzuweisen habe, in uns lebte, so lange waren wir berechtigt, einzelne Schöpfungsakte anzunehmen oder uns mit Whewell damit zu bescheiden, daß die Anfänge aller Dinge dem Menschen verborgen seien.

Weshalb fühlt man also eine so lebhafte Neigung, diese Theorie zurückzuweisen, besonders wenn man vor einen aktuellen Fall irgendwelcher zwei Spezies oder selbst zwei Rassen gestellt und gefragt wird: sind diese beiden als ursprünglich von demselben elterlichen Schoße abstammend zu betrachten? Ich glaube, den Grund darin zu erkennen, daß man stets zögert, irgendeine große Veränderung einzuräumen, bei der man die einzelnen Mittelstufen nicht sieht.

Der Geist vermag die volle Bedeutung des Ausdrucks von einer Million oder hundert Millionen von Jahren nicht zu fassen und daher nicht die ganze Größe der Wirkung, welche durch Häufung fortgesetzter kleiner Abänderungen während einer fast unendlichen Anzahl von Generationen entstanden ist, zusammenzurechnen und zu erkennen. Die Schwierigkeit ist dieselbe wie die, welche die meisten Geologen, und zwar lange Jahre hindurch, empfunden haben, als Lyell zuerst behauptete, daß durch die allmähliche Einwirkung der Meereswogen große Täler ausgehöhlt und lange Züge von binnenländischen Felsrücken gebildet worden seien. Ein Mensch kann lange Zeit einen hohen Klippenabhang hinuntersehen, ohne fassen zu können – obwohl er es vielleicht nicht ableugnet –, daß solcher harter Fels sich in einer Stärke von Tausenden von Fuß vormals dort ausgedehnt habe, wo jetzt die offene See ihre Wogen wälzt, und ohne rückhaltlos daran zu glauben, daß dieselbe See, deren Anprall an die Klippen zu seinen Füßen er vor sich sieht, die einzige Kraft war, die diese Abtragung bewirkte.

Sollen wir denn wirklich annehmen, daß die drei voneinander verschiedenen Rhinozerosarten, welche Java, Sumatra und das benachbarte Festland von Malakka bewohnen, voneinander unabhängig, als Männchen und Weibchen aus der unorganischen Materie dieser Länder geschaffen worden seien? Sollen wir wirklich, ohne daß unser Verstand uns irgendeinen zulänglichen Grund dafür anzugeben vermöchte, behaupten, daß diese Tiere einfach deswegen, weil sie so benachbarte Länder bewohnen, einander so ähnlich geschaffen wurden, so daß sie eine Abteilung der Gattung ausmachen, die von der afrikanischen Abteilung stark abweicht, deren einzelne Arten in einer der ihrigen teils sehr ähnlichen, teils sehr unähnlichen Umwelt leben? Sollen wir behaupten, daß sie ohne irgendwelche bemerkbare Ursache auf Grund desselben Gattungstyps geschaffen wurden, der das einstmalige wollhaarige Rhinozeros Sibiriens und die übrigen Rhinozerosarten, welche einstmals jene Hauptregion der Erde bewohnten, auszeichnet? Oder daß es Zufall sei, daß diese Tiere eine zwar allmählich immer lockerer werdende, aber doch in ihrer Verzweigung deutlich erkennbare Verwandtschaft mit sämtlichen lebenden und erloschenen Säugetieren aufweisen? Oder daß ohne irgendeinen ersichtlichen Grund die kurzen Hälse dieser Tiere dieselbe Anzahl von Wirbelknochen darbieten, wie der lange Hals der Giraffe? Daß ihre dicken Beine nach demselben Plan gebaut sind, wie die der Antilope, der Maus, wie die Hand des Affen, der Flügel der Fledermaus und die Ruderflosse des Delphins? Daß bei jeder dieser Arten der zweite Beinknochen deutliche Spuren von zwei Knochen zeigt, die zu einem einzigen verlötet und vereinigt wurden, daß die komplizierten Schädelknochen verständlich werden, sobald wir annehmen, daß sie aus einer Ausbreitung dreier Rückenwirbel entstanden sind; und daß sich in den Kinnladen dieser Tiere, wenn sie in unreifem Alter untersucht werden, kleine Zähne befinden, welche nie an die Oberfläche treten? Und daß diese drei Rhinozerosarten sich gerade durch den Besitz dieser nutzlosen, rudimentären Zähne und einiger anderer Charaktere im Embryonalzustand viel mehr den übrigen Säugetierarten nähern, als dies später im reifen Zustand der Fall ist? Und schließlich, daß auf einer noch früheren Lebensstufe die Arterien dieser Tiere nach der Art der Fischarterien verlaufen und sich verzweigen, so als ob sie das Blut nicht vorhandenen Kiemen zuzuführen hätten? Nun gleichen sich die erwähnten drei Rhinozerosarten in hohem Maße, ja sie stehen sich näher als viele allgemein als Rassen bezeichnete Formen unserer Haustiere. Falls domestiziert, würden sie fast sicher variieren, so daß man durch Auslese verschiede-

143

nen Zwecken angepaßte Rassen aus solchen Variationen erzielen könnte. Sie würden unter diesen Verhältnissen wahrscheinlich miteinander Junge zeugen und ihre Nachkommen würden möglicherweise ganz und wahrscheinlich bis
zu gewissem Grade fruchtbar sein; in jedem Falle würde
durch fortgesetzte Kreuzung eine dieser spezifischen Formen absorbiert werden und mit einer anderen verschmel-
zen.

Und so möchte ich nochmals fragen: sollen wir behaupten, daß von diesen drei Arten Rhinozeros, sei es je ein Paar,
sei es je ein trächtiges Weibchen, unabhängig von den anderen, aber mit trügerischen Merkmalen echter Verwandtschaft, mit dem Stempel der Nutzlosigkeit an einigen und
dem Stempel der Metamorphose an anderen Körperorganen
aus den unorganischen Elementen von Java, Sumatra und
Malakka heraus geschaffen worden ist? Oder sind diese Arten, ebenso wie unsere domestizierten Rassen, von einem
gemeinsamen Elternstamm ausgegangen? Was mich selbst
betrifft, so könnte ich der ersten dieser beiden Anschauun-
gen ebensowenig beipflichten, wie ich es gelten lassen würde, daß die Planeten sich in ihren Bahnen bewegen, oder
daß ein Stein zur Erde fällt, nicht durch die Wirksamkeit
des sekundären und vorausbestimmten Gesetzes der Schwerkraft, sondern durch einen direkten Willensakt des Schöpfers.

Obwohl schon gelegentlich davon die Rede gewesen ist,
wird es doch gut sein, ehe ich schließe, zu präzisieren, wie
weit die Lehre von einer gemeinsamen Abstammung ver-
ständigerweise ausgedehnt werden kann. Wenn wir erst einmal zugeben, daß zwei echte Arten derselben Gattung von
denselben Eltern ausgehen können, wird es uns nicht gut
möglich sein, zu leugnen, daß auch zwei Arten zweier verschiedener Gattungen Nachkommen eines gemeinsamen

144

Stammes sein können. Denn in einzelnen Familien berühren sich die Gattungen beinahe so nahe wie die Arten ein und derselben Gattung; ja innerhalb mancher Ordnungen, z. B. bei den monocotylen Pflanzen, gehen sogar die Familien fast ineinander über. Zögern wir doch nicht, den verschiedenen Hunden oder den verschiedenen Kohlformen einen gemeinsamen Ursprung zuzuschreiben, weil sie in Gruppen zerfallen, die viel Analogien mit den Gruppen im Naturzustand besitzen. Viele Systematiker geben zu, daß alle Bildungen von Gruppen Kunstprodukte sind und nur durch das Erlöschen von Zwischenformen ermöglicht werden. Andere behaupten indessen, daß, obwohl man davon abgekommen sei, Unfruchtbarkeit der Verbindungen als die Hauptcharakteristik getrennter Arten anzusehen, eine absolute Unfähigkeit, sich zusammen fortzupflanzen, das beste Zeugnis für das Vorliegen getrennter natürlicher Gattungen sei. Aber selbst wenn wir die unzweifelhafte Tatsache beiseite lassen, daß einige Arten ein und derselben Gattung sich nicht zusammen fortpflanzen, können wir die obige Regel absolut nicht gelten lassen; haben wir doch gesehen, daß Schneehuhn und Fasan, die von einigen kompetenten Ornithologen als zwei getrennte Familien betrachtet werden, sowie daß Stieglitz und Kanarienvogel sich zusammen fortpflanzen.

Sicherlich, je ferner zwei Arten einander stehen, desto schwächer werden die Argumente, die für ihre gemeinsame Abstammung geltend gemacht werden können. Bei Arten zweier getrennter Familien versagt die Analogie mit der Variation domestizierter Organismen und der Art und Weise ihrer Kreuzung; und ebenso versagen in diesem Fall die Argumente auf Grund der geographischen Verbreitung ganz oder doch fast ganz. Sobald wir indessen das allgemeine Prinzip des vorliegenden Werkes gelten lassen, sind wir berechtigt, einen gemeinsamen Ursprung anzunehmen, sofern eine offenbare Einheit des Typs bei Gruppen von Arten, die gänzlich verschiedenen Rollen im Naturhaushalt angepaßt sind, vorliegt, ob nun diese Einheit sich im Bau des Embryo oder des reifen Lebewesens, besonders aber auch in bestimmten rudimentären Organen dokumentiert. Die Naturforscher sind sich uneins darüber, wie weit sich diese Einheitstypen erstrecken, die meisten von ihnen geben indes zu, daß die Säugetiere nach einem Typ, die Artikulaten nach einem zweiten, die Mollusken nach einem dritten und die Radiaten wahrscheinlich nach mehr als einem einzigen gebaut sind. Die Pflanzen scheinen ebenfalls in drei bis vier große Typen zu zerfallen. Nach dieser unserer Theorie sind folglich sämtliche *bis jetzt* entdeckten Organismen die Nachkommen von wahrscheinlich weniger als zehn vorelterlichen Formen.

Schluß

Damit habe ich die Gründe für meine Anschauung, daß Arten nicht als unveränderliche Schöpfungen zu betrachten sind, dargelegt. Die von den Naturforschern häufig benützten Ausdrücke, wie Einheit des Typs, Anpassungscharaktere, Metamorphose und Abortivwerden von Organen hören auf, rein bildliche Bedeutung zu haben, sie werden nun vielmehr zu verständlichen Tatsachen. Wir blicken nicht mehr auf ein Lebewesen wie ein Wilder auf ein Schiff oder irgendein anderes Kunstwerk, in dem er ein völlig über sein Verständnis hinausgehendes Ding erblickt, sondern als auf ein Produkt einer geschichtlichen Entwicklung, die wir zu erforschen vermögen. Wie interessant werden jetzt für uns alle Instinkte, sobald wir ihrem Ursprung aus erblich gewordenen Gewohnheiten oder auch aus leisen angeborenen Abän-

146

derungen früherer Instinkte, die durch das Überleben der so
abgeänderten Individuen festgehalten wurden, nachgehen.
Oder sobald wir jeden komplizierten Instinkt und Mechanismus als die Summe einer langen historischen Entwick-
lungsreihe betrachten, bestehend aus vielerlei Stufen von
Vorrichtungen, von denen jede ihrem Besitzer nützlicher
war als die vorhergehende, ähnlich wie wenn wir in einer
großen technischen Erfindung das Gesamtresultat der Arbeit, der Erfahrung, des Verstandes, ja selbst der Irrtümer
zahlreicher Arbeiter sehen. Wie interessant wird jetzt die
geographische Verbreitung aller Lebewesen in Vergangenheit und Gegenwart, indem sie auf die Erdkunde älterer
Zeitalter Licht wirft. Die Geologie verliert an Nimbus durch
die Unvollständigkeit ihrer Urkunden, doch gewinnt sie
durch das Ungeheure des Gegenstands. Es liegt viel Größe
in einer Anschauung, welche die jetzt existierenden Lebewesen entweder als die geradlinigen Nachkommen von Formen ansieht, die unter Tausenden von Fuß harten Felsbo-
dens vergraben liegen, oder als die Nachkommen solcher
ausgestorbener Formen, die noch älteren und gänzlich verloren gegangenen Bewohnern dieser Erde angehört haben.
Es harmoniert mit dem, was wir über die der Materie vom
Schöpfer eingeprägten Gesetze wissen, daß das Entstehen
und Vergehen früherer und jetziger Organismenformen,
ebenso wie Geburt und Tod der Individuen durch sekundäre
Ursachen veranlaßt wird. Es ist entwürdigend, daß der
Schöpfer endloser Weltensysteme einen jeden von den Myriaden kriechender Parasiten und Würmer geschaffen haben soll, von denen es seit dem ersten Aufdämmern organischen Lebens auf dem Land und in den Tiefen der Ozeane
gewimmelt hat. Wir hören auf, uns zu wundern, daß eine
Gruppe von Tieren direkt dazu geschaffen wurde, ihre Eier
in die Eingeweide und in das Fleisch anderer fühlender Ge-

schöpfe zu legen, daß gewisse Tiere durch Grausamkeit ihr Leben fristen, ja sogar in Grausamkeit schwelgen; daß Tiere sich durch falsche Instinkte irreführen lassen, und daß alljährlich ein unberechenbarer Verlust an Eiern, Pollen und im Zustand der Unreife befindlichen Lebewesen stattfindet; denn in allem diesen sehen wir nun die unvermeidlichen Folgen des großen Gesetzes der Vermehrung nicht unabänderlich geschaffener Organismen. So geht aus Tod, Hungersnot und dem Ringen ums Überleben* der höchste Erfolg, den wir zu fassen vermögen, die Erzeugung der höheren Tiere, unmittelbar hervor. Zweifellos ist unsere erste Empfindung gegenüber der Annahme, daß sekundäre Gesetze individuelle Organismen zu schaffen vermögen, von denen jeder durch meisterhafte Herstellung und weitestgehende Anpassung charakterisiert ist, die der Ungläubigkeit. Entspricht es doch mehr unserer Fassungskraft, anzunehmen, daß jeder Organismus des »Werde« eines Schöpfers bedürfe. Es liegt eine [einfache]** Größe in der Anschauung, daß das Leben mit all seinen Kräften wie Wachstum, Fortpflanzung und Empfindung ursprünglich nur in wenige Formen der Materie hineingehaucht worden ist, vielleicht nur eine einzige, und daß, während unser Planet nach festen Gesetzen seine Kreisbahn durchlief und Land und Meere in fortdauerndem Wechsel ihre Stellungen vertauschten, aus einem so einfachen Ursprung durch den Prozeß der allmäh-

---

* Im Essay von 1842 spricht Darwin vom »war of nature« an derselben Stelle, eine Formulierung, die er im zweiten Essay mit »struggle for existene« ersetzt. Die ursprüngliche deutsche Übersetzung gibt irreführender Weise beide mit »Kampf ums Dasein« wieder. Im vorliegenden Lesebuch wird »struggle for existence« mit »Ringen ums Überleben« im Deutschen wiedergegeben. Anm. J.V.

** [ ] bedeutet, daß das betreffende Wort im Originalmanuskript ausgestrichen war. Anm. J.V.

lichen Auslese infinitesimaler Veränderungen zahllose äußerst schöne und äußerst wunderbare Formen sich entwickelt haben.

Deutsch von Maria Semon.

7.

Die Entstehung der Arten

Das Ereignis, das Darwin schließlich dazu brachte, die Evolutionstheorie nach zwanzigjähriger Forschungsarbeit zu publizieren und
seine zögerliche Haltung aufzugeben, ist bekannt: eine Briefsen-
dung aus Ternate, einer Insel zwischen Celebes und Neu-Guinea im
malaysischen Archipel, die ihm an einem Junimorgen im Jahr 1858
erreichte. Sie trug die Handschrift Alfred Russel Wallaces, eines Forschungsreisenden, der sich seinen Lebensunterhalt durch das Sammeln und Verkaufen von Präparaten verdiente und den Darwin ein
Jahr zuvor darum gebeten hatte, auf seinen Reisen nach einer seltenen malaysischen Geflügelart Ausschau zu halten. Statt Hühnerfe-
dern enthielt Wallaces Sendung allerdings das Exposé zu einer Evolutionstheorie, die zu Darwins Entsetzen bis in die Details seinem
Entwurf glich. Wallace hatte in seinem Schreiben gebeten, den Text,
falls ihn Darwin interessant genug finde, an den Geologen Charles
Lyell weiterzuleiten. Charles Lyell hielt Wallaces Aufsatz für spekta-
kulär und teilte die Einschätzung, daß die darin formulierte Theorie
derjenigen Darwins in verblüffender Weise glich. Man beriet sich
und kam zu dem Schluß, Darwins und Wallaces Evolutionstheorie
am 1. Juli 1858 zusammen in einer Sitzung der Linnean Society vorzustellen. Ein gutes Jahr darauf, am 24. November 1859 erschien
Darwins *Entstehung der Arten*. Das Buch war noch am selben Tag
vergriffen, sein Aufbau führt uns Lesern die Theorie als ein Weg
vom Bekannten zum Unbekannten vor. Die zwei Prinzipien von Variation und Selektion erklärte Darwin nun anhand von domestizierten Tieren.

Zahme Tauben, ihre Verschiedenheiten, ihr Ursprung

Von der Ansicht ausgehend, daß es am zweckmäßigsten ist, irgendeine besondere Tiergruppe zum Gegenstand der Forschung zu machen, habe ich mir nach einiger Erwägung die Haustauben dazu ausersehen. Ich habe alle Rassen gehalten, die ich mir kaufen oder sonst verschaffen konnte, und bin auf die freundlichste Weise mit Bälgen aus verschiedenen Weltgegenden bedacht worden; insbesondere durch W. Elliot aus Ost-Indien und C. Murray aus Persien. Es sind in verschiedenen Sprachen viele Abhandlungen über die Tauben veröffentlicht worden und einige darunter haben durch ihr hohes Alter eine ganz besondere Bedeutung. Ich habe mich mit einigen ausgezeichneten Taubenliebhabern verbunden und mich in zwei Londoner Tauben-Clubs aufnehmen lassen. Die Verschiedenheit der Rassen ist erstaunlich groß. Man vergleiche z. B. die Englische Botentaube und den kurzstirnigen Purzler und betrachte die wunderbare Verschiedenheit in ihren Schnäbeln, welche entsprechende Verschiedenheiten in ihren Schädeln bedingt. Die Englische Botentaube (Carrier) und insbesondere das Männchen ist noch außerdem merkwürdig durch die wundervolle Entwicklung von Fleischlappen an der Kopfhaut; und in Begleitung hiervon treten wieder die mächtig verlängerten Augenlider, sehr weite äußere Nasenlöcher und eine weite Mundspalte auf. Der kurzstirnige Purzler hat einen Schnabel, im Profil fast wie beim Finken; und die gemeine Purzeltaube hat die eigentümliche erbliche Gewohnheit, sich in dichten Gruppen zu ansehnlicher Höhe in die Luft zu erheben und dann kopfüber herabzupurzeln. Die »Runt«-Taube ist ein Vogel von beträchtlicher Größe mit langem, massigem Schnabel und großen Füßen; einige Unterrassen derselben haben einen sehr langen Hals, andere sehr lange Schwingen und Schwanz, noch andere einen ganz eigentümlich kurzen Schwanz. Die »Barb«-Taube ist mit der Botentaube verwandt, hat aber, statt des sehr langen, einen sehr kurzen und breiten Schnabel. Der Kröpfer hat Körper, Flügel und Beine sehr verlängert, und sein ungeheuer entwickelter Kropf, den er aufzublähen sich gefällt, mag wohl Verwunderung und selbst Lachen erregen. Die Möwentaube (*Turbit*) besitzt einen sehr kurzen, kegelförmigen Schnabel, mit einer Reihe umgewendeter Federn auf der Brust, und hat die Gewohnheit, den oberen Teil des Oesophagus beständig etwas aufzutreiben. Der Jakobiner oder die Perückentaube hat die Nackenfedern so weit umgewendet, daß sie eine Perücke bilden, und im Verhältnis zur Körpergröße lange Schwung- und Schwanzfedern. Der Trompeter und die Lachtaube[1] rucksen, wie ihre Namen ausdrücken auf eine ganz andere Weise als die anderen Rassen. Die Pfauentaube hat 30−40 statt der in der ganzen großen Familie der Tauben normalen 12−14 Schwanzfedern und trägt diese Federn in der Weise ausgebreitet und aufgerichtet, daß bei guten Vögeln sich Kopf und Schwanz berühren; die Öldrüse ist gänzlich verkümmert. Noch könnten einige minder ausgezeichnete Rassen aufgezählt werden.

Im Skelett der verschiedenen Rassen weicht die Entwicklung der Gesichtsknochen in Länge, Breite und Krümmung außerordentlich ab. Die Form sowohl als auch die Breite und Länge des Unterkieferastes ändern sich in sehr merkwürdiger Weise. Die Zahl der Sakral- und Schwanzwirbel und der Rippen, die verhältnismäßige Breite der letzteren und Anwesenheit ihrer Querfortsätze variieren ebenfalls. Sehr ver-

---

[1] »The laugher« ist nach brieflicher Mitteilung des Verfassers nicht *G. risoria*, sondern eine andere, in Deutschland wie es scheint unbekannte östliche Varietät der *C. livia*.

änderlich sind ferner die Größe und Form der Lücken oder Öffnungen im Brustbein, sowie der Öffnungswinkel und die relative Größe der zwei Schenkel des Gabelbeins. Die verhältnismäßige Weite der Mundspalte, die verhältnismäßige Länge der Augenlider, der äußeren Nasenlöcher und der Zunge, welche sich nicht immer nach der des Schnabels richtet, die Größe des Kropfes und des oberen Teils der Speiseröhre, die Entwicklung oder Verkümmerung der Öldrüse, die Zahl der ersten Schwung- und der Schwanzfedern, die relative Länge von Flügeln und Schwanz zueinander und zu der des Körpers, die des Beines und des Fußes, die Zahl der Hornschuppen in der Zehenbekleidung, die Entwicklung von Haut zwischen den Zehen sind alles abänderungsfähige Punkte im Körperbau. Auch die Periode, wo sich das vollkommene Gefieder einstellt, ist ebenso veränderlich wie die Beschaffenheit des Flaums, womit die Nestlinge beim Ausschlüpfen aus dem Ei bekleidet sind. Form und Größe der Eier sind der Abänderung unterworfen. Die Art des Flugs ist ebenso merkwürdig verschieden, wie es bei manchen Rassen mit Stimme und Gemütsart der Fall ist. Endlich weichen bei gewissen Rassen die Männchen und Weibchen in einem geringen Grade voneinander ab.

So könnte man wenigstens zwanzig Tauben auswählen, welche ein Ornithologe, wenn man ihm sagte, es seien wilde Vögel, unbedenklich für wohl umschriebene Arten erklären würde. Ich glaube nicht einmal, daß irgendein Ornithologe die Englische Botentaube, den kurzstirnigen Purzler, die Runt-, die Barb-, die Kropf- und die Pfauentaube in dieselbe Gattung zusammenstellen würde, zumal ihm von einer jeden dieser Rassen wieder mehrere erbliche Unterrassen vorgelegt werden könnten, die er Arten nennen würde.

Wie groß nun aber auch die Verschiedenheit zwischen den Taubenrassen sein mag, so bin ich doch überzeugt, daß die gewöhnliche Meinung der Naturforscher, daß alle von der Felstaube (*Columba livia*) abstammen, richtig ist, wenn man nämlich unter diesem Namen verschiedene geographische Rassen oder Unterarten mit begreift, welche nur in den alleruntergeordnetsten Merkmalen voneinander abweichen. Da einige der Gründe, welche mich zu dieser Ansicht bestimmt haben, mehr oder weniger auch auf andere Fälle anwendbar sind, so will ich sie hier kurz angeben. Sind jene verschiedenen Rassen nicht Varietäten und nicht aus der Felstaube hervorgegangen, so müssen sie von wenigstens 7—8 Stammarten herrühren; denn es ist unmöglich, alle unsere domestizierten Rassen durch Kreuzung einer geringeren Artenzahl miteinander zu erlangen. Wie wollte man z. B. die Kropftaube durch Paarung zweier Arten miteinander erzielen, wovon nicht eine den ungeheuren Kropf besäße? Die angenommenen wilden Stammarten müssen sämtlich Felstauben gewesen sein, solche nämlich, die nicht auf Bäumen brüten oder sich auch nur freiwillig auf Bäume setzen. Doch kennt man außer der *C. livia* und ihren geographischen Unterarten nur noch 2—3 Arten Felstauben, welche aber nicht einen der Charaktere unserer zahmen Rassen besitzen. Daher müßten denn die angeblichen Urstämme entweder noch in den Gegenden ihrer ersten Zähmung vorhanden und den Ornithologen unbekannt geblieben sein, was wegen ihrer Größe, Lebensweise und merkwürdigen Eigenschaften unwahrscheinlich erscheint; oder sie müßten im wilden Zustand ausgestorben sein. Aber Vögel, welche an Felsabhängen nisten und gut fliegen, sind nicht leicht auszurotten, und unsere gemeine Felstaube, welche mit unseren zahmen Rassen eine gleiche Lebensweise besitzt, hat noch nicht einmal auf einigen der kleineren Britischen Inseln oder an den Küsten des Mittelmeeres ausgerottet werden können. Daher scheint mir die angebliche Ausrottung

so vieler Arten, die mit der Felstaube eine gleiche Lebensweise besitzen, eine sehr übereilte Annahme zu sein. Überdies sind die oben genannten so abweichenden Rassen nach
allen Weltgegenden verpflanzt worden und müßten daher
wohl einige derselben in ihre Heimat zurückgelangt sein.
Und doch ist nicht eine derselben verwildert, obwohl die
Feldtaube, d.i. die Felstaube in ihrer nur sehr wenig veränderten Form, in einigen Gegenden verwildert ist. Da nun
alle neueren Versuche zeigen, daß es sehr schwer ist ein wil-
des Tier im Zustand der Zähmung zur Fortpflanzung zu
bringen, so wäre man durch die Hypothese eines mehrfälti-
gen Ursprungs unserer Haustauben zur Annahme genötigt,
es seien schon in den alten Zeiten und von halb zivilisierten
Menschen wenigstens 7–8 Arten so vollkommen gezähmt
worden, daß sie selbst in der Gefangenschaft fruchtbar geworden sind.

Ein Beweisgrund von großem Gewicht und auch ander-
weitiger Anwendbarkeit ist der, daß die oben aufgezählten
Rassen, obwohl sie im allgemeinen in Konstitution, Lebensweise, Stimme, Färbung und den meisten Teilen ihres Kör-
perbaus mit der Felstaube übereinkommen, doch in anderen
Teilen gewiß sehr abnorm sind; wir würden uns in der ganzen großen Familie der Columbiden vergeblich nach einem
Schnabel, wie ihn die Englische Botentaube oder der kurzstirnige Purzler oder die Barbtaube besitzen – oder nach
umgedrehten Federn, wie sie die Perückentaube hat – oder
nach einem Kropf, wie beim Kröpfer – oder nach einem
Schwanz, wie bei der Pfauentaube, umsehen. Man müßte
daher annehmen, daß der halb zivilisierte Mensch nicht allein bereits mehrere Arten vollständig gezähmt, sondern
auch absichtlich oder zufällig außerordentlich abnorme Arten dazu erkoren habe, und daß diese Arten seitdem alle erloschen oder verschollen seien. Das Zusammentreffen so

vieler seltsamer Zufälligkeiten ist denn doch im höchsten Grade unwahrscheinlich.

Noch möchten hier einige Tatsachen in bezug auf die Färbung des Gefieders bei Tauben Berücksichtigung verdienen. Die Felstaube ist schieferblau mit weißen (bei der ostindischen Subspezies, *C. intermedia* Strickl., bläulichen) Weichen, hat am Schwanz eine schwarze Endbinde und am Grund der äußeren Federn desselben einen weißen äußeren Rand; auch haben die Flügel zwei schwarze Binden. Einige halb-domestizierte und andere ganz wilde Unterrassen haben auch außer den beiden schwarzen Binden noch schwarze Würfelflecke auf den Flügeln. Diese verschiedenen Zeichnungen kommen bei keiner anderen Art der ganzen Familie vereinigt vor. Nun treffen aber auch bei jeder unserer zahmen Rassen zuweilen und selbst bei gut gezüchteten Vögeln alle jene Zeichnungen gut entwickelt zusammen, selbst bis auf die weißen Ränder der äußeren Schwanzfedern. Ja, wenn man zwei oder mehr Vögel von verschiedenen Rassen, von welchen keine blau ist oder eine der erwähnten Zeichnungen besitzt, miteinander paart, so sind die dadurch erzielten Blendlinge sehr geneigt, diese Charaktere plötzlich anzunehmen. So kreuzte ich, um von mehreren Fällen, die mir vorgekommen sind, einen anzuführen, einfarbig weiße Pfauentauben, die sehr konstant bleiben, mit einfarbig schwarzen Barbtauben, von deren zufällig äußerst seltenen blauen Varietäten mir kein Fall in England bekannt ist, und erhielt eine braune, schwarze und gefleckte Nachkommenschaft. Ich kreuzte nun auch eine Barb- mit einer Bläßtaube, einem weißen Vogel mit rotem Schwanz und rote Blässe von sehr beständiger Rasse, und die Blendlinge waren dunkelfarbig und fleckig. Als ich ferner einen der von Pfauen- und von Barb-Tauben erzielten Blendlinge mit einem der Blendlinge von Barb- und von Bläß-Tauben paarte, kam ein Enkel mit schön blauem Gefieder, weißen Weichen, doppelter schwarzer Flügelbinde, schwarzer Schwanzbinde und weißen Seitenrändern der Steuerfedern, alles wie bei der wilden Felstaube, zum Vorschein. Man kann diese Tatsachen aus dem bekannten Prinzip des Rückschlags zu vorelterlichen Charakteren begreifen, wenn alle zahmen Rassen von der Felstaube abstammen. Wollten wir aber dies leugnen, so müßten wir eine von den zwei folgenden sehr unwahrscheinlichen Voraussetzungen machen: Entweder, daß all die verschiedenen angenommenen Stammarten wie die Felstaube gefärbt und gezeichnet gewesen seien (obwohl keine andere lebende Art mehr so gefärbt und gezeichnet ist), so daß in dessen Folge noch bei allen Rassen eine Neigung, zu dieser anfänglichen Färbung und Zeichnung zurückzukehren, vorhanden wäre; oder, daß jede und auch die reinste Rasse seit etwa den letzten zwölf oder höchstens zwanzig Generationen einmal mit der Felstaube gekreuzt worden sei; ich sage: zwölf oder zwanzig Generationen, denn es ist kein Beispiel bekannt, daß gekreuzte Nachkommen auf einen Vorfahren fremden Blutes nach einer noch größeren Zahl von Generationen zurückschlagen. Wenn in einer Rasse nur einmal eine Kreuzung stattgefunden hat, so wird die Neigung zu einem aus einer solchen Kreuzung abzuleitenden Charakter zurückzukehren natürlich um so kleiner und kleiner werden, je weniger fremdes Blut noch in jeder späteren Generation übrig ist. Hat aber keine Kreuzung stattgefunden und ist gleichwohl in der Zucht die Neigung der Rückkehr zu einem Charakter vorhanden, der in irgendeiner früheren Generation verloren gegangen war, so ist trotz allem, was man etwa Gegenteiliges anführen mag, die Annahme geboten, daß sich diese Neigung in ungeschwächtem Grade durch eine unbestimmte Reihe von Generationen forterhalten könne. Diese zwei ganz verschiedenen Fälle von Rückschlag sind in Schriften über Erblichkeit oft miteinander verwechselt worden.

Endlich sind die Bastarde oder Blendlinge, welche durch die Kreuzung der verschiedenen Taubenrassen erzielt werden, alle vollkommen fruchtbar. Ich kann dies nach meinen eigenen Versuchen bestätigen, die ich absichtlich mit den allerverschiedensten Rassen angestellt habe. Dagegen wird es aber schwer und vielleicht unmöglich sein, einen Fall anzuführen, wo ein Bastard von zwei bestimmt verschiedenen Arten vollkommen fruchtbar gewesen wäre. Einige Schriftsteller nehmen an, lang dauernde Domestikation beseitige allmählich diese Neigung zur Unfruchtbarkeit. Aus der Geschichte des Hundes und einiger anderer Haustiere zu schließen, ist diese Hypothese wahrscheinlich vollkommen richtig, wenn sie aufeinander sehr nahe verwandte Arten angewendet wird. Aber eine Ausdehnung der Hypothese bis zu der Behauptung, daß Arten, die ursprünglich voneinander ebenso verschieden gewesen, wie es Botentaube, Purzler, Kröpfer und Pfauenschwanz jetzt sind, untereinander eine vollkommen fruchtbare Nachkommenschaft liefern, scheint mir äußerst voreilig zu sein.

Diese verschiedenen Gründe und zwar: die Unwahrscheinlichkeit, daß der Mensch schon in früher Zeit sieben bis acht wilde Taubenarten zur Fortpflanzung im gezähmten Zustand vermocht habe – Arten, welche wir weder im wilden noch im verwilderten Zustand kennen; der Umstand, daß diese Spezies Merkmale darbieten, welche im Vergleich mit allen anderen Columbiden sehr abnorm sind, obwohl die Arten in den meisten Beziehungen der Felstaube so ähnlich sind; das gelegentliche Wiedererscheinen der blauen Farbe und der verschiedenen schwarzen Zeichnungen in allen Rassen sowohl im Falle einer reinen Züchtung als auch der Kreuzung, endlich die vollkommene Fruchtbarkeit der

Blendlinge: — alle diese Gründe zusammengenommen lassen uns mit Sicherheit schließen, daß alle unsere domestizierten Taubenrassen von *Columba livia* und deren geographischen Unterarten abstammen.

Zugunsten dieser Ansicht will ich ferner noch anführen: 1) daß die Felstaube, *C. livia*, in Europa wie in Indien zur Zähmung geeignet gefunden worden ist, und daß sie in ihren Gewohnheiten wie in vielen Punkten ihrer Struktur mit allen unseren zahmen Rassen übereinkommt. 2) Obwohl eine Englische Botentaube oder ein kurzstirniger Purzler sich in gewissen Charakteren weit von der Felstaube entfernen, so ist es doch dadurch, daß man die verschiedenen Unterformen dieser Rassen, und besonders die aus entfernten Gegenden abstammenden, miteinander vergleicht, möglich, zwischen ihnen und der Felstaube eine fast ununterbrochene Reihe herzustellen; dasselbe können wir in einigen anderen Fällen tun, wenn auch nicht mit allen Rassen. 3) Diejenigen Charaktere, welche die verschiedenen Rassen hauptsächlich voneinander unterscheiden, wie die Fleischwarzen und die Länge des Schnabels der Englischen Botentaube, die Kürze des Schnabels beim Purzler und die Zahl der Schwanzfedern der Pfauentaube, sind bei jeder Rasse in eminentem Grade veränderlich; die Erklärung dieser Erscheinung wird sich uns darbieten, wenn von der Auslese[*] die Rede sein wird. 4) Tauben sind bei vielen Völkern beobachtet und mit äußerster Sorgfalt und Liebhaberei gepflegt worden. Man hat sie schon vor Tausenden von Jahren in

---

[*] Im Englischen lautet der von Darwin verwendete Begriff »selection«. Er wird im vorliegenden Lesebuch mit »Auslese« wiedergegeben, die »natural selection« als »natürliche Auslese«. Victor Carus, Darwins Übersetzer im 19. Jahrhundert, übertrug »selection« mit »Zuchtwahl«, wodurch die irreführende Vorstellung von Auslese als einer bewußt handelnden Instanz geweckt wird. Anm. J.V.

mehreren Weltgegenden domestiziert; die älteste Nachricht über Tauben stammt aus der Zeit der fünften ägyptischen Dynastie, etwa 3000 Jahre v. Chr., wie mir Professor Lepsius mitgeteilt hat; aber Birch sagt mir, daß Tauben schon auf einem Küchenzettel der vorangehenden Dynastie vorkommen. Von Plinius vernehmen wir, daß zur Zeit der Römer ungeheure Summen für Tauben ausgegeben worden sind. »Ja es ist dahin gekommen, daß man ihrem Stammbaum und Rasse nachrechnete.« Um das Jahr 1600 schätzte sie Akber Khan in Indien so sehr, daß ihrer nicht weniger als 20000 zur Hofhaltung gehörten. »Die Monarchen von Iran und Turan sandten ihm einige sehr seltene Vögel und«, berichtet der höfliche Historiker weiter, »Ihre Majestät haben durch Kreuzung der Rassen, welche Methode früher nie angewendet worden war, dieselben in erstaunlicher Weise verbessert.« Um diese nämliche Zeit waren die Holländer ebensosehr, wie früher die Römer, auf die Tauben erpicht. Die äußerste Wichtigkeit dieser Betrachtungen für die Erklärung der außerordentlichen Veränderungen, welche die Tauben erfahren haben, wird uns erst bei den späteren Erörterungen über die Auslese deutlich werden. Wir werden dann auch sehen, woher es kommt, daß die Rassen so oft ein etwas monströses Aussehen haben. Endlich ist ein sehr günstiger Umstand für die Erzeugung verschiedener Rassen, daß bei den Tauben ein Männchen mit einem Weibchen leicht lebenslänglich zusammengepaart werden kann, und daß verschiedene Rassen in einem und dem nämlichen Vogelhaus beisammen gehalten werden können.

Ich habe den wahrscheinlichen Ursprung der zahmen Taubenrassen mit einiger, wenn auch noch ganz ungenügender Ausführlichkeit besprochen, weil ich selbst zur Zeit, wo ich anfing, Tauben zu halten und ihre verschiedenen Formen zu beobachten und während ich wohl wußte, wie rein sich die Rassen halten, es für ganz ebenso schwer hielt zu glauben, daß alle ihre Rassen, seit sie zuerst domestiziert wurden, einem gemeinsamen Stammvater entsprossen sein könnten, als es einem Naturforscher schwer fallen würde, an die gemeinsame Abstammung aller Finken oder irgendeiner anderen Vogelgruppe im Naturzustand zu glauben. Insbesondere machte mich ein Umstand sehr betroffen, daß nämlich fast alle Züchter von Haustieren und Kulturpflanzen, mit welchen ich je gesprochen oder deren Schriften ich gelesen habe, vollkommen überzeugt sind, daß die verschiedenen Rassen, welche ein jeder von ihnen erzogen, von ebenso vielen ursprünglich verschiedenen Arten herstammen. Fragt man, wie ich es getan habe, irgendeinen berühmten Züchter der Hereford-Rindviehrasse, ob dieselbe nicht etwa von der langhörnigen Rasse oder beide von einer gemeinsamen Stammform abstammen könnten, so wird er die Frager auslachen. Ich habe nie einen Tauben-, Hühner-, Enten- oder Kaninchen-Liebhaber gefunden, der nicht vollkommen überzeugt gewesen wäre, daß jede Hauptrasse von einer anderen Stammart herkomme. Vanmons zeigt in seinem Werk über die Äpfel und Birnen, wie völlig ungläubig er darin ist, daß die verschiedenen Sorten, wie z.B. Ribstonpippin oder der Codlin-Apfel je von Samen des nämlichen Baumes entsprungen sein könnten. Und so könnte ich unzählige andere Beispiele anführen. Dies läßt sich, wie ich glaube, einfach erklären. Infolge langjähriger Studien haben diese Leute eine große Empfindlichkeit für die Unterschiede zwischen den verschiedenen Rassen erhalten; und obgleich sie wohl wissen, daß jede Rasse etwas variiert, da sie ja eben durch die Auslese solcher geringer Abänderungen ihre Preise gewinnen, so gehen sie doch nicht von allgemeineren Schlüssen aus und rechnen nicht den ganzen Betrag zusammen, der sich durch Häufung kleiner Abände-

161

rungen während vieler aufeinanderfolgenden Generationen ergeben muß. Werden nicht jene Naturforscher, welche, obschon viel weniger als diese Züchter mit den Gesetzen der Vererbung bekannt und nicht besser als sie über die Zwischenglieder in der langen Reihe der Nachkommenschaft unterrichtet, doch annehmen, daß viele von unseren Haustierrassen von gleichen Eltern abstammen – werden sie nicht vorsichtig sein lernen, wenn sie die Annahme verlachen, daß Arten im Naturzustand in gerader Linie von anderen Arten abstammen?

Zweifelhafte Arten

Diejenigen Formen, welche zwar in beträchtlichem Maße den Charakter einer Art besitzen, aber anderen Formen so ähnlich oder durch Mittelstufen mit solchen so eng verkettet sind, daß die Naturforscher sie nicht gern als besondere Arten anführen wollen, sind in mehreren Beziehungen die wichtigsten für uns. Wir haben allen Grund zu glauben, daß viele von diesen zweifelhaften und eng verwandten Formen ihre Charaktere lange Zeit beharrlich behauptet haben, eine so lange Zeit, so viel wir wissen, wie gute und echte Spezies. Praktisch genommen pflegt ein Naturforscher, welcher zwei Formen durch Zwischenglieder miteinander zu verbinden vermag, die eine als eine Varietät der anderen zu behandeln, wobei er die gewöhnlichere, zuweilen aber auch die zuerst beschriebene als die Art, die andere als die Varietät ansieht. Bisweilen treten aber auch sehr schwierige Fälle, die ich hier nicht aufzählen will, bei der Entscheidung der Frage ein, ob eine Form als Varietät der anderen anzusehen sei oder nicht, sogar wenn beide durch Zwischenglieder eng miteinander verbunden sind; auch will die gewöhnliche Annahme, daß diese Zwischenglieder Bastarde seien, nicht immer genügen, um die Schwierigkeit zu beseitigen. In sehr vielen Fällen jedoch wird eine Form als eine Varietät der anderen erklärt, nicht weil die Zwischenglieder wirklich gefunden worden sind, sondern weil Analogie den Beobachter verleitet anzunehmen, entweder daß solche noch irgendwo vorhanden sind, oder daß sie früher vorhanden gewesen sind; und damit ist dann Zweifeln und Vermutungen Tür und Tor geöffnet.

Wenn es sich daher darum handelt zu bestimmen, ob eine Form als Art oder als Varietät zu bestimmen sei, scheint die Meinung der Naturforscher von gesundem Urteil und reicher Erfahrung der einzige Führer zu bleiben. Gleichwohl können wir in vielen Fällen nur nach einer Majorität der Meinungen entscheiden; denn es lassen sich nur wenige ausgezeichnete und gut gekannte Varietäten namhaft machen, die nicht schon bei wenigstens einem oder dem anderen sachkundigen Richter als Spezies gegolten hätten.

Daß Varietäten von so zweifelhafter Natur keineswegs selten sind, kann nicht in Abrede gestellt werden. Man vergleiche die von verschiedenen Botanikern geschriebenen Floren von Groß-Britannien, Frankreich oder den Vereinigten Staaten miteinander und sehe, was für eine erstaunliche Anzahl von Formen von dem einen Botaniker als gute Arten und von dem anderen als bloße Varietäten angesehen wird. Herr H. C. Watson, welchem ich zur innigsten Erkenntlichkeit für Unterstützung aller Art verbunden bin, hat mir 182 britische Pflanzen bezeichnet, welche gewöhnlich als Varietäten betrachtet werden, aber auch schon alle von Botanikern für Arten erklärt worden sind; und bei Aufstellung dieser Liste hat er noch manche unbedeutendere, aber auch schon von einem oder dem anderen Botaniker als Art aufgenommene Varietät übergangen und einige sehr polymorphe Gattungen gänzlich außer acht gelassen. Unter

gewissen Gattungen, mit Einschluß der am meisten poly-
morphen Formen, führt Babington 251, Bentham dagegen
nur 112 Arten auf, ein Unterschied von 139 zweifelhaften
Formen!

Unter den Tieren, welche sich zu jeder Paarung vereinigen und sehr ortswechselnd sind, können dergleichen zweifelhafte, von verschiedenen Zoologen bald als Arten bald als
Varietäten angesehene Formen nicht so leicht in einer Gegend beisammen vorkommen, sind aber in getrennten Gebieten nicht selten. Wie viele jener nordamerikanischen
und europäischen Insekten und Vögel, die nur sehr wenig
voneinander abweichen, sind von dem einen ausgezeichneten Naturforscher als unzweifelhafte Arten und von dem
anderen als Varietäten oder sogenannte klimatische Rassen
bezeichnet worden! In mehreren wertvollen Aufsätzen, die
Wallace neuerdings über die verschiedenen Tierformen, besonders über die Lepidopteren des großen Malayischen Archipels veröffentlicht hat, weist er nach, daß man sie in vier
Gruppen teilen kann, nämlich in variable Formen, in Lokalformen, in geographische Rassen oder Subspezies und in
echte repräsentierende Arten. Die ersten oder die variablen
Formen variieren bedeutend innerhalb der Grenzen einer
und derselben Insel. Die lokalen Formen sind auf jeder einzelnen Insel mäßig konstant und bestimmt; vergleicht man
aber alle derartigen Formen von den verschiedenen Inseln
miteinander, so stellen sich die Unterschiede als so gering
und allmählich abgestuft heraus, daß es unmöglich wird, sie
zu bestimmen oder zu beschreiben, obschon die extremen
Formen hinreichend scharf bestimmt sind. Die geographischen Rassen oder Subspezies sind vollständig fixierte und
isolierte Lokalformen; da sie aber nicht durch stark markierte und bedeutungsvolle Charaktere voneinander abweichen, »so kann kein etwa möglicher Beweis, sondern nur

individuelle Meinung bestimmen, welche derselben man als Art und welche man als Varietät betrachten soll«. Repräsentierende Arten endlich nehmen im Naturhaushalt jeder Insel dieselbe Stelle ein, wie die lokalen Formen und Subspezies; da sie aber ein größeres Maß an Verschiedenheit als das zwischen lokalen Formen und Subspezies voneinander trennt, so werden sie allgemein von den Naturforschern für gute Arten genommen. Nichtsdestoweniger läßt sich kein bestimmtes Kriterium angeben, nach welchem man variable Formen, lokale Formen, Subspezies und repräsentierende Arten als solche erkennen kann.

Als ich vor vielen Jahren die Vögel von den einzelnen Inseln der Galapagos-Gruppe miteinander und mit denen des amerikanischen Festlands verglich und andere sie vergleichen sah, war ich sehr darüber erstaunt, wie gänzlich schwankend und willkürlich der Unterschied zwischen Art und Varietät ist.

Auf den Inselchen der kleinen Madeira-Gruppe kommen viele Insekten vor, welche in Wollastons bewunderungswürdigem Werk als Varietäten charakterisiert sind, welche aber gewiß von vielen Entomologen als besondere Arten aufgestellt werden würden. Selbst Irland besitzt einige wenige jetzt allgemein als Varietäten angesehene Tiere, welche aber von einigen Zoologen für Arten erklärt worden sind. Mehrere erfahrene Ornithologen betrachten unser britisches Rothuhn (Lagopus) nur als eine scharf ausgezeichnete Rasse der norwegischen Art, während die Mehrzahl solches für eine unzweifelhafte und Groß-Britannien eigentümliche Art erklärt. Eine weite Entfernung zwischen den Heimatorten zweier zweifelhafter Formen bestimmt viele Naturforscher, dieselben für zwei Arten zu erklären; aber, hat man mit Recht gefragt, welche Entfernung genügt dazu? Wenn man die Entfernung zwischen Europa und Amerika groß nennt, wird dann auch jene zwischen Europa und den Azoren oder Madeira oder den Kanarischen Inseln oder zwischen den verschiedenen Inseln dieser kleinen Archipele genügen?

B. D. Walsh, ein ausgezeichneter Entomologe der Vereinigten Staaten, hat neuerdings sogenannte phytophage Varietäten und phytophage Arten beschrieben. Die meisten pflanzenfressenden Insekten leben von einer Art oder von einer Gruppe von Pflanzen; einige leben ohne Unterschied von vielen Arten, ohne indessen deshalb abzuändern. Walsh hat nun aber mehrere derartige Fälle beobachtet, wo Insekten, welche auf verschiedenen Pflanzen lebend gefunden wurden, entweder im Larven- oder im erwachsenen Zustand oder in beiden, geringe, aber konstante Verschiedenheiten in Farbe, Größe oder in der Beschaffenheit ihrer Sekrete darboten. In einigen Fällen fand man nur die Männchen, in anderen Fällen Männchen und Weibchen in dieser Weise unbedeutend voneinander verschieden. Sind die Verschiedenheiten etwas stärker ausgeprägt und sind beide Geschlechter und alle Altersstände affiziert, dann werden die betreffenden Formen von allen Entomologen für Spezies erklärt. Aber kein Beobachter kann für einen anderen genau bestimmen, selbst wenn er es für sich tun kann, welche von diesen phytophagen Formen Varietäten, welche Arten zu nennen sind. Walsh bezeichnet diejenigen Formen, von denen man voraussetzen kann, daß sie sich reichlich kreuzen, als Varietäten, und diejenigen, welche diese Fähigkeit zu kreuzen verloren zu haben scheinen, als Arten. Da die Verschiedenheiten davon abhängen, daß sich die Insekten lange von verschiedenen Pflanzen ernährt haben, so kann man nicht erwarten, jetzt Zwischenglieder zwischen den verschiedenen Formen zu finden. Der Naturforscher verliert dadurch den besten Führer zu der Bestimmung, ob solche zweifelhafte Formen für Varietäten oder Spezies zu halten sind. Dies kommt notwendig in gleicher Weise bei nahe verwandten Organismen vor, welche verschiedene Kontinente oder Inseln bewohnen. Hat aber auf der anderen Seite ein Tier oder eine Pflanze eine weite Verbreitung über einen und denselben Kontinent, oder bewohnt es viele Inseln desselben Archipels, und bietet es in den verschiedenen Gebieten verschiedene Formen dar, so ist die Wahrscheinlichkeit immer groß, Zwischenglieder zu finden, welche die extremen Formen miteinander verbinden; diese werden dann auf den Rang von Varietäten herabgesetzt.

Einige wenige Naturforscher behaupten, daß Tiere niemals Varietäten darbieten; dann legen sie aber den geringsten Verschiedenheiten spezifischen Wert bei; und wenn selbst dieselbe identische Form in zwei verschiedenen Ländern oder in zwei verschiedenen geologischen Formationen gefunden wird, so glauben sie, daß zwei verschiedene Arten im nämlichen Gewand verborgen enthalten sind. Der Ausdruck Art wird dadurch zu einer nutzlosen Abstraktion, unter der man einen besonderen Schöpfungsakt versteht und annimmt. Es ist sicher, daß viele von kompetenten Richtern für Varietäten angesehene Formen so vollständig dem Charakter nach Arten ähnlich sind, daß sie von anderen ebenso kompetenten Männern dafür gehalten worden sind. Aber es ist vergebene Arbeit, die Frage zu erörtern, ob sie Arten oder Varietäten genannt werden sollen, solange noch keine Definition dieser zwei Ausdrücke allgemein angenommen ist.

Viele dieser stark ausgeprägten Varietäten oder zweifelhaften Arten verdienten wohl eine nähere Betrachtung; denn man hat vielerlei interessante Beweismittel aus ihrer geographischen Verbreitung, analogen Variation, Bastardbildung usw. herbeigeholt, um bei Feststellung der ihnen gebührenden Rangstufe mitzuhelfen. Doch erlaubt mir der

167

Raum nicht, sie hier zu erörtern. Sorgfältige Untersuchung wird in vielen Fällen ohne Zweifel die Naturforscher zur Verständigung darüber bringen, wofür die zweifelhaften Formen zu halten sind. Doch müssen wir bekennen, daß gerade in den am besten bekannten Ländern die meisten zweifelhaften Formen zu finden sind. Ich war über die Tatsache erstaunt, daß man, wenn irgendwelche Tiere und Pflanzen in ihrem Naturzustand dem Menschen sehr nützlich sind oder aus irgendeiner anderen Ursache seine besondere Aufmerksamkeit erregen, beinahe ganz allgemein Varietäten davon angeführt finden wird. Diese Varietäten werden überdies oft von einigen Autoren als Arten bezeichnet. Wie sorgfältig ist die gemeine Eiche studiert worden! Nun macht aber ein deutscher Autor über ein Dutzend Arten aus den Formen, welche bis jetzt von anderen Botanikern fast ganz allgemein als Varietäten angesehen wurden; und in England können die höchsten botanischen Gewährsmänner und vorzüglichsten Praktiker angeführt werden, welche nachweisen, die einen, daß die Trauben- und die Stieleiche gut unterschiedene Arten, die anderen, daß sie bloße Varietäten sind.

Ich will hier auf eine neuerdings erschienene merkwürdige Arbeit A. de Candolles über die Eichen der ganzen Erde verweisen. Nie hat jemand größeres Material zur Unterscheidung der Arten gehabt oder hätte dasselbe mit mehr Eifer und Scharfsinn verarbeiten können. Er gibt zuerst im Detail alle die vielen Punkte, in denen der Bau der verschiedenen Arten variiert, und schätzt numerisch die Häufigkeit der Abänderungen. Er führt speziell über ein Dutzend Merkmale auf, von denen man findet, daß sie selbst an einem und demselben Zweige, zuweilen je nach dem Alter und der Entwicklung, zuweilen ohne nachweisbaren Grund variieren. Derartige Merkmale haben natürlich keinen spezifischen Wert, sie sind aber, wie Asa Gray in seinem Bericht über diese Abhandlung bemerkt, von der Art, wie sie gewöhnlich in Speziesbestimmungen aufgenommen werden. De Candolle sagt dann weiter, daß er die Formen als Arten betrachtet, welche in Merkmalen voneinander abweichen, die nie auf einem und demselben Baum variieren und nie durch Zwischenzustände zusammenhängen. Nach dieser Erörterung, dem Resultat so vieler Arbeit, bemerkt er mit Nachdruck: »Diejenigen sind im Irrtum, welche immer wiederholen, daß die Mehrzahl unserer Arten deutlich begrenzt ist und daß die zweifelhaften Arten eine geringe Minorität bilden. Dies schien so lange wahr zu sein, als man eine Gattung unvollkommen kannte und ihre Arten auf wenig Exemplare gegründet wurden, d. h. provisorisch waren. Sobald wir dazu kommen, sie besser zu kennen, strömen die Zwischenformen herbei und die Zweifel über die Grenzen der Arten erheben sich.« Er fügt auch noch hinzu, daß es gerade die am besten bekannten Arten sind, welche die größte Anzahl spontaner Varietäten und Subvarietäten darbieten. So hat *Quercus robur* achtundzwanzig Varietäten, welche mit Ausnahme von sechs sich sämtlich um drei Subspezies gruppieren, nämlich *Q. pedunculata, sessiliflora* und *pubescens*. Die Formen, welche diese drei Subspezies miteinander verbinden, sind vergleichsweise selten, und wenn, wie Asa Gray ferner bemerkt, diese jetzt seltenen Übergangsformen völlig aussterben sollten, so würden sich die drei Subspezies genau ebenso zueinander verhalten, wie die vier oder fünf provisorisch angenommenen Arten, welche sich eng um die typische *Quercus robur* gruppieren. Endlich gibt De Candolle noch zu, daß von den 300 Arten, welche in seinem Prodromus als zur Familie der Eichen gehörig werden aufgezählt werden, wenigstens zwei Drittel provisorisch, d. h. nicht genau genug bekannt sind, um der oben angegebenen Definition der Spezies zu genügen. Ich muß hinzufügen, daß De Candolle die Arten nicht mehr für unveränderliche Schöpfungen hält, sondern zu dem Schluß gelangt, daß die Ableitungstheorie die natürlichste »und die am besten mit den bekannten Tatsachen der Paläontologie, Pflanzengeographie und Tiergeographie, des anatomischen Baus und der Klassifikation übereinstimmende ist«.

Wenn ein junger Naturforscher eine ihm ganz unbekannte Gruppe von Organismen zu studieren beginnt, so macht ihn anfangs die Frage verwirrt, was für Unterschiede er für spezifische halten soll und welche von ihnen nur Varietäten angehören; denn er weiß noch nichts von der Art und der Größe der Abänderungen, deren die Gruppe fähig ist; und dies beweist eben wieder, wie allgemein wenigstens einige Variation ist. Wenn er aber seine Aufmerksamkeit auf eine einzige Klasse innerhalb eines bestimmten Landes beschränkt, so wird er bald darüber im klaren sein, wofür er die meisten dieser zweifelhaften Formen anzuschlagen habe. Er wird im allgemeinen geneigt sein, viele Arten zu machen, weil ihm, so wie den vorhin erwähnten Tauben- oder Hühnerfreunden, die Verschiedenheiten der beständig von ihm studierten Formen sehr beträchtlich scheinen und weil er noch wenig allgemeine Kenntnis von analogen Verschiedenheiten in anderen Gruppen und anderen Ländern zur Berichtigung jener zuerst empfangenen Eindrücke besitzt. Dehnt er nun den Kreis seiner Beobachtung weiter aus, so wird er auf weitere schwierige Fälle stoßen; denn er wird einer großen Anzahl nahe verwandter Formen begegnen. Erweitern sich seine Erfahrungen aber noch mehr, so wird er endlich für sich selbst klar darüber werden, was Varietät und was Spezies zu nennen sei; doch wird er zu diesem Ziel nur gelangen, wenn er eine große Abänderungsfähigkeit zugibt, und er wird die Richtigkeit seiner Annahme von anderen Naturforschern oft in Zweifel gezogen sehen. Wenn er nun überdies verwandte Formen aus anderen jetzt nicht unmittelbar aneinandergrenzenden Ländern zu studieren Gelegenheit erhält, in welchem Fall er kaum hoffen darf, die Mittelglieder zwischen seinen zweifelhaften Formen zu finden, so wird er sich fast ganz auf Analogie verlassen müssen, und seine Schwierigkeiten kommen auf den Höhepunkt.

Eine bestimmte Grenzlinie ist bis jetzt sicherlich nicht gezogen worden, weder zwischen Arten und Unterarten, d. h. solchen Formen, welche nach der Meinung einiger Naturforscher den Rang einer Spezies nahezu, aber doch nicht ganz erreichen, noch zwischen Unterarten und ausgezeichneten Varietäten, noch endlich zwischen den geringeren Varietäten und individuellen Verschiedenheiten. Diese Verschiedenheiten greifen in einer unmerklichen Reihe ineinander, und eine Reihe erweckt die Vorstellung von einem wirklichen Übergang.

Ich betrachte daher die individuellen Abweichungen, wenn schon sie für den Systematiker nur wenig Wert haben, als für uns von großer Bedeutung, weil sie den ersten Schritt zu solchen unbedeutenden Varietäten bilden, welche man in naturgeschichtlichen Werken der Erwähnung kaum schon wert zu halten pflegt. Ich sehe ferner diejenigen Varietäten, welche etwas erheblicher und beständiger sind, als die uns zu den mehr auffälligen und bleibenderen Varietäten führende Stufe an, wie uns diese zu den Subspezies und endlich zu den Spezies leiten. Der Übergang von einer dieser Verschiedenheitsstufen in die andere nächst höhere mag in vielen Fällen lediglich von der Natur des Organismus und der lang währenden Einwirkung verschiedener äußerer Bedingungen, welchen derselbe ausgesetzt war, herrühren; aber in bezug auf die bedeutungsvolleren und adaptiven Charaktere kann er der später zu erörternden akkumulativen Wirkung der natürlichen Auslese und der Einwirkung des vermehrten Gebrauchs und Nichtgebrauchs von Teilen zugeschrieben werden. Ich glaube daher, daß man eine gut ausgeprägte Varietät mit Recht eine beginnende Spezies nennen kann; ob sich aber dieser Glaube rechtfertigen läßt, muß nach dem Gewicht der im Verlaufe dieses Werkes beigebrachten Tatsachen und Betrachtungen ermessen werden.

Man hat nicht nötig, anzunehmen, daß alle Varietäten oder beginnenden Spezies sich notwendig zum Rang einer Art erheben. Sie können in diesem beginnenden Zustand wieder erlöschen; oder sie können als Varietäten sehr lange Zeiträume hindurch feststehen bleiben, wie Wollaston von den Varietäten gewisser fossiler Landschneckenarten auf Madeira und Gaston de Saporta von Pflanzen gezeigt hat. Gediehe eine Varietät derartig, daß sie die elterliche Spezies an Zahl überträfe, so würde man sie für die Art und die Art für die Varietät einordnen; oder sie könnte die elterliche Art verdrängen und ausmerzen; oder endlich beide könnten nebeneinander fortbestehen und für unabhängige Arten gelten. Wir werden jedoch nachher auf diesen Gegenstand zurückkommen.

Aus diesen Bemerkungen geht hervor, daß ich den Kunstausdruck »Spezies« als einen arbiträren und der Bequemlichkeit halber auf eine Reihe voneinander sehr ähnlichen Individuen angewendeten betrachte, und daß er von dem Kunstausdruck »Varietät«, welcher auf minder abweichende und noch mehr schwankende Formen Anwendung findet, nicht wesentlich verschieden ist. Ebenso wird der Ausdruck »Varietät« im Vergleich zu bloßen individuellen Verschiedenheiten nur arbiträr und der Bequemlichkeit wegen benutzt.

*Der Ausdruck »Ringen ums Überleben«**
im weiten Sinne gebraucht

Ich will vorausschicken, daß ich diesen Ausdruck in einem weiten und metaphorischen Sinne gebrauche, unter dem sowohl die Abhängigkeit der Wesen voneinander, als auch, was wichtiger ist, nicht allein das Leben des Individuums, sondern auch Erfolg in bezug auf das Hinterlassen von Nachkommenschaft einbegriffen wird. Man kann mit Recht sagen, daß zwei hundeartige Raubtiere in Zeiten des Mangels um Nahrung und Leben miteinander kämpfen. Aber man kann auch sagen, eine Pflanze kämpfe am Rande der Wüste um ihr Dasein gegen die Trockenheit, obwohl es angemessener wäre zu sagen, sie hänge von der Feuchtigkeit ab. Von einer Pflanze, welche alljährlich tausend Samen erzeugt, unter welchen im Durchschnitt nur einer zur Entwicklung kommt, kann man noch richtiger sagen, sie kämpfe ums Dasein mit anderen Pflanzen derselben oder anderer Arten, welche bereits den Boden bekleiden. Die Mistel ist vom Apfelbaum und einigen wenigen anderen Baumarten abhängig; doch kann man nur in einem weit hergeholten Sinne sagen, sie kämpfe mit diesen Bäumen; denn wenn zu viele dieser Schmarotzer auf demselben Baum wachsen, so wird er verkümmern und sterben. Wachsen aber mehrere Sämlinge derselben dicht auf einem Ast beisammen, so kann man in zutreffenderer Weise sagen, sie kämpfen miteinander. Da die Samen der Mistel von Vögeln ausgestreut

---

* Im Englischen lautet der von Darwin verwendete Begriff »struggle for existence«. Er wird im vorliegenden Lesebuch mit »Ringen ums Überleben« wiedergegeben. Victor Carus, Darwins Übersetzer im 19. Jahrhundert, übertrug »struggle for existence« irreführender Weise mit »Kampf ums Dasein«, womit im Deutschen die falsche Vorstellung einer Kampfsituation zwischen Individuen geweckt wird. Anm. J.V.

werden, so hängt ihr Dasein mit von dem der Vögel ab, und man kann metaphorisch sagen, sie kämpfen mit anderen beerentragenden Pflanzen, damit sie die Vögel veranlasse, eher ihre Früchte zu verzehren und ihre Samen auszustreuen, als die der anderen. In diesen mancherlei Bedeutungen, welche ineinander übergehen, gebrauche ich der Bequemlichkeit halber den allgemeinen Ausdruck »Ringen ums Überleben«.

Rasche Vermehrung naturalisierter Pflanzen und Tiere

Ein Ringen ums Überleben tritt unvermeidlich ein infolge des starken Verhältnisses, in welchem sich alle Organismen zu vermehren streben. Jedes Wesen, welches während seiner natürlichen Lebenszeit mehrere Eier oder Samen hervorbringt, muß während einer Periode seines Lebens oder zu einer gewissen Jahreszeit oder gelegentlich einmal in einem Jahre eine Zerstörung erfahren, sonst würde seine Zahl infolge der geometrischen Zunahme rasch zu so außerordentlicher Größe anwachsen, daß kein Land das Erzeugte zu ernähren imstande wäre. Da daher mehr Individuen erzeugt werden, als möglicherweise fortbestehen können, so muß in jedem Fall ein Ringen ums Überleben eintreten, entweder zwischen den Individuen einer Art oder zwischen denen verschiedener Arten, oder zwischen ihnen und den äußeren Lebensbedingungen. Es ist die Lehre von Malthus in verstärkter Kraft auf das gesamte Tier- und Pflanzenreich übertragen; denn in diesem Fall ist keine künstliche Vermehrung der Nahrungsmittel und keine vorsichtige Enthaltung vom Heiraten möglich. Obwohl daher einige Arten jetzt in mehr oder weniger rascher Zahlenzunahme begriffen sein mögen: alle können es nicht zugleich, denn die Welt würde sie nicht fassen.

Es gibt keine Ausnahme von der Regel, daß jedes organische Wesen sich auf natürliche Weise in einem so hohen Maße vermehrt, daß, wenn nicht Zerstörung eintrete, die Erde bald von der Nachkommenschaft eines einzigen Paares bedeckt sein würde. Selbst der Mensch, welcher sich doch nur langsam vermehrt, verdoppelt seine Anzahl in fünfundzwanzig Jahren, und bei so fortschreitender Vervielfältigung würde die Erde schon in weniger als tausend Jahren buchstäblich keinen Raum mehr für seine Nachkommenschaft haben. Linné hat schon berechnet, daß, wenn eine einjährige Pflanze nur zwei Samen erzeugte (und es gibt keine Pflanze, die so wenig produktiv wäre) und ihre Sämlinge im nächsten Jahr wieder zwei gäben usw., sie in zwanzig Jahren schon eine Million Pflanzen liefern würde. Man sieht den Elefanten als das sich am langsamsten vermehrende von allen bekannten Tieren an. Ich habe das wahrscheinliche Minimalverhältnis seiner natürlichen Vermehrung zu berechnen gesucht; die Voraussetzung wird die sicherste sein, daß seine Fortpflanzung erst mit dem dreißigsten Jahr beginne und bis zum neunzigsten Jahr währe, daß er in dieser Zeit sechs Junge zur Welt bringe und daß er hundert Jahre alt wird. Verhält es sich so, dann würden nach Ablauf von 740−750 Jahren nahezu neunzehn Millionen Elefanten, Nachkömmlinge des ersten Paares, am Leben sein.

Doch wir haben bessere Belege für diese Sache, als bloße theoretische Berechnungen, nämlich die zahlreich aufgeführten Fälle von erstaunlich rascher Vermehrung verschiedener Tierarten im Naturzustand, wenn die natürlichen Bedingungen zwei oder drei Jahre lang ihnen günstig gewesen sind. Noch schlagender sind die von unseren in verschiedenen Weltgegenden verwilderten Haustierarten hergenommenen Beweise, so daß, wenn die Behauptungen von der Zunahme der sich doch nur langsam vermehrenden

Rinder und Pferde in Süd-Amerika und neuerlich in Australien nicht sicher bestätigt wären, sie ganz unglaublich erscheinen müßten. Ebenso ist es mit den Pflanzen. Es ließen sich Fälle von eingeführten Pflanzen aufzählen, welche auf ganzen Inseln in weniger als zehn Jahren gemein geworden sind. Mehrere von den Pflanzen, welche jetzt auf den weiten Ebenen des La-Plata-Gebietes am zahlreichsten verbreitet sind und Flächen von Quadratmeilen an Ausdehnung fast mit Ausschluß aller anderen Pflanzen bedecken, wie die Artischocke und eine hohe Distel, sind von Europa eingeführt worden; und ebenso gibt es, wie ich von Dr. Falconer gehört habe, in Ost-Indien Pflanzen, welche jetzt vom Kap Comorin bis zum Himalaya verbreitet und doch erst seit der Entdeckung von Amerika von dorther eingeführt worden sind. In Fällen dieser Art – und es könnten zahllose andere angeführt werden –, wird niemand annehmen, daß die Fruchtbarkeit solcher Pflanzen und Tiere plötzlich und zeitweise in einem irgendwie merklichen Grade zugenommen habe. Die handgreifliche Erklärung ist, daß die äußeren Lebensbedingungen sehr günstig, daß in dessen Folge die Zerstörung von Jung und Alt geringer und daß fast alle Abkömmlinge imstande gewesen sind, sich fortzupflanzen. In solchen Fällen genügt schon das geometrische Verhältnis der Zahlenvermehrung, dessen Resultat stets in Erstaunen versetzt, um einfach die außerordentlich schnelle Zunahme und die weite Verbreitung naturalisierter Einwanderer in ihrer neuen Heimat zu erklären.

Im Naturzustand bringt fast jede erwachsene Pflanze jährlich Samen hervor, und unter den Tieren sind nur sehr wenige, die sich nicht jährlich paarten. Wir können daher mit Zuversicht behaupten, daß alle Pflanzen und Tiere sich in geometrischem Verhältnisse zu vermehren strebten, daß sie jede Gegend, in welcher sie nur irgendwie existieren könnten, sehr rasch zu bevölkern imstande sein würden, und daß dieses Streben zur geometrischen Vermehrung zu irgendeiner Zeit ihres Lebens durch zerstörende Eingriffe beschränkt werden muß. Unsere genauere Bekanntschaft mit den größeren Haustieren könnte zwar, wie ich glaube, unsere Meinung in dieser Beziehung leicht irreleiten, da wir keine große Zerstörung sie treffen sehen; aber wir vergessen, daß Tausende jährlich zu unserer Nahrung geschlachtet werden, und daß im Naturzustand wohl ebenso viele irgendwie beseitigt werden müßten.

Der einzige Unterschied zwischen den Organismen, welche jährlich Tausende von Eiern oder Samen hervorbringen, und jenen, welche deren nur äußerst wenige liefern, besteht darin, daß die sich langsam Vermehrenden ein paar Jahre mehr brauchen werden, um unter günstigen Verhältnissen einen Bezirk zu bevölkern, sei derselbe auch noch so groß. Der Kondor legt zwei Eier und der Strauß deren zwanzig, und doch dürfte in einer und derselben Gegend der Kondor leicht der häufigere von beiden werden. Der Eissturmvogel (*Procellaria glacialis*) legt nur ein Ei, und doch glaubt man, daß er der zahlreichste Vogel in der Welt ist. Die eine Fliege legt hundert Eier und die andere, wie z. B. *Hippobosca*, deren nur eines; diese Verschiedenheit bestimmt aber nicht die Menge der Individuen, die in einem Bezirk ihren Unterhalt finden können. Eine große Anzahl von Eiern ist von Wichtigkeit für diejenigen Arten, deren Nahrungsvorräte raschen Schwankungen unterworfen sind; denn sie gestattet eine Vermehrung der Individuenzahl in kurzer Frist. Aber die wirkliche Bedeutung einer großen Zahl von Eiern oder Samen liegt darin, daß sie eine stärkere Zerstörung, welche zu irgendeiner Lebenszeit erfolgt, ausgleicht; und diese Zeit des Lebens ist in der großen Mehrheit der Fälle eine sehr frühe. Kann ein Tier in irgendeiner Weise seine eigenen

Eier und Jungen schützen, so mag es deren nur eine geringere Anzahl erzeugen: es wird doch die ganze durchschnittliche Anzahl aufbringen; werden aber viele Eier oder Junge zerstört, so müssen deren viele erzeugt werden, wenn die Art nicht untergehen soll. Wird eine Baumart durchschnittlich tausend Jahre alt, so würde es zur Erhaltung ihrer vollen Anzahl genügen, wenn sie in tausend Jahren nur einen Samen hervorbrächte, vorausgesetzt, daß dieser eine nie zerstört und mit Sicherheit auf einen geeigneten Platz zur Keimung gebracht würde. So hängt in allen Fällen die mittlere Anzahl von Individuen einer jeden Pflanzen- oder Tierart nur indirekt von der Zahl ihrer Samen oder Eier ab.

Bei Betrachtung der Natur ist es nötig, die vorstehenden Betrachtungen fortwährend im Auge zu behalten und nie zu vergessen, daß man von jedem einzelnen organischen Wesen sagen kann, es strebe nach der äußersten Vermehrung seiner Anzahl, daß jedes in irgendeinem Zeitabschnitt seines Lebens in einem Ringen ums Überleben begriffen ist, und daß eine große Zerstörung unvermeidlich in jeder Generation oder in wiederkehrenden Perioden die jungen oder alten Individuen befällt. Wird irgendein Hindernis beseitigt oder die Zerstörung um noch so wenig gemindert, so wird beinahe augenblicklich die Zahl der Individuen zu jeder Höhe anwachsen.

Wirkung der natürlichen Auslese

Nach den vorangehenden Erörterungen, welche sehr zusammengedrängt sind, können wir annehmen, daß die abgeänderten Nachkommen irgendeiner Spezies um so mehr Erfolg haben werden, je mehr sie in ihrer Organisation differenziert und hierdurch geeignet worden sind, sich auf die bereits von anderen Wesen eingenommenen Stellen einzudrängen. Wir wollen nun zusehen, wie dieses Prinzip von der Herleitung eines Vorteils aus der Divergenz des Charakters, in Verbindung mit den Prinzipien der natürlichen Auslese und des Aussterbens, wirkt.

Das beigefügte Schema wird uns diese sehr verwickelte Frage leichter verstehen helfen. Gesetzt, es bezeichnen die Buchstaben A bis L die Arten einer in ihrem Heimatland großen Gattung; es wird angenommen, daß diese Arten einander in ungleichen Graden ähnlich sind, wie es eben in der Natur so allgemein der Fall zu sein pflegt und was im Schema durch verschiedene Entfernung jener Buchstaben voneinander ausgedrückt werden soll. Wir wählen eine große Gattung, weil wir schon im zweiten Kapitel gesehen haben, daß in großen Gattungen verhältnismäßig mehr Arten variieren als in kleinen und die variierenden Arten großer Gattungen eine größere Anzahl von Varietäten darbieten. Wir haben ferner gesehen, daß die gemeinsten und am weitesten verbreiteten Arten mehr als die seltenen und auf kleine Wohnbezirke beschränkten abändern. Es sei nun A eine gemeine, weit verbreitete und abändernde Art einer in ihrem Heimatland großen Gattung; der kleine Fächer divergierender Punktlinien von ungleicher Länge, welche von A ausgehen, möge ihre variierende Nachkommenschaft darstellen. Es wird ferner angenommen, die Abänderungen seien außerordentlich gering aber von der mannigfaltigsten Beschaffenheit, treten nicht alle gleichzeitig, sondern oft nach langen Zwischenräumen auf, und endlich sollen sie nicht alle gleich lange Zeiten dauern. Nur jene Abänderungen, welche in irgendeiner Beziehung nützlich sind, werden erhalten oder zur natürlichen Auslese verwendet werden. Und hier tritt die Bedeutung des Prinzips hervor, das die Divergenz des Charakters darbietet; denn diese wird allgemein zu den verschiedensten und am weitesten auseinandergehenden Abänderungen führen (welche durch die äußeren punktierten Linien dargestellt sind), wie sie durch natürliche Auslese erhalten und gehäuft werden. Wenn nun in unserem Schema eine der punktierten Linien eine der waagerechten Linien erreicht und dort mit einem kleinen numerierten Buchstaben bezeichnet erscheint, so wird angenommen, daß darin eine Summe von Abänderung gehäuft sei, genügend zur Bildung einer ziemlich gut ausgeprägten Varietät, wie sie der Aufnahme in ein systematisches Werk wert geachtet werden würde.

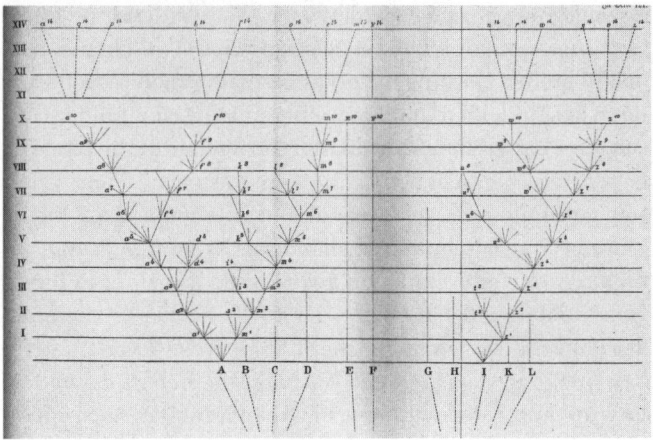

Die Zwischenräume zwischen je zwei waagerechten Linien des Schemas mögen je tausend oder noch mehr Generationen entsprechen. Nach tausend Generationen hätte die Art A zwei ziemlich gut ausgeprägte Varietäten a^1 und m^1 hervorgebracht. Diese zwei Varietäten werden im allgemeinen beständig denselben Bedingungen ausgesetzt sein, welche ihre Stammeltern zur Abänderung veranlaßten, und das

Streben nach Abänderung ist an sich erblich. Sie werden daher nach weiterer Abänderung und gewöhnlich in nahezu derselben Art und Richtung streben wie ihre Stammeltern. Überdies werden diese zwei Varietäten, als nur erst wenig modifizierte Formen, diejenigen Vorzüge wieder zu erben geneigt sein, welche ihren gemeinsamen Eltern A das numerische Übergewicht über die meisten anderen Bewohner derselben Gegend verschafft hatten; sie werden gleicherweise an denjenigen allgemeineren Vorteilen teilnehmen, welche die Gattung, wozu ihre Stammeltern gehörten, zu einer großen Gattung ihres Heimatlandes erhoben. Und wir wissen, daß alle diese Umstände zur Hervorbringung neuer Varietäten günstig sind.

Wenn denn nun diese zwei Varietäten ebenfalls veränderlich sind, so werden die divergentesten unter ihren Abänderungen gewöhnlich während der nächsten tausend Generationen fortbestehen. Nach dieser Zeit, ist in unserem Schema angenommen, habe Varietät a^1 die Varietät a^2 hervorgebracht, die nach dem Differenzierungsprinzip weiter als a^1 von A verschieden ist. Varietät m^1 hat der Annahme nach zwei andere Varietäten m^2 und s^2 ergeben, welche unter sich, und noch beträchtlicher von ihrer gemeinsamen Stammform A abweichen. So können wir den Vorgang für eine beliebig lange Zeit von Stufe zu Stufe fortführen; einige der Varietäten werden von je tausend zu tausend Generationen bald nur eine einzige Abänderung aber in einem immer weiter und weiter modifizierten Zustande, bald auch zwei oder drei derselben hervorbringen, während andere gar keine neuen Formen darbieten. Auf diese Weise werden gewöhnlich die Varietäten oder abgeänderten Nachkommen einer gemeinsamen Stammform A im ganzen immer zahlreicher werden und immer weiter im Charakter auseinanderlaufen. In dem Schema ist der Vorgang bis zur zehntau-

sendsten Generation – und in einer gedrängteren und ver-
einfachten Weise bis zur vierzehntausendsten Generation
dargestellt.

Doch muß ich hier bemerken, daß ich nicht der Meinung
bin, daß der Prozeß jemals so regelmäßig und beständig vor
sich gehe, wie er im Schema dargestellt ist, obwohl er auch da
schon etwas unregelmäßig erscheint; es ist viel wahrscheinlicher, daß eine jede Form lange Zeit hindurch unverändert
bleibt und dann wieder einer Modifizierung unterliegt.

Ebenso bin ich nicht der Ansicht, daß die am weitesten
differierenden Varietäten unabänderlich erhalten werden.
Oft kann eine Mittelform von langer Dauer sein und entweder mehr als eine in ungleichem Grade abgeänderte Varietät hervorbringen oder nicht; denn die natürliche Auslese
wird sich immer nach der Beschaffenheit der noch gar nicht
oder nur unvollständig von anderen Wesen eingenommenen Stellen richten; und dies wird von unendlich verwickelten Beziehungen abhängen. Doch werden der allgemeinen
Regel zufolge die Abkömmlinge irgendeiner Art um so besser befähigt sein, mehr Stellen einzunehmen, und ihre abgeänderten Nachkommen werden sich um so stärker vermehren, je verschiedenartiger sie in ihrer Organisation
geworden sind. In unserem Schema ist die Sukzessionslinie
in regelmäßigen Zwischenräumen durch kleine numerierte
Buchstaben unterbrochen, zur Bezeichnung der nacheinander auftretenden Formen, welche genügend verschieden geworden sind, um als Varietäten angeführt zu werden. Aber
diese Unterbrechungen sind nur imaginär und hätten an-
derwärts eingeschoben werden können, nach für die Häufung eines ansehnlichen Betrags divergenter Abänderung
hinlänglich langen Zwischenräumen.

Da alle die modifizierten Abkömmlinge einer gemeinen
und weit verbreiteten Art einer großen Gattung an den ge-

meinsamen Verbesserungen teilzunehmen streben, welche den Erfolg ihrer Stammeltern im Leben bedingt haben, so werden sie im allgemeinen sowohl an Zahl als an Divergenz des Charakters zunehmen; und dies ist im Schema durch die verschiedenen von A ausgehenden Verzweigungen ausgedrückt. Die abgeänderten Nachkommen der späteren und weiter verbesserten Zweige der Deszendenzlinien werden wahrscheinlich oft die Stelle der früheren und minder vervollkommneten einnehmen und sie verdrängen, und dies ist im Schema dadurch ausgedrückt, daß einige der unteren Zweige nicht bis zu den nächst höheren Horizontallinien hinaufreichen. In einigen Fällen wird ohne Zweifel der Prozeß der Abänderung auf eine einzelne Linie der Deszendenz beschränkt bleiben und die Zahl der modifizierten Nachkommen nicht vermehrt werden, wenn auch das Maß divergenter Modifikation in den aufeinanderfolgenden Generationen zugenommen hat. Dieser Fall würde in dem Schema dargestellt werden, wenn alle von A ausgehenden Linien, ausgenommen die von a^1 bis a^{10}, beseitigt würden. Auf diese Weise sind allem Anschein nach z. B. die englischen Rennpferde und englischen Vorstehehunde langsam vom Charakter ihrer Stammform abgewichen, ohne je neue Abzweigungen oder Nebenrassen abgegeben zu haben.

Es wird nun der Fall gesetzt, daß die Art A nach zehntausend Generationen drei Formen, a^{10}, f^{10} und m^{10} hervorgebracht habe, welche infolge der Divergenz ihrer Charaktere während der aufeinanderfolgenden Generationen weit, aber vielleicht in ungleichem Grade unter sich und von ihren Stammeltern verschieden geworden sind. Nehmen wir nur einen äußerst kleinen Betrag von Veränderung zwischen je zwei Horizontalen unseres Schemas an, so könnten unsere drei Formen noch immer nur wohl ausgeprägte Varietäten sein; wir haben aber nur nötig, uns die Abstufungen in diesem Prozeß der Modifikation etwas zahlreicher oder dem Grade nach bedeutender zu denken, um diese drei Formen in zweifelhafte oder endlich gute Arten zu verwandeln. Alsdann drückt das Schema die Stufen aus, auf welchen die kleinen nur Varietäten charakterisierenden Verschiedenheiten in größere, schon Arten unterscheidende Verschiedenheiten übergehen. Denkt man sich denselben Prozeß durch eine noch größere Anzahl von Generationen fortgesetzt (wie es oben im Schema in gedrängter Weise geschehen), so erhalten wir acht von A abstammende Arten, mit a^{14} bis m^{14} bezeichnet. So werden, wie ich glaube, Arten vervielfältigt und Gattungen gebildet.

In einer großen Gattung dürfte wahrscheinlich mehr als eine Art variieren. Im Schema habe ich angenommen, daß eine zweite Art I in analogen Abstufungen nach zehntausend Generationen entweder zwei wohl ausgezeichnete Varietäten (w^{10} und z^{10}), oder zwei Arten hervorgebracht habe, je nachdem man sich den Betrag der Veränderung, welcher zwischen zwei waagerechten Linien liegt, kleiner oder größer denkt. Nach vierzehntausend Generationen werden nach unserer Annahme sechs neue durch die Buchstaben n^{14} bis z^{14} bezeichnete Arten entstanden sein. In jeder Gattung werden die bereits in ihrem Charakter sehr auseinandergegangenen Arten die größte Anzahl modifizierter Nachkommen hervorzubringen streben, indem diese die beste Aussicht haben, neue und voneinander sehr verschiedene Stellen im Naturhaushalt einzunehmen; daher habe ich im Schema die extreme Art A und die nahezu extreme Art I als solche gewählt, welche bedeutend variiert und zur Bildung neuer Varietäten und Arten Veranlassung gegeben haben. Die anderen neun mit großen Buchstaben ($B - H, K, L$) bezeichneten Arten unserer ursprünglichen Gattung sollen durch lange aber ungleiche Zeiträume fortfahren, nicht abgeänderte Nachkommen zu hinterlassen, was im Schema durch die punktierten Linien ausgedrückt ist, welche nach aufwärts ungleich verlängert sind.

Inzwischen dürfte während des auf unserem Schema dargestellten Umänderungsprozesses noch ein anderes unserer Prinzipien, das des Aussterbens, eine wichtige Rolle gespielt haben. Da in jeder vollständig bevölkerten Gegend natürliche Auslese notwendig dadurch wirkt, daß die gewählte Form in dem Ringen ums Überleben irgendeinen Vorteil vor den übrigen Formen voraus hat, so wird in den verbesserten Abkömmlingen einer Art ein beständiges Streben vorhanden sein, auf jeder ferneren Generationsstufe ihre Vorgänger und ihren Urstamm zu ersetzen und zum Aussterben zu bringen. Denn man muß sich erinnern, daß die Konkurrenz gewöhnlich am heftigsten zwischen solchen Formen ist, welche einander in Organisation, Konstitution und Lebensweise am nächsten stehen. Daher werden alle Zwischenformen zwischen den früheren und späteren, das ist zwischen den weniger und mehr verbesserten Zuständen einer und derselben Art, sowie die ursprüngliche Stammart selbst gewöhnlich zum Erlöschen geneigt sein. Ebenso wird es sich wahrscheinlich mit vielen ganzen Seitenlinien verhalten, welche durch spätere und vollkommenere Linien besiegt werden. Wenn dagegen die abgeänderte Nachkommenschaft einer Spezies in eine verschiedene Gegend kommt oder sich irgendeinem ganz neuen Standort rasch anpaßt, wo Stammform und Nachkommen nicht in Konkurrenz geraten, dann können beide fortbestehen.

Nimmt man daher bei unserem Schema an, daß es ein großes Maß von Abänderung darstelle, so werden die Art A und alle früheren Abänderungen derselben erloschen und durch acht neue Arten $a^{14} - m^{14}$ ersetzt sein, und die Art I wird durch sechs neue Arten $n^{14} - z^{14}$ ersetzt sein.

Wir können aber noch weiter gehen. Wir haben angenommen, daß die ursprünglichen Arten unserer Gattung einander in ungleichem Grade ähnlich seien, wie das in der Natur so gewöhnlich der Fall ist; daß die Art A näher mit B, C und D als mit den anderen verwandt sei und I mehr mit G, H, K, L, als mit den übrigen; daß ferner diese zwei Arten A und I sehr gemein und weit verbreitet seien, so daß sie schon ursprünglich einige Vorzüge vor den meisten anderen Arten derselben Gattung vorausgehabt haben müssen. Ihre modifizierten Nachkommen, vierzehn an der Zahl bei der vierzehntausendsten Generation, werden wahrscheinlich einige der nämlichen Vorzüge geerbt haben; auch sind sie auf jeder weiteren Stufe der Deszendenz in einer divergenten Weise abgeändert und verbessert worden, so daß sie sich zur Besetzung vieler passender Stellen im Naturhaushalt ihres Heimatlandes geeignet haben. Es scheint mir daher äußerst wahrscheinlich, daß sie nicht allein ihre Eltern A und I ersetzt und vertilgt haben werden, sondern auch einige andere diesen zunächst verwandte ursprüngliche Spezies. Es werden daher nur sehr wenige der ursprünglichen Arten Nachkommen bis in die vierzehntausendste Generation hinterlassen haben. Wir können annehmen, daß nur eine, F, von den zwei mit den anderen ursprünglichen neun am wenigsten nahe verwandten Arten (E und F), Nachkommen bis zu dieser späten Generation erhalten hat.

Der neuen von den elf ursprünglichen Arten unseres Schemas abgeleiteten Spezies sind nun fünfzehn. Dem divergenten Streben der natürlichen Auslese gemäß wird der äußerste Betrag von Charakter Verschiedenheit zwischen den Arten a^{14} und z^{14} viel größer als der zwischen den unter sich verschiedensten der elf ursprünglichen Arten sein. Überdies werden die neuen Arten in sehr ungleichem Grade miteinander verwandt sein. Unter den acht Nachkommen von A werden die drei a^{14}, q^{14} und p^{14} nahe verwandt sein, weil sie sich erst spät von a^{10} abgezweigt haben, wogegen b^{14} und f^{14} als alte Abzweigungen von a^5 in einem gewissen Grade von jenen drei erst genannten verschieden sind; und endlich werden o^{14}, e^{14} und m^{14} zwar unter sich nahe verwandt sein, aber weil sie beim ersten Beginn des Abänderungs-Prozesses divergiert haben, weit von den anderen fünf Arten abstehen und eine besondere Untergattung oder sogar eine eigene Gattung bilden.

Die sechs Nachkommen von *I* werden zwei Subgenera oder selbst Genera bilden. Da aber die Stammart *I* von *A* sehr verschieden war und weit entfernt, fast am anderen Ende der Artenreihe der ursprünglichen Gattung stand, so werden diese sechs Nachkommen von *I*, nur infolge der Vererbung, beträchtlich von den acht Nachkommen von *A* abweichen; überdies wurde angenommen, daß diese zwei Gruppen sich in auseinandergehenden Richtungen verändert haben. Auch sind die intermediären Arten, welche die ursprünglichen Spezies *A* und *I* miteinander verbanden (was zu beachten sehr wichtig ist), mit Ausnahme von *F* sämtlich erloschen, ohne Nachkommenschaft hinterlassen zu haben. Daher werden die sechs neuen von *I* entsprossenen und die acht von *A* abstammenden Spezies zu zwei sehr verschiedenen Gattungen oder selbst zu besonderen Unterfamilien gerechnet werden müssen.

So kommt es, wie ich meine, daß zwei oder mehr Gattungen durch Abstammung mit Modifikation aus zwei oder mehr Arten eines und desselben Genus entspringen können, und von den zwei oder mehr Stammarten ist angenommen worden, daß sie von einer Art einer noch früheren Gattung herrühren. In unserem Schema ist dies durch die unterbrochenen Linien unter den großen Buchstaben angedeutet, welche gruppenweise abwärts gegen einen einzigen Punkt konvergieren. Dieser Punkt stellt eine einzelne Spezies, die angenommene Stammart unserer verschiedenen neuen Subgenera und Genera dar.

Es ist der Mühe wert, einen Augenblick bei dem Charakter der neuen Art F^{14} zu verweilen, von welcher angenommen wird, daß sie keine große Divergenz des Charakters erfahren, vielmehr die Form von F unverändert oder mit nur geringer Abänderung beibehalten habe. In diesem Falle werden ihre verwandtschaftlichen Beziehungen zu den anderen vierzehn neuen Arten eigentümlicher und weitläufiger Art sein. Von einer zwischen den zwei jetzt als erloschen und unbekannt angenommenen Stammarten A und I stehenden Spezies abstammend, wird sie in ihrem Charakter einigermaßen das Mittel zwischen den zwei von diesen Arten abstammenden Gruppen halten. Da aber beide Gruppen in ihren Charakteren vom Typus ihrer Stammeltern fortdauernd auseinandergelaufen sind, so wird die neue Art F^{14} das Mittel nicht unmittelbar zwischen ihnen, sondern vielmehr zwischen den Typen beider Gruppen halten; und jeder Naturforscher dürfte imstande sein, sich ein Beispiel dieser Art ins Gedächtnis zu rufen.

In dem Schema entspricht nach unserer bisherigen Annahme jeder Abstand zwischen zwei Horizontalen tausend Generationen; es kann aber ein jeder auch einer Million oder mehreren Millionen von Generationen und zugleich einem Teil der aufeinanderfolgenden, organische Reste enthaltenden Schichten unserer Erdrinde entsprechen. In unserem Kapitel über Geologie werden wir wieder auf diesen Gegenstand zurückzukommen haben und werden dann, denke ich, finden, daß unser Schema geeignet ist, Licht über die Verwandtschaft erloschener Wesen zu verbreiten, welche, wenn auch im allgemeinen zu denselben Ordnungen, Familien oder Gattungen mit den jetzt lebenden gehörig, doch in ihrem Charakter oft in gewissem Grad das Mittel zwischen jetzt lebenden Gruppen halten; und man wird diese Tatsache begreiflich finden, da die erloschenen Arten in verschiedenen sehr frühen Zeiten gelebt haben, wo die sich verzweigenden Deszendenzlinien noch wenig auseinandergegangen waren.

Ich finde keinen Grund, den Verlauf der Abänderung, wie er bisher auseinandergesetzt worden ist, bloß auf die Bildung der Gattungen zu beschränken. Nehmen wir in unserem Schema den von jeder aufeinanderfolgenden Gruppe divergierender punktierter Linien dargestellten Betrag von Abänderung sehr groß an, so werden die mit a^{14} bis p^{14}, mit b^{14} bis f^{14} und mit o^{14} bis m^{14} bezeichneten Formen drei sehr verschiedene Genera darstellen. Wir werden dann auch zwei sehr verschiedene von I abstammende Gattungen haben, welche von den Nachkommen von A sehr abweichen. Diese beiden Gruppen von Gattungen werden daher zwei distinkte Familien oder Ordnungen bilden, je nach dem Maße der angenommenermaßen vom Schema dargestellten divergenten Abänderung. Und diese zwei neuen Familien oder Ordnungen stammen von zwei Arten der ursprünglichen Gattung ab, die selbst wieder als von einer noch älteren und unbekannten Form abstammend angenommen werden.

Wir haben gesehen, daß es in jedem Land die Arten der größeren Gattungen sind, welche am häufigsten Varietäten oder anfangende Arten bilden. Dies war in der Tat zu erwarten; denn, wie die natürliche Auslese durch eine im Ringen ums Überleben vor den anderen bevorzugte Form wirkt, so wird sie hauptsächlich auf diejenigen wirken, welche bereits einige Vorteile voraus haben; und die Größe einer Gruppe zeigt, daß ihre Arten von einem gemeinsamen Vorfahren einige Vorzüge gemeinschaftlich ererbt haben. Daher wird der Wettkampf in Erzeugung neuer und abgeänderter Sprößlinge hauptsächlich zwischen den größeren Gruppen stattfinden, welche sich alle an Zahl zu vergrößern streben. Eine große Gruppe wird langsam eine andere große Gruppe überwinden, deren Zahl verringern und so deren Aussicht auf künftige Abänderung und Verbesserung vermindern. Innerhalb einer und derselben großen Gruppe werden die späteren und höher vervollkommneten Untergruppen immer bestrebt sein, durch Verzweigung und durch Besetzung von möglichst vielen Stellen im Haushalt der Natur die früheren und minder vervollkommneten Untergruppen allmählich zu verdrängen. Kleine und unterbrochene Gruppen und Untergruppen werden endlich verschwinden. In bezug auf die Zukunft kann man vorhersagen, daß diejenigen Gruppen organischer Wesen, welche jetzt groß und siegreich und am wenigsten durchbrochen sind, d.h. bis jetzt am wenigsten durch Erlöschung gelitten haben, noch auf lange Zeit hinaus zunehmen werden. Welche Gruppen aber zuletzt vorwalten werden, kann niemand vorhersagen; denn wir wissen, daß viele Gruppen von ehedem sehr ausgedehnter Entwicklung heutzutage erloschen sind. Blicken wir noch weiter in die Zukunft, so läßt sich voraussehen, daß infolge der fortdauernden und steten Zunahme der großen Gruppen eine Menge kleiner gänzlich erlöschen wird, ohne abgeänderte Nachkommen zu hinterlassen, und daß demgemäß von den zu irgendeiner Zeit lebenden Arten nur äußerst wenige ihre Nachkommenschaft bis in eine ferne Zukunft erstrecken werden. Ich werde in dem Kapitel über Klassifikation auf diesen Gegenstand zurückzukommen haben und will hier nur noch bemerken, daß es uns, da nach dieser Ansicht nur äußerst wenige der ältesten Spezies Abkömmlinge bis auf den heutigen Tag hinterlassen haben und die Abkömmlinge von einer und derselben Spezies heutzutage eine Klasse bilden, begreiflich werden muß, warum es in jeder Hauptabteilung des Pflanzen- und Tierreiches nur so wenige Klassen gibt. Obwohl indessen nur äußerst wenige der ältesten Arten noch jetzt lebende und abgeänderte Nachkommen hinterlassen haben, so mag doch die Erde in den ältesten geologischen Zeitabschnitten fast ebenso bevölkert gewesen sein, mit zahlreichen Arten aus mannigfaltigen Gattungen, Familien, Ordnungen und Klassen, wie heutigen Tages.

Erlöschen der Arten

Wir haben bis jetzt nur gelegentlich von dem Verschwinden der Arten und der Artengruppen gesprochen. Nach der Theorie der natürlichen Auslese sind jedoch das Erlöschen alter und die Bildung neuer und verbesserter Formen aufs innigste miteinander verbunden. Die alte Meinung, daß von Zeit zu Zeit sämtliche Bewohner der Erde durch große Umwälzungen von der Erde weggefegt worden seien, ist jetzt ziemlich allgemein und selbst von solchen Geologen, wie Elie de Beaumont, Murchison, Barrande u. a. aufgegeben, deren allgemeinere Anschauungsweise sie auf einen derartigen Schluß hinlenken müßte. Wir haben im Gegenteil nach den über die Tertiärformationen angestellten Studien allen Grund zu der Annahme, daß Arten und Artengruppen ganz allmählich eine nach der anderen zuerst von einer Stelle, dann von einer anderen und endlich überall verschwinden. In einigen wenigen Fällen jedoch wie beim Durchbruch einer Landenge und der nachfolgenden Einwanderung einer Menge von neuen Bewohnern in ein benachbartes Meer, oder bei dem endlichen Untertauchen einer Insel mag das Erlöschen verhältnismäßig rasch vor sich gegangen sein. Sowohl einzelne Arten als auch Artengruppen dauern sehr ungleich lange Zeiten; einige Gruppen haben, wie wir gesehen haben, von der ersten bekannten Wiegenzeit des Lebens an bis zum heutigen Tage bestanden, während andere nicht einmal den Schluß der paläozoischen Zeit erreicht haben. Es scheint kein bestimmtes Gesetz zu geben, welches die Länge der Dauer einer einzelnen Art oder einer einzelnen Gattung bestimmte. Doch scheint Grund zu der Annahme vorhanden zu sein, daß das gänzliche Erlöschen einer ganzen Gruppe von Arten gewöhnlich ein langsamerer Vorgang als ihre Entstehung ist. Wenn man das Erscheinen und Verschwinden der Arten einer Gruppe ebenso wie vorhin durch eine Vertikallinie von veränderlicher Dicke ausdrückt, so pflegt sich dieselbe weit allmählicher an ihrem oberen dem Erlöschen entsprechenden, als am unteren die Entwicklung und Zunahme an Zahl darstellenden Ende zuzuspitzen. Doch ist in einigen Fällen das Erlöschen ganzer Gruppen von Wesen, wie das der Ammoniten gegen das Ende der Sekundärzeit, den meisten anderen Gruppen gegenüber, wunderbar plötzlich erfolgt.

Die ganze Frage vom Erlöschen der Arten ist ohne Grund mit dem geheimnisvollsten Dunkel umgeben worden. Einige Schriftsteller haben sogar angenommen, daß Arten, geradeso wie Individuen eine bestimmte Lebensdauer haben, auch eine bestimmte Existenzdauer haben. Durch das Verschwinden der Arten kann wohl niemand mehr in Verwunderung gesetzt worden sein, als ich selbst. Als ich im La-Plata-Staat einen Pferdezahn in einerlei Schicht mit Resten von *Mastodon, Megatherium, Toxodon* und anderen ausgestorbenen Riesenformen zusammenliegend fand, welche sämtlich noch in später geologischer Zeit mit noch jetzt lebenden Conchylien-Arten zusammen gelebt haben, war ich mit Erstaunen erfüllt. Denn da ich sah, wie die von den Spaniern in Süd-Amerika eingeführten Pferde sich wild über das ganze Land verbreiteten und in beispiellosem Maße an Anzahl vermehrt haben, so mußte ich mich bei jener Entdeckung selber fragen, was in verhältnismäßig noch so neuer Zeit das frühere Pferd zu vertilgen vermocht habe, unter Lebensbedingungen, welche sich so außerordentlich günstig erwiesen haben? Aber wie ganz unbegründet war mein Erstaunen! Professor Owen erkannte bald, daß der Zahn, wenn auch denen der lebenden Arten sehr ähnlich, doch von einer ganz anderen nun erloschenen Art herrühre. Wäre diese Art noch jetzt, wenn auch schon etwas selten, vorhanden, so würde sich kein Naturforscher im mindesten über deren Seltenheit wundern, da es viele seltene Arten aller Klassen in allen Gegenden gibt. Fragen wir uns, warum diese oder jene Art selten ist, so antworten wir, es müsse irgend etwas in den vorhandenen Lebensbedingungen ungünstig sein, obwohl wir dieses Etwas kaum je zu bezeichnen wissen. Existierte das fossile Pferd noch jetzt als eine seltene Art, so würden wir es in Berücksichtigung der Analogie mit allen anderen Säugetierarten und selbst mit dem sich nur langsam fortpflanzenden Elefanten und der Geschichte der Naturalisation des domestizierten Pferdes in Süd-Amerika für sicher gehalten haben, daß jene fossile Art unter günstigeren Verhältnissen binnen weniger Jahre imstande gewesen sein müsse, den ganzen Kontinent zu bevölkern. Aber wir hätten nicht sagen können, welche ungünstigen Bedingungen es waren, die dessen Vermehrung hinderten, ob deren nur eine oder ob es ihrer mehrere waren, und in welcher Lebensperiode des Pferdes und in welchem Grade jede derselben ungünstig wirkte. Wären aber jene Bedingungen allmählich, wenn auch noch so langsam, immer ungünstiger geworden, so würden wir die Tatsache sicher nicht bemerkt haben, obschon jene fossile Pferdeart gewiß immer seltener und seltener geworden und zuletzt erloschen sein würde, denn ihr Platz würde von einem anderen siegreichen Konkurrenten eingenommen worden sein.

Es ist äußerst schwer, sich immer zu erinnern, daß die Zunahme eines jeden lebenden Wesens durch unbemerkbare schädliche Agenzien fortwährend aufgehalten wird und daß dieselben unbemerkbaren Agenzien vollkommen genügen können, um eine fortdauernde Verminderung und endliche Vertilgung zu bewirken. Dieser Satz bleibt aber so unbegriffen, daß ich wiederholt habe eine Verwunderung darüber äußern hören, daß so große Tiere wie das *Mastodon* und die älteren Dinosaurier haben untergehen können, als ob die bloße Körperstärke schon genüge, um den Sieg im Kampf ums Überleben zu sichern. Im Gegenteil könnte gerade eine beträchtliche Größe, wie Owen bemerkt hat, in manchen Fällen des größeren Nahrungsbedarfes wegen das Erlöschen beschleunigen. Schon ehe der Mensch Ost-Indien und Afrika bewohnte, muß irgendeine Ursache die fortdauernde Vervielfältigung der dort lebenden Elefantenarten gehemmt haben. Ein sehr fähiger Beurteiler, Falconer, glaubt, daß es gegenwärtig hauptsächlich Insekten sind, die durch beständiges Beunruhigen und Schwächen die raschere Vermehrung der Elefanten hauptsächlich hemmen; dies war auch Bruces Schluß in bezug auf den afrikanischen Elefanten in Abyssinien. Es ist gewiß, daß sowohl Insekten als auch blutsaugende Fledermäuse auf die Existenz der in verschiedenen Teilen Süd-Amerikas eingeführten größeren Säugetiere bestimmend einwirken.

Wir sehen in den neueren Tertiärbildungen viele Beispiele, daß Seltenwerden dem gänzlichen Verschwinden vorangeht, und wir wissen, daß dies der Fall bei denjenigen Tierarten gewesen ist, welche durch den Einfluß des Menschen örtlich oder überall von der Erde verschwunden sind. Ich will hier wiederholen, was ich im Jahr 1845 drucken ließ: Zugeben, daß Arten gewöhnlich selten werden, ehe sie erlöschen, und sich über das Seltenwerden einer Art nicht wundern, aber dann doch hoch erstaunen, wenn sie endlich zugrunde geht, – heißt so ziemlich dasselbe, wie: Zugeben, daß bei Individuen Krankheit dem Tod vorangeht, und sich über das Erkranken eines Individuums nicht befremdet fühlen, aber sich wundern, wenn der kranke Mensch stirbt, und seinen Tod irgendeiner unbekannten Gewalttat zuschreiben.

Die Theorie der natürlichen Auslese beruht auf der Annahme daß jede neue Varietät und zuletzt jede neue Art dadurch gebildet und erhalten worden ist, daß sie irgendeinen Vorteil vor den konkurrierenden Arten voraushabe, infolge dessen die weniger begünstigten Arten fast unvermeidlich erlöschen. Es verhält sich ebenso mit unseren Kulturerzeugnissen. Ist eine neue und unbedeutend vervollkommnete Varietät gebildet worden, so ersetzt sie anfangs die minder vollkommenen Varietäten in ihrer Umgebung; ist sie bedeutend verbessert, so breitet sie sich in Nähe und Ferne aus, wie es unsere kurzhörnigen Rinder getan haben, und nimmt die Stelle der anderen Rassen in anderen Gegenden ein. So sind das Erscheinen neuer und das Verschwinden alter Formen, natürlicher wie künstlicher, eng miteinander verbunden. In manchen wohl gedeihenden Gruppen ist die Anzahl der in einer gegebenen Zeit gebildeten neuen Artformen wahrscheinlich zu manchen Perioden größer gewesen als die Zahl der alten spezifischen Formen, welche ausgetilgt worden sind; da wir aber wissen, daß gleichwohl die Artenzahl wenigstens in den letzten geologischen Perioden nicht unbeschränkt zugenommen hat, so dürfen wir im Hinblick auf die späteren Zeiten annehmen, daß eben die Hervorbringung neuer Formen das Erlöschen einer ungefähr gleichen Anzahl alter veranlaßt hat.

Die Konkurrenz wird gewöhnlich, wie schon früher erklärt und durch Beispiele erläutert worden ist, zwischen
denjenigen Formen am heftigsten sein, welche sich in allen
Beziehungen am ähnlichsten sind. Daher werden die abgeänderten und verbesserten Nachkommen einer Spezies gewöhnlich die Austilgung ihrer Stammart veranlassen; und
wenn viele neue Formen von irgendeiner einzelnen Art entstanden sind, so werden die nächsten Verwandten dieser Art,
das heißt die mit ihr zu einer Gattung gehörenden, der Vertilgung am meisten ausgesetzt sein. So muß, wie ich mir
vorstelle, eine Anzahl neuer von einer Stammart entsprosse-
ner Spezies, d.h. eine neue Gattung, eine alte Gattung der
nämlichen Familie ersetzen. Aber es muß sich auch oft er-
eignet haben, daß eine neue Art aus dieser oder jener Gruppe den Platz einer Art aus einer anderen Gruppe einnahm
und somit deren Erlöschen veranlaßte; wenn sich dann von
dem siegreichen Eindringling aus viele verwandte Formen
entwickeln, so werden auch viele Arten diesen ihre Plätze
überlassen müssen, und es werden gewöhnlich verwandte
Arten sein, die infolge eines gemeinschaftlich geerbten
Nachteils den anderen gegenüber unterliegen. Mögen jedoch die Arten, welche ihre Plätze anderen modifizierten
und vervollkommneten Arten abgetreten haben, zu derselben Klasse gehören oder zu verschiedenen, so kann doch oft
eine oder die andere von den Benachteiligten infolge einer
Befähigung zu irgendeiner besonderen Lebensweise, oder
ihres abgelegenen und isolierten Wohnortes wegen, wo sie
eine minder strenge Konkurrenz erfahren hat, sich so noch
längere Zeit erhalten haben. So überleben z. B. einige Arten
Trigonia in dem australischen Meer die in der Sekundärzeit
zahlreich gewesenen Arten dieser Gattung, und eine geringe Zahl von Arten der einst reichen und jetzt fast ausgestorbenen Gruppe der Ganoidfische kommt noch in unseren

Süßwassern vor. Und so ist denn das gänzliche Erlöschen einer Gruppe gewöhnlich, wie wir gesehen haben, ein langsamerer Vorgang als ihre Entwicklung.

Was das anscheinend plötzliche Aussterben ganzer Familien und Ordnungen betrifft, wie das der Trilobiten am Ende der paläozoischen und der Ammoniten am Ende der sekundären Periode, so müssen wir uns zunächst dessen erinnern, was schon oben über die wahrscheinlich sehr langen Zwischenräume zwischen unseren verschiedenen aufeinanderfolgenden Formationen gesagt worden ist; und gerade während dieser Zwischenräume dürften viele Formen langsam erloschen sein. Wenn ferner durch plötzliche Einwanderung oder ungewöhnlich rasche Entwicklung viele Arten einer neuen Gruppe von einem Gebiet Besitz ergriffen haben, so werden sie auch in entsprechend rascher Weise viele der alten Bewohner verdrängt haben; und die Formen, welche ihnen ihre Stellen hiermit überlassen, werden gewöhnlich miteinander verwandt sein, da sie irgendeinen Nachteil der Organisation gemeinsam haben.

So scheint mir die Weise, wie einzelne Arten und ganze Artengruppen erlöschen, gut mit der Theorie der natürlichen Auslese übereinzustimmen. Das Erlöschen darf uns nicht wundernehmen; wenn uns etwas wundern müßte, so sollte es vielmehr unsere einen Augenblick lang genährte Anmaßung sein, die vielen verwickelten Bedingungen zu begreifen, von welchen das Dasein einer jeden Spezies abhängig ist. Wenn wir auch nur einen Augenblick vergessen, daß jede Art außerordentlich zuzunehmen strebt, daß aber irgendeine, wenn auch nur selten von uns wahrgenommene Gegenwirkung immer in Tätigkeit ist, so muß uns der ganze Haushalt der Natur allerdings sehr dunkel erscheinen. Nur wenn wir genau anzugeben wüßten, warum diese Art reicher an Individuen als jene ist, warum diese und nicht eine

andere in einer gegebenen Gegend naturalisiert werden
kann, dann, und nicht eher als dann, hätten wir Ursache uns
zu wundern, warum wir uns von dem Erlöschen dieser oder
jener einzelnen Spezies oder Artengruppe keine Rechen-
schaft zu geben imstande sind.

Wenn wir ein organisches Wesen nicht länger wie die Wilden ein Linienschiff als etwas ganz jenseits ihres Fassungs-
vermögens Liegendes betrachten, wenn wir jedem organischen Naturerzeugnis eine lange Geschichte zugestehen;
wenn wir jedes zusammengesetzte Gebilde und jeden Instinkt als die Summe vieler einzelner, dem Besitzer nützlicher Einrichtungen betrachten, in derselben Weise wie wir
etwa eine große mechanische Erfindung als das Produkt der
vereinten Arbeit, Erfahrung, Beurteilung und selbst der
Fehler zahlreicher Arbeiter ansehen, wenn wir jedes organische Wesen auf diese Weise betrachten: wieviel interessanter
(ich rede aus Erfahrung) wird dann das Studium der Naturgeschichte werden!

Ein großes und fast noch unbetretenes Feld wird sich öffnen für Untersuchungen über die Ursachen und Gesetze der
Variation, über die Korrelation, über die Folgen von Gebrauch und Nichtgebrauch, über den direkten Einfluß äußerer Lebensbedingungen usw. Das Studium der domestizierten Formen wird unermeßlich an Wert steigen. Eine vom
Menschen neu gezogene Varietät wird ein für das Studium
wichtigerer und anziehenderer Gegenstand sein als die Vermehrung der bereits unzähligen Arten unserer Systeme mit
einer neuen. Unsere Klassifikationen werden, soweit wie
möglich, zu Genealogien werden und dann erst den wirklichen sogenannten Schöpfungsplan darlegen. Die Regeln
der Klassifikation werden ohne Zweifel einfacher werden,
wenn wir ein bestimmtes Ziel im Auge haben. Wir besitzen

keine Stammbäume und Wappenbücher und werden daher die vielfältig auseinanderlaufenden Abstammungslinien in unseren natürlichen Genealogien mithilfe von lang vererbten Charakteren jeder Art zu entdecken und zu verfolgen haben. Rudimentäre Organe werden mit untrüglicher Sicherheit von längst verlorengegangenen Gebilden sprechen. Arten und Artengruppen, welche man abirrende genannt hat und bildlich lebende Fossile nennen könnte, werden uns ein vollständigeres Bild von den früheren Lebensformen zu entwerfen helfen. Die Embryologie wird uns die in gewissem Maße verdunkelte Bildung der Prototypen einer jeden der Hauptklassen des Systems enthüllen.

Wenn wir uns davon überzeugt halten können, daß alle Individuen einer Art und alle nahe verwandten Arten der meisten Gattungen in einer nicht sehr fernen Vorzeit von einem gemeinsamen Erzeuger entsprungen und von einer gemeinsamen Geburtsstätte aus gewandert sind, und wenn wir erst besser die mancherlei Mittel kennen werden, welche ihnen bei ihren Wanderungen zugute gekommen sind, dann wird das Licht, welches die Geologie über die früheren Veränderungen des Klimas und der Niveauverhältnisse der Erdoberfläche schon verbreitet hat und noch ferner verbreiten wird, uns sicher in den Stand setzen, in wunderbarer Weise die früheren Wanderungen der Erdbewohner zu verfolgen. Sogar jetzt schon kann die Vergleichung der Meeresbewohner an den zwei entgegengesetzten Küsten eines Kontinents und die Natur der mannigfaltigen Bewohner dieses Kontinents in bezug auf ihre offenbaren Einwanderungsmittel dazu dienen, die alte Geographie einigermaßen zu beleuchten.

Die edle Wissenschaft der Geologie verliert etwas von ihrem Glanz durch die außerordentliche Unvollständigkeit ihrer Urkunden. Man kann die Erdrinde mit den in ihr enthaltenen organischen Resten nicht als ein wohlgefülltes Museum, sondern nur als eine zufällige und nur dann und wann einmal bedachte arme Sammlung ansehen. Die Ablagerung jeder großen fossilführenden Formation ergibt sich als die Folge eines ungewöhnlichen Zusammentreffens von günstigen Umständen, und die leeren Pausen zwischen den aufeinanderfolgenden Ablagerungszeiten entsprechen Perioden von unermeßlicher Dauer. Doch werden wir imstande sein, die Länge dieser Perioden einigermaßen durch die Vergleichung der vorhergehenden und nachfolgenden organischen Formen zu bemessen. Wir dürfen nach den Sukzessionsgesetzen der organischen Wesen nur mit großer Vorsicht versuchen, zwei Formationen, welche nicht viele identische Arten enthalten, als genau gleichzeitig zu betrachten. Da die Arten infolge langsam wirkender und noch fortdauernder Ursachen und nicht durch wunderbare Schöpfungsakte entstanden und vergangen sind, und da die wichtigste aller Ursachen organischer Veränderung – die Wechselbeziehungen zwischen Organismus zu Organismus, in deren Folge eine Verbesserung des einen die Verbesserung oder die Vertilgung des anderen bedingt – fast unabhängig von der Veränderung und vielleicht plötzlichen Veränderung der physikalischen Bedingungen ist, so folgt, daß der Grad der von einer Formation zur anderen stattgefundenen Abänderung der fossilen Wesen wahrscheinlich als ein guter Maßstab für die Länge der inzwischen abgelaufenen Zeit dienen kann. Eine Anzahl in Masse zusammenhaltender Arten jedoch dürfte lange Zeit unverändert fortleben können, während in der gleichen Zeit mehrere dieser Spezies, die in neue Gegenden auswandern und in den Kampf mit neuen Konkurrenten geraten, Abänderung erfahren würden; daher dürfen wir die Genauigkeit dieses von den organischen Veränderungen entlehnten Zeitmaßes nicht überschätzen.

In einer fernen Zukunft sehe ich die Felder für noch weit wichtigere Untersuchungen sich öffnen. Die Psychologie wird sich mit Sicherheit auf den von Herbert Spencer bereits wohlbegründeten Satz stützen, daß notwendig jedes Vermögen und jede Fähigkeit des Geistes nur stufenweise erworben werden kann. Licht wird auf den Ursprung der Menschheit und ihre Geschichte fallen.

Schriftsteller ersten Ranges scheinen vollkommen von der Ansicht befriedigt zu sein, daß jede Art unabhängig erschaffen worden ist. Nach meiner Meinung stimmt es besser mit den der Materie vom Schöpfer eingeprägten Gesetzen überein, daß das Entstehen und Vergehen früherer und jetziger Bewohner der Erde durch sekundäre Ursachen veranlaßt werde, denjenigen gleich, welche die Geburt und den Tod des Individuums bestimmen. Wenn ich alle Wesen nicht als besondere Schöpfungen, sondern als lineare Nachkommen einiger weniger, schon lange vor der Ablagerung der kambrischen Schichten vorhanden gewesener Vorfahren betrachte, so scheinen sie mir dadurch veredelt zu werden. Und nach der Vergangenheit zu urteilen, dürfen wir getrost annehmen, daß nicht eine einzige der jetzt lebenden Arten ihr unverändertes Abbild auf eine ferne Zukunft übertragen wird. Überhaupt werden von den jetzt lebenden Arten nur sehr wenige durch irgendwelche Nachkommenschaft sich bis in eine sehr ferne Zukunft fortpflanzen; denn die Art und Weise, wie alle organischen Wesen im System gruppiert sind, zeigt, daß die Mehrzahl der Arten einer jeden Gattung und alle Arten vieler Gattungen keine Nachkommenschaft hinterlassen haben, sondern gänzlich erloschen sind. Wir können insofern einen prophetischen Blick in die Zukunft werfen und voraussagen, daß es die gemeinsten und weitverbreitetsten Arten in den großen und herrschenden Gruppen einer jeden Klasse sein werden, welche schließlich die anderen überdauern und neue herrschende Arten liefern werden. Da alle jetzigen Lebensformen lineare Abkommen derjenigen sind, welche lange vor der kambrischen Periode gelebt haben, so können wir überzeugt sein, daß die regelmäßige Aufeinanderfolge der Generationen niemals unterbrochen worden ist und eine allgemeine Flut niemals die ganze Welt zerstört hat. Daher können wir mit Vertrauen auf eine Zukunft von gleichfalls unberechenbarer Länge blicken. Und da die natürliche Auslese nur durch und für das Gute eines jeden Wesens wirkt, so wird jede fernere körperliche und geistige Ausstattung desselben seine Vervollkommnung zu fördern streben.

Es ist anziehend, eine dichtbewachsene Uferstrecke zu betrachten, bedeckt mit blühenden Pflanzen vielerlei Art, mit singenden Vögeln in den Büschen, mit schwärmenden Insekten in der Luft, mit kriechenden Würmern im feuchten Boden, und sich dabei zu überlegen, daß alle diese künstlich gebauten Lebensformen, so abweichend unter sich und in einer so komplizierten Weise voneinander abhängig, durch Gesetze hervorgebracht sind, welche noch fort und fort um uns wirken. Diese Gesetze, im weitesten Sinne genommen, heißen: Wachstum mit Fortpflanzung; Vererbung, fast in der Fortpflanzung mit inbegriffen, Variabilität infolge der indirekten und direkten Wirkungen äußerer Lebensbedingungen und des Gebrauchs oder Nichtgebrauchs; rasche Vermehrung in einem zum Ringen ums Überleben und als Folge dessen zu natürlicher Auslese führenden Grade, welche letztere wiederum die Divergenz des Charakters und das Erlöschen minder vervollkommneter Formen bedingt. So geht aus dem Kampf der Natur, aus Hunger und Tod unmittelbar die Lösung des höchsten Problems hervor, das wir zu fassen vermögen: die Erzeugung immer höherer und vollkommenerer Tiere. Es ist wahrlich eine großartige

Ansicht, daß der Schöpfer den Keim alles Lebens, das uns umgibt, nur wenigen oder nur einer einzigen Form eingehaucht hat, und daß, während unser Planet den strengsten Gesetzen der Schwerkraft folgend sich im Kreise geschwungen, aus so einfachem Anfang sich eine endlose Reihe der schönsten und wundervollsten Formen entwickelt hat und noch immer entwickelt.

Deutsch von Victor Carus

8.

Die verschiedenen Einrichtungen,
durch welche Orchideen von Insekten
befruchtet werden

Mit den Orchideen nahm sich Darwin eine weltweit verbreitete Pflanzenfamilie vor, die nach den Korbblütlern die zweitgrößte Familie unter den bedecktsamigen Blütenpflanzen darstellt. Orchideen weisen viele verschiedene Bauarten auf, wobei eine Gemeinsamkeit, die hodenförmigen Wurzelknollen, ihnen den Namen gegeben hat, nach dem griechischen Wort »órchis« für Hoden. Eine erste Abhandlung zum Thema publizierte Darwin 1862, drei Jahre nach der *Entstehung der Arten*, womit sie die zweite evolutionstheoretische Veröffentlichung war. Im Jahr 1877 erschien die Schrift in zweiter Auflage, in der Zwischenzeit waren in Folge fast vierzig Aufsätze und Bücher zum Thema publiziert worden. In zweiter Fassung bestand *Die verschiedenen Einrichtungen, durch welche Orchideen von Insekten befruchtet werden* aus neun Kapiteln, wobei Darwin einige Mühe darauf verwendete, den Inhalt einem breiten Publikum zugänglich zu machen. Die Lektüre könne dem Leser »eine höhere Meinung von dem ganzen Pflanzenreiche beibringen«, für seine eigentümlichen und mannigfaltigen Formen. An einen Korrespondenten schrieb Darwin, das Buch sei ein »Frontalangriff auf den Feind«. Die Position, die Darwin in seinem Buch angriff, war die der Naturtheologen, wie sie Reverend William Paley 1802 in seinem einflußreichen Buch *Natürliche Theologie* dargelegt hatte. Darin argumentierte Paley, daß Organismen nicht weniger zweckmäßig konstruiert worden seien als Maschinen und deswegen wie diese einen Ingenieur notwendig machten, der sie entworfen habe. Darwin stellte die Maschinenmetapher auf den Kopf: Er zeigte an den Orchideen, daß ihre Form nicht nur Zwecken gehorche und verglich sie mit aus »alten Rädern oder Federn und Rollen« zusammengebauten Apparaten. Aus der perfekten Maschine war eine Art Seifenkiste geworden, das Bild vom Ingenieursgott wurde durch das Bastlerprinzip ersetzt.

* * *

Ich habe nun beinahe dieses Buch beendet, welches vielleicht schon zu lang ist. Ich glaube, es ist gezeigt worden, daß die Orchideen eine beinahe endlose Verschiedenartigkeit wundervoller Anpassungen darbieten. Wenn von diesem oder jenem Teile als für irgend einen speziellen Zweck angepaßt gesprochen worden ist, so darf nicht vermutet werden, daß er ursprünglich immer für diesen alleinigen Zweck gebildet wurde. Der regelmäßige Verlauf der Dinge scheint der zu sein, daß ein Teil, welcher ursprünglich zu einem Zwecke diente, durch langsame Veränderungen sehr verschiedenen Zwecken angepaßt wird. Um ein Beispiel anzuführen: in allen Ophrydeen dient das lange und nahezu rigide Stöckchen offenbar zur Applikation der Pollenkörner auf das Stigma, wenn die Pollinien von Insekten auf eine andere Blüte geschafft werden; und die Anthere öffnet sich weit, damit das Pollinium leicht herausgezogen werden kann; aber in der Bienen-*Ophrys* wird das Stöckchen durch eine unbedeutende Zunahme in der Länge, und Abnahme in der Dicke, und dadurch, daß sich die Anthere ein wenig weiter öffnet, speziell zu dem sehr verschiedenen Zwecke der Selbstbefruchtung angepaßt, und zwar durch die komplizierte Hilfe des Gewichtes der Pollenmasse und der Schwingung der Blüte, wenn sie durch den Wind bewegt wird. Jede Abstufung zwischen diesen zwei Zuständen ist möglich, − wofür wir ein teilweises Beispiel in *O. aranifera* haben.

Ferner ist die Elastizität des Stiels des Pollinium bei einigen Vandeen dazu angepaßt, die Pollenmassen von ihren Antherenfächern zu befreien; aber durch eine weitere unbedeutende Modification wird die Elastizität des Stiels speziell dazu angepaßt, das Pollinium mit beträchtlicher Gewalt herauszuschießen, so daß es den Körper des besuchenden Insektes trifft. Die große Höhlung in dem Labellum vieler Vandeen wird von Insekten benagt und zieht sie dadurch an; aber bei *Mormodes ignea* ist sie bedeutend an Größe reduziert und dient hauptsächlich dazu, das Labellum in seiner neuen Stellung auf dem Gipfel des Säulchens zu erhalten. Nach der Analogie vieler Pflanzen können wir schließen, daß ein langes, spornartiges Nektarium ursprünglich dazu angepaßt ist, Nektar abzusondern und ihn in Menge aufzubewahren; aber bei vielen Orchideen hat es diese Funktion in so weit verloren, daß es Flüssigkeit nur noch in den Interzellularräumen enthält. Bei denjenigen Orchideen, bei welchen das Nektarium sowohl freien Nektar, als auch Flüssigkeit in den Interzellularräumen enthält, können wir sehen, wie ein Übergang von dem einen Zustand in den anderen bewirkt werden kann, nämlich dadurch, daß immer weniger und weniger Nektar von der inneren Membran abgesondert, und immer mehr und mehr innerhalb der Interzellularräume zurückgehalten wird. Andere analoge Fälle könnten noch mitgeteilt werden.

Obgleich ein Organ ursprünglich nicht für irgend einen speziellen Zweck gebildet worden sein mag, wenn es jetzt diesem Zweck dient, haben wir doch ein Recht zu sagen, daß es speziell dazu angepaßt ist. Nach demselben Grundsatze kann man sagen, daß, wenn ein Mensch eine Maschine für irgend einen speziellen Zweck baut, aber alte Räder oder Federn und Rollen, nur unbedeutend verändert, gebraucht, die ganze Maschine mit allen ihren Teilen speziell ihrem

206

jetzigen Zwecke angepaßt sei. In dieser Weise ist durch die ganze Natur hindurch beinahe jeder Teil jedes lebenden Wesens wahrscheinlich in einem unbedeutend modifizierten Zustande verschiedenen Zwecken dienstbar gewesen, und hat in der lebenden Maschine vieler alter und verschiedener spezifischer Formen gewirkt.

Bei meiner Untersuchung der Orchideen hat mich kaum irgend eine Tatsache so sehr überrascht, als die endlosen Verschiedenheiten der Struktur – die verschwenderische Fülle von Hilfsmitteln – um denselben Zweck zu erreichen, nämlich die Befruchtung einer Blüte durch Pollen von einer anderen Pflanze. Diese Tatsache ist in großer Ausdehnung nach dem Grundsatze der natürlichen Auslese verständlich. Da alle Teile einer Blüte koordiniert sind, so werden, wenn leichte Abänderungen in einem Teile bewahrt werden, weil sie wohltätig für die Pflanze sind, die anderen Teile meist in irgend einer entsprechenden Weise modifiziert werden müssen. Diese letzteren Teile könnten aber auch durchaus nicht variieren, oder sie können nicht in einer passenden Art variieren, und diese anderen Abänderungen, was auch ihre Natur sein mag, welche dazu neigen, alle Teile in eine harmonische Wechselwirkung mit einander zu bringen, werden durch natürliche Auslese erhalten werden.

Um ein einfaches Beispiel zu geben: in vielen Orchideen wird das Ovarium (aber zuweilen der Stengel) in einer gewissen Zeit gedreht, was die Ursache davon ist, daß das Labellum seine Stellung als ein unteres Kronenblatt annimmt, so daß Insekten die Blüte leicht besuchen können, aber in Folge langsamer Veränderungen in der Form oder Stellung der Kronenblätter, oder weil neue Arten von Insekten die Blüten besuchen, könnte es für die Pflanze vorteilhaft sein, daß das Labellum seine normale Stellung an der oberen Seite der Blüte wieder erhält, wie es faktisch bei *Malaxis palu-*

dosa und einigen Species von *Catasetum* usw. der Fall ist. Es ist klar, daß diese Veränderung einfach durch fortgesetzte Auswahl von Varietäten bewirkt werden könnte, welche ein immer weniger und weniger gedrehtes Ovarium haben; wenn aber die Pflanze nur Varietäten darböte, deren Ovarium noch mehr gedreht wäre, so würde derselbe Zweck durch eine Auslese derartiger Abänderungen erreicht werden, bis die Blüte vollständig und um ihre Achse gedreht würde. Dies scheint faktisch bei *Malaxis paludosa* eingetreten zu sein, denn das Labellum hat seine jetzige obere Stellung dadurch erreicht, daß das Labellum zwei Mal so stark als gewöhnlich gedreht ist.

Deutsch von Victor Carus.

9.

Die Bewegungen und Lebensweisen der kletternden Pflanzen

*Die Bewegungen und Lebensweise der kletternden Pflanz*en erschien zuerst 1865, in zweiter, verbesserter Auflage 1875. Mit nur etwa 150 Seiten handelt es sich um eine recht knappe Abhandlung, aufgeteilt in fünf Kapitel, wobei die Ordnung von den verschiedenen Weisen, in denen Pflanzen klettern, vorgegeben wurde: Darwin unterscheidet die Blattkletterer, die sich mithilfe rotierender Blattstiele hochziehen, von den Haken- oder Wurzelkletterern, die mithilfe von Haken Hindernisse überwinden oder indem sie über andere Pflanzen hinwegwachsen. Der Titel, *Die Bewegungen und Lebensweise der kletternden Pflanzen*, klingt dabei eigentümlich poetisch, tatsächlich finden wir hier erstaunlich viele persönliche Details. Wir erfahren etwa, daß Darwin eine »eingetopfte Pflanze während der Nacht und des Tags in einem gut geheizten Zimmer« hielt, »an welches ich durch Krankheit gefesselt war«. Sein chronisches Magenleiden, das wenige Jahre nach Rückkehr von der Weltumseglung eingesetzt hatte und ihn nie wieder verließ, steht im engen Zusammenhang mit der Entstehungsgeschichte des Buchs. In den Jahren zwischen 1864 und 1866 häuften sich die Symptome, immer wieder fuhr er nach Malvern, um sich mit Wasserkuren behandeln zu lassen. Die Krankheit schränkte seinen Bewegungsradius stark ein und rückte ihn gleichzeitig näher an die seßhaften Pflanzen. In *Die Bewegungen und Lebensweise der kletternden Pflanzen* entfaltet Darwin sein Talent, den Leser persönlich anzusprechen, ihn sogar über seinen Gesundheitszustand ins Vertrauen zu ziehen. Gleichzeitig – die aufgezwungene Bewegungslosigkeit mag ihren Teil daran haben – beweist sich hier seine Beobachtungsgabe auf ungewöhnliche Weise. Darwin verschaltet Auge und Vorstellungskraft zu einer Art Zeitraffer: Das langsame Wachstum der Pflanzen setzt er mit seiner Sprache in Bewegung, vor dem geistigen Auge drehen und wenden sich die Pflanzen in seinem Zimmer so behende wie Tiere. Eben in dieser Assoziation liegt die heimliche Pointe seiner Beobachtungen, die er mit genauesten Messungen stützte. Die Evolutionstheorie rückt nicht nur Mensch und Tier näher aneinander, sondern auch Tier und Pflanze. Mit seinen lebendigen Beschreibungen hievte Darwin die Pflanze über die Schwelle ins Tierreich.

* * *

Windende Pflanzen

Dies ist die größte Unterabteilung und augenscheinlich der ursprünglichste und einfachste Zustand der ganzen Klasse. Meine Beobachtungen lassen sich am besten mitteilen, wenn ich einige wenige spezielle Fälle anführe. Wenn der Sprößling einer Hopfenpflanze (*Humulus lupulus*) sich vom Boden erhebt, so sind die zwei oder drei zuerst gebildeten Glieder oder Internodien gerade und bleiben stet; man sieht aber, wie das sich nächst entwickelnde, so lange es noch sehr jung ist, sich nach einer Seite biegt und langsam nach allen Richtungen des Kompasses herumwandert, wobei es sich wie die Zeiger einer Uhr mit der Sonne bewegt. Die Bewegung erhält sehr bald ihre volle gewöhnliche Geschwindigkeit. Aus sieben Beobachtungen, welche während des Monats August an Sprößlingen angestellt wurden, die von einer niedergeschnittenen Pflanze hervorkamen, und dann an einer anderen Pflanze während des Aprils, ergab sich als mittlere Geschwindigkeit während warmen Wetters und bei

Tage 2 Stunden 8 Minuten für jeden Umlauf; und keiner der Umläufe wich von dieser Geschwindigkeit bedeutend ab. Die revolutive Bewegung dauert fort, so lange die Pflanze zu wachsen fortfährt; jedes einzelne Internodium aber hört auf sich zu bewegen, sobald es alt wird.

Um noch genauer zu ermitteln, welchen Betrag von Bewegung ein jedes Internodium ausführte, hielt ich eine eingetopfte Pflanze während der Nacht und des Tags in einem gut geheizten Zimmer, an welches ich durch Krankheit gefesselt war. Ein langer Schoß ragte über das obere Ende des unterstützenden Stabes in die Höhe und war in beständiger Umdrehung. Ich nahm dann einen längeren Stab und band den Schoß auf, so daß nur ein sehr junges, 1¾ Zoll langes Internodium frei gelassen wurde. Dies war beinahe so aufrecht, daß seine Drehung nicht leicht zu beobachten war; aber es bewegte sich gewiß; die Seite des Internodiums, welche zu einer Zeit konvex war, wurde konkav, was, wie wir später sehen werden, ein sicheres Zeichen der revolutiven Bewegung ist. Ich will annehmen, daß es wenigstens einen Umlauf während der ersten vierundzwanzig Stunden machte. Zeitig am nächsten Morgen wurde seine Stellung bezeichnet, und in 9 Stunden machte es einen zweiten Umlauf. Während des letzten Teils dieser Umdrehung bewegte es sich viel schneller und der dritte Kreis wurde am Abend in ein wenig mehr als 3 Stunden beschrieben. Da ich am darauf folgenden Morgen fand, daß der Schoß in 2 Stunden 45 Minuten einen Umlauf machte, so muß er während der Nacht vier Umdrehungen beschrieben haben, eine jede im Mittel mit einer Geschwindigkeit von etwas über 3 Stunden. Ich muß noch hinzufügen, daß die Temperatur des Zimmers nur wenig schwankte. Der Schoß war um 3½ Zoll in der Länge gewachsen und trug an seinem Ende ein junges, 1 Zoll langes Internodium, welches in seiner Krümmung unbedeutende Abänderungen darbot. Die nächste oder neunte Umdrehung wurde in 2 Stunden 30 Minuten ausgeführt. Von dieser Zeit an weiter hin waren die Umdrehungen leicht zu beobachten. Die sechsunddreißigste Umdrehung wurde in der gewöhnlichen Geschwindigkeit ausgeführt, ebenso auch noch die letzte oder siebenunddreißigste; diese wurde aber nicht vollendet; denn das Internodium stellte sich plötzlich aufrecht und blieb, nachdem es sich in die Mitte bewegt hatte, bewegungslos. Ich band ein Gewicht an sein oberes Ende, um es ein wenig zu biegen und auf diese Weise irgend eine etwaige Bewegung leicht entdecken zu können; aber es trat keine ein. Einige Zeit ehe der letzte Umlauf halb vollendet war, hörte der untere Teil des Internodiums auf, sich zu bewegen.

Wenig weitere Bemerkungen werden das Alles vervollständigen, was noch über dieses Internodium zu sagen nötig ist. Es bewegte sich während fünf Tagen; aber die rapideren Bewegungen, nach Vollendung des dritten Umlaufs, dauerten 3 Tage und 20 Stunden lang. Die regelmäßigen Drehungen, von der neunten bis zur sechsunddreißigsten *inklusive*, wurden im Mittel mit einer Geschwindigkeit von 2 Stunden 31 Minuten ausgeführt. Das Wetter war aber kalt und dies beeinflußte auch die Temperatur des Zimmers, besonders während der Nacht, und verzögerte folglich auch die Geschwindigkeit der Bewegung ein wenig. Es trat nur eine einzige unregelmäßige Bewegung ein, und diese bestand darin, daß der Stamm nach einer ungewöhnlich langsamen Umdrehung rapid nur ein Kreissegment beschrieb. Nach der siebenzehnten Drehung war das Internodium von 1¼ bis zu 6 Zoll Länge gewachsen und trug ein 1⅞ Zoll langes Internodium, welches sich eben wahrnehmbar bewegte; und dieses wieder trug ein minutiöses endständiges Internodium. Nach der einundzwanzigsten Drehung war das vorletzte Internodium 2½ Zoll lang und drehte sich wahrscheinlich in einer Periode von ungefähr 3 Stunden. Bei der siebenundzwanzigsten Drehung war das untere und sich noch immer bewegende Internodium 8¾ Zoll, das vorletzte 3½ und das letzte 2½ Zoll lang; die Neigung des ganzen Schößlings war derartig, daß ein Kreis von 19 Zoll Durchmesser von ihm beschrieben wurde. Als die Bewegung aufhörte, war das unterste Internodium 9 Zoll, das vorletzte 6 Zoll lang, so daß von der siebenundzwanzigsten Drehung bis zur siebenunddreißigsten *inklusive* drei Internodien sich zu gleicher Zeit drehten.

Das untere Internodium wurde, als es aufhörte sich zu bewegen, aufrecht und steif; da aber der ganze Schoß ohne Unterstützung weiter wachsen gelassen wurde, so wurde er nach einiger Zeit in eine nahezu horizontale Stellung gebogen, während sich die obersten und noch wachsenden Internodien noch an ihrer Spitze drehten, aber natürlich nicht mehr um den früheren zentralen Punkt des unterstützenden Stabes. Wegen der veränderten Lage des Gravitationszentrums der Spitze bei deren Drehung erhielt der lange horizontal vorspringende Schoß eine geringe und langsam schwankende Bewegung; und anfangs glaubte ich, diese Bewegung sei eine spontane. Wie der Schoß wuchs, hing er immer mehr und mehr herab, während die wachsende und sich drehende Spitze sich immer mehr und mehr nach oben drehte.

Beim Hopfen haben wir gesehen, daß sich drei Internodien zu einer und derselben Zeit drehten; und dies war bei den meisten der von mir beobachteten Pflanzen der Fall. Bei allen drehten sich, wenn sie bei voller Gesundheit waren, zwei Internodien, so daß zu der Zeit, wenn das untere sich zu drehen aufhörte, dasjenige darüber in voller Tätigkeit war und ein terminales Internodium eben anfing sich zu bewegen. Auf der anderen Seite schwang bei *Hoya carnosa* ein herabhängender, 32 Zoll langer Schoß ohne irgend welche entwickelte Blätter, welcher aus sieben Internodien bestand (ein äußerst kleines terminales, 1 Zoll langes, mitgezählt), beständig aber langsam von der einen nach der anderen Seite, während die letzten Internodien vollständige Umdrehungen machten. Diese schwingende Bewegung war sicherlich eine Folge der Bewegung der unteren Internodien, welche indessen nicht hinreichende Kraft hatten, den ganzen Schoß rund um den zentral gelegenen unterstützenden Stab zu schwingen. Das Verhalten einer anderen zu den Asclepiadeen gehörigen Pflanze, nämlich der *Ceropegia Gardnerii* ist der Mitteilung wert. Ich gestattete der Spitze beinahe horizontal bis zur Länge von 31 Zoll auszuwachsen; dieselbe bestand nun aus drei langen Internodien und endete mit zwei kurzen. Das Ganze drehte sich in einer dem Laufe der Sonne entgegengesetzten Richtung (das Umgekehrte von der Bewegung des Hopfens) mit einer Geschwindigkeit von zwischen 5 Stunden 15 Minuten und 6 Stunden 45 Minuten für jeden Umlauf. Die äußerste Spitze beschrieb hiernach einen Kreis von über 5 Fuß (oder 62 Zoll) im Durchmesser und 16 Fuß im Umfang, mit einer Geschwindigkeit von 32 oder 33 Zoll in der Stunde wandernd. Da das Wetter warm war, ließ ich die Pflanze auf meinem Arbeitstisch stehen; und da war es ein interessantes Schauspiel, den langen Schoß zu beobachten, wie er Tag und Nacht durch diesen großen Kreis schwang, irgend einen Gegenstand aufsuchend, um welchen er sich hätte winden können.

Wenn wir einen im Wachsen begriffenen Schößling nehmen, so können wir ihn natürlich nach einander nach allen Seiten hin biegen, so daß wir die Spitze einen Kreis beschreiben lassen, gleich dem, welchen eine sich spontan drehende Pflanze ausführt. Durch diese Bewegung wird der Schößling nicht im mindesten um seine eigene Achse gedreht. Ich erwähne dies deshalb, weil ein schwarzer Punkt, den man auf die Rinde an der Seite macht, welche, wenn der Schoß nach der Person zu, die ihn hält, gebogen wird, zu oberst sich findet, sich allmählich in dem Maße als der Kreis beschrieben wird herumdreht und auf die untere Seite hinabrückt und dann wieder heraufkommt, wenn der Kreis vollendet wird; dies gibt den falschen Anschein eines Drehens, welcher mich bei der Beobachtung sich spontan umdrehender Pflanzen eine Zeit lang getäuscht hat. Die Erscheinung ist um so täuschender, als die Achsen nahezu aller windenden Pflanzen wirklich gedreht sind; und zwar sind sie in derselben Richtung mit der spontan umlaufenden Bewegung gedreht. Um ein Beispiel zu geben: das Internodium des Hopfens, dessen Geschichte mitgeteilt worden ist, war anfangs, wie an den Leisten auf seiner Oberfläche zu sehen war, nicht im geringsten gedreht; als es aber nach dem siebenunddreißigsten Umlauf 9 Zoll lang gewachsen war, und seine umdrehende Bewegung aufgehört hatte, war es dreimal um seine eigene Achse in der Richtung des Laufes der Sonne gedreht worden; dagegen wird der gemeine *Convolvulus*, welcher in einer der des Hopfens entgegengesetzten Bahn umläuft, auch in der entgegengesetzten Richtung gedreht.

Es ist daher nicht überraschend, daß Hugo von Mohl (a.a.O., S. 105, 108 etc.) glaubte, daß die Drehung der Achse die umlaufende Bewegung verursache: es ist aber doch nicht möglich, daß eine dreimalige Drehung der Achse des Hopfens siebenunddreißig Umläufe verursacht haben könnte. Überdies begann die umdrehende Bewegung am jungen Internodium, ehe irgend eine Drehung seiner Achse entdeckt werden konnte. Die Internodien einer jungen *Siphomeris* und *Lecontea* beschrieben mehrere Tage lang Umläufe, wurden aber nur einmal um ihre eigenen Achsen gedreht. Den besten Beweis indessen dafür, daß das Drehen des Stammes nicht die umlaufende Bewegung verursacht, bieten viele blattkletternde und Ranken tragende Pflanzen dar (so *Pisum sativum, Echinocystis lobata, Bignonia capreolata, Eccremocarpus scaber,* und von Blattkletterern *Solanum jasminoides* und verschiedene Species von *Clematis*), deren Internodien nicht gedreht sind, welche aber, wie wir später sehen werden, regelmäßig umlaufende Bewegungen ausführen, gleich denen echter windender Pflanzen. Übrigens können nach der Angabe von Palm (S. 30, 95), Mohl (S. 149) und Léon[1] Internodien gelegentlich, und nicht einmal sehr selten, angetroffen werden, welche in einer entgegengesetzten Richtung gedreht sind, sowohl zu den anderen Internodien der nämlichen Pflanze als auch zu dem Laufe ihrer Umdrehungen; dies ist, der Angabe Léon's zufolge (S. 356) mit allen Internodien einer gewissen Varietät des *Phaseolus multiflorus* der Fall. Internodien, welche um ihre eigene Achse gedreht worden sind, sind, wenn sie nicht aufgehört haben, ihre Umläufe zu beschreiben, noch immer fähig, sich um eine Stütze zu winden, wie ich mehrere male beobachtet habe.

Mohl hat die Bemerkung gemacht (S. 111), daß, wenn sich ein Stamm rings um einen glatten zylindrischen Stab windet, er nicht gedreht wird[2]. Demzufolge ließ ich Schminkbohnen an aufgespannten Fäden und an einen drittel Zoll im Durchmesser haltenden glatten Stäben von Eisen und von Glas in die Höhe laufen; dabei wurden sie nur in dem Grade gedreht, welcher als mechanische Notwendigkeit

---

[1] Bull. Soc. Botan. de France, Tom. V. 1858, p. 356.
[2] Dieser ganze Gegenstand ist sehr gut von H. de Vries erörtert und besprochen worden: »Arbeiten des botan. Instituts in Würzburg«, 3. Heft, S. 331, 336. s. auch Sachs, Lehrbuch der Botanik, 4. Aufl., 1874, S. 832, welcher zu dem Schlusse kommt, daß die Torsionen »durch ein länger dauerndes Wachstum in den peripherischen Schichten entstehen, nachdem dasselbe im Innern bereits erloschen ist oder zu erlöschen begann«.

eine Folge des spiralen Windens ist. Andererseits waren die Stämme, welche an gewöhnlichen rauhen Stäben in die Höhe gegangen waren, sämtlich mehr oder weniger und meistens bedeutend gedreht. Der Einfluß der Rauhigkeit der Stütze in Bezug auf die Veranlassung von Achsendrehungen zeigte sich sehr gut an den Stämmen, welche sich an den Glasstäben emporgewunden hatten; denn diese Stäbe waren unten in gespaltene Holzstücke festgesteckt und waren oben an quere Stäbe befestigt, und beim Übergang über diese Stellen wurden die Stengel bedeutend gedreht. Sobald die Stämme, welche an den eisernen Stäben in die Höhe gelaufen waren, die Spitze erreichten und frei wurden, wurden sie gleichfalls gedreht; und augenscheinlich trat dies während windigen Wetters schneller ein als während ruhigen Wetters. Es könnten noch mehrere andere Tatsachen angeführt werden, welche zeigen, daß das Drehen der Achse in irgend welcher Beziehung zu Unebenheiten an der Stütze und ebenfalls zu dem freien Umschwingen des Schößlings ohne irgend eine Stütze steht. Viele Pflanzen, welche nicht winden, werden in einem gewissen Grade um ihre eigene Achse gedreht[3]; dies tritt aber bei windenden Pflanzen so viel allgemeiner und so viel stärker auf, als bei andern Pflanzen, daß irgend ein Zusammenhang zwischen der Fähigkeit zu winden und der Achsendrehung bestehen muß. Der Stamm gewinnt wahrscheinlich dadurch an Steifigkeit, daß er gedreht wird (nach demselben Grundsatze,

---

[3] Professor Asa Gray hat in einem Briefe gegen mich die Bemerkung gemacht, daß bei *Thuja occidentalis* die Drehung der Rinde sehr augenfällig sei. Die Drehung geht meist nach rechts vom Beobachter. Aber bei Beobachtung von ungefähr einhundert Stämmen zeigte sich, daß vier oder fünf in entgegengesetzter Richtung gedreht waren. Die Edelkastanie ist häufig sehr gedreht; über diesen Gegenstand findet sich ein interessanter Artikel in: »The Scotish Farmer«, 1865, S. 833.

nach welchem ein scharf gedrehtes Tau steifer ist als ein
schlaff gedrehtes), und erhält danach indirekt einen Vorteil,
so daß er in den Stand gesetzt wird, bei seinem spiralen Aufsteigen über Unebenheiten hinwegzugehen und sein eigenes Gewicht zu tragen, wenn ihm gestattet wird, frei umzuschwingen[4].

Ich habe die Drehung erwähnt, welche nach mechanischen Grundsätzen notwendig dem spiralen Aufsteigen des
Stammes folgt, nämlich eine Drehung für jede vollständige
Spirale. Dies zeigte sich sehr gut, wenn man auf lebende
Stämme gerade Linien zeichnete und sie dann winden ließ;
da ich aber auf diesen Gegenstand bei Behandlung der Ranken zurückzukommen haben werde, will ich ihn hier übergehen.

Die revolutive Bewegung einer windenden Pflanze ist mit
der verglichen worden, welche die Spitze eines Schößlings
beschreibt, welcher durch die eine Strecke weit am Stengel
hinab haltende Hand rings herum bewegt wird; aber zwischen beiden besteht ein wichtiger Unterschied. Wenn ein
Schößling in dieser Weise bewegt wird, so bleibt sein oberer
Teil gerade; bei windenden Pflanzen dagegen hat jeder Teil
des rotierenden Sprosses seine eigene besondere und unabhängige Bewegung. Dies ist leicht zu beweisen; denn wenn
die untere Hälfte oder die untern zwei Drittel eines langen

---

[4] Es ist bekannt, daß die Stämme vieler Pflanzen gelegentlich in einer
monströsen Weise spiral gedreht werden. Nachdem mein Aufsatz in der
Linnean Society gelesen worden war, machte Dr. Maxwell Masters in einem Briefe gegen mich die Bemerkung, daß »einige dieser Fälle, wenn
nicht alle, davon abhängen, daß irgend ein Hindernis oder ein Widerstand das Wachstum dieser Stämme nach oben gestört habe.« Diese
Schlußfolgerung stimmt mit dem überein, was ich über das Drehen der
Stämme gesagt habe, welche sich um rauhe Stützen gewunden haben,
schließt aber nicht aus, daß das Drehen der Pflanze von Nutzen ist, dadurch daß es dem Stamme größere Steifigkeit verleiht.

sich drehenden Sprosses an einen Stab gebunden werden, so fährt der obere freie Teil fort sich stetig umzudrehen. Selbst wenn der ganze Sproß mit Ausnahme eines oder zweier Zolle an der Spitze angebunden wird, fährt dieser Teil doch fort, sich zu drehen, aber viel langsamer, wie ich es beim Hopfen, *Ceropegia*, *Convolvulus* usw. gesehen habe; die Internodien bewegen sich nämlich immer langsam, bis sie eine Strecke weit in die Länge gewachsen sind. Wenn wir ein, zwei oder mehrere Internodien eines sich windenden Schößlings betrachten, so wird man finden, daß sie alle entweder während der ganzen Länge oder während eines großen Teils jedes Umgangs mehr oder weniger gebogen sind. Wenn nun ein farbiger Strich am Stengel, ich will sagen der konvexen Oberfläche entlang, angebracht wird (dies wurde bei einer großen Zahl von windenden Pflanzen ausgeführt), so wird man finden, daß nach Verlauf einiger Zeit (deren Länge von der Geschwindigkeit der Umdrehung abhängt), der Strich an einer Seite der Krümmung, dann der konkaven Seite entlang, dann an der entgegengesetzten Seite und endlich wieder auf der ursprünglich konvexen Oberfläche verläuft. Dies beweist deutlich, daß die Internodien während der umdrehenden Bewegung in jeder Richtung gebogen werden. Die Bewegung ist in der Tat ein beständiges Selbstkrümmen des ganzen Sprosses, welches sich nach einander gegen alle Punkte des Kompasses hinrichtet; Sachs hat es ganz gut als »rotierende Nutation« bezeichnet.

Da diese Bewegung ziemlich schwierig zu verstehen ist, so dürfte es zweckmäßig sein, eine weitere Erläuterung zu geben. Man nehme einen Sprößling, beuge ihn nach Süden und male eine schwarze Linie auf die konvexe Oberfläche; man lasse den Sprößling aufschießen und beuge ihn nach Osten: man wird dann sehen, daß die schwarze Linie der nach Norden zugekehrten seitlichen Fläche entlang läuft;

nun beuge man ihn nach Norden und die schwarze Linie wird auf der konkaven Fläche erscheinen; wenn er nach Westen gebeugt wird, findet sich die Linie wieder auf der seitlichen Fläche; wird er endlich wieder nach Süden gebogen, so wird die Linie auf der ursprünglichen konvexen Oberfläche sein. Anstatt nun den Sprößling zu biegen, wollen wir annehmen, daß die Zellen entlang seiner nach Norden gekehrten Oberfläche von der Basis an bis zur Spitze viel schneller wachsen als diejenigen auf den drei andern Seiten: der ganze Sproß wird dann notwendigerweise nach Süden zu gebogen werden; und ferner nehmen wir an, daß das ganze Stück in die Länge wachsender Oberfläche rund um den Schoß herum krieche, dabei langsam und gradweise die nördliche Seite verlasse und auf die westliche Seite übergreife und so rund herum durch Süden und Osten bis es wieder nach Norden komme. In diesem Falle würde der Schößling immer gebeugt bleiben und die aufgemalte Linie würde auf den verschiedenen oben einzeln angeführten Flächen erscheinen, während die Spitze des Schößlings hinter einander nach allen Punkten des Kompasses hin gerichtet sein würde. In der Tat würden wir genau die Art von Bewegung vor uns haben, welche die sich drehenden Schößlinge windender Pflanzen beschreiben[5].

Man darf nicht etwa vermuten, daß die revolutive Bewegung so regelmäßig ist wie in dem obigen Beispiele angegeben wurde; in sehr vielen Fällen beschreibt die Spitze eine Ellipse, selbst eine sehr schmale Ellipse. Um noch einmal auf unser Beispiel zurückzukommen: wenn wir annehmen, daß nur die nach Norden und nach Süden gekehrten Flä-

---

[5] Die Ansicht, daß die drehende Bewegung oder die Nutation der Stämme windender Pflanzen eine Folge des Wachstums sei, ist von Sachs und H. de Vries aufgestellt worden; die Richtigkeit dieser Ansicht ist durch ihre ausgezeichneten Beobachtungen bewiesen worden.

chen des Schößlings abwechselnd rapid wachsen, so wird die Spitze einen einfachen Bogen beschreiben; wenn das Wachstum sich zuerst um sehr wenig auf die westliche Fläche erstrecke und dann bei der Rückkehr um sehr wenig auf die östliche Fläche, dann würde eine schmale Ellipse beschrieben werden; der Schößling würde gerade stehen, wenn er auf dem Wege hin und her durch den zwischenliegenden Raum durchginge; und ein vollkommenes Geradstrecken kann bei drehenden Pflanzen häufig beobachtet werden. Die Bewegung ist häufig derartig, daß drei von den Seiten des Sprößlings in gehöriger Folge rapider zu wachsen scheinen, als die noch übrige Seite, so daß ein Halbkreis beschrieben wird statt eines Kreises, wobei der Schößling während der Hälfte seines Umlaufs gerade und aufrecht wird.

Wenn ein rotierender Schoß aus mehreren Internodien besteht, so biegen sich die unteren zusammen in der nämlichen Geschwindigkeit, aber eines oder zwei von den endständigen biegen sich mit geringerer Schnelligkeit; obgleich daher zu Zeiten sämtliche Internodien in der nämlichen Richtung gebogen sind, wird zu anderen Zeiten der Schößling in geringem Grade schlangenähnlich gewunden. Die Schnelligkeit der Umdrehung des ganzen Schößlings wird hierdurch, wenn sie nach der Bewegung der äußersten Spitze beurteilt wird, zeitweise beschleunigt oder verlangsamt. Noch ein andrer Punkt muß erwähnt werden. Es ist von den Schriftstellern bemerkt worden, daß das Ende des Sprößlings bei vielen windenden Pflanzen vollständig hakenförmig ist; dies ist beispielsweise bei den Asclepiadeen sehr allgemein. Die hakenförmige Spitze hat in allen von mir beobachteten Fällen, nämlich bei *Ceropegia, Sphaerostema, Clerodendron, Wistaria, Stephania, Akebia* und *Siphomeris*, genau dieselbe Art von Bewegung wie die anderen Internodien; denn eine auf die konvexe Fläche aufgemalte Linie wird zuerst seitlich und dann konkav; es ist aber in Folge der Jugend dieser terminalen Internodien die Umkehrung des Hakens ein langsamerer Prozeß als der der rotierenden Bewegung[6]. Diese scharf ausgesprochene Neigung in den jungen, endständigen und biegsamen Internodien, sich in stärkerem Grade oder plötzlicher zu biegen als die übrigen Internodien, ist für die Pflanze von Nutzen; denn es dient der in dieser Weise gebildete Haken nicht bloß zuweilen dazu, eine Stütze zu fassen, sondern (und dies scheint von noch viel größerer Bedeutung zu sein) die Spitze des Schößlings wird dadurch veranlaßt, die Stütze viel dichter zu umfassen, als es sonst hätte geschehen können, und hierdurch wird auch dazu geholfen, daß der Stamm verhindert wird, während windigen Wetters abgeweht zu werden, wie ich viele male beobachtet habe. Bei *Lonicera brachypoda* streckt sich der Haken nur periodisch und wird nie umgekehrt. Ich will nicht behaupten, daß die Spitzen aller windenden Pflanzen, wenn sie hakenförmig sind, sich entweder umkehren oder periodisch gerade gestreckt werden, in der oben geschilderten Weise; denn in einigen Fällen kann die hakige Form permanent und eine Folge der Art und Weise des Wachstums der Spezies sein, wie es mit den Spitzen der Schößlinge beim gewöhnlichen Wein und noch deutlicher mit denen des *Cissus discolor* der Fall ist – Pflanzen, welche nicht spiral winden.

Der erste Zweck der spontanen revolutiven Bewegung oder, richtiger ausgedrückt, der beständigen biegenden, nach einander allen Punkten des Kompasses zugerichteten Bewegung ist, wie H. von Mohl bemerkt hat, der, dem

---

[6] Der Mechanismus, durch welchen das Ende des Schößlings hakenförmig bleibt, ist allem Anscheine nach ein schwieriges und kompliziertes Problem; es ist von H. de Vries (a.a.O., S. 337) erörtert worden: er kommt zu dem Schlusse, daß es »von dem Verhältnis der Schnelligkeit der Drehung zu der Schnelligkeit der Nutation abhänge.«

Schößling das Finden einer Stütze zu erleichtern. Dies wird wunderbar gut durch die Tag und Nacht fortgesetzten Umläufe bewirkt, wobei ein immer weiterer und weiterer Kreis durchschwungen wird, wie der Schößling an Länge zunimmt. Diese Bewegung erklärt in gleicher Weise, wie die Pflanzen winden; denn wenn ein umschwingender Schößling auf eine Stütze trifft, so wird seine Bewegung notwendig an dem Berührungspunkte aufgehalten; der freie vorspringende Teil schwingt aber weiter. In dem Maße, wie dies fortdauert, werden immer höher und höher gelegene Teile mit der Unterlage in Berührung gebracht und festgehalten, und so fort bis zur Spitze hin; und in dieser Weise windet sich der Schößling um die Unterstützung. Wenn der Schößling in seinem drehenden Umlauf der Sonne folgt, windet er sich um die Stütze von rechts nach links, wobei angenommen wird, daß die Stütze vor dem Beschauer stehe; schwingt der Schößling in einer entgegengesetzten Richtung, so ist die Windungsrichtung umgekehrt. Da ein jedes Internodium mit dem Alter seine Umlaufsfähigkeit verliert, so verliert es auch das Vermögen spiral zu winden. Wenn ein Mensch ein Seil rund über dem Kopfe schwingt und das Ende trifft eine Stange, so wickelt es sich um dieselbe in Übereinstimmung mit der schwingenden Bewegung; dasselbe gilt für eine windende Pflanze; ein im Wachstum begriffenes Stück wandert um den freien Teil des Schößlings und bewirkt dadurch, daß er sich nach der entgegengesetzten Seite biegt; dies stellt das Bewegungsmoment des freien Endes des Seils dar.

Alle Autoren, mit Ausnahme von Palm und H. von Mohl, welche das spirale Winden der Pflanzen erörtert haben, behaupten, daß derartige Pflanzen eine natürliche Neigung dazu besitzen, spiral zu wachsen. Mohl glaubt (a.a.O., S. 112), daß windende Stämme eine Art stumpfer Irritabilität ha-

ben, so daß sie nach irgend welchem Gegenstande hin biegen, den sie berühren; dies wird aber von Palm geleugnet.
Selbst ehe ich Mohl's interessante Abhandlung gelesen hatte, schien mir diese Ansicht so wahrscheinlich zu sein, daß
ich sie auf alle mögliche Weise, wie ich es nur konnte, prüfte,
aber immer mit einem negativen Resultat. Ich rieb viele
Schößlinge viel derber als notwendig ist, um in irgend einer
Ranke oder im Blattstiel irgend eines Blattkletterers Bewegung anzuregen, aber ohne irgend welche Wirkung. Ich
band dann einen leichten gabligen Zweig an einen Schößling von Hopfen, von *Ceropegia, Sphaerostema* und *Adhato-
da,* so daß die Gabel nur gegen die eine Seite des Schößlings
drückte und mit ihm umschwang; ich wählte absichtlich einige Pflanzen aus, welche langsam drehten, da es mir am
wahrscheinlichsten zu sein schien, daß diese am meisten aus
dem Besitz der Reizbarkeit Nutzen ziehen würden; aber in
keinem einzigen Falle wurde irgend eine Wirkung hervorgebracht[7]. Überdies, wenn ein Schößling um eine Stütze windet, so ist die windende Bewegung immer langsamer, wie
wir sofort sehen werden, als wenn der Schößling frei herum-
schwingt und nichts berührt. Ich komme daher zu dem
Schlusse, daß windende Stämme nicht reizbar sind; und es
ist allerdings auch nicht wahrscheinlich, daß sie es sein sollten, da die Natur überall mit ihren Mitteln Haus hält und
Irritabilität überflüssig gewesen wäre. Nichtsdestoweniger
möchte ich aber doch nicht behaupten, daß sie niemals irritabel seien; denn die wachsende Achse des blattkletternden,
aber nicht spiral windenden *Lophospermum scandens* ist si-

---

[7] Dr. H. de Vries hat auch gezeigt (a.a.O., S. 321 und 325), und zwar durch
eine bessere als die von mir angewandte Methode, daß die Stämme windender Pflanzen nicht reizbar sind, und daß die Ursache ihres sich an einer Stütze Hinaufwindens genau die ist, welche ich oben geschildert
habe.

cher irritabel; aber gerade dieser Fall bestätigt mich in der Annahme, daß gewöhnliche Windepflanzen keine irgend derartige Eigenschaft besitzen; denn unmittelbar nachdem ich einen Stab an das *Lophospermum* gesteckt hatte, sah ich, daß es sich von einer echten Windepflanze oder irgend einem anderen Blattkletterer verschieden benahm[8].

Der Glaube, daß Windepflanzen eine natürliche Neigung haben, spiral zu wachsen, ist wahrscheinlich deshalb entstanden, weil sie eine spirale Form annehmen, wenn sie um eine Stütze herum gewunden sind, und weil ihr Spitzenende, selbst so lange es noch frei bleibt, zuweilen diese Form annimmt. Wenn die freien Internodien kräftig wachsender Pflanzen aufhören, sich im Kreise umherzuschwingen, werden sie gerade und zeigen keine Neigung, spiral zu werden; wenn aber ein Schoß beinahe aufgehört hat zu wachsen oder wenn die Pflanze nicht gesund ist, so wird das Ende gelegentlich spiral. Ich habe dies in einer merkwürdigen Weise an den Schößlingen der *Stauntonia* und der dieser verwandten *Akebia* gesehen, welche in einer dichten Spirale aufgerollt wurden, genau so wie eine Ranke; und dies kam gern dann vor, wenn einige kleine, mißgestaltete Blätter abgestorben waren. Die Erklärung hiervon liegt, glaube ich, darin, daß in solchen Fällen die unteren Teile der terminalen Internodien sehr allmählich und in aufeinanderfolgenden Graden ihr Bewegungsvermögen verlieren, während sich die dicht darüber gelegenen Teile noch immer weiter bewegen und dann auch sie bewegungslos werden; dies führt dann dazu, eine unregelmäßige Spirale zu bilden.

Wenn ein revolvierender Schoß auf einen Stab trifft, so windet er sich im Ganzen langsamer um denselben herum

---

[8] Dr. H. de Vries gibt an (a.a.O., S. 322), daß der Stamm der *Cuscuta* reizbar wie eine Ranke sei.

als er sich drehte. Beispielsweise schwang ein Schößling der *Ceropegia* in 6 Stunden herum, er brauchte aber 9 Stunden 30 Minuten um einen vollständigen Spiralumgang um einen Stab zu bilden; *Aristolochia gigas* rotierte in ungefähr 5 Stunden, sie brauchte aber 9 Stunden 15 Minuten, um ihre Spiralwindung zu vollenden. Ich vermute, daß dies eine Folge der beständigen Störung der antreibenden Kraft durch die Unterbrechung der Bewegung an aufeinanderfolgenden Punkten ist; wir werden später sehen, daß selbst das Schütteln einer Pflanze die schwingende Bewegung verlangsamt. Die terminalen Internodien eines langen, stark gereizten, rotierenden Schößlings der *Ceropegia* schlüpften immer, nachdem sie sich um einen Stab gewunden hatten, an ihm hinauf, so daß die Spirale offener wurde, als sie zuerst gewesen war; dies war wahrscheinlich zum Teil eine Folge davon, daß die Kraft, welche die Umdrehungen verursachte, nun von den Beschränkungen durch die Schwerkraft beinahe frei war und gehörig wirken durfte. Andererseits wand sich bei der *Wistaria* ein langer horizontaler Schößling zuerst zu einer sehr engen Spirale auf, welche unverändert blieb; als sich aber später der Schößling an seiner Stütze spiral hinaufwand, bildete er eine viel offenere Spirale. Bei allen den vielen Pflanzen, denen man ordentlich an einer Stütze hinaufzusteigen gestattete, bildeten die terminalen Internodien zuerst eine enge Spirale; und dies diente während windigen Wetters dazu, die Schößlinge in dichter Berührung mit ihrer Stütze zu halten; wie aber die vorletzten Internodien in die Länge wuchsen, schoben sie sich eine beträchtliche Strecke weit (durch farbige Striche am Schößling und an der Stütze ermittelt) um den Stab hinauf, und hierdurch wurde die Spirale offener[9].

---

[9] S. H. de Vries, a.a.O., S. 324 über diesen Gegenstand.

Aus dieser letzten Tatsache folgt, daß die Stellung, welche jedes Blatt in Beziehung zur Unterlage einnimmt, von dem Wachstum der Internodien, nachdem sie sich spiral um jene gewunden haben, abhängt. Ich erwähne dies wegen einer Beobachtung Palm's (a.a.O., S. 34), welcher angibt, daß die einander gegenüberstehenden Blätter des Hopfens immer in einer Reihe, genau eines über dem anderen stehe, und zwar auf einer und derselben Seite des Stabes, was auch immer die Dicke desselben sein mag. Meine Söhne gingen meinetwegen auf ein Hopfenfeld, und berichteten mir, daß sie die Insertionspunkte der Blätter meist auf einer Strecke von zwei oder drei Fuß Höhe über einander stehend gefunden hätten, daß dies aber niemals die ganze Länge des Pfahls hinauf vorkomme; die Insertionspunkte bilden, wie sich hätte erwarten lassen, eine unregelmäßige Spirale. Eine jede Unregelmäßigkeit an dem Pfahle störte gänzlich die Regelmäßigkeit in der Stellung der Blätter. Nach beiläufiger Betrachtung schien es mir, als wären die gegenständigen Blätter der *Thunbergia alata* reihenförmig an den Stöcken hinauf angeordnet, um welche sie sich gewunden hatten; demzufolge erzog ich ein Dutzend Pflanzen und gab ihnen sowohl Stäbe von verschiedener Dicke als auch Fäden, um daran zu winden; und in diesem Falle waren die Blätter nur bei einer einzigen Pflanze aus dem Dutzend in einer senkrechten Reihe angeordnet; ich komme daher zu dem Schlusse, daß Palm's Angabe nicht völlig richtig ist.

Die Blätter verschiedener windenden Pflanzen sind am Stamm (ehe er gewunden hat) entweder abwechselnd oder einander gegenüber (gegenständig) oder in einer Spirale angeordnet. In dem letzteren Falle treffen die Insertionsreihe der Blätter und die Richtung der Umdrehungen zusammen. Diese Tatsache ist von Dutrochet gut nachgewiesen worden[10], welcher verschiedene Individuen von *Solanum dulca-mara* fand, die sich nach entgegengesetzten Richtungen wanden, und bei denselben waren die Blätter in jedem Falle spiral in derselben Richtung angeordnet. Ein dichter Wirtel von vielen Blättern würde allem Anscheine nach für eine windende Pflanze unbequem sein, und einige Schriftsteller behaupten, daß keine unter ihnen ihre Blätter in dieser Weise angeordnet habe; indes hat eine windende *Siphomeris* Wirtel von drei Blättern.

Wenn ein Stab, welcher einen sich drehenden Schößling aufgehalten hat, welcher aber noch nicht umkreist ist, plötzlich weggenommen wird, springt der Schößling meistens vor, damit beweisend, daß er mit einiger Kraft gegen den Stab gedrückt hatte. Hat sich ein Schößling rund um einen Stab gewunden und wird dieser dann fortgezogen, so behält jener eine Zeit lang seine spirale Form; dann streckt er sich gerade aus und fängt wieder an, im Kreise zu schwingen. Der vorhin schon erwähnte lange, stark geneigte Schößling der *Ceropegia* bot einige merkwürdige Eigentümlichkeiten dar. Die tiefer stehenden und älteren Internodien, welche fortfuhren umherzuschwingen, waren nach wiederholten Versuchen nicht im Stande sich um einen dünnen Stab zu winden; es geht hieraus hervor, daß das Bewegungsvermögen zwar noch erhalten war, daß es aber nicht stark genug war die Pflanze zum Winden zu befähigen. Ich brachte dann den Stab in einer größeren Entfernung an, so daß er von einem Punkte berührt wurde, welcher 2½ Zoll von dem Ende des vorletzten Internodiums abstand; und nun wurde der Stab von diesem Teile des vorletzten und vom letzten Internodium ganz nett umkreist. Nachdem ich den spiral gewun-

[10] Comptes rendus, 1844, Tom. XIX, S. 295; und Annal. des scienc. natur. 3. Sér. Botan. Tom. 2, S. 163.

denen Schößling 11 Stunden lang in Ruhe gelassen hatte, zog ich ruhig den Stab fort, und im Verlaufe des Tages streckte sich die aufgerollte Partie wieder gerade und begann von neuem umzuschwingen; aber der untere und nicht aufgerollte Teil des vorletzten Internodiums bewegte sich nicht, eine Art von Angel trennte den sich bewegenden und den bewegungslosen Teil eines und desselben Internodiums. Nach einigen wenigen Tagen fand ich indessen, daß dieser untere Teil gleichfalls seine Drehungsfähigkeit wieder erlangt hatte. Diese verschiedenen Tatsachen zeigen, daß das Vermögen sich zu bewegen nicht unmittelbar in dem festgehaltenen Teil eines sich umdrehenden Schößlings verloren geht, und daß es, wenn es zeitweise verloren wurde, wieder erhalten werden kann. Wenn ein Schoß eine beträchtliche Zeit lang um eine Stütze gewunden geblieben ist, so behält er seine spirale Form dauernd bei, selbst wenn die Stütze entfernt wird.

Wenn ein hoher Stab so angebracht wurde, daß er die tieferen und steifen Internodien der *Ceropegia* in einer Entfernung anfangs von 15 und dann von 21 Zoll vom Mittelpunkte der kreisenden Bewegung festhält, so glitt der gerade Sproß langsam und allmählich am Stabe in die Höhe, so daß er immer mehr und mehr steil geneigt wurde, er ging aber nicht über den Gipfel hinaus. Nach Verlauf einer Zeit, welche hinreichend war einen halben Umgang zu gestatten, bog sich dann der Schoß plötzlich vom Stab ab und fiel nach der entgegengesetzten Seite oder Richtung des Kompasses über und nahm seine frühere unbedeutende Neigung wieder an. Er fing nun wieder in seinem regelmäßigen Laufe an umzuschwingen, so daß er nach einem halben Umlaufe wieder mit dem Stabe in Berührung kam, wieder an ihm in die Höhe glitt und wieder von ihm ab und auf die entgegengesetzte Seite niederfiel. Diese Bewegung des Sprosses bot ein sehr eigentümliches Ansehen dar, als wäre er über seinen Mißerfolg verärgert, wäre aber doch entschlossen, es noch einmal zu versuchen. Ich denke, wir können diese Bewegung verstehen, wenn wir das vorhin gegebene Beispiel des Schößlings betrachten, bei dem wir annahmen, daß die wachsende Oberflächenpartie von der nach Norden gekehrten Seite herumkröche nach der westlichen und durch diese nach der südlichen Seite, ferner dann von der nach Süden gekehrten Seite wieder nach der nördlichen, dabei den Schößling nach allen Richtungen hin biegend. Was nun den Fall mit *Ceropegia* betrifft, in welchem der Stab südlich vom Schößling und in Berührung mit ihm angebracht wurde, so wird, so bald das kreisförmig fortschreitende Wachstum die nach Westen gelegene Oberfläche erreicht hat, keine Wirkung hervorgebracht worden sein, ausgenommen daß der Schößling fest an den Stab angedrückt wurde. Sobald aber das Wachstum auf der südlichen Fläche begann, wird der Schößling langsam mit einer gleitenden Bewegung am Stabe in die Höhe gezogen werden; und sobald dann das Wachstum auf der nach Osten gekehrten Seite eintrat, wird der Schößling vom Stabe abgezogen werden; da dabei sein Gewicht mit den Wirkungen der veränderten Wachstumsfläche zusammenfällt, wird dies die Ursache sein, daß er plötzlich auf die entgegengesetzte Seite überfällt und seine frühere geringe Neigung wieder annimmt; dann wird die gewöhnliche umschwingende (revolutive) Bewegung weiter gehen wie vorher. Ich habe diesen merkwürdigen Fall mit einiger Sorgfalt beschrieben, weil er mich zuerst darauf brachte, die Reihenfolge, in welcher sich, wie ich damals meinte, die Flächen zusammenzogen, zu verstehen; in derselben wachsen aber die Flächen, wie wir jetzt durch die Mitteilungen von Sachs und H. de Vries wissen, eine Zeit lang rapid, und verursa-

chen dadurch, daß sich der Schößling nach der entgegengesetzten Seite abbiegt.

Die eben mitgeteilte Ansicht erklärt auch ferner, wie ich
glaube, eine von Mohl (a.a.O., S. 135) beobachtete Tatsache,
daß nämlich ein in umschwingender Bewegung begriffener
Schößling, trotzdem er um einen so dünnen Gegenstand wie
ein Faden winden wird, doch nicht um eine dicke Stütze
winden kann. Ich brachte einige lange, in revolutiver Bewegung begriffene Schößlinge einer *Wistaria* dicht an einen
zwischen 5 und 6 Zoll im Durchmesser haltenden Pfahl; obgleich ich ihnen aber auf vielerlei Art zu helfen suchte,
konnten sie nicht um denselben winden. Dies war allem Anscheine nach eine Folge der Biegung des Schößlings, welche
er beim Winden um einen so leicht wie dieser Pfahl geboge-
nen Gegenstand annahm und welche nicht genügend groß
war, den Schößling an seinem Orte zu halten, wenn der
wachsende Oberflächenteil auf die entgegengesetzte Seite
des Schößlings hinüberkroch; er wurde daher bei jedem
Umgang von seiner Stütze abgezogen.

Wenn ein freier Sproß weit über seine Stützen hinaus gewachsen ist, so sinkt er in Folge seines Gewichts nach abwärts mit nach oben gewandter Spitze des sich drehenden
Endes, wie bereits bei Erwähnung des Falls vom Hopfen erklärt wurde. Ist die Stütze nicht sehr hoch, so fällt der
Schößling auf den Boden, bleibt da liegen und die Spitze
erhebt sich. Zuweilen winden sich, wenn sie biegsam sind,
mehrere Schößlinge zur Bildung einer Art Tau um einander
und stützen so einer den anderen. Einzelne dünne herab-
hängende Schößlinge, wie diejenigen der *Sollya Drummon-
dii*, biegen sich abrupt zurück und winden sich um sich
selbst hinauf. Indessen zeigte die Mehrzahl der hängenden
Sproße einer windenden Pflanze, der *Hibbertia dentata*, nur
wenig Neigung, sich nach oben umzudrehen. In andern Fäl-

len, so z. B. bei *Cryptostegia grandiflora*, wurden mehrere Internodien, welche anfangs biegsam waren und eine revolutive Bewegung zeigten, wenn es ihnen nicht gelang um eine Stütze zu winden, völlig steif und trugen, sich selbst aufrecht haltend, auf ihren Gipfeln die jüngern umschwingenden Internodien.

Es dürfte hier ein geeigneter Platz sein, eine Tabelle mitzuteilen, welche die Richtung und die Bewegungsgeschwindigkeit mehrerer windenden Pflanzen enthält, mit einigen wenigen daran gefügten Bemerkungen. Diese Pflanzen sind nach Lindley's Vegetable Kingdom, 1853, angeordnet und sind aus allen Teilen der Reihe ausgewählt um zu zeigen, daß sich allerlei Arten in einer nahezu gleichförmigen Art benehmen.

Deutsch von Victor Carus.

10.
Insektenfressende Pflanzen

Wie auch schon die Arbeiten über *Die Bewegungen und Lebens-weisen der kletternden Pflanzen* stand auch das Buch *Insekten-fressende Pflanzen* in Verbindung mit Darwins chronischem Ma-genleiden. Aufgefallen war dem englischen Forscher *Drosera rotundifolia*, der gemeine Sonnentau, zum ersten Mal in Hart-field, Sussex, wo die Familie wegen der Erkrankung der Tochter Henrietta 1860 einen längeren Kuraufenthalt verbrachte. »Zur Zeit behandelt er Drosera wie einen lebenden Organismus«, schrieb Emma Darwin an eine Freundin, »und ich nehme an, er hofft, schließlich beweisen zu können, daß sie ein Tier ist.« Als 1875 *Die Insektenfressenden Pflanzen* erschien, bildete Drosera den Haupt-untersuchungsgegenstand. Die Gattung Sonnentau (*Drosera*) stellt mit weit über hundert Arten die zweitgrößte Gattung fleisch-fressender Pflanzen, wobei sich alle Sonnentauarten durch Tenta-kel auf den Blättern auszeichnen, die mit klebrigen Sekreten be-setzt sind und bewegt werden können. Mittels der Tentakel geht die Pflanze auf Beutefang, die tierischen Substanzen werden auf-gesaugt und verdaut. Im Gegensatz zu gewöhnlichen Pflanzen der höheren Klassen, die sich über die Wurzeln Nährstoffe aus dem Boden besorgen oder durch die Blätter über die Luft, ernährt sich die insektenfangende Pflanze ähnlich wie ein Tier, eine Be-sonderheit, an die sich für Darwin Fragen anschlossen. Wie und woran erkennt die Pflanze geeignetes Essen? Wie verdaut sie es? Sein Gewächshaus besuchte er nun täglich, indem er in die Rolle eines Zoowärters schlüpfte, der seinen Zöglingen die unterschied-lichsten Speisen vorsetzte. Darwin träufelte Milch, Olivenöl, Ei-

weiß, Zucker und Tee auf die Tentakel, legte Glassplitter, Holz-
stückchen oder Fleisch ein, betäubte sie mit Chloroform oder gab
ihnen Sherry. Er, der sein Leben an Übelkeit und Magenproble-
men litt, studierte voller Staunen die robusten kleinen Pflanzen,
die mit so großer Treffsicherheit wußten, welche Speise ihnen bekommt und welche nicht. Wir sehen also das gleiche Motiv auf-
scheinen, das auch den Studien zu den Kletterpflanzen zugrunde
liegt: der zoologische Blick auf die Botanik, Pflanzen als mögliche
Tiere zu betrachten. Emma Darwin behielt recht. »Bei Gott«,
schrieb auch Darwin an den befreundeten Botaniker Joseph Dalton Hooker, »ich glaube manchmal, Drosera ist ein verkleidetes
Tier.« In seiner Autobiographie erinnerte er sich später mit Blick
auf das Buch, welches Vergnügen es ihm bereitet habe, »die
Pflanzen in der Rangordnung organisierter Wesen höher zu stufen«.

* * *

Die Einbiegung der äußeren Tentakeln durch Gegenstände

Ich machte eine ungeheure Menge Versuche, indem ich ver-
mittelst einer feinen Nadel, die mit destilliertem Wasser
angefeuchtet war, und mit Hilfe einer Lupe Teilchen von
verschiedenen Substanzen auf die zähe Absonderung der
Drüsen der äußeren Tentakeln legte. Ich experimentierte
sowohl an den ovalen als an den langköpfigen Drüsen. Wenn
ein Teilchen in dieser Weise auf eine einzige Drüse gelegt
wird, so ist die Bewegung des Tentakels im Gegensatz zu
dem stationären Zustand der umgebenden Tentakeln besonders gut zu sehen. In vier Fällen veranlaßten kleine Stückchen rohen Fleisches, daß die Tentakeln in einer Zeit von 5
bis 6 Minuten stark eingebogen wurden. Ein anderer Tentakel, der ebenso behandelt und mit besonderer Sorgfalt

234

beobachtet wurde, änderte in 10 Sekunden zwar schwach aber deutlich seine Stellung; und dies ist die schnellste Bewegung, die von mir gesehen wurde. In 2 Minuten und 30 Sekunden hatte er sich durch einen Winkel von ungefähr 45° bewegt. Diese Bewegung glich, durch die Lupe gesehen, der des Zeigers einer großen Uhr. In 5 Minuten hatte er sich durch 90° bewegt, und als ich nach 10 Minuten wieder hinsah, hatte das Stückchen die Mitte des Blattes erreicht, so daß die ganze Bewegung in weniger als 17 Minuten 30 Sekunden vollendet war. Im Laufe einiger Stunden wirkte dieses kleine Stück Fleisch in Folge davon, daß es mit einigen der Drüsen der mittleren Scheibe in Berührung gebracht worden war, zentrifugal auf die äußeren Tentakeln, welche alle dicht eingebogen wurden. Bruchstückchen von Fliegen wurden auf die Drüsen von vier der äußeren Tentakeln gelegt, welche in derselben Ebene wie die Blattscheibe ausgestreckt lagen, und drei dieser Stückchen waren in 35 Minuten durch einen Winkel von 180° nach der Mitte getragen worden. Das Stückchen auf dem vierten Tentakel war sehr klein und wurde nicht eher, als bis 3 Stunden verflossen waren, nach der Mitte gebracht. In drei andern Fällen wurden kleine Fliegen oder Teilchen von größeren in 1 Stunde 30 Sekunden nach der Mitte geschafft. In diesen sieben Fällen waren die Stückchen oder die kleinen Fliegen, welche von einem einzigen Tentakel nach den mittleren Drüsen hin gebracht worden waren, nach einem Verlauf von 4 bis 10 Stunden fest umschlossen.

Ich legte auch in der oben beschriebenen Weise sechs kleine Kugeln von Schreibpapier (mit Hilfe von Pinzetten zusammen gedreht, so daß sie nicht von meinen Fingern berührt worden waren) auf die Drüsen von sechs äußeren Tentakeln an verschiedenen Blättern; drei derselben wurden in ungefähr 1 Stunde nach der Mitte gebracht und die andern drei in etwas mehr als 4 Stunden; aber nach 24 Stunden waren bloß zwei der sechs Kugeln fest von den andern Tentakeln umschlossen. Es ist möglich, daß das Sekret eine Spur von Leim oder animalisierter Substanz aus den Papierkugeln aufgelöst haben könnte. Vier Teilchen Kohle wurden dann auf die Drüsen von vier äußeren Tentakeln gelegt; eins derselben erreichte die Mitte in 3 Stunden 40 Minuten, das zweite in 9 Stunden, das dritte innerhalb 24 Stunden, hatte sich aber in 9 Stunden nur durch einen Teil des Weges bewegt; während das vierte in 24 Stunden sich nur eine kurze Strecke bewegt hatte und nachher gar nicht mehr weiter bewegte. Von den oben erwähnten drei Stückchen Kohle, welche zuletzt nach der Mitte geschafft wurden, war nur eins von vielen der andern Tentakeln gut umfaßt. Wir sehen hier deutlich, daß solche Körper, wie Stückchen Kohle oder kleine Papierkugeln, nachdem sie von den Tentakeln zu den mittleren Drüsen gebracht worden sind, in Bezug auf die Erregung der umgebenden Tentakeln zur Bewegung sehr verschieden von Stückchen von Fliegen wirken.

Ich machte, ohne sorgfältig die Zeit in mein Journal einzutragen, viele ähnliche Versuche mit andern Substanzen, so mit Splittern von weißem und blauen Glas, Teilchen von Kork, kleinen Stücken von Gold-Blättchen usw., und das Zahlenverhältnis der Fälle, in welchem die Tentakeln die Mitte erreichten oder sich nur leicht oder gar nicht bewegten, variierte sehr. An einem Abend wurden Stückchen Glas und Kork, eher etwas größer als die gewöhnlich angewendeten, auf ungefähr ein Dutzend Drüsen gelegt, und am nächsten Morgen, nach 13 Stunden, hatte jeder einzelne Tentakel seine kleine Ladung nach der Mitte geschafft; aber die ungewöhnliche Größe der Teilchen dürfte dieses Resultat erklären. In einem andern Fall wurden 6/7 der auf separate Drüsen gelegten Teilchen von Asche, Glas und Faden nach der Mitte zu oder faktisch bis zur Mitte hingetragen; in einem andern Fall wurden 7/9, in einem andern 7/12, in dem letzten Fall nur 7/26 in dieser Weise nach innen gebracht; das geringe Verhältnis war hier wenigstens teilweise Folge davon, daß die Blätter ziemlich alt und untätig waren. Gelegentlich konnte durch eine starke Lupe gesehen werden, wie eine Drüse mit ihrer leichten Ladung sich eine außerordentlich kurze Strecke fortbewegte und dann inne hielt; dies kam dann besonders gern vor, wenn äußerst kleine Stückchen, viel kleiner als die, von denen das Maß sofort angegeben werden wird, auf die Drüsen gelegt wurden, so daß wir hier beinahe die Grenze irgend einer Tätigkeit vor uns haben.

Ich war so sehr überrascht über die Kleinheit der Teilchen, welche verursachten, daß die Tentakeln stark eingebogen wurden, daß es mir der Mühe wert schien, sorgfältig zu ermitteln, ein wie kleines Stückchen noch deutlich wirken würde. Gleichmäßig abgemessene Längen von einem schmalen Streifen Löschpapier, einem feinen Baumwollenfaden und von einem Frauenhaar wurden demzufolge sorgfältig von Mr. Trenham Reeks auf einer ausgezeichneten Waage in dem Laboratorium in Jermyn Street für mich gewogen. Kurze Stückchen von dem Papier, dem Faden und dem Haar wurden dann abgeschnitten und mit einem Micrometer gemessen, so daß ihr Gewicht leicht berechnet werden konnte. Die Stücke wurden auf die zähe Absonderung, welche die Drüsen der äußeren Tentakeln umgibt, mit der Vorsicht, die ich bereits geschildert habe, gelegt, und ich bin darüber sicher, daß die Drüse selbst nie berührt wurde; auch würde in der Tat eine einzige Berührung keinerlei Wirkung hervorgebracht haben. Ein Stück des Löschpapiers, welches 1/465 Gran wog, wurde so gelegt, daß es auf drei Drüsen zusammen ruhte, und alle drei Tentakeln krümmten sich langsam nach innen; jede Drüse konnte daher, vorausgesetzt, daß das Gewicht gleichmäßig verteilt war, nur von 1/1395 Gran oder von 0,0464 Milligramm gedrückt werden. Fünf nahezu gleiche Stückchen Baumwollenfaden wurden versucht und alle wirkten. Das kürzeste derselben war 1/50 Zoll lang und wog 1/8197 Gran. Der Tentakel war in diesem Fall in 1 Stunde 30 Minuten beträchtlich eingebogen und das Stück Faden war in 1 Stunde 40 Minuten nach der Mitte des Blattes geschafft. Ferner wurden zwei Stückchen des dünneren Endes eines Frauenhaars, eins davon 18/1000 Zoll lang und 1/35714 Gran schwer, das andere 19/1000 Zoll lang und natürlich etwas mehr wiegend, auf zwei Drüsen auf entgegengesetzten Seiten desselben Blattes gelegt; und diese beiden Tentakeln waren in 1 Stunde 10 Minuten halbwegs nach der Mitte zu eingebogen; während alle die vielen Tentakeln um dasselbe Blatt herum bewegungslos blieben. Das Ansehen dieses einen Blattes bewies auf eine unzweideutige Art, daß diese äußerst kleinen Teilchen genügten, die Tentakeln zum Biegen zu veranlassen. Alles zusammen wurden zehn solche Stückchen Haar auf zehn Drüsen an mehreren Blättern gelegt und sieben davon veranlaßten die Tentakeln, sich in einer merkbaren Art zu bewegen. Das kleinste Teilchen, welches versucht wurde und deutlich wirkte, war nur 8/1000 Zoll (0,203 Millimeter) lang und wog 1/78740 Gran oder 0,000822 Milligramm. In diesen verschiedenen Fällen war nicht nur die Einbiegung der Tentakeln sichtbar, sondern die purpurne Flüssigkeit in ihren Zellen wurde zu kleinen Massen von Protoplasma zusammengeballt in der Art und Weise, wie sie im nächsten Kapitel beschrieben werden soll. Und dies Zusammenballen war so deutlich, daß ich durch diesen Schlüssel allein leicht alle die Tentakeln unter dem Mikroskop hätte herausfinden können, welche ihre leichte Bürde nach der Mitte zu getragen hatten, aus den hunderten von andern Tentakeln an denselben Blättern heraus, die nicht so gehandelt hatten.

Mein Erstaunen wurde stark erregt nicht nur durch die äußerste Kleinheit der Teilchen, welche eine Bewegung verursachten, sondern auch dadurch, wie sie möglicherweise auf die Drüsen wirken konnten; denn man muß sich erinnern, daß sie mit der größten Sorgfalt auf die konvexe Oberfläche des Sekrets gelegt wurden. Zuerst dachte ich – aber irriger Weise, wie ich jetzt weiß –, daß Teilchen von solch geringem spezifischem Gewicht, wie Kork, Faden und Papier, nie mit der Oberfläche der Drüsen in Berührung kommen würden. Die Teilchen können nicht einfach dadurch wirken, daß ihr Gewicht dem des Sekrets zugefügt wird, denn kleine Wassertropfen, die viel Mal schwerer als die Teilchen waren, wurden wiederholt hinzugetan und brachten niemals irgend eine Wirkung hervor. Ebenso wenig bringt die Störung der Absonderung irgend eine Wirkung hervor; denn mit einer Nadel wurden lange Fäden herausgezogen und an einem sich in der Nähe befindlichen Gegenstand befestigt und Stunden lang so gelassen; aber die Tentakeln blieben bewegungslos.

Ich entfernte auch sorgfältig mit einem scharf zugespitzten Stück Löschpapier das Sekret von vier Drüsen, so daß sie eine Zeit lang nackt der Luft ausgesetzt waren; aber dies verursachte keine Bewegung, und doch waren diese Tentakeln in einem funktionsfähigen Zustand; denn nachdem 24 Stunden vorüber waren, wurden sie mit Stückchen Fleisch versucht und alle wurden schnell eingebogen. Es kam mir dann der Gedanke, daß Teilchen, welche auf der Absonderung schwämmen, Schatten auf die Drüsen werfen könnten, welche gegen den gehemmten Einfluß des Lichts empfindlich sein könnten. Obgleich dies sehr unwahrscheinlich schien, da äußerst kleine und dünne Splitter von farblosem

Glas mächtig wirkten, so tat ich doch, nachdem es dunkel war, beim Lichte eines einzigen Talglichts so schnell als möglich Teilchen Kork und Glas auf die Drüsen von einem Dutzend Tentakeln, ebenso wie Stückchen Fleisch auf andere Drüsen und bedeckte sie so, daß kein Lichtstrahl eindringen konnte; aber am nächsten Morgen, nach Verlauf von 13 Stunden, waren alle Teilchen nach dem Zentrum der Blätter hingeschafft worden.

Die negativen Resultate führten mich dazu, noch viele andere Experimente anzustellen, indem ich Teilchen auf die Oberfläche der Tropfen der Absonderung legte und dabei so sorgfältig, als ich konnte, beobachtete, ob sie durchdrangen und die Oberfläche der Drüsen berührten. Das Sekret bildet in Folge seines Gewichts gewöhnlich eine dickere Lage auf der unteren als auf der oberen Seite der Drüsen, was auch immer die Stellung der Tentakeln sein mag. Kleine Stückchen trocknen Korks, Fäden, Löschpapier und Kohle wurden versucht, ähnlich den vorher angewendeten, und ich beobachtete nun, daß sie im Verlaufe weniger Minuten viel mehr von der Absonderung aufsaugten, als ich für möglich gehalten haben würde; da sie auf die obere Fläche der Absonderung, wo sie am dünnsten ist, gelegt worden waren, so wurden sie oft nach einiger Zeit herunter gezogen und mit wenigstens einem Teil der Drüse in Berührung gebracht. In Bezug auf die kleinen Glassplitterchen und Haarteilchen beobachtete ich, daß die Absonderung sich langsam ein wenig über ihre Oberfläche ausbreitete, wodurch sie gleichfalls herunter oder seitwärts gezogen wurden; und so kam ein Ende oder irgend eine kleine Hervorragung dazu, die Drüse früher oder später zu berühren.

In den vorausgehenden und folgenden Fällen ist es wahrscheinlich, daß die Schwingungen, welchen die Möbel jedes Zimmers beständig ausgesetzt sind, dazu helfen, die Teilchen in Berührung mit den Drüsen zu bringen. Aber da es manchmal in Folge der Strahlenbrechung der Absonderung schwer war, darüber sicher zu sein, ob die Teilchen in Berührung waren, so stellte ich folgendes Experiment an. Ungewöhnlich minutiöse Teilchen Glas, Haar und Kork wurden sanft auf die Tropfen an mehreren Drüsen gelegt und sehr wenig Tentakeln bewegten sich. Die, welche nicht affiziert waren, wurden eine halbe Stunde ruhig gelassen; dann wurden die Teilchen gestört, oder mit einer feinen Nadel unter dem Mikroskop mehrere Male umgedreht, wobei die Drüsen nicht berührt wurden. Und nun fingen im Laufe von wenig Minuten alle bis dahin bewegungslosen Tentakeln an, sich zu bewegen; und dies wurde ohne Zweifel dadurch verursacht, daß ein Ende oder irgend ein hervorragender Punkt der Teilchen in Berührung mit der Oberfläche der Drüsen gekommen war. Aber da die Teilchen gewöhnlich klein waren, so war auch die Bewegung gering.

Zuletzt wurde etwas dunkelblaues in feine Splitter gestoßnes Glas benutzt, damit die Spitzen der Teilchen, wenn sie in die Absonderung eingetaucht würden, besser unterschieden werden könnten; und dreizehn solcher Teilchen wurden in Berührung mit dem unterhängenden und daher dickeren Teil der Tropfen von ebenso vielen Drüsen gebracht. Fünf der Tentakeln fingen nach Verlauf von wenigen Minuten an, sich zu bewegen, und in diesen Fällen sah ich deutlich, daß die Teilchen die untere Oberfläche der Drüsen berührten. Ein sechster Tentakel bewegte sich nach 1 Stunde 45 Minuten und das Teilchen war nun in Berührung mit der Drüse, was zuerst nicht der Fall war. So war es auch mit dem siebenten Tentakel, aber seine Bewegung fing nicht eher an, als bis 3 Stunden 45 Minuten verflossen waren. Die übrigen sechs Tentakeln bewegten sich, so lange sie beobachtet wurden, gar nicht; die Teilchen kamen augenscheinlich niemals mit der Oberfläche der Drüsen in Berührung.

Aus diesen Experimenten lernen wir, daß Teilchen, die nichtlösliche Substanz enthalten, wenn sie auf die Drüsen getan werden, oft die Tentakeln veranlassen, im Laufe von einer bis zu fünf Minuten anzufangen, sich zu biegen; und daß in solchen Fällen die Teilchen von Anfang an in Berührung mit der Oberfläche der Drüsen gewesen sind. Wenn die Tentakeln erst nach einer viel längeren Zeit, nämlich von einer halben Stunde bis zu drei oder vier Stunden anfangen, sich zu biegen, so sind die Teilchen langsam in Berührung mit den Drüsen gekommen, entweder durch Aufsaugen der Absonderung durch die Teilchen selbst, oder durch das allmähliche Ausbreiten des Sekrets über sie, in Verbindung mit ihrer damit in Verbindung stehenden schnelleren Verdunstung. Wenn sich die Tentakeln gar nicht bewegen, so sind die Teilchen nie mit den Drüsen in Berührung gekommen, oder in einigen Fällen mögen die Tentakeln nicht in einem aktiven Zustand gewesen sein. Um Bewegung zu erregen, ist es unerläßlich, daß die Teilchen tatsächlich auf den Drüsen ruhen, denn eine Berührung mit einem harten Körper, ein, zwei oder selbst drei Mal wiederholt, ist nicht genügend, Bewegung zu erregen.

Ein anderes Experiment, welches zeigt, daß außerordentlich kleine Teilchen auf die Drüsen wirken, wenn sie unter Wasser getaucht sind, soll hier angeführt werden. Ein Gran schwefelsaures Chinin wurde zu einer Unze Wasser getan, welches nachher nicht filtriert wurde; als ich nun drei Blätter in 90 Tropfen der Flüssigkeit tat, war ich sehr überrascht zu finden, daß in 15 Minuten alle drei Blätter stark eingebogen waren; denn ich wußte von früheren Versuchen her, daß die Auflösung selbst nicht so schnell wirkt, wie hier die Wirkung eintrat. Es kam mir sofort der Gedanke, daß die Teilchen des unaufgelösten Salzes, welche so leicht waren, daß sie umher schwammen, in Berührung mit den Drüsen gekommen sein und diese schnelle Bewegung verursacht haben könnten. Demgemäß fügte ich zu etwas destilliertem Wasser eine Prise einer ganz unschuldigen Substanz, nämlich präzipitierten kohlensauren Kalk, welcher ein unfühlbar feines Pulver bildet; ich schüttelte das Gemisch und bekam so eine Flüssigkeit ähnlich dünner Milch. Zwei Blätter wurden darein getaucht und in 6 Minuten war beinahe jeder Tentakel stark eingebogen. Ich tat eins dieser Blätter unter das Mikroskop und sah zahllose Atome von Kalk an der äußeren Fläche der Absonderung ankleben. Einige jedoch waren durchgedrungen und lagen auf der Oberfläche der Drüsen; und es waren diese Teilchen ohne Zweifel, welche die Tentakeln sich zu biegen veranlaßten. Wenn ein Blatt in Wasser getaucht wird, so schwillt das Sekret augenblicklich sehr auf, und ich vermute, daß sie hier und da durchbrochen wird, so daß kleine Wasserströmchen hinein stürzen. Wenn dies der Fall ist, so können wir verstehen, wie die Atome Kreide, welche auf der Oberfläche der Drüsen lagen, die Absonderung durchdrungen hatten. Jedermann, welcher präzipitierte Kreide zwischen seinen Fingern gerieben hat, wird bemerkt haben, wie außerordentlich fein das Pulver ist. Es muß ohne Zweifel eine Grenze da sein, über welche hinaus die Teilchen zu klein sein würden, um auf die Drüse zu wirken; aber welches diese Grenze ist, weiß ich nicht. Ich habe oft gesehen, daß Fasern und Staub, die aus der Luft auf die Drüsen der Pflanzen gefallen waren, die in meinem Zimmer gehalten wurden, nie irgend eine Bewegung hervorriefen; aber dann lagen solche Teilchen auf der Oberfläche der Absonderung und erreichten nie die Drüse selbst.

Endlich ist es eine außerordentliche Tatsache, daß ein kleines Stückchen weichen Fadens 1/50 Zoll lang und 1/8197

Gran schwer, oder von einem menschlichen Haar 8/1000 Zoll lang und nur 1/78740 Gran schwer (0,000822 Milligr.) oder Teilchen präzipitierter Kreide, nachdem sie kurze Zeit auf einer Drüse geruht haben, eine Veränderung in ihren Zellen hervorbringen, diese dazu reizen, einen motorischen Impuls durch die ganze Länge der Stiele, die aus ungefähr 20 Zellen bestehen, bis nah an die Basis zu schicken, wo sie diesen Teil zu biegen und den Tentakel durch einen Winkel von 180° zu schwingen veranlassen. Daß der Inhalt der Drüsenzellen und später auch der der Stiele in einer deutlich sichtbaren Weise durch den Druck der kleinsten Teilchen affiziert wird, dafür werden wir vollauf Beweise erhalten, wenn wir die Zusammenballung des Protoplasma behandeln. Aber der Fall ist viel merkwürdiger, als wie bis jetzt angegeben ist, denn die Teilchen werden von der zähen und dichten Absonderung getragen; trotzdem wirken auch selbst noch kleinere als die von welchen die Maße angegeben wurden, wenn sie mit einer unmerkbar langsamen Bewegung auf die oben angeführte Weise mit der Oberfläche der Drüse in Berührung gebracht werden, auf dieselbe und der Tentakel biegt sich. Der Druck, der von einem Haarteilchen ausgeht, welches nur 1/78740 Gran wiegt und von einer dichten Flüssigkeit getragen wird, muß unfaßbar gering gewesen sein. Wir können mutmaßen, daß er kaum einem Millionstel eines Grans gleich gewesen sein kann, und wir werden später sehen, daß weit weniger als ein Millionstel eines Grans von phosphorsaurem Ammoniak in Auflösung, wenn es von einer Drüse aufgesaugt wird, auf dieselbe wirkt und Bewegung verursacht. Ein Stückchen Haar 1/50 Zoll lang und daher viel größer als diejenigen, die in den oben erwähnten Experimenten gebraucht wurden, wurde nicht gefühlt als es auf meiner Zunge lag, und es ist außerordentlich zweifelhaft, ob irgend welcher Nerv in dem menschlichen Körper, selbst wenn derselbe in einem entzündeten Zustand ist, in irgend einer Weise durch solch ein Teilchen affiziert werden würde, welches von einer dichten Flüssigkeit getragen und langsam mit dem Nerv in Berührung gebracht würde. Jedoch werden die Zellen der Drüsen der *Drosera* auf diese Weise dazu gereizt, einen motorischen Impuls nach einem entfernten Punkt hinzusenden und dort Bewegung zu veranlassen. Es scheint mir, als ob kaum eine noch merkwürdigere Tatsache in dem Pflanzenreiche beobachtet worden wäre.

Deutsch von Victor Carus.

11.

Das Variieren der Tiere und Pflanzen

Fast jeder kennt heute Darwins Werk *Über die Entstehung der Arten*, die wenigsten aber *Das Variieren der Pflanze und Tiere im Zustande der Domestikation*, das in zwei Bänden 1868 erschien. Einige Historiker haben jedoch argumentiert, daß nicht *Die Entstehung der Arten* als Hauptwerk des englischen Forschers betrachtet werden müsse, sondern *Das Variieren der Pflanze und Tiere im Zustande der Domestikation*. Denn obwohl ersteres über fünfhundert Seiten umfaßte, bot es nur ein kleines Fenster in den immensen Forschungsreichtum, den Darwin angehäuft hatte. Diesen breitete er nun neun Jahre später in den beiden Bänden aus: Neben zwei neuen Kapiteln über Tauben besprach der Autor zusätzlich das Variieren von Haushunden, Katzen, Pferden, Eseln, Schweinen, Rindern, Schafen, Ziegen, Hühnern, Enten, Gänsen, Truthähnen bis zu den Goldfischen, Bienen, Schmetterlingen – und Pflanzen: von der Erbse bis zur Rose. Noch dazu formulierte er die »provisorische Hypothese der Pangenesis«, die hier in einem Ausschnitt vorgestellt werden soll. Es ist die einzige Stelle in Darwins Werk, wo dieser über den Mechanismus der Vererbung spekuliert.

* * *

Hypothese der Pangenesis

Die Hypothese der Pangenesis, wie sie auf die verschiedenen großen Klassen von Tatsachen, welche so eben erörtert wurden, angewendet wird, ist ohne Zweifel äußerst kompliziert; aber so sind es auch die Tatsachen. Die hauptsächliche Annahme ist die, daß alle Formeinheiten des Körpers, außer daß sie das allgemein angenommene Vermögen haben, durch Teilung sich zu vermehren, minutiöse Keimchen abstoßen, welche durch den ganzen Körper zerstreut werden. Auch kann diese Annahme nicht für zu kühn betrachtet werden; denn wir wissen durch die Fälle der Pfropfhybridisation, daß Bildungssubstanz irgend einer Art in den Geweben der Pflanzen vorhanden ist, welche fähig ist, sich mit der in einem andern Individuum enthaltenen zu kombinieren und jede Formeinheit des ganzen Organismus zu reproduzieren. Wir haben aber noch weiter anzunehmen, daß die Keimchen wachsen, sich vervielfältigen und zu Knospen und zu den Sexualelementen verbinden; ihre Entwicklung hängt von der Vereinigung mit anderen in der Entstehung begriffenen Zellen oder Einheiten ab. Es wird auch angenommen, daß sie einer Überlieferung im schlummernden Zustande wie Samen in der Erde auf später folgende Generationen fähig sind.

In einem hochorganisierten Tiere müssen die von jeder verschiedenen Einheit im gesamten Körper abgeworfenen Keimchen unbegreiflich zahlreich und klein sein. Jede Einheit eines jeden Teiles muß, wie dieser sich während der Entwicklung verändert (und wir wissen, daß manche Insekten mindestens zwanzig Metamorphosen erleiden), ihre Keimchen abgeben. Aber die nämlichen Zellen können lange Zeit fortfahren, sich durch Teilung zu vermehren, und selbst durch Absorption eigentümlicher Nahrung modifiziert werden, ohne notwendig modifizierte Keimchen abzuwerfen. Überdies enthalten alle organischen Wesen viele, von ihren Großeltern und noch entfernteren Vorfahren, aber nicht von allen ihren Vorfahren herrührende schlummernde Keimchen. Diese fast unendlich zahlreichen und kleinen Keimchen müssen in jeder Knospe, in jedem Ei, Spermatozoon und Pollenkorn eingeschlossen sein. Eine solche Annahme wird für unmöglich erklärt werden; aber Zahl und Größe sind nur relative Schwierigkeiten. Es existieren unabhängige Organismen, welche unter den stärksten Vergrößerungen des Mikroskops kaum sichtbar sind, und ihre Keime müssen exzessiv minutiös sein. Teilchen von kontagiöser Substanz, welche so klein sind, daß sie in der Atmosphäre flottieren und an glattem Papiere hängen bleiben, vervielfältigen sich so rapid, daß sie in kurzer Zeit den ganzen Körper eines großen Tieres infizieren. Wir sollten auch an die angenommene Zahl und minutiöse Größe der Moleküle denken, welche ein Stückchen gewöhnlicher Substanz zusammensetzen. Es hat daher die Schwierigkeit, welche auf den ersten Blick unübersteiglich scheint, nämlich die Existenz so zahlreicher und so kleiner Keimchen anzunehmen, wie sie unserer Hypothese zufolge sein müssen, in der Tat wenig Gewicht.

Die Physiologen nehmen meist an, daß die Einheiten des Körpers autonom seien. Ich gehe einen Schritt weiter und nehme an, daß sie reproduktive Keimchen abgeben. Es erzeugt daher ein Organismus nicht als ein Ganzes seine Art, sondern jede separate Zelle erzeugt ihre Art. Es haben Naturforscher oft gesagt, daß jede Zelle einer Pflanze die potentielle Fähigkeit hat, die ganze Pflanze zu reproduzieren. Sie hat dieses Vermögen aber nur kraft des Umstandes, daß sie von jedem Teil herrührende Keimchen enthält. Wenn eine Zelle oder Formeinheit aus irgend welcher Ursache modifiziert wird, so werden auch die von ihr herrührenden Keimchen in gleicher Weise modifiziert. Wird unsere Hypothese provisorisch angenommen, so müssen wir alle Formen ungeschlechtlicher Vermehrung, mögen sie zur Reifezeit oder während der Jugend auftreten, als fundamental gleich-

artig und von der wechselseitigen Aggregation und Vervielfältigung der Keimchen abhängig ansehen. Das Wieder-
wachsen eines amputierten Gliedes und das Heilen einer
Wunde ist derselbe Prozeß, teilweise ausgeführt. Knospen
enthalten augenscheinlich in der Entstehung begriffene
Zellen, welche der Entwicklungsstufe angehören, auf welcher die Knospung eintritt, und diese Zellen sind bereit, sich
mit den von den nächst auf sie folgenden Zellen herrührenden Keimchen zu verbinden. Andererseits enthalten die Se-
xualelemente keine solchen in der Entstehung begriffenen
Zellen; und die männlichen und weiblichen Zeugungsele-
mente, getrennt genommen, enthalten keine hinreichende
Zahl von Keimchen zur unabhängigen Entwickelung, ausgenommen in den Fällen von Parthenogenesis. Die Entwicklung eines jedes Wesens (mit Einschluß aller Formen
von Metamorphose und Metagenese) hängt von der Gegenwart von Keimchen ab, welche zu jeder Lebensperiode abgegeben werden, und von ihrer Entwicklung zu entsprechenden Perioden in Vereinigung mit vorausgehenden Zellen. Man kann sagen, daß solche Zellen durch die Keimchen
befruchtet werden, welche in der Reihenfolge der Entwik-
kelung zunächst kommen. Es sind daher der gewöhnliche
Befruchtungsakt und die Entwicklung eines jeden Teils in
jedem Wesen nahe analoge Prozesse. Streng genommen
wächst das Kind nicht zum Mann heran, sondern schließt
Keimchen ein, welche langsam und sukzessiv entwickelt
werden und den Mann bilden. Im Kinde erzeugt, ebenso
wie im Erwachsenen, jeder Teil denselben Teil. Vererbung
muß einfach als eine Form von Wachstum angesehen werden, ebenso wie die Teilung eines niedrig organisierten ein-
zelligen Organismus. Rückschlag hängt von der Überlieferung schlummernder Keimchen vom Vorfahren auf seine
Nachkommen ab, welche gelegentlich unter gewissen be-

kannten oder unbekannten Bedingungen entwickelt werden können. Jedes Tier und jede Pflanze können einem Humusbeete verglichen werden, welches voll von Samen ist, von denen einige bald keimen, einige eine Zeit lang schlummern, während andere umkommen. Wenn wir sagen hören, daß ein Mensch in seiner Konstitution den Keim einer erblichen Krankheit trägt, so liegt viel Wahrheit in diesem Ausdruck. So weit mir bekannt ist, ist kein anderer Versuch gemacht worden, so unvollkommen auch der vorliegende zugegebenermaßen ist, diese verschiedenen großen Klassen von Tatsachen unter einem Gesichtspunkt zu vereinigen. Ein Organismus ist ein Mikrokosmos — ein kleines Universum, das aus einer Menge sich selbst fortpflanzender Organismen gebildet wird, welche unbegreiflich klein und so zahlreich wie die Sterne am Himmel sind.

Deutsch von Victor Carus.

12.

Die Abstammung des Menschen

Bis 1871, dem Jahr, als *Abstammung des Menschen* erschien, kam der Mensch in Darwins Werk nicht vor. »Licht wird auf den Ursprung der Menschheit und ihre Geschichte fallen«, hatte er 1859 in *Entstehung der Arten* geschrieben und ansonsten zu der Frage, die alle beschäftigte, geschwiegen. In der Zwischenzeit waren bereits zwei Bücher erschienen, die den Menschen zum Produkt der Evolution erklärten – Thomas Henry Huxleys *Zeugnisse für die Stellung des Menschen in der Natur* von 1863 und Ernst Haeckels *Natürliche Schöpfungsgeschichte* von 1868. Darwin legte Wert darauf, daß die Ähnlichkeit zwischen Mensch und Tier nicht nur Anatomie und Physiologie betrafen, sondern auch Geist, Wesen und Verstand. Sein Buch weist aber noch eine zweite Besonderheit auf: Elf von einundzwanzig Kapiteln beschäftigen sich mit der »sexuellen« oder »geschlechtlichen« Auslese; vier davon gelten allein den »sekundären Sexualcharakteren der Vögel«, also den in der Balz zur Schau gestellten Merkmalen der Männchen. Die Begeisterung, mit der Darwin immer mehr Eigenschaften im Tierreich mit geschlechtlicher Auslese erklärte, teilte John Murray, sein Verleger, nicht. Als zu pikant verwies er die »sexual selection«, die Darwin ursprünglich in den Buchtitel nehmen wollte, in die Unterzeile und bat zugleich darum, einige Passagen zum Thema abzuschwächen – »so wie auch jeden anderen der Bezichtigung der Unschicklichkeit unterliegenden Satz, falls es solche gibt«. In einer berühmt gewordenen Passage behandelt Darwin das Augenornament, das der Argusfasan auf den Flügeln trägt, die er bei der Balz zu einem Rad auffächert. In Wort und Bild wird behandelt, wie das Ornament über mehrere Stufen entstanden sein könnte. Darwins Sohn Francis erzählt später, daß sein Vater mehrere Argusfasanfedern zu Hause aufbewahrte, um Besuchern, die nach der Evolutionstheorie fragten, anhand derselben eine Einführung zu geben.

* * *

Vergleichung der Geisteskräfte des Menschen mit denen der niederen Tiere

Die Tatsache, daß die niederen Tiere durch dieselben Gemütsbewegungen betroffen werden wie wir, ist so sicher festgestellt, daß es nicht nötig ist, den Leser durch viele Einzelheiten zu ermüden. Der Schreck wirkt auf sie in derselben Weise wie auf uns, er macht ihre Muskeln erzittern, ihr Herz schlagen, die Schließmuskeln erschlaffen und das Haar sich aufrichten. Verdacht, das Kind der Gefahr, drückt sich äußerst charakteristisch bei vielen wilden Tieren aus. Es ist, denke ich, unmöglich, die Beschreibung, welche Sir E. Tennent von dem Betragen der weiblichen, als Locktiere dienenden Elefanten gibt, zu lesen, ohne zu der Überzeugung zu kommen, daß sie den Betrug bewußterweise und absichtlich ausführen und wohl wissen, um was es sich handelt. Mut und Furchtsamkeit sind bei Individuen einer und derselben Spezies äußerst veränderliche Eigenschaften, wie wir bei unseren Hunden deutlich sehen. Manche Hunde und Pferde sind schlechten Temperaments und werden leicht böse, andere sind guten Temperaments, und diese Eigenschaften werden sicher vererbt. Jedermann weiß, wie leicht Tiere wütend werden und wie deutlich sie es zeigen. Viele und wahrscheinlich wahre Anekdoten hat man von der lange verschobenen und überlegten Rache verschiedener Tiere veröffentlicht. Der zuverlässige Rengger und Brehm[1] geben an, daß die amerikanischen und afrikanischen Affen, welche sie zahm besaßen, sich sicher rächten. Sir Andrew Smith, ein Zoologe, dessen skrupulöse Genauigkeit von vielen Leuten ausdrücklich anerkannt wurde, hat mir die folgende, von ihm selbst persönlich erlebte Geschichte erzählt: Am Kap der Guten Hoffnung hatte ein Offizier einen bestimmten Pavian häufig geneckt. Als das Tier ihn eines Sonntags zur Parade gehen sieht, gießt es Wasser in ein Loch, macht schnell etwas dicken Schlamm zurecht und spritzt diesen ganz geschickt und zum Amüsement vieler Zuschauer über den Offizier, als er vorüberging. Noch lange Zeit nachher freute sich und triumphierte der Pavian, so oft er das Opfer seiner Rache sah.

Die Liebe eines Hundes zu seinem Herrn ist eine bekannte Tatsache; so sagt ein alter Schriftsteller:[2] »Ein Hund ist das einzige Ding in der Welt, das Dich mehr liebt, als sich selbst.«

Man hat von einem Hund berichtet, der noch im Todeskampf seinen Herrn liebkost hat, und alle haben davon gehört, wie ein Hund, an dem man die Vivisektion ausführte, die Hand seines Operateurs leckte. Wenn nicht dieser Mann ein Herz von Stein hatte, so muß er, wenn die Operation nicht durch Erweiterung unserer Erkenntnis völlig gerechtfertigt war, bis zur letzten Stunde seines Lebens Gewissensbisse gefühlt haben.

---

[1] Alle folgenden Angaben, welche nach der Autorität dieser beiden Naturforscher gemacht sind, sind entnommen aus Rengger: Naturgesch. der Säugetiere von Paraguay, 1830, S. 41–57 und aus: Brehms Tierleben, 2. Aufl., Bd. I, S. 49–173.

[2] Zitiert von Dr. Lauder Lindsay in seiner »Physiology of Mind in the Lower Animals«, in: Journal of Mental Science, April 1871, S. 38.

Whewell[3] hat sehr richtig gefragt: »Wer nur die rührenden Beispiele mütterlicher Liebe liest, die so oft von Frauen aller Nationen und von den Weibchen aller Tiere erzählt worden sind, kann der wohl zweifeln, daß der Beweggrund der Handlung in beiden Fällen derselbe ist?« Wir sehen mütterliche Zuneigung in den unbedeutendsten Zügen sich äußern; so beobachtete Rengger einen amerikanischen Affen (einen *Cebus*), welcher sorgfältig die Fliegen verscheuchte, die sein Junges peinigten, und Duvaucel sah einen *Hylobates*, welcher seinen Jungen in einem Fluß die Gesichter wusch. Der Kummer weiblicher Affen um den Verlust ihrer Jungen war so intensiv, daß er ohne Ausnahme den Tod gewisser Arten verursachte, welche Brehm in Nord-Afrika in Gefangenschaft hielt. Verwaiste Affen wurden stets von den anderen Affen, sowohl Männchen als Weibchen, adoptiert und sorgfältig bewacht. Ein weiblicher Pavian hatte ein so weites Herz, daß er nicht bloß junge Affen anderer Arten adoptierte, sondern auch noch junge Hunde und Katzen stahl, welche er beständig mit sich herumführte. Doch ging seine Liebe nicht so weit, mit seinen adoptierten Nachkommen die Nahrung zu teilen, worüber sich Brehm deshalb verwundert, weil seine Affen stets alles gewissenhaft mit ihren Jungen teilten. Ein adoptiertes Kätzchen kratzte den ebenerwähnten liebevollen Pavian; dieser, welcher sicher einen feinen Verstand besaß, war sehr erstaunt, gekratzt zu werden, untersuchte sofort die Füße des Kätzchens und biß ihm, ohne sich viel zu besinnen, die Krallen ab.[4] Im zoologi-

---

[3] Bridgewater Treatise, S. 263.

[4] Ohne allen Grund bestreitet ein Kritiker (Quarterly Review, July 1871, S. 72) die Möglichkeit dieses Aktes, wie ihn Brehm beschrieben hat, nur um mein Buch zu diskreditieren. Ich habe daher den Versuch gemacht und gefunden, daß ich mit meinen eigenen Zähnen die kleinen scharfen Krallen eines beinahe fünf Wochen alten Kätzchens fassen konnte.

schen Garten hörte ich von einem Wärter, daß ein alter Pavian (*C. Chacma*) einen *Rhesus*-Affen adoptiert hatte; als aber ein junger Drill und Mandrill in den Käfig getan wurden, schien er zu bemerken, daß diese Affen, trotzdem sie verschiedenen Arten angehörten, doch noch näher mit ihm verwandt wären, denn er verstieß sofort den *Rhesus* und adoptierte jene beiden. Ich sah dann, daß der *Rhesus* sehr unzufrieden damit war, in dieser Weise verstoßen zu werden; er neckte und attackierte den jungen Drill und Mandrill, wie ein ungezogenes Kind, so oft er es mit Sicherheit tun konnte, welches Betragen bei dem alten Pavian große Indignation erregte. Nach Brehm verteidigen auch Affen ihre Herren, wenn diese von irgend jemand angegriffen werden, ebensogut wie sie Hunde, denen sie zugetan sind, gegen die Angriffe anderer Hunde verteidigen. Wir berühren aber hiermit den Gegenstand der Sympathie und Treue, auf welchen ich noch zurückkommen werde. Einige von Brehms Affen amüsierten sich damit, einen gewissen alten Hund, den sie nicht leiden konnten, und ebenso andere Tiere in verschiedenen ingeniösen Weisen zu necken.

Die meisten der komplizierteren Gemütsbewegungen sind den höheren Tieren und uns gemeinsam. Jedermann hat gesehen, wie eifersüchtig ein Hund auf die Liebe seines Herrn ist, wenn diese noch irgendeinem anderen Wesen erwiesen wird, und ich habe dieselbe Tatsache bei Affen beobachtet. Dies zeigt, daß die Tiere nicht bloß Liebe fühlen, sondern auch die Sehnsucht haben, geliebt zu werden. Die Tiere haben offenbar Ehrgeiz; sie lieben Anerkennung und Lob, und ein Hund, welcher seinem Herrn einen Korb trägt, zeigt Selbstgefälligkeit und Stolz in hohem Grade. Ich glaube, es kann kein Zweifel sein, daß ein Hund Schamgefühl, und zwar verschieden von Furcht, besitzt, ebenso etwas der Bescheidenheit sehr Ähnliches, wenn er zu oft um Nahrung bettelt. Ein großer Hund verachtet das Knurren eines kleinen Hundes, und dies könnte man Großmut nennen. Mehrere Beobachter haben angegeben, daß Affen es sicher nicht leiden können, ausgelacht zu werden, und sie erfinden zuweilen eingebildete Beleidigungen. Im zoologischen Garten sah ich einen Pavian, der jedesmal in grenzenlose Wut geriet, wenn sein Wärter einen Brief oder ein Buch herausholte und ihm laut vorlas; und diese Wut war so heftig, daß er bei einer Gelegenheit, bei welcher ich selbst zugegen war, sein eigenes Bein biß, bis das Blut kam. Hunde zeigen auch etwas, was ganz gut ein Sinn für Humor genannt werden kann, verschieden vom bloßen Spielen; wenn irgend etwas, ein Stock oder dergl., einem Hunde hingeworfen wird, trägt er es oft eine kurze Strecke weit fort; dann kommt er wieder, legt den Gegenstand nahe vor sich auf den Boden und wartet bis sein Herr dicht herankommt, um jenen aufzuheben. Nun ergreift aber der Hund das Ding schnell und läuft im Triumph damit fort, wiederholt dasselbe Stückchen und erfreut sich offenbar des Scherzes.

Wir wollen uns nun den intellektuelleren Erregungen und Fähigkeiten zuwenden, welche von großer Bedeutung sind, da sie die Grundlage zur Entwicklung der höheren geistigen Kräfte bilden. Die Tiere freuen sich offenbar der Anregung und leiden unter der Langeweile, wie man bei Hunden, und nach Rengger, bei Affen sehen kann. Alle Tiere empfinden Verwunderung und viele zeigen Neugierde. Von dieser letzteren Eigenschaft haben sie zuweilen zu leiden, so wenn der Jäger Grimassen schneidet und sie dadurch anlockt. Ich habe dies beim Reh selbst gesehen und dasselbe gilt für die behutsamen Gemsen und manche Arten von wilden Enten. Brehm teilt eine merkwürdige Erzählung von der instinktiven Furcht mit, welche seine Affen vor Schlangen zeigten; ihre Neugierde war aber so groß, daß sie sich nicht enthalten konnten, gelegentlich ihre Neugierde in einer äußerst menschlichen Art und Weise zu befriedigen, dadurch, daß sie den Deckel des Kastens, in dem die Schlangen gehalten wurden, aufhoben. Mich frappierte diese Erzählung so, daß ich eine ausgestopfte und zusammengerollte Schlange in das Affenhaus im zoologischen Garten mitnahm, und die dadurch verursachte Aufregung war eines der merkwürdigsten Schauspiele, was ich jemals zu Gesicht bekommen habe. Drei Arten von *Cercopithecus* waren am meisten beunruhigt, sie flogen in ihrem Käfig herum und stießen scharfe Warnrufe aus, welche von den anderen Affen verstanden wurden. Nur wenige junge Affen und ein alter *Anubis*-Pavian nahmen von der Schlange keine Notiz. Ich legte dann das ausgestopfte Exemplar in einem der größeren Behälter auf den Boden. Nach einiger Zeit hatten sich alle Affen rings um dasselbe in weitem Kreise versammelt und boten, dasselbe anstierend, einen äußerst lächerlichen Anblick dar. Sie wurden äußerst nervös, und als z. B. eine hölzerne Kugel, welche ein ihnen vollständig vertrautes Spielzeug war, zufällig im Stroh, unter dem sie teilweise verhüllt war, bewegt wurde, stoben sie sofort auseinander. Diese Affen benahmen sich sehr verschieden, wenn ein toter Fisch, eine Maus oder irgend andere neue Gegenstände in ihre Käfige gebracht wurden. Denn obwohl sie zuerst erschreckt waren, näherten sie sich doch bald, nahmen dieselben in die Hände und untersuchten sie. Ich brachte dann eine lebendige Schlange in einem Papiersack, dessen Öffnung lose verschlossen war, in einen der größeren Behälter. Einer der Affen näherte sich sofort, öffnete vorsichtig den Sack ein wenig, guckte hinein und schoß sofort weg. Dann beobachtete ich, was Brehm beschrieben hat; denn einer von den Affen nach dem anderen, mit hocherhobenem und auf die Seite gewandtem Kopf, konnte der Versuchung nicht widerstehen, von Zeit zu Zeit in den aufrechtstehenden Sack und auf den schreckenerregenden Gegenstand, der ruhig auf seinem Boden lag, einen flüchtigen Blick zu werfen. Es möchte fast scheinen, als wenn die Affen irgendeine Vorstellung von zoologischer Verwandtschaft hätten, denn diejenigen welche Brehm hielt, zeigten eine merkwürdige und doch nicht mißzudeutende instinktive Furcht vor unschuldigen Eidechsen und Fröschen. Auch ist beobachtet worden, daß ein Orang-Utan von dem ersten Anblick einer Schildkröte sehr beunruhigt wurde.[5]

Das Prinzip der Nachahmung ist beim Menschen sehr stark und besonders, wie ich selbst beobachtet habe, beim Wilden. Bei gewissen krankhaften Zuständen des Gehirns wird diese Neigung zu einem außerordentlichen Grade gesteigert; manche hemiplegische Personen und andere, im Anfangsstadium der entzündlichen Gehirnerweichung sprechen unbewußt jedes gehörte Wort aus ihrer eignen oder einer fremden Sprache nach und ahmen auch jede Gebärde oder Handlung nach, die in ihrer Gegenwart ausgeführt wird.[6] Desor[7] hat bemerkt, daß kein niederes Tier willkürlich eine vom Menschen verrichtete Handlung nachahmt, bis wir, in der Stufenleiter aufsteigend, zu den Affen kommen, von denen ja sehr bekannt ist, daß sie in lächerlicher Weise nachahmen. Tiere ahmen aber zuweilen ihre Handlungen untereinander nach; so lernten zwei Arten von Wölfen, welche von Hunden aufgezogen worden waren, zu bellen, wie es zuweilen auch der Schakal tut.[8] Ob dies indessen eine willkürliche Nachahmung genannt werden kann, ist

---

[5] W. C. L. Martin: Natur. Hist. of Mammalia, 1841, S. 405.

[6] Dr. Bateman: On Aphasia, 1870, S. 110.

[7] Angeführt von C. Vogt: Mémoires sur les Microcéphales, 1867, S. 168.

[8] Variieren der Tiere und Pflanzen im Zustand der Domestikation. 2. Aufl., Bd. 1, S. 29.

eine andere Frage. Vögel ahmen den Gesang ihrer Eltern und zuweilen den anderer Vögel nach; Papageien sind wegen ihrer Nachahmung jedes oft von ihnen gehörten Lautes bekannt. Dureau de la Malle[9] teilt den Fall eines von einer Katze aufgezogenen Hündchens mit, welches die so bekannte Gewohnheit der Katzen nachzuahmen lernte, sich die Füße zu lecken und sich damit das Gesicht und die Ohren zu reinigen; dasselbe hat auch der bekannte Audouin gesehen. Ich habe noch mehrere bestätigende Berichte erhalten; in einem dieser Fälle wurde ein Hund nicht von der Katze gesäugt, wohl aber bei einer solchen in Gesellschaft junger Kätzchen aufgezogen; hierdurch hatte er die erwähnte Gewohnheit erlernt, die er während seines ganzen Lebens von dreizehn Jahren ausübte. Dureau de la Malles Hund lernte auch von den Kätzchen mit einem Ball zu spielen, ihn mit den Vorderpfoten zu rollen und danach zu springen. Einer meiner Korrespondenten versichert mir, daß eine Katze in seinem Hause ihre Pfoten in den Hals einer Milchkanne zu stecken pflegte, die eine für ihren Hals zu enge Öffnung hatte. Ein Junges dieser Katze lernte sehr bald denselben Streich ausführen und benutzte dies später stets, so oft sich nur eine Gelegenheit dazu bot.

Man kann wohl sagen, daß die Eltern vieler Tiere im Vertrauen auf das in ihren Jungen tätig werdende Prinzip der Nachahmung und noch besonders auf ihre instinktiven oder erblichen Anlagen dieselben »erziehen«. Wir sehen dies, wenn eine Katze ihrem Kätzchen eine lebendige Maus bringt; und Dureau de la Malle hat (in dem oben zitierten Aufsatz) eine merkwürdige Schilderung seiner Beobachtungen an Habichten gegeben, welche ihre Jungen Geschicklichkeit ebenso wie Beurteilung der Entfernung lehrten,

---

[9] Annales des Sciences natur., 1. Série, Tom. XXII, S. 397.

dadurch, daß sie erst tote Mäuse und Sperlinge durch die Luft werfen, welche die Jungen meist nicht fangen konnten, und dann lebendige Vögel fliegen ließen.

Kaum irgendeine Fähigkeit ist für den intellektuellen Fortschritt des Menschen von größerer Bedeutung als die Fähigkeit der Aufmerksamkeit. Tiere zeigen diese Fähigkeit offenbar, so wenn eine Katze vor einer Höhle wartet und sich vorbereitet, auf ihre Beute zu springen. Wilde Tiere werden zuweilen hierdurch so befangen, daß man sich ihnen leicht annähern kann. Mr. Bartlett hat mir ein merkwürdiges Beispiel mitgeteilt, wie variabel diese Fähigkeit bei den Affen ist. Ein Mann, welcher Affen abrichtete, pflegte die gewöhnlichen Arten von der zoologischen Gesellschaft zum Preise von 5 Pfund (Sterling) das Stück zu kaufen; er erbot sich aber, die doppelte Summe zu zahlen, wenn ihm erlaubt sei, drei oder vier derselben ein paar Tage lang bei sich zu halten, um einen auszuwählen. Als er gefragt wurde, wie es möglich sei, daß er so bald schon sehe, ob ein besonderer Affe sich als ein guter Schauspieler herausstellen werde, antwortete er, daß alles von ihrer Fähigkeit, aufzumerken, abhänge. Würde die Aufmerksamkeit des Affen, während er mit ihm spräche und ihm irgend etwas erklärte, leicht abgezogen, sei es durch eine Fliege an der Wand oder irgendeinen anderen unbedeutenden Gegenstand, so sei der Fall hoffnungslos. Versuche er einen unaufmerksamen Affen durch Strafe zum Agieren zu bringen, so werde er böse. Andererseits meinte er, daß ein Affe, welcher aufmerksam auf ihn merke, immer abgerichtet werden könne.

Es ist fast überflüssig, noch zu erwähnen, daß Tiere ein ausgezeichnetes Gedächtnis für Personen und Orte haben. Mir hat Sir Andrew Smith mitgeteilt, daß ihn ein Pavian am Kap der Guten Hoffnung voller Freude nach einer Abwesenheit von neun Monaten wiedererkannt habe. Ich habe einen Hund gehabt, welcher wild und unwirsch gegen alle Fremden war, und habe absichtlich sein Gedächtnis nach einer Abwesenheit von fünf Jahren und zwei Tagen auf die Probe gestellt. Ich ging zu dem Stall, wo er war, und rief ihn an in meiner alten Weise; er zeigte keine Freude, aber folgte mir augenblicklich, kam heraus und gehorchte mir so genau, als wenn ich ihn erst vor einer halben Stunde verlassen hätte. Ein Strom alter Ideenverbindungen, welche fünf Jahre lang geschlummert hatten, war hierdurch in seiner Seele augenblicklich angeregt worden. Selbst Ameisen erkannten, wie P. Huber[10]entschieden nachgewiesen hat, ihre Genossen, die demselben Haufen angehörten, nach einer Trennung von vier Monaten wieder. Tiere können sicher durch irgendwelche Mittel die Zeitintervalle zwischen wiederkehrenden Ereignissen beurteilen.

Die Einbildungskraft ist eine der höchsten Prärogativen des Menschen. Durch dieses Vermögen verbindet er unabhängig vom Willen frühere Eindrücke und Ideen und erzeugt damit glänzende und neue Resultate. Jean Paul Friedrich Richter bemerkt:[11] »ein Dichter, welcher erst überlegen muß, ob er einen seiner Charaktere Ja oder Nein sagen lassen soll – zum Teufel mit ihm. Er ist nur ein seelenloser Körper«. Das Träumen gibt uns die beste Idee von dieser Fähigkeit, wie ebenfalls Jean Paul sagt: »Der Traum ist eine unwillkürliche Kunst der Dichtung.« Der Wert der Produkte unserer Einbildungskraft hängt natürlich von der Zahl, Genauigkeit und Klarheit unserer Eindrücke ab, ferner von dem Urteil und dem Geschmack bei der Auswahl und dem Zurückweisen der unwillkürlich sich darbietenden Kombinationen und in einer gewissen Ausdehnung von unserer Fähigkeit, sie willkürlich zu kombinieren. Da Hunde, Kat-

---

[10] Les Moeurs des Fourmis, 1810, S. 150.
[11] Zitiert in Maudsley: Physiology and Pathology of Mind, 1868, S. 19, 220.

zen, Pferde und wahrscheinlich alle höheren Tiere, selbst Vögel, wie nach gewichtigen Autoritäten[12] angeführt wird, lebhafte Träume haben und sich dies durch ihre Bewegungen und ihre Stimme zeigt, so müssen wir auch zugeben, daß sie eine gewisse Einbildungskraft haben. Es muß etwas Spezielles dabei sein, was die Hunde veranlaßt, in der Nacht und besonders bei Mondschein in einer so merkwürdigen und melancholischen Weise zu heulen. Es tun dies nicht alle Hunde; nach Houzeau[13] sehen sie dabei nicht den Mond an, sondern einen bestimmten Punkt am Horizont. Houzeau glaubt, daß ihre Vorstellungen durch die undeutlichen Umrisse der umgebenden Gegenstände gestört werden, wodurch phantastische Bilder vor ihnen heraufbeschworen werden. Ist dies der Fall, dann könnte man ihre Empfindungen beinahe abergläubisch nennen.

Unter allen Fähigkeiten des menschlichen Geistes steht, wie wohl allgemein zugegeben wird, der Verstand oben an. Es bestreiten nur wohl wenige Personen noch, daß die Tiere eine gewisse Fähigkeit des Nachdenkens haben. Fortwährend kann man sehen, daß Tiere warten, überlegen und sich entschließen. Es ist eine bezeichnende Tatsache, daß, je mehr die Lebensweise irgendeines besonderen Tieres von einem Naturforscher beobachtet wird, dieser ihm desto mehr Verstand zuschreibt und desto weniger die Handlungen nicht angelernten Instinkten beilegt.[14] In späteren Ka-

---

[12] Jerdon: Birds of India. Vol. I, 1862, p.XXI. Houzeau erzählt, daß seine Parakitten und Kanarienvögel träumten: Facultés Mentales. Tom. II, S. 136.

[13] Facultés Mentales des Animaux, 1872, Tom. II, S. 181.

[14] L. H. Morgans Buch über »The American Beaver«, 1868, bietet eine gute Erläuterung dieser Bemerkung dar. Ich kann mich indessen der Ansicht nicht erwehren, daß er die Kraft des Instinkts viel zu sehr unterschätzt.

piteln werden wir sehen, daß Tiere, welche äußerst niedrig in der Stufenleiter stehen, offenbar einen gewissen Grad von Verstand zeigen. Es ist ohne Zweifel oft schwierig, zwischen den Äußerungen des Verstandes und denen des Instinkts zu unterscheiden. So bemerkt Dr. Hayes in seinem Werk über das »offene Polarmeer« wiederholt, daß seine Hunde, statt die Schlitten in einer kompakten Masse zu ziehen, auseinandergingen und sich trennten, wenn sie auf dünnes Eis kamen, so daß ihr Gewicht gleichmäßiger verteilt wurde. Dies war oft das erste Warnzeichen, welches die Reisenden erhielten, daß das Eis dünn und gefährlich wurde. Handelten nun die Hunde nach der Erfahrung jedes einzelnen Individuums so oder nach dem Beispiele der älteren und gescheiteren Hunde oder nach einer ererbten Gewohnheit, d. h. nach einem Instinkt? Dieser Instinkt könnte wohl in jener Zeit entstanden sein, als vor langen Jahren Hunde zuerst von den Eingeborenen dazu benutzt wurden, Schlitten zu ziehen, oder es könnten die arktischen Wölfe, die Urväter der Eskimohunde, diesen Instinkt erlangt haben, der sie zwang, ihre Beute nicht in einer geschlossenen Masse anzugreifen, wenn sie sich auf dünnem Eis befanden.

Wir können nur nach den Umständen, unter welchen gewisse Handlungen vollzogen werden, beurteilen, ob sie Folge eines Instinktes oder eine Verstandesäußerung oder nur Folgen einer bloßen Ideenassoziation sind; doch steht ja das letztere mit Verstand im engsten Zusammenhang. Einen merkwürdigen Fall hat Prof. Moebius[15] von einem Hecht erzählt, welcher durch eine Glasplatte von dem benachbarten, mit Fischen besetzten Aquarium getrennt war und sich bei den Versuchen, die anderen Fische zu fangen, oft mit solcher Heftigkeit gegen das Glas anstieß, daß er zuweilen

---

[15] Die Bewegungen der Tiere etc., 1873, S. 11.

ganz betäubt war. Drei Monate hindurch tat er dies beständig; endlich lernte er aber vorsichtig zu sein und tat es nicht mehr. Nun wurde die Glasplatte entfernt; der Hecht griff aber diese besonderen Fische nicht an, obschon er andre, die später eingesetzt waren, verschlang. So stark war die Idee des Stoßes in seinem schwachen Verstand mit den Angriffen auf seine früheren Nachbarn assoziiert. Wenn ein Wilder, welcher niemals eine große Fensterscheibe gesehen hat, auch nur ein einziges Mal gegen eine solche angerannt wäre, so würde er für eine geraume Zeit nachher einen Stoß mit einem Fensterrahmen assoziieren, wahrscheinlich aber sehr verschieden vom Hecht, würde er über die Natur des Hindernisses Überlegungen anstellen und unter analogen Umständen vorsichtig sein. Wie wir nun gleich sehen werden, genügt es bei Affen zuweilen, daß sie infolge einer einmal ausgeführten Handlung einen schmerzhaften oder anderen unangenehmen Eindruck erhalten, um sie von einer Wiederholung derselben abzuhalten. Wenn wir diesen Unterschied zwischen dem Affen und dem Hecht einfach dem zuschreiben, daß die Ideenassoziation bei dem einen um so viel stärker und dauernder ist als bei dem anderen, trotzdem daß der Hecht den so viel schwereren Schaden erlitt, können wir wohl in bezug auf den Menschen behaupten, daß ein ähnlicher Unterschied den Besitz eines fundamental verschiedenen Geistes bedingt?

Houzeau erzählt[16], daß beim Übergang über eine weite und dürre Ebene in Texas seine Hunde sehr an Durst litten, und daß sie zwischen dreißig und vierzig Mal Vertiefungen hinabjagten, um nach Wasser zu suchen. Diese Vertiefungen waren keine Täler, auch waren weder Bäume darin, noch zeigten sie irgendeine andre Verschiedenheit der Vegetation;

---

[16] Facultés Mentales des Animaux, 1872, Tom. II, S. 265.

da sie absolut trocken waren, konnte auch kein Geruch nach feuchter Erde da gewesen sein. Die Hunde benahmen sich so, als wüßten sie, daß eine Vertiefung in dem Boden ihnen die beste Chance, Wasser zu finden, darböte; Houzeau hat dasselbe Benehmen auch bei anderen Tieren beobachtet.

Ich habe es gesehen, – und ich bin überzeugt, andere auch – daß wenn irgendein kleiner Gegenstand vor einem der Elefanten im zoologischen Garten auf den Boden geworfen wird, zu weit für ihn um ihn zu erreichen, er dann mit seinem Rüssel jenseits des Gegenstandes auf den Boden bläst, um durch den dort von allen Seiten reflektierten Luftstrom den Gegenstand in seinen Bereich treiben zu lassen. Ferner teilte mir ein bekannter Ethnologe, Herr Westropp, mit, daß er in Wien beobachtet habe, wie ein Bär mit seiner Pfote in dicht an seinem Käfig stehendem Wasser eine Strömung zu erregen suchte, um ein Stückchen auf dem Wasser schwimmenden Brotes in seinen Bereich zu bringen. Diese Handlungen des Elefanten und Bären können kaum dem Instinkt oder vererbter Gewohnheit zugeschrieben werden, da sie für die Tiere im Naturzustand nur von wenig Nutzen sein würden. Was ist nun der Unterschied zwischen solchen Handlungen, wenn sie ein unkultivierter Mensch ausführt, und wenn sie eines der höheren Tiere verrichtet?

Der Wilde und der Hund haben oft an niedrigen Stellen Wasser gefunden und das Zusammentreffen unter solchen Umständen wurde in ihrem Geiste assoziiert. Ein kultivierter Mensch würde vielleicht irgendeinen allgemeinen Satz über die Sache aufstellen; nach allem aber, was wir von Wilden wissen, ist es äußerst zweifelhaft, ob sie dies tun, und ein Hund tut es sicherlich nicht. Ein Wilder wird aber ebenso wie ein Hund in derselben Weise suchen, aber auch häufig enttäuscht werden, und bei beiden scheint es in gleicher Weise eine Handlung des Verstandes zu sein, mag nun ir-

gendein allgemeiner Satz über den Gegenstand bewußter-
maßen dem Geiste vorgestellt werden oder nicht.[17] Dasselbe
wird auch für den Elefanten und den Bären gelten, welche
Strömungen in der Luft oder im Wasser erzeugen. Der Wilde würde sicherlich weder wissen, noch sich darum kümmern, nach welchen Gesetzen die gewünschten Bewegungen hervorgebracht werden; und doch würde die Handlung
durch einen rohen Prozeß der Überlegung geleitet werden,
und zwar so sicher wie es ein Philosoph in der längsten Kette seiner Deduktionen wird. Ohne Zweifel würde der Unterschied zwischen ihm und einem der höheren Tiere darin
bestehen, daß er viel geringfügigere Umstände und Bedingungen beachten und jeden Zusammenhang zwischen ihnen nach einer viel kürzeren Erfahrung beobachten würde;
und dies ist von einer durchgreifenden Bedeutung. Ich hielt
ein sorgfältiges Tagebuch über die Handlungen eines meiner Kinder; und als es ungefähr elf Monate war und ehe es
noch ein einziges Wort sprechen konnte, wurde ich beständig von der, verglichen mit dem intelligentesten Hunde,
den ich je gesehen, so bedeutenderen Schnelligkeit frap-
piert, mit welcher alle Arten von Gegenständen und Lauten
in seinem Geiste assoziiert wurden. Die höheren Tiere weichen aber in genau derselben Weise in bezug auf dies Asso-
ziationsvermögen von den niedriger stehenden, wie z. B.
dem Hecht, ab, und ebenso auch in bezug auf das Ziehen
von Schlüssen und auf Beobachtungen.

Die nach einer sehr kurzen Erfahrung sich einstellenden
Verstandesschlüsse zeigen sich schon gut in der nachfolgend

---

[17] Prof. Huxley hat mit wunderbarer Klarheit die geistigen Schritte analysiert, durch welche ein Mensch, ebensogut wie ein Hund, zu einem,
dem im Text gegebenen analogen Schluß gelangt. S. seinen Artikel: »Mr.
Darwin's Critics«. in: Contemporaneus Review, Nov. 1871, S. 462, und in:
Critiques and Essays, 1873, S. 279.

geschilderten Handlungsweise amerikanischer Affen, welche in ihrer Ordnung ziemlich tief stehen. Rengger, ein höchst sorgfältiger Beobachter, gibt an, daß, als er seinen Affen in Paraguay zuerst Eier gab, sie dieselben zerbrachen und daher viel von ihrem Inhalt verloren. Später schlugen sie vorsichtig das eine Ende an einem harten Körper ein und nahmen die Schalenstückchen mit ihren Fingern heraus. Hatten sie sich einmal mit irgendeinem scharfen Werkzeuge geschnitten, so wollten sie es nicht wieder berühren oder es nur mit der größten Vorsicht behandeln. Zuckerstücke wurden ihnen oft in Papier eingewickelt gegeben, und Rengger tat zuweilen eine lebendige Wespe in das Papier, so daß sie beim hastigen Entfalten gestochen wurden. War dies aber einmal der Fall gewesen, so hielten sie stets das Päckchen zuerst an ihre Ohren, um irgendeine Bewegung im Innern zu entdecken.[18]

Die folgenden Fälle beziehen sich auf Hunde. Mr. Colquhoun[19] schoß zwei wilde Enten flügellahm, welche auf das jenseitige Ufer eines Flusses fielen. Sein Wasserhund versuchte beide auf einmal herüberzubringen, es gelang ihm aber nicht. Obwohl man wußte, daß er nie vorher auch nur eine Feder gekrümmt hätte, biß er die eine Ente tot, brachte die andere herüber und ging nun zu dem toten Vogel zurück. Oberst Hutchinson erzählt, daß zwei Rebhühner auf einmal geschossen wurden, das eine wurde getötet, das andere verwundet. Das letztere rannte fort und wurde vom Hund gefangen, welcher auf dem Rückweg beim toten Vogel vorbeikam. »Er blieb stehen, offenbar sehr in Verlegenheit, und nach ein- oder zweimaligem Versuchen, wobei er fand, daß

---

[18] Auch Mr. Belt beschreibt in seinem sehr interessanten Buch (The Naturalist in Nicaragua, 1874, S. 119) verschiedene Handlungen eines zahmen Zebus, welche, wie ich glaube, deutlich beweisen, daß dieses Tier eine gewisse Überlegungskraft besitzt.

[19] The Moor and the Loch, S. 45. Hutchinson: Dog Breaking, 1850, S. 46.

er es nicht mitnehmen konnte, ohne das flügellahm geschossene entwischen zu lassen, überlegte er einen Augenblick, biß dann dieses mit einem kräftigen Ruck absichtlich tot und brachte dann beide Vögel auf einmal. Es war dies das einzige bekannte Beispiel, daß er je mit Absicht irgendwelches Wildbret verletzt hätte.« Hier haben wir Verstand, wenn auch nicht durchaus vollkommenen. Denn der Hund hätte den verwundeten Vogel zuerst bringen und dann nach dem toten zurückkehren können, wie es in dem Fall mit den zwei wilden Enten geschah. Ich führe die vorstehenden Fälle an, da für sie die Gewähr zweier unabhängiger Zeugen spricht, weil in beiden Beispielen die Wasserhunde nach Überlegung eine von ihnen ererbte Gewohnheit durchbrachen (die, das apportierte Wild nicht zu töten), und weil sie zeigen, wie stark die Fähigkeit der Überlegung gewesen sein muß, daß sie eine fixierte Gewohnheit überwand.

Ich will mit der Anführung einer Bemerkung Humboldts schließen. »Der Maultiertreiber in Süd-Amerika sagt: ›Ich will Ihnen nicht das Maultier geben, dessen Schritt am leichtesten ist, sondern la mas racional, das, welches es sich am besten überlegt‹,« und Humboldt fügt hinzu: »Dieser populäre Ausdruck, den lange Erfahrung diktiert, widerspricht der Annahme von belebten Maschinen vielleicht besser, als alle Argumente der spekulativen Philosophie.« Nichtsdestoweniger leugnen selbst jetzt noch einige Schriftsteller, daß die höheren Tiere auch nur eine Spur von Verstand haben; sie versuchen, wie es scheint, durch bloße Wortklauberei alle die oben angeführten Tatsachen wegzuexplizieren.

Ich glaube, es ist nun gezeigt worden, daß der Mensch und die höheren Tiere, besonders die Primaten, einige wenige Instinkte gemeinsam haben. Alle haben dieselben Sinneseindrücke und Empfindungen, ähnliche Leidenschaften, Affekte und Erregungen, selbst die komplexeren, wie Eifersucht,

Verdacht, Ehrgeiz, Dankbarkeit und Großherzigkeit; sie üben Betrug und rächen sich; sie sind empfindlich für das Lächerliche und haben selbst einen Sinn für Humor. Sie fühlen Verwunderung und Neugierde, sie besitzen dieselben Kräfte der Nachahmung, Aufmerksamkeit, Überlegung, Wahl, Gedächtnis, Einbildung, Ideenassoziation, Verstand, wenn auch in sehr verschiedenen Graden. Die Individuen einer und derselben Spezies zeigen gradweise Verschiedenheit im Intellekt von absoluter Schwachsinnigkeit bis zu großer Trefflichkeit. Sie sind auch dem Wahnsinn ausgesetzt, wennschon sie weit weniger oft daran leiden als der Mensch.

Der Mensch ein soziales Tier

Die meisten Leute geben zu, daß der Mensch ein soziales Wesen ist. Wir sehen dies in seiner Abneigung gegen Einsamkeit und in seinem Wunsch nach Gesellschaft noch über die seiner eigenen Familie hinaus. Einzelhaft ist eine der schärfsten Strafarten, welche über jemand verhängt werden kann. Einige Schriftsteller vermuten, daß der Mensch im Urzustand in einzelnen Familien lebte; wenn aber auch heutigen Tages einzelne Familien oder nur zwei oder drei die einsamen Gefilde irgendeines wilden Landes durchziehen, so stehen sie doch immer, soweit ich es nur ermitteln konnte, mit anderen, denselben Bezirk bewohnenden Familien in freundschaftlichem Verkehr. Derartige Familien treffen gelegentlich zu Beratschlagungen zusammen und vereinigen sich zur gemeinsamen Verteidigung. Darin, daß die benachbarte Bezirke bewohnenden Stämme fast immer miteinander im Krieg sind, liegt kein Grund dagegen, daß der Mensch ein soziales Tier ist; denn soziale Instinkte erstrecken sich niemals auf alle Individuen einer und derselben Art. Nach Analogie mit der größten Zahl der Quadrumanen zu schließen, ist es wahr-

scheinlich, daß die frühen affenähnlichen Urerzeuger des
Menschen gleichfalls sozial waren; dies ist aber für uns von
keiner großen Bedeutung. Obschon der Mensch, wie er jetzt
existiert, wenig spezielle Instinkte hat und wohl alle, welche
seine frühen Urerzeuger besessen haben mögen, verloren hat,
so ist dies doch kein Grund, warum er nicht von einer äußerst
entfernten Zeit her einen gewissen Grad instinktiver Liebe
und Sympathie für seine Genossen behalten haben sollte. Wir
sind uns in der Tat alle bewußt, daß wir derartige sympathi-
sche Gefühle besitzen[20]; unser Bewußtsein sagt uns aber nicht,
ob dieselben instinktiv und vor langer Zeit in derselben Weise
wie bei den niederen Tieren entstanden sind, oder ob sie von
jedem Einzelnen von uns während unserer früheren Lebensjahre erlangt worden sind. Da der Mensch ein soziales Tier
ist, so wird er auch wahrscheinlich eine Neigung, seinen Kameraden treu und dem Anführer seines Stammes gehorsam
zu bleiben, vererben; denn diese Eigenschaft ist den meisten
sozialen Tieren gemein. Er wird folglich in gleicher Weise
eine gewisse Fähigkeit der Selbstbeherrschung besitzen. Er
wird auch infolge einer angeerbten Neigung noch immer geneigt sein, gemeinsam mit anderen seine Mitmenschen zu
verteidigen, und bereit, ihnen in allen Weisen zu helfen, welche nicht zu stark mit seiner eigenen Wohlfahrt oder seinen
eigenen lebhaften Wünschen sich kreuzen.

Diejenigen sozialen Tiere, welche am unteren Ende der
Stufenleiter stehen, werden fast ausschließlich, und diejenigen, welche höher in der Reihenfolge stehen, in großem Maße

[20] Hume bemerkt (An Enquiry concerning the Principles of Moral. Edit.
1751, S. 132): »Es scheint das Bekenntnis notwendig zu sein, daß das Glück
und Unglück anderer uns keine völlig indifferenten Schauspiele sind, daß
im Gegenteil die Betrachtung des ersteren ... uns eine heimliche Freude
bereitet, während das Auftreten des letzteren ... einen melancholischen
Schatten über unsere Phantasie breitet.«

bei der Hilfe, welche sie den Gliedern derselben Genossenschaft angedeihen lassen, durch spezielle Instinkte unterstützt. In gleicher Weise werden sie aber auch zum Teil durch
gegenseitige Liebe und Sympathie dazu veranlaßt werden,
wobei sie, wie es wohl scheint, der Verstand in einem gewissen
Grade unterstützt. Obgleich der Mensch, wie eben bemerkt,
keine speziellen Instinkte hat, welche ihm sagen, wie er seinem Mitmenschen helfen soll, so fühlt er doch den Antrieb
dazu, und bei seinen vervollkommneten intellektuellen Fähigkeiten wird er in dieser Hinsicht natürlich durch Nachdenken und Erfahrung geleitet werden. Auch wird ihn instinktive Sympathie veranlassen, die Billigung seiner Mitmenschen hoch anzuschlagen, denn die Empfänglichkeit für
Lob und das starke Gefühl für Ruhm einer-, andererseits der
noch stärkere Widerwille gegen Spott und Verachtung sind,
wie Mr. Bain klar gezeigt hat[21], Folgen der Sympathie. Infolge
hiervon wird der Mensch durch die Wünsche, den Beifall und
Tadel seiner Mitmenschen, wie diese durch deren Gesten und
Sprache ausgedrückt werden, bedeutend beeinflußt. So geben
die sozialen Instinkte, welche der Mensch in einem sehr rohen Zustand erlangt haben muß, und die vielleicht selbst von
seinen früheren, affenähnlichen Urerzeugern erlangt worden
sind, noch immer den Anstoß zu vielen seiner besten Handlungen; seine Handlungen werden aber in einem höheren
Grade durch die ausdrücklichen Wünsche und das Urteil seiner Mitmenschen und unglücklicherweise sehr oft durch seine eigenen starken, eigensüchtigen Begierden bestimmt. In
dem Maße aber, wie die Gefühle der Liebe und Sympathie
und die Kraft der Selbstbeherrschung und die Gewohnheit
verstärkt werden, und wie das Vermögen des Nachdenkens
klarer wird, so daß der Mensch die Gerechtigkeit der Urteile

---

[21] Mental and Moral Science, 1868, S. 254.

seiner Mitmenschen würdigen kann, wird er sich unabhängig von irgendeinem Gefühl der Freude oder des Schmerzes, das er in dem Augenblick fühlen könnte, zu einer gewissen Richtung seines Benehmens getrieben fühlen. Dann – und kein Barbar oder unkultivierter Mensch könnte so denken – kann er sagen: Ich bin der oberste Richter meines eigenen Betragens; oder mit den Worten Kants: »Ich will in meiner eigenen Person nicht die Würde der Menschheit verletzen«.

Wir haben indessen bis jetzt den wichtigsten Punkt, um welchen sich die ganze Frage des moralischen Gefühls dreht, noch nicht betrachtet: Wie kommt es, daß ein Mensch fühlt, daß er der einen instinktiven Begierde eher gehorchen soll als der anderen? Warum bereut er es bitterlich, wenn er dem starken Gefühl der Selbsterhaltung nachgegeben und sein Leben nicht gewagt hat, um das eines Mitgeschöpfes zu retten, oder warum bereut er es, infolge peinlichen Hungers, Nahrung gestohlen zu haben?

An erster Stelle ist es offenbar, daß beim Menschen die instinktiven Impulse verschiedene Grade der Mächtigkeit besitzen. Ein Wilder wird sein Leben wagen, um das eines Mitgliedes seiner Genossenschaft zu retten, wird aber in bezug auf einen Fremden völlig indifferent bleiben; eine junge furchtsame Mutter wird, vom mütterlichen Instinkt getrieben, ohne auch nur einen Augenblick zu zögern, sich der größten Gefahr um ihres Kindes willen aussetzen, aber nicht um eines bloßen Mitgeschöpfes willen. Trotzdem hat schon mancher Mann oder selbst Knabe, welcher noch niemals zuvor sein Leben für ein anderes wagte, in dem aber Mut und Sympathie schön entwickelt waren, mit Hintansetzung des Instinkts der Selbsterhaltung sich augenblicklich in den Strom gestürzt, um einen dem Ertrinken nahen Mitmenschen, wenn es auch ein Fremder war, zu retten. In diesem Falle wird der Mensch durch

dasselbe instinktive Motiv getrieben, welches den kleinen he-
roischen amerikanischen Affen, den ich früher erwähnte, veranlaßte, den großen und von ihm gefürchteten Pavian anzugreifen, um seinen Wärter zu retten. Derartige Handlungen,
wie die eben genannten, scheinen das einfache Resultat davon
zu sein, daß die sozialen oder mütterlichen Instinkte stärker
sind als irgendwelche anderen Instinkte oder Motive; denn
um Folge einer Überlegung oder Folge eines Gefühls von
Freude oder Schmerz sein zu können, werden sie zu augenblicklich ausgeübt, wennschon die Nichtausübung ein Unbehagen veranlassen würde. Andererseits kann aber wohl in
einem furchtsamen Menschen der Instinkt der Selbsterhaltung so stark sein, daß er unfähig wäre, sich dahin zu bringen,
irgendeine solche Gefahr zu laufen, vielleicht selbst dann
nicht, wenn es das Leben seines eigenen Kindes gilt.

Ich weiß wohl, daß manche Personen behaupten, Handlungen, welche durch einen plötzlichen Antrieb zur Ausführung gelangen, wie in den obenerwähnten Fällen, gehörten
nicht in den Bereich des moralischen Gefühls und könnten
daher nicht moralisch genannt werden. Dieselben beschränken diesen Ausdruck auf Handlungen, welche mit Überlegung und nach einem siegreichen Wettstreit über entgegenstehende Begierden ausgeführt werden, oder auf Handlungen, welche Folgen irgendeines edlen Motivs sind. Es scheint
indessen kaum möglich zu sein, eine scharfe Unterschei-
dungslinie dieser Art zu ziehen.[22] Was erhabene Motive be-

---

[22] Ich beziehe mich hier auf den Unterschied zwischen dem, was man
materielle, und dem, was man formelle Moralität genannt hat. Ich freue
mich, zu sehen, daß Prof. Huxley (Critiques and Adresses, 1873, S. 287)
dieselbe Ansicht hat. Mr. Leslie Stephen bemerkt (Essays on Free Think-
ing and Plain Speaking, 1873, S. 83): »Der metaphysische Unterschied
zwischen materieller und formeller Moralität ist so irrelevant wie andere
derartige Unterschiede.«

trifft, so sind viele Beispiele von Barbaren mitgeteilt worden, welche jeden Gefühls eines allgemeinen Wohlwollens gegen die Menschheit bar und nicht durch irgendwelches religiöse Motiv geleitet mit völliger Überlegung in der Gefangenschaft eher ihr Leben opferten, als ihre Kameraden verrieten; und sicherlich ist ihr Benehmen als ein moralisches zu betrachten. Was die Überlegung und den Sieg über entgegenstehende Motive betrifft, so läßt sich auch beobachten, daß Tiere in bezug auf einander entgegenstehende Instinkte zweifeln; so, wenn es sich darum handelt, ihren Nachkommen oder ihren Kameraden in Gefahr zu helfen; und doch werden ihre Handlungen, trotzdem sie zum Besten anderer ausgeführt werden, nicht moralische genannt. Überdies wird eine von uns sehr oft ausgeführte Handlung zuletzt ohne Überlegung oder Zaudern verrichtet werden, und doch wird sicherlich niemand behaupten, daß eine in dieser Weise verrichtete Handlung aufhört, moralisch zu sein; im Gegenteil fühlen wir alle, daß eine Handlung nicht als vollkommen oder als in der edelsten Weise ausgeführt angesehen werden kann, wenn sie nicht infolge eines augenblicklichen Impulses ohne Überlegung oder Anstrengung und in derselben Weise ausgeführt wird, wie sie ein Mensch tun würde, bei dem die nötigen Eigenschaften angeboren sind. Indessen verdient derjenige, welcher erst seine Furcht oder seinen Mangel an Sympathie überwinden muß, ehe er zur Handlung schreitet, nach einer Seite hin noch mehr Anerkennung als derjenige, dessen angeborene Disposition ihn zu einer guten Handlung ohne weitere Anstrengung führt. Da wir zwischen den Beweggründen nicht weiter unterscheiden können, so bezeichnen wir alle Handlungen einer gewissen Klasse als moralisch, wenn sie von einem moralischen Wesen ausgeführt werden. Ein moralisches Wesen ist ein solches, welches imstande ist, seine vergangenen und zukünftigen Handlungen oder Beweggründe miteinander zu vergleichen und sie zu billigen oder zu miß-billigen. Zu der Annahme, daß irgendeines der niederen Tiere diese Fähigkeit habe, haben wir keinen Grund. Wenn daher ein Neufundländerhund ein Kind aus dem Wasser holt, oder wenn ein Affe sich in Gefahr begibt, um seinen Kameraden zu retten, oder einen verwaisten Affen in sorg-same Pflege nimmt, so nennen wir dieses Benehmen nicht moralisch; beim Menschen dagegen, welcher allein mit Si-cherheit als moralisches Wesen bezeichnet werden kann, werden Handlungen einer gewissen Klasse moralische ge-nannt, mögen sie mit Überlegung nach einem Kampf mit entgegenstehenden Beweggründen oder infolge eines au-genblicklichen Impulses durch den Instinkt oder infolge der Nachwirkung einer nach und nach erlangten Gewohnheit ausgeführt werden.

Doch kehren wir zu unserem zunächst vorliegenden Ge-genstand zurück. Obgleich manche Instinkte kräftiger sind als andere und damit zu entsprechenden Handlungen füh-ren, so kann doch nicht behauptet werden, daß die sozialen Instinkte beim Menschen (mit Einschluß der Ruhmliebe und der Furcht vor Tadel) gewöhnlich stärker sind oder durch langandauernde Gewohnheit stärker geworden sind, als z. B. die Instinkte der Selbsterhaltung, des Hungers, der Lust, der Rache usw. Warum bereut der Mensch – selbst wenn er sich Mühe gibt, jedes solche Gefühl der Reue zu verbannen –, daß er mehr dem einen natürlichen Impuls gefolgt ist als dem anderen, und ferner, warum fühlt er, daß er sein Betragen bereuen sollte? In dieser Beziehung weicht der Mensch völlig von den niederen Tieren ab, doch können wir, wie ich glaube, die Ursache dieser Verschiedenheit mit einem ziemlichen Grade von Deutlichkeit erkennen.

Infolge der Lebendigkeit seiner geistigen Fähigkeiten

kann der Mensch es nicht vermeiden zu reflektieren: Vergangene Eindrücke und Bilder durchziehen unaufhörlich mit Deutlichkeit seine Seele. Bei denjenigen Tieren nun, welche beständig in Massen vereinigt leben, sind die sozialen Instinkte fortwährend gegenwärtig und ausdauernd. Derartige Tiere sind immer bereit, das Warnsignal auszustoßen, die Genossenschaft zu verteidigen und ihren Genossen in Übereinstimmung mit ihren Gewohnheiten zu helfen; sie fühlen zu allen Zeiten, ohne den Antrieb einer speziellen Leidenschaft oder Begierde, einen gewissen Grad von Liebe und Sympathie für sie; sie sind unglücklich, wenn sie lange von ihnen getrennt sind, und wieder in ihrer Gesellschaft immer glücklich. Dasselbe gilt auch für uns selbst. Selbst wenn wir ganz allein sind, wie oft denken wir mit Vergnügen oder mit Kummer daran, was andere von uns denken – an deren vermeintliche Billigung oder Mißbilligung; und dies alles ist Folge der Sympathie, eines Fundamentalelements der sozialen Instinkte. Ein Mensch, welcher keine Spur derartiger Instinkte besäße, würde ein unnatürliches Monstrum sein. Auf der anderen Seite ist die Begierde, den Hunger oder irgendeine Leidenschaft, wie die der Rache, zu befriedigen, ihrer Natur nach temporär und kann zeitweise vollständig befriedigt werden. Es ist auch nicht leicht, vielleicht kaum möglich, mit vollständiger Lebendigkeit z. B. das Gefühl des Hungers sich zurückzurufen und, wie oft bemerkt worden ist, nicht einmal das Gefühl irgendwelchen Leidens. Der Instinkt der Selbsterhaltung wird nicht gefühlt, ausgenommen in Gegenwart einer drohenden Gefahr, und mancher Feigling hat sich für tapfer gehalten, bis er seinem Feinde Auge in Auge gegenüber gestanden hat. Der Wunsch nach dem Eigentum eines anderen Menschen ist vielleicht ein so beständiger wie irgendeiner, der angeführt werden kann; aber selbst in diesem Falle ist das befriedigende Gefühl wirklichen Besitzes meist ein schwächeres Gefühl als der Wunsch danach. Schon mancher Dieb hat sich, wenn er kein gewohnheitsmäßiger war, nach glücklichem Erfolg gewundert, warum er dies oder jenes gestohlen hat.[23]

Der Mensch kann es nicht vermeiden, daß alte Eindrücke beständig wieder durch seine Seele ziehen; hierdurch wird er gezwungen, die Eindrücke, z. B. vergangenen Hungers oder befriedigter Rache oder auf Kosten anderer Menschen vermiedener Gefahr, mit dem fast stets gegenwärtigen Instinkt der Sympathie und mit seiner früheren Kenntnis von

---

[23] Feindschaft oder Haß scheint gleichfalls ein in hohem Maße andauerndes Gefühl zu sein, vielleicht mehr als irgendein anderes, was etwa angeführt werden könnte. Neid wird definiert als Haß eines anderen wegen irgendeines Vorzugs oder Erfolgs. Bacon betont (Essay IX): »Von allen anderen Affekten ist Neid der zudringlichste und beständigste.« Bei Hunden kommt es leicht vor, daß sie sowohl fremde Menschen als auch fremde Hunde hassen, besonders wenn sie in der Nachbarschaft leben, aber nicht zu derselben Familie, zu demselben Stamm oder Gefolge gehören. Hiernach möchte das Gefühl angeboren zu sein scheinen, und es ist sicherlich ein äußerst andauerndes. Es scheint das Komplement und der Gegensatz des echten sozialen Instinkts zu sein. Nach dem, was wir von den Wilden hören, gilt allem Anschein nach etwas ähnliches auch für sie. Wenn dies der Fall ist, so wäre es nur ein kleiner Schritt, um bei jedem solche Gefühle auf irgendein Mitglied desselben Stammes zu übertragen, wenn ihm dies einen Schaden zugefügt hätte und sein Feind geworden wäre. Auch ist es nicht wahrscheinlich, daß das primitive Gewissen eines Menschen darüber Vorwürfe machen würde, daß er seinen Feind schädigt; es würde ihm eher vorwerfen, daß er sich nicht gerächt habe. Gutes zu tun in Erwiderung für Böses, den Feind zu lieben, ist eine Höhe der Moralität, von der wohl bezweifelt werden dürfte, ob die sozialen Instinkte für sich selbst uns dahin gebracht haben würden. Notwendigerweise mußten diese Instinkte, in Verbindung mit Sympathie, hochkultiviert und mit Hilfe des Verstandes, des Unterrichts, der Liebe oder Furcht Gottes erweitert werden, ehe eine solche goldene Regel je hätte erdacht und befolgt werden können.

dem, was andere für preiswürdig oder für tadelnswert halten, zu vergleichen. Diese Kenntnis kann er nicht aus seiner Seele verbannen, und sie wird infolge der instinktiven Sympathie als von großer Bedeutung angesehen. Er wird dann das Gefühl haben, daß er irre geleitet worden sei, als er einem auftauchenden Instinkt oder einer Gewohnheit nachgegeben habe, und dies verursacht bei allen Tieren das Gefühl des Unbefriedigtseins oder selbst des Elends.

Der vorhin mitgeteilte Fall der Schwalbe bietet eine Erläuterung, wenn auch in umgekehrter Weise, eines nur zeitweise, aber doch für diese Zeit stark vorherrschenden Instinkts dar, welcher einen anderen, welcher gewöhnlich alle übrigen beherrscht, überwindet. Zu der betreffenden Zeit des Jahres scheinen diese Vögel den ganzen Tag lang nur die eine Begierde zu kennen: zu wandern. Ihre Gewohnheiten ändern sich, sie werden rastlos, lärmend und versammeln sich in Haufen. Solange der mütterliche Vogel seine Nestlinge ernährt oder über ihnen sitzt, ist der mütterliche Instinkt wahrscheinlich stärker als der Wanderinstinkt; aber derjenige, welcher der andauernde ist, erhält den Sieg, und zuletzt fliegt der Vogel in einem Augenblick, wo seine Jungen nicht in Sicht sind, auf und davon und verläßt sie. Ist er am Ende seiner langen Reise und hat der Wanderinstinkt zu wirken aufgehört, welch schmerzliche Gewissensbisse würde der Vogel fühlen, wenn er, mit großer geistiger Lebendigkeit ausgerüstet, sich dem nicht entziehen könnte, daß das Bild seiner Jungen, welche in dem rauhen Norden vor Kälte und Hunger umkommen mußten, beständig durch seine Seele zöge.

In dem Moment der Handlung wird der Mensch ohne Zweifel geneigt sein, dem stärkeren Antrieb zu folgen, und obschon ihn dies gelegentlich zu den edelsten Taten führen kann, so wird es doch bei weitem häufiger ihn dazu bringen, seine eigenen Begierden auf Kosten anderer Menschen zu befriedigen. Wenn aber nach deren Befriedigung die vergangenen und schwächeren Eindrücke mit den immer vorhandenen sozialen Instinkten verglichen werden, und bei seiner hohen Achtung vor der guten Meinung seiner Mitmenschen, wird sicherlich Reue eintreten; der Mensch wird dann Gewissensbisse, Reue, Bedauern oder Scham empfinden; doch bezieht sich das letztere Gefühl fast ausschließlich auf das Urteil anderer. Er wird infolgedessen sich entschließen, mit mehr oder weniger Kraft, in Zukunft anders zu handeln. Dies ist das Gewissen; denn das Gewissen schaut rückwärts und dient uns als Führer für die Zukunft.

Die Natur und Stärke der Empfindungen, welche wir Bedauern, Scham, Reue oder Gewissensbisse nennen, hängen dem Anschein nach nicht allein von der Stärke des verletzten Instinkts, sondern auch zum Teil von der Stärke der Versuchung und häufig noch mehr von dem Urteil unserer Mitmenschen ab. Inwieweit jeder Mensch die Anerkennung anderer würdigt, hängt von der Stärke seines angeborenen oder erlangten Gefühls der Sympathie ab, auch von seiner eigenen Fähigkeit, die entfernteren Folgen seiner Handlungen sich zu überlegen. Ein anderes Element ist äußerst bedeutungsvoll, wennschon nicht notwendig: die Ehrfurcht oder Furcht vor Gott oder den Geistern, an die jeder Mensch glaubt; dies gilt vorzüglich für die Fälle, wo Gewissensbisse empfunden werden. Mehrere Kritiker haben mir entgegengehalten, daß, wenn auch ein geringer Grad von Bedauern oder Reue durch die in diesem Kapitel verteidigte Ansicht erklärt werden könne, es doch unmöglich sei, in dieser Weise das seelenerschütternde Gefühl der Gewissensbisse zu erklären. Ich kann diesem Einwurf nur wenig Gewicht beilegen. Meine Kritiker definieren nicht, was sie unter Gewissensbissen verstehen, und ich kann keine Definition finden, die mehr enthielte, als ein überwältigendes Gefühl der Reue. Gewissensbisse scheinen in demselben Verhältnis zur Reue zu stehen, wie Wut zu Ärger, oder Todesangst zu Schmerz. Es ist durchaus nicht befremdend, daß ein so starker und so allgemein bewunderter Instinkt wie Mutterliebe, wenn ihm nicht gehorcht wird, zum Gefühl des tiefsten Elends führt, sobald der Eindruck der vorübergegangenen Veranlassung zum Nichtgehorchen abgeschwächt ist. Selbst wenn eine Handlung keinem speziellen Instinkte entgegengesetzt ist: Einfach zu wissen, daß unsere Freunde und Gleichstehenden uns verachten, ist hinreichend, uns sehr unglücklich zu machen. Wer kann daran zweifeln, daß die Verweigerung eines Duells aus Furcht manchem Mann die allerbitterste Scham verursacht hat? So mancher Hindu ist, wie man sagt, bis auf den Grund seiner Seele erschüttert worden, weil er unreine Nahrung zu sich genommen hat. Das folgende ist ein weiterer Fall von Gewissensbissen, wie man es meiner Meinung nach wohl nennen muß. Dr. Landor fungierte als Magistratsperson in West-Australien und erzählte[24], daß ein Eingeborener auf seiner Farm nach dem Verlust einer seiner Frauen infolge von Krankheit zu ihm gekommen sei und gesagt habe, »daß er im Begriffe sei, zu einem entfernten Stamm zu gehen, um zur Befriedigung seines Gefühls von Pflicht gegen seine Frau ein anderes Weib mit dem Speere zu töten. Ich sagte ihm, daß, wenn er es täte, ich ihn zeitlebens ins Gefängnis bringen würde. Er blieb ein paar Monate auf der Farm, wurde aber außerordentlich mager und klagte, daß er nicht ruhen und nicht essen könne, daß der Geist seiner Frau ihn heimsuche, weil er nicht ein anderes Leben für ihres genommen habe. Ich blieb unerbitt-

---

[24] Insanity in Relation to Law, Ontario, United States 1871, S. 14.

lich und versicherte ihm, daß ihn nichts retten würde, wenn er es täte«. Nichtsdestoweniger verschwand der Mann für länger als ein Jahr, und kehrte dann in gehobener Stimmung zurück. Seine andere Frau erzählte dann Dr. Landor, daß ihr Mann einem zu einem entfernten Stamm gehörenden Weib das Leben genommen habe; es war aber unmöglich, legale Zeugnisse für die Handlung beizubringen. Die Verletzung einer vom Stamm heilig gehaltenen Regel läßt hiernach, wie es scheint, die tiefsten Gefühle entstehen – und zwar völlig getrennt von den sozialen Instinkten, ausgenommen insofern die Regel auf das Urteil der Genossenschaft gegründet ist. Wie so viele fremdartige Formen des Aberglaubens auf der ganzen Erde entstanden sind, wissen wir nicht; auch können wir nicht angeben, woher es kommt, daß einige wirkliche und schwere Verbrechen, wie z. B. Inzest, selbst von den niedersten Wilden verabscheut werden (doch ist dies allerdings nicht ganz allgemein). Es ist selbst zweifelhaft, ob bei manchen Wilden Inzest mit größerem Abscheu betrachtet würde, als die Heirat eines Mannes mit einer Frau, die denselben Namen führt, auch wenn es keine Verwandte ist. »Dies Gesetz zu verletzen ist ein Verbrechen, welches die Australier in höchstem Maße verabscheuen, worin sie vollständig mit gewissen Stämmen in Nord-Amerika übereinstimmen. Wenn in beiden Teilen der Erde die Frage gestellt wird: Ist es schlechter, ein Mädchen eines fremden Stammes zu töten, oder ein Mädchen des eigenen Stammes zu heiraten, so würde eine Antwort ohne Zögern gegeben werden, die unserer Beantwortungsweise genau entgegengesetzt ist«.[25] Den neuerdings von einigen Schriftstellern betonten Glauben, daß das Verabscheuen des Inzestes Folge davon ist, daß

---

[25] E. B. Tylor, in: Contemporary Review, April 1873, S. 707.

wir ein spezielles von Gott eingepflanztes Gewissen besitzen, dürften wir daher zu verwerfen haben. Im ganzen ist es wohl verständlich, wie ein von einem so mächtigen Gefühl wie Gewissensbissen angetriebener Mensch (auch wenn dasselbe so entstanden ist, wie es oben erklärt wurde) dazu gebracht werden kann, in einer Art und Weise zu handeln, von welcher ihm zu glauben gelehrt worden ist, daß sie als Vergeltung dient, z. B. wenn er sich selbst der Gerechtigkeit überliefert.

Von seinem Gewissen beeinflußt wird der Mensch durch lange Gewohnheit eine so vollkommene Selbstbeherrschung erlangen, daß seine Begierden und Leidenschaften zuletzt fast augenblicklich und ohne Kampf seinen sozialen Sympathien und Instinkten, mit Einschluß seines Gefühls für das Urteil seiner Mitmenschen, nachgeben. Der noch immer hungrige oder noch immer rachsüchtige Mensch wird nicht daran denken, Nahrung zu stehlen oder seine Rache auszuführen. Es ist möglich, oder wie wir später sehen werden, selbst wahrscheinlich, daß die Gewohnheit der Selbstbeherrschung wie andere Gewohnheiten vererbt wird. So kommt der Mensch selbst dazu, infolge erlangter und vielleicht ererbter Gewohnheit zu fühlen, daß es das Beste für ihn ist, seinen dauernden Impulsen zu folgen. Das gebieterische Wort »soll« scheint nur das Bewußtsein von der Existenz einer Regel des Betragens zu enthalten, wie immer diese auch entstanden sein mag. Früher muß das Drängen, daß ein beleidigter Mann ein Duell auskämpfen solle, oft heftig gewesen sein. Wir sagen selbst, daß ein Vorstehhund stehen soll und ein Apportierhund apportieren. Tun sie es nicht, so erfüllen sie ihre Pflicht nicht und handeln unrecht.

Wenn irgendeine Begierde oder ein Instinkt, welcher zu einer dem Besten anderer entgegenstehenden Handlung führt, einem Menschen, wenn dieser sich ihn vor die Seele ruft, noch immer als ebenso stark oder noch stärker als sein sozialer Instinkt erscheint, so wird er kein heftiges Bedauern fühlen, ihm gefolgt zu sein; er wird sich aber dessen bewußt sein, daß, wenn sein Betragen seinen Mitmenschen bekannt würde, er von ihnen Mißbilligung erfahren würde, und nur wenige sind so völlig der Sympathie bar, um nicht Mißbehagen zu empfinden, wenn dies eintritt. Hat er keine solche Sympathie und sind seine Begierden, die ihn zu schlechten Handlungen leiten, zu der Zeit stark und werden sie vor die Seele zurückgerufen, nicht von den persistenteren sozialen Instinkten und der Beurteilung anderer bekämpft, dann ist er seinem Wesen nach ein schlechter Mensch[26], und das einzige ihn zurückhaltende Motiv ist die Furcht vor der Strafe und die Überzeugung, daß es auf die Dauer für seine eigenen, eigensüchtigen Interessen am besten sein würde, mehr das Beste der anderen, als sein eigenes ins Auge zu fassen.

Offenbar kann jeder mit einem weiten Gewissen seine eigenen Begierden befriedigen, wenn sie nicht mit seinen sozialen Instinkten sich kreuzen, d.h. mit dem Besten anderer; aber um völlig vor seinen Vorwürfen sicher zu sein oder wenigstens vor Unbehagen, ist es beinahe notwendig, die Mißbilligung seiner Mitmenschen, mag sie gerechtfertigt sein oder nicht, zu vermeiden. Auch darf der Mensch nicht die feststehenden Gewohnheiten seines Lebens, besonders wenn dieselben verständige sind, durchbrechen; denn wenn er dies tut, wird er zuverlässig ein Unbefriedigtsein empfinden; auch muß er gleichzeitig den Tadel des einen Gottes oder der Götter vermeiden, an welchen oder an welche er je

---

[26] Dr. Prosper Despine bringt in seiner »Psychologie naturelle«, 1868 (Tom. I, S. 243; Tom. II, S. 169), viele merkwürdige Fälle von den schlimmsten Verbrechern, welche dem Anschein nach vollkommen eines Gewissens entbehrten.

nach seiner Kenntnis oder nach seinem Aberglauben glauben mag. In diesem Falle tritt aber oft noch die weitere Furcht vor göttlicher Strafe ein.

Die oben gegebene Ansicht von dem ersten Ursprung und der Natur des moralischen Gefühls, welches uns sagt, was wir tun sollen, und des Gewissens, welches uns tadelt, wenn wir jenem nicht gehorchen, stimmt ganz gut mit dem überein, was wir von dem früheren unentwickelten Zustand dieser Fähigkeit beim Menschen kennen. Die Tugenden, welche wenigstens im allgemeinen von rohen Menschen ausgeübt werden müssen, um es zu ermöglichen, daß sie in einer Gemeinsamkeit verbunden leben können, sind diejenigen, welche noch immer als die wichtigsten anerkannt werden. Sie werden aber fast ausschließlich nur in bezug auf Menschen desselben Stammes ausgeübt; und die ihnen entgegengesetzten Handlungen werden, sobald sie in bezug auf Menschen anderer Stämme ausgeübt werden, nicht als Verbrechen betrachtet. Kein Stamm würde zusammenhalten können, bei welchem Mord, Räuberei, Verräterei usw. gewöhnlich wären; infolgedessen werden solche Verbrechen innerhalb der Grenzen eines und desselben Stammes »mit ewiger Schmach gebrandmarkt«[27], erregen aber jenseits dieser Grenzen keine derartigen Empfindungen. Ein nordamerikanischer Indianer ist mit sich selbst wohl zufrieden und wird von anderen geehrt, wenn er einen Menschen eines anderen Stammes skalpiert, und ein Dyak schneidet einer ganz friedlichen Person den Kopf ab und trocknet ihn als Trophäe. Der Kindesmord hat im größten Maßstab in der

---

[27] S. einen guten Aufsatz in der »North British Review«, 1867, S. 395; vgl. auch W. Bagehots Abhandlungen über die Bedeutung des Gehorsams und des Zusammenhaltens für den Urmenschen, in: The Fortnightly Review, 1867, S. 529 und 1868, S. 457 usw.

ganzen Welt geherrscht[28]und hat keinen Tadel gefunden; es ist im Gegenteil die Ermordung von Kindern, besonders von Mädchen, als etwas Gutes für den Stamm oder wenigstens nicht als schädlich für denselben angesehen worden. In früheren Zeiten wurde der Selbstmord nicht allgemein als Verbrechen betrachtet[29], sondern wegen des dabei bewiesenen Mutes eher als ehrenvolle Handlung; und er wird noch immer von einigen halbzivilisierten und wilden Nationen ausgeübt, ohne für tadelnswert zu gelten, denn er berührt nicht augenfällig andere desselben Stammes. Man hat berichtet, daß ein indischer Thug es in seinem Gewissen bedauerte, nicht ebenso viele Reisende stranguliert und beraubt zu haben, als sein Vater vor ihm getan hatte. Auf einem niedrigen Zustand der Zivilisation wird allerdings die Beraubung von Fremden meist für ehrenvoll gelten.

Sklaverei ist, wenngleich sie in alten Zeiten in mancher Weise wohltätig war, ein großes Verbrechen[30]; doch wurde sie bis ganz neuerdings selbst von den zivilisierten Nationen nicht dafür angesehen. Dies war besonders deshalb der Fall, weil die Sklaven meist einer von der ihrer Herren verschiedenen Rasse angehörten. Da Barbaren auf die Meinung ihrer Frauen gar nichts geben, werden die Weiber ge-

[28] Die ausführlichste Erörterung dieses Punktes, welche ich gefunden habe, findet sich bei Gerland: Über das Aussterben der Naturvölker, 1868. Ich werde aber auf den Kindsmord in einem späteren Artikel zurückzukommen haben.

[29] S. die sehr interessante Diskussion über den Selbstmord in Lecky's History of European Morals, Vol. I, 1869, S. 228. In bezug auf Wilde teilt mir Mr. Winwood Reade mit, daß die Neger in West-Afrika häufig Selbstmord begehen. Es ist bekannt, wie verbreitet er unter den unglücklichen Eingeborenen von Süd-Amerika nach der spanischen Eroberung war. In bezug auf Neu-Seeland s. die Reise der Novara, und in bezug auf die Aleuten s. Müller, den Houzcau zitiert, in: Facultés Mentales etc., Tom. II, S. 136.

[30] S. Bagehot: Physics and Politics, 1872, S. 72.

wöhnlich wie Sklaven behandelt. Die meisten Wilden sind für die Leiden Fremder völlig indifferent oder ergötzen sich selbst an ihnen, wenn sie dieselben sehen. Es ist bekannt, daß die Frauen und Kinder der nordamerikanischen Indianer bei dem Martern ihrer Feinde mithelfen. Einige Wilde haben schaudererregende Freude an der Grausamkeit mit Tieren[31] und menschliches Rühren mit diesen ist eine bei ihnen unbekannte Tugend. Nichtsdestoweniger finden sich Gefühle des Wohlwollens, besonders während Krankheiten, zwischen den Gliedern eines und desselben Stammes gewöhnlich und erstrecken sich zuweilen auch über die Grenzen des Stammes hinaus. Mungo Parks rührende Erzählung von der Freundlichkeit einer Negerin aus dem Inneren Afrikas gegen ihn ist bekannt. Es ließen sich viele Fälle edler Treue von Wilden gegeneinander, aber nicht gegen Fremde anführen; die gewöhnliche Erfahrung rechtfertigt den Grundsatz des Spaniers: »Traue niemals, niemals einem Indianer«. Treue kann nicht ohne Wahrheit bestehen, und diese fundamentale Tugend ist nicht selten bei den Gliedern eines Stammes untereinander zu finden: So hörte Mungo Park, daß die Negerin ihre Kinder lehrte, die Wahrheit zu lieben. Dies ist ferner eine von den Tugenden, welche so tief in die Seele sich einwurzeln, daß sie zuweilen von Wilden gegen Fremde, selbst unter großen Gefahren ausgeübt werden; aber den Feind zu belügen ist selten für eine Sünde gehalten worden, wie die Geschichte der modernen Diplomatik nur zu deutlich zeigt. Sobald ein Stamm einen anerkannten Führer hat, wird Ungehorsam zum Verbrechen, und selbst kriechendes Unterordnen wird als geheiligte Tugend angesehen.

[31] S. z. B. Hamiltons Erzählung von den Kaffern, in: Anthropological Review, 1870, S. XV.

Wie in Zeiten der Roheit kein Mensch ohne Mut seinem Stamm nützlich sein oder treu bleiben kann, so ist auch diese Eigenschaft früher allgemein im höchsten Ansehen gehalten worden; und obgleich in zivilisierten Ländern ein guter, aber furchtsamer Mensch der Gesellschaft viel nützlicher sein kann, als ein tapferer, so können wir uns doch des instinktiven Gefühls nicht erwehren, den letzteren höher als den Feigling zu schätzen, mag letzterer auch ein noch so wohlwollender Mensch sein. Auf der anderen Seite ist Klugheit, welche die Wohlfahrt anderer nicht berührt, wenn sie auch an sich eine sehr nützliche Tugend ist, niemals sehr hoch geschätzt worden. Da niemand die für die Wohlfahrt des Stammes notwendigen Tugenden ohne Selbstaufopferung, Selbstbeherrschung und die Kraft der Ausdauer üben kann, so sind diese Eigenschaften zu allen Zeiten, und zwar äußerst gerechter Weise, hochgeschätzt worden. Der amerikanische Wilde unterwirft sich freiwillig ohne Murren den schrecklichsten Qualen, um seine Tapferkeit und seinen Mut zu beweisen und zu kräftigen; und wir müssen ihn unwillkürlich bewundern, wie selbst einen indischen Fakir, welcher infolge eines närrischen religiösen Motivs an einem in sein Fleisch gestoßenen Haken in der Luft hängt.

Die anderen auf das Individuum selbst Bezug habenden Tugenden, welche nicht augenfällig die Wohlfahrt des Stammes berühren, wenn sie es in der Tat auch wohl tun können, sind vom Wilden nie geschätzt worden, trotzdem sie jetzt von zivilisierten Nationen hoch anerkannt werden. Die größte Unmäßigkeit ist für Wilde kein Vorwurf, ungeheure Zügellosigkeit und unnatürliche Verbrechen herrschen bei ihnen in staunenerregender Weise.[32] Sobald indessen die Ehe, als Poly-

---

[32] Mr. M'Lennan hat eine gute Sammlung von Tatsachen über diesen Gegenstand gegeben, in: Primitive Marriage, 1865, S. 176.

gamie oder Monogamie, gebräuchlich wird, führt die Eifersucht auch zur Einprägung der weiblichen Tugend, und da diese dann geehrt wird, trägt sie auch dazu bei, sich auf unverheiratete Frauen zu verbreiten. Wie langsam es geschieht, bis sie sich auch auf das männliche Geschlecht verbreitet, sehen wir bis auf den heutigen Tag. Keuschheit erfordert vor allen Dingen Selbstbeherrschung, sie ist daher schon seit einer sehr frühen Zeit in der moralischen Geschichte zivilisierter Völker geehrt worden. Als eine Folge hiervon ist der sinnlose Gebrauch des Zölibats seit einer sehr frühen Zeit als Tugend betrachtet worden.[33] Die Verabscheuung der Unzüchtigkeit, welche uns so natürlich erscheint, daß man diesen Abscheu für angeboren halten könnte, und welcher eine so wirksame Hilfe zur Keuschheit ist, ist eine moderne Tugend, welche ausschließlich, wie Sir G. Staunton bemerkt[34], dem zivilisierten Leben angehört. Dies wird durch die religiösen Gebräuche verschiedener Nationen des Altertums, durch die Pompejanischen Wandgemälde und durch die Gebräuche vieler Wilden bewiesen.

Wir haben nun gesehen, daß Handlungen von Wilden für gut oder schlecht gehalten werden und wahrscheinlich auch von dem Urmenschen so betrachtet wurden, nur insoweit sie in einer auffallenden Weise die Wohlfahrt des Stammes, nicht die der Art, ebensowenig wie die des Menschen als eines individuellen Mitglieds des Stammes betreffen. Diese Folgerung stimmt sehr gut mit dem Glauben überein, daß das sogenannte moralische Gefühl ursprünglich den sozialen Instinkten entstammte; denn beide beziehen sich zunächst ausschließlich auf die Gesellschaft. Die hauptsächlichsten Ursachen der niedrigeren Moralität Wilder, wenn sie nach

---

[33] Lecky: History of European Morals. Vol. I, 1869, S. 109.
[34] Embassy to China. Vol. II, S. 348.

unserem Maßstab beurteilt wird, sind erstens die Beschränkung der Sympathie auf denselben Stamm, zweitens unzureichendes Vermögen des Nachdenkens, so daß die Beziehungen vieler Tugenden, besonders der das Individuum betreffenden, zu der allgemeinen Wohlfahrt des Stammes nicht erkannt werden. So erkennen z. B. Wilde die mannigfachen Übel nicht, welche einem Mangel an Keuschheit, Mäßigung usw. folgen. Und drittens ist als Ursache der niederen Moralität Wilder die schwache Entwicklung der Selbstbeherrschung zu nennen, denn dieses Vermögen ist noch nicht durch lange fortgesetzte, vielleicht ererbte Gewohnheit, durch Unterricht und Religion gekräftigt worden.

Ich bin auf die eben erwähnten Einzelheiten in bezug auf die Immoralität der Wilden[35] eingegangen, weil einige Schriftsteller neuerer Zeit eine sehr hohe Meinung von der moralischen Natur derselben geäußert, oder die meisten ihrer Verbrechen einem mißverstandenen Wohlwollen zugeschrieben haben.[36] Diese Schriftsteller scheinen ihre Folgerungen darauf zu gründen, daß die Wilden diejenigen Tugenden besitzen, welche für die Existenz einer Familie und einer Stammesgemeinschaft von Nutzen oder selbst notwendig sind, – Eigenschaften, welche sie unzweifelhaft und oft in einem sehr hohen Grade besitzen.

Die Philosophen der derivativen[37] Schule der Moralisten nahmen früher an, daß der Grund der Moralität in einer Art von Selbstsucht läge, neuerdings ist aber das »Prinzip des

---

[35] Zahlreiche Belege über denselben Gegenstand findet man im VIII. Kapitel von Sir J. Lubbock's Origin of Civilisation, 1870.

[36] Z. B. Lecky: History of European Morals, Vol. I., S. 124.

[37] Dieser Ausdruck wird in einem guten Artikel in der Westminster Review, Oct. 1869, S. 498, gebraucht. Über das Prinzip des größten Glücks s. J. S. Mill: Utilitarianism, S. 17.

größten Glücks« besonders in den Vordergrund gebracht worden. Es ist indessen richtiger von diesem letzteren Prinzip, als von dem Maßstab des Betragens zu sprechen, und es nicht als das Motiv desselben zu bezeichnen. Nichtsdestoweniger äußern sich alle Schriftsteller, deren Werke ich konsultiert habe, mit einigen wenigen Ausnahmen[38], so, als müßte für jede Handlung ein bestimmtes Motiv existieren, und daß dies mit einem gewissen Behagen oder Unbehagen verbunden sein müsse. Der Mensch scheint aber häufig impulsiv zu handeln, d.h. einem Instinkt oder einer alten Gewohnheit zu folgen, ohne sich irgendeines Vergnügens bewußt zu werden, in derselben Weise wie wahrscheinlich eine Biene oder Ameise handelt, wenn sie blindlings ihren Instinkten folgt. In Fällen äußerster Gefahr, so wenn ein Mensch während eines Feuers ein Mitgeschöpf, ohne einen Augenblick zu zögern, zu retten unternimmt, kann er kaum ein Vergnügen empfinden; und

---

[38] Mill erkennt in der deutlichsten Weise an (System of Logic. Vol. II, S. 422), daß Handlungen aus Gewohnheit ohne vorherige Erwartung eines Vergnügens ausgeführt werden können: Auch H. Sidgwick bemerkt in seinem Aufsatz über Behagen und Begierde (The Contemporary Review, April 1872, S. 671): »Um alles zusammenzufassen, so möchte ich in Widerspruch zu der Theorie, daß unsere bewußten tätigen Impulse immer auf die Erzeugung angenehmer Empfindungen in uns gerichtet sind, behaupten, daß wir überall im Bewußtsein einen besonders achthabenden Impuls finden, der auf etwas, was nicht Vergnügen ist, gerichtet ist, und daß in vielen Fällen dieser Impuls insofern mit dem auf das eigene Selbst gerichteten unverträglich ist, als diese zwei nicht leicht in demselben Moment des Bewußtseins gleichzeitig vorhanden sind.« Ein dunkles Gefühl, daß unsere Impulse durchaus nicht immer aus einem gleichzeitigen oder erwarteten Vergnügen entspringen, ist, wie ich nicht anders glauben kann, eine der Hauptursachen für die Annahme der intuitiven Theorie der Moral und für das Verwerfen der utilitarischen Theorie oder der des »größten Glückes«. Was die letztere Theorie betrifft, so ist ohne Zweifel der Maßstab für das Betragen und das Motiv zu demselben häufig miteinander verwechselt worden; doch sind beide faktisch in einem gewissen Grade verschmolzen.

noch weniger hat er Zeit, darüber nachzudenken, was für ein Unbefriedigtsein er später empfinden würde, wenn er nicht jenen Versuch machte. Sollte er nachher über sein Benehmen nachdenken, so würde er fühlen, daß in ihm noch eine impulsive Kraft liegt, welche von der Sucht nach Vergnügen oder Glück weit verschieden ist, und diese scheint der tief eingewurzelte soziale Instinkt zu sein.

Was die niederen Tiere betrifft, so scheint es viel passender, von ihren sozialen Instinkten als von solchen zu sprechen, welche sich mehr zum allgemeinen Besten als zum allgemeinen Glück der Spezies entwickelt haben. Der Ausdruck »allgemeines Beste« kann definiert werden als die Bezeichnung für die Erziehung der größtmöglichen Zahl von Individuen in voller Kraft und Gesundheit und mit allen Fähigkeiten in vollkommener Ausbildung, und zwar unter den Lebensbedingungen, denen sie ausgesetzt sind. Da ohne Zweifel die sozialen Instinkte beider, sowohl des Menschen als der niederen Tiere in nahezu denselben Abstufungen entwickelt worden sind, so würde es, wenn es ausführbar wäre, wohl ratsam sein, in beiden Fällen dieselbe Definition zu benutzen und als Maßstab für die Moral eher das allgemeine Beste oder die Wohlfahrt der Gemeinde als das allgemeine Glück anzunehmen; doch würde diese Definition vielleicht eine Einschränkung wegen der politischen Moral erfordern.

Wenn ein Mensch sein Leben wagt, um das eines Mitgeschöpfes zu retten, so scheint es richtiger hier zu sagen, daß er für das allgemeine Beste oder die allgemeine Wohlfahrt handelt, als zu sagen, daß er es für das allgemeine Glück der Menschheit tue. Ohne Zweifel fallen die Wohlfahrt und das Glück des Individuums gewöhnlich zusammen, und ein zufriedener glücklicher Stamm wird besser gedeihen als einer, welcher unzufrieden und unglücklich ist. Wir haben gesehen, daß selbst auf einer frühen Periode der Geschichte der

Menschheit die ausgesprochenen Wünsche der Gesellschaft notwendig in hohem Grade das Benehmen jedes einzelnen Mitglieds beeinflußt haben werden; und da alle nach Glück streben, so wird »das Prinzip des größten Glücks« ein sehr bedeutungsvoller sekundärer Führer und ein wichtiges Ziel geworden sein; als primärer Antrieb und Führer werden jedoch immer die sozialen Instinkte mit Einschluß der Sympathie (welche uns zur Beachtung der Billigung und Mißbilligung anderer führt) gedient haben. Hierdurch wird der Vorwurf, daß man den Grund des edelsten Teiles unserer Natur in das niedere Prinzip der Selbstsucht legt, beseitigt; man müßte denn in der Tat die Genugtuung, welches jedes Tier fühlt, wenn es seinen richtigen Instinkten folgt, und das Unbefriedigtsein, welches dasselbe fühlt, sobald es daran gehindert wird, selbstsüchtig nennen.

Der Ausdruck der Wünsche und des Urteils der Glieder einer und derselben Gemeinschaft, anfangs mündlich, später auch durch Schriftsprache, bildet entweder die einzige Richtschnur unseres Benehmens, oder kräftigt in hohem Maße die sozialen Instinkte; doch haben derartige Meinungen zuweilen eine direkt in Opposition zu diesen Instinkten stehende Tendenz. Diese letztere Tatsache wird durch das Gesetz der Ehre sehr wohl erläutert, d.h. das Gesetz der Meinung von unseresgleichen und nicht aller unserer Landsleute. Ein Verstoß gegen dieses Gesetz — selbst wenn anerkannt werden muß, daß der Verstoß in strenger Übereinstimmung mit der wirklichen Moral ist —, hat manchem Mann mehr Gewissensbisse verursacht, als ein wirkliches Verbrechen. Wir erkennen denselben Einfluß in dem brennenden Gefühl der Scham, welches die meisten von uns selbst nach Verlauf von Jahren gefühlt haben, wenn sie irgendeinen zufälligen Verstoß gegen eine unbedeutende, wenn nur einmal feststehende Regel der Etikette sich ins Gedächtnis zurückrufen. Das

Urteil der ganzen Gemeinschaft wird durch eine gewisse unbestimmte Erfahrung von dem bestimmt werden, was auf die
Länge der Zeit für alle Mitglieder das beste ist. Dies Urteil
wird aber nicht selten infolge von Ungewißheit oder von einem schwachen Vermögen des Nachdenkens irren. Daher
sind die merkwürdigsten Gebräuche und Formen des Aberglaubens im vollen Gegensatz zur wahren Wohlfahrt und
Glückseligkeit der Menschheit durch die ganze Welt so übermächtig geworden. Wir sehen dies in dem Entsetzen, welches ein Hindu fühlt, der seine Kaste verläßt, und in unzähligen anderen Beispielen. Es dürfte schwer sein, zwischen den
Gewissensbissen, die ein Hindu fühlt, der der Versuchung
nachgegeben hat, unreine Nahrung zu genießen, und denjenigen zu unterscheiden, welche nach dem Begehen eines
Diebstahls gefühlt werden; die ersteren dürften aber wahrscheinlich die härteren sein.

Auf welche Weise so viele absurde Gesetze des Benehmens,
ebenso wie so viele absurde religiöse Glaubensansichten entstanden sind, wissen wir nicht, ebensowenig, woher es kommt,
daß sie in allen Teilen der Welt sich dem menschlichen Geist
so tief eingeprägt haben. Es ist aber der Bemerkung wert, daß
ein beständig während der früheren Lebensjahre eingepräg-
ter Glaube und zwar so lange das Gehirn Eindrücken leicht
zugänglich ist, fast die Natur eines Instinkts anzunehmen
scheint; und das eigentliche Wesen eines Instinkts liegt ja
darin, daß man ihm unabhängig vom Nachdenken folgt.
Ebensowenig können wir sagen, warum gewisse bewunderns-
werte Tugenden, wie die Wahrheitsliebe, von einigen wilden
Stämmen viel höher anerkannt werden als von anderen[39],

---

[39] Gute Beispiele teilt Mr. Wallace mit, in: Scientific Opinion, Sept. 15th
1869, und ausführlicher in seinen Contributions to the Theory of Natural
Selection, 1870, S. 353.

und ferner warum ähnliche Verschiedenheiten selbst unter zivilisierten Nationen bestehen. Da wir wissen, wie stark viele fremdartige Gebräuche und Aberglauben fixiert worden sind, brauchen wir uns darüber nicht zu verwundern, daß die auf das Individuum Bezug habenden Tugenden uns jetzt in einem Grade natürlich erscheinen (da sie in der Tat auf Nachdenken beruhen), daß man sie für eingeboren halten möchte, trotzdem sie vom Menschen in seinem frühesten Zustand nicht geschätzt wurden.

Trotz vieler Zweifelsquellen kann der Mensch meistens, und zwar leicht, zwischen den höheren und niederen moralischen Regeln unterscheiden. Die höheren gründen sich auf die sozialen Instinkte und beziehen sich auf die Wohlfahrt anderer; sie beruhen auf der Billigung unserer Mitmenschen und auf Nachdenken. Die niederen Regeln, trotzdem manche von ihnen, wenn sie Selbstaufopferung mit im Gefolge haben, kaum den Namen niederer verdienen, beziehen sich hauptsächlich auf das eigene Selbst und verdanken ihren Ursprung der öffentlichen Meinung, sobald diese durch Erfahrung und Kultur gereift ist; denn sie werden von rohen Stämmen nicht befolgt.

Wenn der Mensch in der Kultur fortschreitet und kleinere Stämme zu größeren Gemeinschaften vereinigt werden, so wird das einfachste Nachdenken jedem Individuum sagen, daß es seine sozialen Instinkte und Sympathien auf alle Glieder der Nation auszudehnen hat, selbst wenn sie ihm persönlich unbekannt sind. Ist dieser Punkt einmal erreicht, so besteht dann nur noch eine künstliche Grenze, welche ihn abhält, seine Sympathie auf alle Menschen aller Nationen und Rassen auszudehnen. In der Tat, wenn gewisse Menschen durch große Verschiedenheiten im Äußeren oder in der Lebensweise von ihm getrennt sind, so dauert es, wie uns unglücklicherweise die Erfahrung lehrt, lange, ehe er sie als seine Mitgeschöpfe betrachtet. Sympathie über die Grenzen der Menschheit hinaus, d. h. Humanität gegen die niederen Tiere scheint eine der spätesten moralischen Erwerbungen zu sein. Wilde besitzen dieses Gefühl, wie es scheint, nicht, mit Ausnahme der Humanität gegen ihre Schoßtiere. Wie wenig die alten Römer dasselbe kannten, zeigt sich in ihren abstoßenden Gladiatorenkämpfen. Die bloße Idee der Humanität war, soviel ich beobachten konnte, den meisten Gauchos der Pampas neu. Diese Tugend, eine der edelsten, welche dem Menschen eigen sind, scheint als natürliche Folge des Umstands zu entstehen, daß unsere Sympathien immer zarter und weiter ausgedehnt werden, bis sie endlich auf alle fühlenden Wesen sich erstrecken. Sobald diese Tugend von einigen wenigen Menschen geehrt und ausgeübt wird, verbreitet sie sich durch Unterricht und Beispiele auf die Jugend und wird auch eventuell in der öffentlichen Meinung eingebürgert.

Die höchste mögliche Stufe in der moralischen Kultur, zu der wir gelangen können, ist die, wenn wir erkennen, daß wir unsere Gedanken kontrollieren sollen und »selbst in unsern innersten Gedanken nicht noch einmal die Sünden nachdenken dürfen, welche uns die Vergangenheit so angenehm machten«[40]. Was nur immer irgendeine schlechte Handlung der Seele vertraut macht, macht auch ihre Ausführung um so vieles leichter. So hat Marc Aurel schon vor langer Zeit gesagt: »So wie deine gewöhnlichen Gedanken sind, wird auch der Charakter deiner Seele sein, denn die Seele ist von den Gedanken gefärbt.«[41]

[40] Tennyson: Idylls of the King, S. 244.
[41] Betrachtungen des Kaisers M. Aurelius Antoninus. Englische Übersetzung, 2. Ausg. 1869, S. 112. Marc Aurel war 121 geboren worden.

Unser großer Philosoph Herbert Spencer hat vor kurzem seine Ansichten über das moralische Gefühl ausgesprochen. Er sagt:[42] »Ich glaube, daß die Erfahrungen der Nützlichkeit, welche durch alle vergangenen Generationen in der menschlichen Rasse organisiert und befestigt worden sind, entsprechende Modifikationen hervorgebracht haben, welche infolge fortgesetzter Überlieferung und Anhäufung zu gewissen Fähigkeiten moralischer Intuition geworden sind, – gewisse Erregungen entsprechen dem rechten und unrechten Betragen, welche keine zu Tage tretende Grundlage in den individuellen Erfahrungen der Nützlichkeit haben.« Wie mir scheint, gibt es nicht die geringste in der Sache selbst liegende Unwahrscheinlichkeit für die Annahme, daß tugendhafte Neigungen mehr oder weniger stark vererbt werden; denn – um hier nicht die verschiedenen Dispositionen und Gewohnheiten zu erwähnen, welche von vielen unserer domestizierten Tiere ihren Nachkommen überliefert werden –, ich habe von authentischen Fällen gehört, in welchen eine Sucht zu stehlen und eine Neigung zu lügen durch Familien selbst höherer Stände hindurchging; und da das Stehlen ein so seltenes Verbrechen in den wohlhabenden Klassen ist, so können wir die in zwei oder drei Mitgliedern derselben Familie auftretende Neigung nicht durch eine zufällige Koinzidenz erklären. Werden schlechte Neigungen überliefert, so ist es wahrscheinlich, daß auch gute in gleicher Weise vererbt werden. Daß der Zustand des Körpers mit seiner Einwirkung auf das Gehirn einen bedeutenden Einfluß auf die moralischen Neigungen hat, ist den meisten von denen bekannt, welche an chronischer Verdauungsstörung oder an der Leber gelitten haben. Dieselbe Tatsache zeigt sich auch darin, »daß die Verirrung oder Zerstörung

[42] Brief an Mill, in: Bain's Mental and Moral Science, 1868, S. 722.

des moralischen Gefühls oft eines der ersten Symptome beginnender geistiger Störung ist«[43]; und Geisteskrankheiten werden notorisch häufig vererbt. Ausgenommen durch das Prinzip der Vererbung moralischer Neigungen haben wir kein Mittel, die Verschiedenheiten zu erklären, welche, wie man annimmt, in dieser Beziehung zwischen den verschiedenen Menschenrassen existieren.

Selbst die teilweise Vererbung tugendhafter Neigungen würde eine unendliche Unterstützung für den primären Antrieb sein, welcher direkt aus den sozialen Instinkten und indirekt aus der Gutheißung unserer Mitmenschen entspringt. Nehmen wir für einen Augenblick an, daß tugendhafte Neigungen vererbt werden, so erscheint es wenigstens in solchen Fällen, wie Keuschheit, Müßigkeit, Humanität gegen Tiere usw. wahrscheinlich, daß sie der geistigen Organisation sich zuerst durch Gewohnheit, Unterricht und Beispiel, mehrere Generationen hindurch in derselben Familie fortgesetzt, eingeprägt haben, und nur in einem völlig untergeordneten Grade, wenn überhaupt, dadurch, daß diejenigen Individuen, welche diese Tugenden besaßen, in dem Kampf ums Dasein am besten fortkamen. Der hauptsächlichste Grund, welcher mich mit Rücksicht auf irgendeine derartige Vererbung zweifeln lassen könnte, liegt in jenen sinnlosen Gebräuchen, abergläubischen Formen und Geschmacksrichtungen, wie das Entsetzen eines Hindu vor unreiner Nahrung, welche doch nach demselben Prinzip vererbt werden müßten. Obschon dies an sich vielleicht nicht weniger wahrscheinlich ist, als daß Tiere durch Vererbung den Geschmack für gewisse Arten von Nahrung oder die Furcht vor gewissen Feinden erlangen, so ist mir doch kein Zeugnis vorgekommen zur Unterstützung der Annahme,

---

[43] Maudsley: Body and Mind, 1870, S. 60.

daß auch abergläubische Gebräuche und sinnlose Gewohnheiten vererbt würden.

Endlich werden die sozialen Instinkte, welche ohne Zweifel vom Menschen ebenso wie von den niederen Tieren zum Besten der ganzen Gemeinschaft erlangt worden sind, von Anfang an den Wunsch, seinen Genossen zu helfen, und ein gewisses Gefühl der Sympathie in ihm angeregt, ihn aber auch dazu veranlaßt haben, ihre Billigung und Mißbilligung zu beachten. Derartige Antriebe werden ihm in einer sehr frühen Periode als eine rohe Regel für Recht und Unrecht gedient haben. Aber in dem Maße, wie der Mensch nach und nach an intellektueller Kraft zunahm und in den Stand gesetzt wurde, die weiter ab liegenden Folgen seiner Handlungen zu übersehen, wie er hinreichende Kenntnisse erlangt hatte, um verderbliche Gebräuche und Aberglauben zu verwerfen, wie er, je länger desto mehr, nicht bloß die Wohlfahrt, sondern auch das Glück seiner Mitmenschen ins Auge fassen lernte, wie infolge von Gewohnheit, dieser Folge wohltuender Erfahrung, wohltätigen Unterrichts und Beispiels, seine Sympathien zarter und weiter ausgedehnt wurden, so daß sie sich auf alle Menschen aller Rassen, auf die schwachen, gebrechlichen und anderen unnützen Glieder der Gesellschaft; endlich sogar auf die niederen Tiere erstreckten − in dem Maße wird auch der Maßstab seiner Moralität höher und höher gestiegen sein. Und die Moralisten der derivativen Schule und auch einige Intuitionisten geben zu, daß der Maßstab der Moralität seit einer frühen Periode der Geschichte der Menschheit wirklich ein höherer geworden ist.[44]

[44] Ein Schriftsteller, welcher der Bildung eines gesunden Urteils wohl fähig ist, drückt sich in der North British Review, July 1869, S. 531 sehr entschieden in diesem Sinne aus. Mr. Lecky scheint (History of Morals. Vol. I, S. 143) in gewissem Maße zuzustimmen.

Da man zuweilen sieht, daß zwischen verschiedenen Instinkten bei niederen Tieren ein Kampf besteht, so ist es
nicht überraschend, daß auch beim Menschen ein Kampf
zwischen seinen sozialen Instinkten, mit den davon abgeleiteten Tugenden, und seinen niederen, wenn auch im Augenblick stärkeren, Antrieben und Begierden sich erhebt. Dies
ist, wie Mr. Galton[45], bemerkt hat, um so weniger überraschend, als der Mensch sich aus dem Zustand der Barbarei
erst innerhalb einer verhältnismäßig neueren Zeit erhoben
hat. Haben wir irgendeiner Versuchung nachgegeben, so
empfinden wir ein Gefühl des Unbefriedigtseins, der Scham,
Reue und Gewissensbisse, analog dem, welches infolge anderer starker, nicht befriedigter oder unterdrückter Instinkte empfunden wird, und in diesem Fall nennen wir es Gewissen; denn wir können nicht verhindern, daß vergangene
Bilder und Eindrücke beständig durch unsere Seele ziehen.
Wir vergleichen den abgeschwächten Eindruck einer vorübergegangenen Versuchung mit den beständig gegenwärtigen sozialen Instinkten oder mit Gewohnheiten, welche
wir in früher Jugend erlangt und durch unser ganzes Leben
gekräftigt haben, bis sie zuletzt fast so stark wie Instinkte
geworden sind; wenn wir, die Versuchung immer vor unseren Augen, derselben nicht nachgegeben haben, so geschah
dies, weil entweder der soziale Instinkt oder irgendeine Gewohnheit in dem Augenblick in uns vorherrschte, oder weil
wir gelernt haben, daß diese uns später, wenn wir sie mit
dem abgeschwächten Eindruck der Versuchung vergleichen,
um so stärker erscheinen würde, und daß wir ihre Verletzung schmerzlich empfinden würden. Blicken wir auf spä-

---

[45] S. sein merkwürdiges Buch: »On Hereditary Genius«, 1869, S. 349. Der
Herzog von Argyll gibt in seinem: »Primeval Man«, 1869, S. 188 einige
gute Bemerkungen über den in der Natur des Menschen auftretenden
Kampf zwischen Recht und Unrecht.

tere Generationen, so haben wir keine Ursache zu befürch-
ten, daß die sozialen Instinkte schwächer werden würden;
und wir können wohl erwarten, daß tugendhafte Gewohnheiten stärker und vielleicht durch Vererbung fixiert werden.
In diesem Falle wird der Kampf zwischen unseren höheren
und niederen Antrieben weniger hart sein und die Tugend
wird triumphieren.

Der Argusfasan

Einen anderen ausgezeichneten Fall zur Untersuchung bieten die Augenflecken auf den Schwungfedern des Argusfasans dar, welche in einer so wundervollen Weise schattiert
sind, daß sie innerhalb Sockeln liegenden Kugeln gleichen,
und welche daher von den gewöhnlichen Augenflecken verschieden sind. Ich glaube, es wird wohl niemand diese Schattierung, welche die Bewunderung vieler erfahrener Künstler erregt hat, dem Zufall zuschreiben – dem zufälligen
Zusammentritt von Atomen gefärbter Substanzen. Daß diese Ornamente sich durch eine behufs der Paarung ausgeübte
Auswahl vieler aufeinanderfolgender Abänderungen gebildet haben sollten, von denen nicht eine einzige ursprünglich bestimmt war, diese Wirkung einer Kugel im Sockel
hervorzubringen, scheint so unglaublich, als daß sich eine
von Raphaels Madonnen durch die Wahl zufällig von einer
langen Reihe jüngerer Künstler hingekleckster Schmiere-
reien gebildet hätte, von denen nicht eine einzige ursprünglich bestimmt war, die menschliche Figur wiederzugeben.
Um zu entdecken, in welcher Weise sich die Augenflecken
bestimmt entwickelt haben, können wir auf keine lange
Reihe von Urerzeugern blicken, auch nicht auf verschiedene
nahe verwandte Formen, denn solche existieren nicht; aber
glücklicherweise geben uns die verschiedenen Federn am

300

Flügel einen Schlüssel zur Lösung des Problems und sie beweisen demonstrativ, daß eine Abstufung von einem einfachen Fleck bis zu einem vollendeten Kugel- und Sockel-Ocellus wenigstens möglich ist.

Die die Augenflecken tragenden Schwungfedern sind mit dunklen Streifen oder Reihen dunkler Punkte bedeckt, wobei jeder Streifen oder jede Reihe schräg an der äußeren Seite des Schaftes zu einem Augenfleck hinläuft. Die dunklen Punkte sind meist in Querrichtung in bezug auf die Reihe, in welcher sie stehen, verlängert. Sie werden oft zusammenfließend, entweder in der Richtung der Reihe − und dann bilden sie einen longitudinalen Streifen − oder quer, d.h. mit den Flecken in den benachbarten Reihen, und dann bilden sie Querstreifen. Zuweilen löst sich ein Fleck in kleine Flecken auf, welche noch immer an ihren betreffenden Plätzen stehen.

Es dürfte angemessen sein, zuerst einen vollkommenen Kugel- und Sockel-Augenfleck zu beschreiben. Ein solcher besteht aus einem intensiv schwarzen, kreisförmigen Ring, welcher einen Raum umgibt, der genauso abschattiert ist, daß er einer Kugel ähnlich wird. Der Ring ist beinahe immer an einem in der oberen Hälfte liegenden Punkt etwas nach rechts und nach oben von dem weißen Licht der eingeschlossenen Kugel unbedeutend unterbrochen, zuweilen ist er auch nach der Basis zu an der rechten Seite unterbrochen. Diese kleinen Unterbrechungen haben eine wichtige Bedeutung. Der Ring ist nach dem linken oberen Winkel, wenn man die Feder aufrecht hält, immer sehr verdickt, wobei die Ränder sehr undeutlich umschrieben sind. Unter diesem verdickten Teil findet sich auf der Oberfläche der Kugel eine schräge, beinahe rein weiße Zeichnung, welche nach abwärts in einem blaßbleifarbigen Ton schattiert ist, und diese geht wieder in gelbliche und braune Färbungen

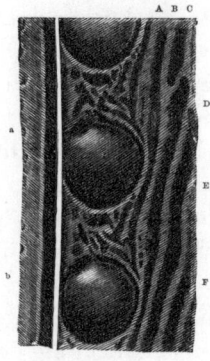

Teil einer Schwungfeder zweiter Ordung vom Argusfasan, welcher
zwei vollständige Augenflecken (a und b) zeigt. A, B, C dunkle Streifen,
welche schräg nach abwärts laufen, ein jeder zu einem Ocellus.
(Von der Fahne ist auf beiden Seiten, besonders links vom Schafte,
ein großes Stück abgeschnitten worden).

über, welche nach dem unteren Teil der Kugel unmerklich
dunkler und dunkler werden. Es ist gerade diese Schattierung, welche in einer so wunderbaren Weise die Wirkung
hervorbringt, als scheine Licht auf eine konvexe Oberfläche.
Untersucht man eine dieser Kugeln, so wird man finden,
daß der untere Teil von einer braunen Färbung und undeutlich durch eine gekrümmte schräge Linie von dem oberen
Teil geschieden ist, welcher gelber und mehr bleiern aussieht. Diese gekrümmte schräge Linie läuft in rechtem
Winkel auf die längere Achse des weißen Lichtflecks und in
der Tat aller Schattierungen. Aber diese Verschiedenheit in
den Tinten stört nicht im allermindesten die vollkommene
Schattierung der Kugel. Man muß noch besonders beachten,
daß jeder Augenfleck in offenbarem Zusammenhang entweder mit einem dunklen Streifen oder mit einer Reihe

Basaler Teil der Schwungfeder zweiter Ordnung,
zunächst dem Körper.

dunkler Flecken steht, denn beide kommen ganz indifferent
an einer und derselben Feder vor.

Ich will nun zunächst das andere Extrem der Reihe beschreiben, nämlich die erste Spur eines Augenflecks. Die
kurze Schwinge zweiter Ordnung zunächst dem Körper ist
wie die übrigen Federn mit schrägen, longitudinalen, im
ganzen unregelmäßigen Reihen von Flecken gezeichnet.
Der unterste Fleck, oder der am nächsten dem Schaft, ist in
den fünf unteren Reihen (mit Ausnahme der basalen Reihe)
um ein weniges größer als die anderen Flecken in derselben
Reihe und ein wenig mehr in einer Querrichtung verlängert. Er weicht auch von anderen Flecken dadurch ab, daß
er an seiner oberen Seite mit einigen mattgelben Schattierungen gerändert ist. Es ist aber dieser Fleck in keiner Weise
merkwürdiger als die am Gefieder vieler Vögel auftretenden und kann leicht völlig übersehen werden. Der nächst
höhere Fleck in jeder Reihe weicht durchaus nicht von den
oberen in derselben Reihe ab, obschon er, wie wir sehen
werden, in den folgenden Reihen bedeutend modifiziert
wird. Die größeren Flecken nehmen genau dieselbe relative

Stellung an dieser Feder ein, wie die vollkommenen Augenflecken an den längeren Schwungfedern.

Betrachtet man die nächsten zwei oder drei folgenden
Schwingen zweiter Ordnung, so läßt sich eine absolut un-
merkbare Abstufung von einem der eben beschriebenen
unteren Flecken in Verbindung mit den nächst höheren in
derselben Reihe bis zu einer merkwürdigen Verzierung verfolgen, welche nicht ein Augenfleck genannt werden kann
und welche ich aus Mangel eines besseren Ausdrucks ein
»elliptisches Ornament« nennen will. Wir sehen hier mehrere schräge Reihen von Flecken des gewöhnlichen Charakters. Jede Reihe von Flecken läuft abwärts nach einem der
elliptischen Ornamente hin und steht mit ihm in Verbindung, in genau derselben Weise wie jeder Streifen abwärts
zu einem der Kugel- und Sockel-Augenflecken läuft und mit
diesem in Verbindung steht. Faßt man irgendeine Reihe ins
Auge, so ist der untere Fleck oder die untere Zeichnung dik-
ker und beträchtlich länger als die oberen Flecken und sein
linkes Ende ist zugespitzt und nach oben gekrümmt. Die
schwarze Zeichnung wird an ihrer oberen Seite direkt von
einem ziemlich breiten Raum reich schattierter Färbungen
eingefaßt, welche mit einer schmalen braunen Zone beginnen, die wieder in eine orangene und diese in eine blasse
bleifarbige Zeichnung übergeht, wobei das Ende nach dem
Schaft hin blasser ist. Die abschattierten Färbungen füllen
zusammen den ganzen inneren Raum des elliptischen Ornaments aus. Nach oberhalb und rechts von diesem Fleck mit
seiner hellen Schattierung findet sich eine lange, schmale,
schwarze Zeichnung, welche zu derselben Reihe gehört und
welche ein wenig nach abwärts gekrümmt ist. Diese Zeichnung ist zuweilen in zwei Partien geteilt. Sie wird auch an
der unteren Seite von einer gelblichen Färbung schmal gerändert. Nach links und oben findet sich in derselben schrä-

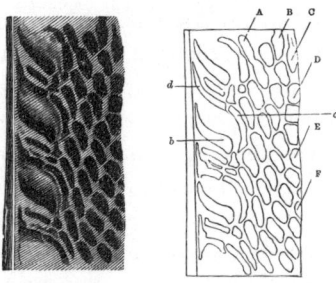

Abschnitt einer der Schwungfedern zweiter Ordnung nahe am Körper,
die sogenannten elliptischen Ornamente zeigend. Die Figur rechts ist
nur als schematischer Umriss beigegeben worden wegen der Buchsta-
benzeichnung.
A, B, C, D u. s.f. Reihen von Flecken, welche nach abwärts zu den
elliptischen Ornamenten laufen und diese bilden.
b Unterster Flecken oder Zeichnung in der Reihe B.
c der nächst folgende Flecken oder die nächste Zeichnung
in derselben Reihe.
d Allem Anschein nach eine unterbrochene Verlängerung
des Fleckens c in der Reihe B.

gen Richtung, aber immer mehr oder weniger abgesetzt von
ihr, eine andere schwarze Zeichnung. Diese Zeichnung ist
allgemein subtriangulär und in der Form unregelmäßig,
aber sie ist ungewöhnlich verlängert und regelmäßig. Sie besteht dem Anschein nach aus einer seitlichen und unterbrochenen Verlängerung der Zeichnung und ist wohl auch mit
einem abgelösten und verlängerten Teil des zunächst folgenden oberen Flecks zusammengeflossen; doch bin ich hierüber
nicht sicher. Diese drei Zeichnungen mit den dazwischentre-
tenden helleren Schattierungen bilden zusammen das sogenannte elliptische Ornament. Diese Ornamente stehen in
einer dem Schaft parallelen Reihe und entsprechen offenbar
ihrer Lage nach den Kugel- und Sockel-Augenflecken. Ihre

außerordentlich elegante Erscheinung kann mit einer Zeichnung nicht gewürdigt werden, da die orangenen und bleifarbigen Färbungen, die so schön mit den schwarzen Färbungen kontrastieren, nicht dargestellt werden können.

Zwischen einem der elliptischen Ornamente und einem vollkommenen Kugel- und Sockel-Augenfleck ist die Abstufung so vollkommen, daß es kaum möglich ist zu unterscheiden, wann der letztere Ausdruck in Gebrauch treten soll. Der Übergang von dem einen in das andere wird durch die Verlängerung und größere Krümmung in entgegengesetzten Richtungen der unteren schwarzen Zeichnung und besonders nach der oberen in Verbindung mit einem Zusammenziehen der unregelmäßigen subtriangulären oder schmalen Zeichnung bewirkt, so daß endlich diese drei Zeichnungen zusammenfließen und einen regelmäßigen elliptischen Ring bilden. Dieser Ring wird allmählich mehr und mehr kreisförmig und regelmäßig, während er in derselben Zeit an Durchmesser zunimmt. Der untere Teil des schwarzen Rings ist viel stärker gekrümmt als die untere Zeichnung im elliptischen Ornament. Der obere Teil des Rings besteht aus zwei oder drei getrennten Partien: Von der Verdickung des Teils, welcher die schwarze Zeichnung oberhalb der weißen Schattierung bildet, findet sich nur eine Spur. Dieser weiße Ton selbst ist noch nicht sehr konzentriert; unter ihm ist die Oberfläche heller gefärbt als ein vollkommener Kugel- und Sockel-Augenfleck. Spuren der Verbindung der drei oder vier verlängerten schwarzen Flecken oder Zeichnungen, aus denen der Ring gebildet wurde, können noch selbst in den vollkommensten Augenflecken beobachtet werden. Die unregelmäßige subtriangulär oder schmale Zeichnung bildet offenbar durch ihre Zusammenziehung und Ausgleichung die verdickte Partie des Rings oberhalb der weißen Zeichnung eines vollkommenen Kugel- und Sockel-Augenflecks.

Der untere Teil des Rings ist ausnahmslos ein wenig dicker als die anderen Teile, und dies folgt daraus, daß die untere schwarze Zeichnung des elliptischen Ornaments ursprünglich dicker war als die obere Zeichnung. In dem Prozeß des Zusammenfließens und der Modifikation kann jeder einzelne Schritt verfolgt werden, und der schwarze Ring, welcher die Kugel des Ocellus umgibt, wird ohne Frage durch die Verbindung und Modifikation der drei schwarzen Zeichnungen des elliptischen Ornaments gebildet. Die unregelmäßigen schwarzen Zickzackzeichnungen zwischen den aufeinanderfolgenden Augenflecken sind offenbar Folge davon, daß die etwas regelmäßigeren, aber ähnlichen Zeichnungen zwischen den elliptischen Ornamenten unterbrochen werden.

Die aufeinanderfolgenden Abstufungen in der Schattierung der Kugel- und Sockel-Augenflecken können mit gleicher Deutlichkeit verfolgt werden. Es läßt sich beobachten, wie die braunen, orangenen und blaß-bleifarbenen schmalen Zonen, welche die untere schwarze Zeichnung des elliptischen Ornaments begrenzen, sich allmählich immer mehr und mehr ausgleichen und ineinander abschattieren, wobei

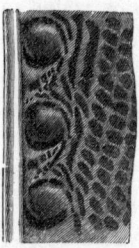

Ein Augenflecken in einem intermediären Zustand
zwischen dem elliptischen Ornament und dem vollkommenen
Kugel- u. Sockel-Augenflecken

der obere hellere Teil zum Winkel linker Hand immer heller wird, so daß er fast weiß erscheint und gleichzeitig zusammengezogen wird. Aber selbst in dem vollkommensten Kugel- und Sockel-Ocellus läßt sich eine unbedeutende Verschiedenheit in der Färbung, wenn auch nicht in der Schattierung, zwischen den oberen und unteren Teilen der Kugel beobachten (wie vorher ausdrücklich erwähnt wurde). Denn die Trennungslinie verläuft schräg in derselben Richtung mit den hell gefärbten Lichtern des elliptischen Ornaments. Es läßt sich in dieser Weise zeigen, daß fast jedes minutiöse Detail in der Form und Färbung der Kugel- und Sockel-Augenflecken aus allmählichen Veränderungen an den elliptischen Ornamenten hervorgeht; und die Entwicklung der letzteren kann durch in gleicher Weise unbedeutende Schritte aus der Vereinigung zweier beinahe einfacher Flecke verfolgt werden, von denen der untere an seiner oberen Seite eine kleine, mattgelbliche Schattierung zeigt.

Die Enden der längeren Schwungfedern zweiter Ordnung, welche die vollkommenen Kugel- und Sockel-Augenflecken tragen, sind in eigentümlicher Weise verziert. Die schrägen longitudinalen Streifen hören nach oben hin plötzlich auf und werden unregelmäßig, und oberhalb dieser Grenze ist das ganze obere Ende der Feder mit weißen, von kleinen schwarzen Ringen umgebenen Flecken bedeckt, welche auf einem dunklen Grund stehen. Selbst der schräge Streifen, welcher zu dem obersten Augenfleck gehört, wird nur durch eine sehr kurze, unregelmäßige schwarze Zeichnung mit der gewöhnlichen gekrümmten Querbasis dargestellt. Da dieser Streifen hiermit nach oben plötzlich abgeschnitten wird, so können wir nach dem, was vorausgegangen ist, vielleicht verstehen, wie es kommt, daß der obere verdickte Teil des Rings bei dem obersten Augenfleck fehlt; denn wie wird dieser verdickte Teil allem Anschein nach durch eine unterbrochene

Verlängerung des nächst höheren Flecks in derselben Reihe gebildet. Wegen der Abwesenheit des oberen und verdickten Teils des Rings erscheint der oberste Augenfleck, obwohl er in allen übrigen Beziehungen vollkommen ist, so, als wenn sein oberes Ende schräg abgeschnitten wäre. Ich glaube, es würde jedermann, welcher glaubt, daß das Gefieder des Argusfasans, so wie wir es jetzt sehen, erschaffen sei, in Verlegenheit bringen, sollte er den unvollkommenen Zustand der obersten Augenflecken erklären. Ich will noch hinzufügen, daß bei den vom Körper entferntesten Schwungfedern zweiter Ordnung alle Augenflecken kleiner und weniger vollkommen sind als an den übrigen Federn und daß bei ihnen der obere Teil des Rings fehlt, wie in dem eben erwähnten Falle. Hier scheint die Unvollkommenheit mit der Tatsache in Verbindung zu stehen, daß die Flecken an dieser Feder weniger als gewöhnlich die Neigung zeigen, zu Streifen zusammenzufließen; sie werden im Gegenteil oft in kleinere Flecken aufgelöst, so daß zwei oder drei nach abwärts zu jedem Augenfleck laufen.

Noch ein anderer, sehr merkwürdiger Punkt, den Mr. T. W. Wood zuerst bemerkt hat[46], verdient unsere Aufmerksamkeit. Auf einer mir von Mr. Ward gegebenen Photographie eines ausgestopften Exemplars im Akt der Entfaltung kann man an den senkrecht gehaltenen Federn sehen, daß die weißen Zeichnungen an den Augenflecken, welche das von einer konvexen Oberfläche reflektierte Licht darstellen, am oberen oder ferneren Ende liegen, d. h. daß sie aufwärts gerichtet sind; und natürlich wird der Vogel, wenn er auf der Erde stehend seine Reize entfaltet, von oben beleuchtet werden. Nun kommt der merkwürdige Punkt: Die äußeren Federn werden fast horizontal gehalten, und da deren Augenflecken gleichfalls als von oben beleuchtet erscheinen sollten, so müßten

[46] The Field, 28. Mai 1870.

Stück einer der Schwungfedern zweiter Ordnung nahe der Spitze,
vollkommene Kugel- und Sockel-Augenflecke tragend.
a. Verzierter oberer Teil.
b. Oberster, unvollkommener Kugel- und Sockel-Augenfleck
(die Schattierung oberhalb der weißen Zeichnung auf der Spitze
des Ocellus ist hier ein wenig zu dunkel).
c. Vollkommener Augenfleck.

die weißen Zeichnungen an der oberen Seite der Augenflek-
ken angebracht sein. So wunderbar die Tatsache auch ist, sie
finden sich faktisch dort angebracht! Obgleich daher die Augenflecken auf den einzelnen Federn sehr verschiedene Stellungen in bezug auf das Licht einnehmen, so erscheinen sie
doch alle als von oben beleuchtet, genauso wie ein Maler sie
schattiert haben würde. Trotzdem sind sie aber nicht ganz genau von demselben Punkt aus beleuchtet, wie es der Fall sein
sollte; denn die weißen Zeichnungen der Federn, welche beinahe horizontal gehalten werden, sind etwas zu weit nach
dem ferneren Ende hin gestellt, d. h. sie stehen nicht ausrei-
chend seitlich. Wir haben indessen kein Recht, absolute Voll-

kommenheit in einem durch geschlechtliche Auslese orna-
mental gemachten Teil zu erwarten, ebensowenig wie wir
eine solche in einem durch natürliche Auslese zu einem realen Zweck modifizierten Teil erwarten dürfen, z. B. in jenem
wunderbaren Organ, dem menschlichen Auge. Wir wissen ja,
was Helmholtz, die höchste Autorität in Europa, über diesen
Gegenstand, über das menschliche Auge gesagt hat, nämlich,
daß er, wenn ihm ein Optiker ein so nachlässig gearbeitetes
Instrument verkaufte, sich vollständig berechtigt halten würde, es ihm zurückzugeben.[47]

Wir haben nun gesehen, daß eine vollkommene Reihe von
einfachen Flecken bis zu den wundervollen Kugel- und Sok-
kelverzierungen sich verfolgen läßt. Mr. Gould, welcher mir
einige dieser Federn freundlichst überließ, stimmt durchaus
mit mir in bezug auf die Vollständigkeit der Abstufung überein. Offenbar zeigen uns die von den Federn eines und des
nämlichen Vogels dargebotenen Entwicklungsstufen durchaus nicht notwendig die Schritte auf, durch welche die ausgestorbenen Urerzeuger der Spezies hindurchgegangen sind; sie
geben uns aber wahrscheinlich den Schlüssel für das Verständnis der wirklichen Schritte und beweisen mindestens
bis zur Demonstration, daß eine Abstufung möglich ist. Ver-
gegenwärtigen wir uns, wie sorgfältig der männliche Argusfasan seine Schmuckfedern vor dem Weibchen entfaltet,
ebenso wie die vielen anderen Tatsachen, welche es wahrscheinlich machen, daß weibliche Vögel die anziehenderen
Männchen vorziehen, so wird niemand, der die Wirksamkeit
geschlechtlicher Auslese zugibt, leugnen können, daß ein einfacher dunkler Fleck mit einer mattgelblichen Schattierung
durch die Annäherung und Modifikation zweier benachbar-
ter Flecken in Verbindung mit einer unbedeutenden Verstär-

---

[47] Populäre wissenschaftliche Vorträge.

kung der Färbung in eines der sogenannten elliptischen Ornamente umgewandelt werden kann. Diese letzteren Verzierungen sind vielen Personen gezeigt worden und alle haben zugegeben, daß sie schön sind. Einige halten sie sogar für schöner als die Kugel- und Sockel-Augenflecken. In der Weise wie die Schwungfedern zweiter Ordnung durch geschlechtliche Auslese verlängert wurden und die elliptischen Ornamente im Durchmesser zunahmen, wurden ihre Farben dem Anschein nach weniger hell; und es mußte nun die Verzierung der Schmuckfedern durch Verbesserung der Zeichnung und Schattierung erreicht werden. Dieser Vorgang ist nun eingetreten bis zur endlichen Entwicklung der wundervollen Kugel- und Sockel-Augenflecken. In dieser Weise — und wie mir scheint, in keiner anderen — können wir den jetzigen Zustand und den Ursprung der Verzierungen auf den Schwungfedern des Argusfasans verstehen.

Deutsch von Victor Carus.

13.
Briefe, 1831–1881

Darwins frühe Arbeit an der Evolutionstheorie fiel in die Jahre der englischen Postreform der 1840er und 1850er Jahre, in denen die Kosten für das Verschicken von Briefen deutlich gesenkt wurden; gleichzeitig wuchs die Infrastruktur, der Schienen-, Schiffs- und Straßenverkehr, im sich über die gesamte Welt erstreckenden British Empire erheblich an. Von dieser Effizienzsteigerung profitierte auch Darwin, sie hatte unmittelbare Folgen für seine Forschung. Der offensichtlichste Vorteil lag in der Möglichkeit, ein umfassendes Korrespondentennetz auszubauen, das den Erdball von Jena bis Java umspannte. Darwin nutzte systematisch die Außenposten des englischen Kolonialreichs, um sich über Tiere, Pflanzen, Sammlungen oder Landstriche, die er nicht aus eigener Anschauung kannte, informieren zu lassen. Er korrespondierte mit Wissenschaftlern, Kolonialbeamten, Zoowärtern, Jägern, Züchtern, Gärtnern, Haustierhaltern, Künstlern oder Ärzten. Er schrieb nach Indien, Jamaika, Neuseeland, Kanada, Australien, China, Borneo oder die hawaiianischen Inseln. Über die Jahre wurde seine Korrespondenz immer umfänglicher, im Jahr 1877 gab Darwin für Porto und Briefpapier fast 54 Pfund aus, eine Summe, die damals dem Jahreseinkommen eines Butlers entsprach. Als er 1882 starb, hatte er mit zweitausend Personen Briefe gewechselt. Sein Schreibstil, den sein Sohn Francis als »herzlichen und vertraulichen Ton gegenüber dem Leser« bezeichnete, steht damit in Verbindung: Die Werke lesen sich über weite Strecken, als habe man persönlich einen Brief von Darwin erhalten, der Leser wird ins Vertrauen gezogen, er teilt mit ihm

Argumente wie Zweifel. Der Begründer der Evolutionstheorie war sicherlich einer der begnadetsten Briefeschreiber seiner Zeit. Im folgenden können wir uns anhand von einigen Briefen an Kollegen, Freunde oder Familienmitglieder ein Bild davon machen. Drei der hier abgedruckten Briefe stammen nicht von ihm: Es sind zum einen die beiden Briefe, die Emma, seine Frau, zur Frage der Religion an ihn schrieb; zum anderen ist der Brief, den Alexander von Humboldt an ihn sandte, Darwins großes Vorbild, als er 1831 zur Weltreise aufbrach.

* * *

Charles Darwin und Josiah Wedgwood II an Robert Waring Darwin

Nach Abschluß seines Studiums in Cambridge erhielt Darwin das Angebot, auf dem Expeditionsschiff HMS Beagle mitzureisen. Robert Waring Darwin, Charles' Vater, war anfänglich dagegen, und sein Sohn versucht ihn nun, in einem Brief umzustimmen – erfolgreich. Zur Unterstützung legt er zudem noch ein Schreiben seines Onkels Josiah Wedgwood II. bei, der sich ebenfalls für die Reise aussprach.

Maer, 31. August 1831

Mein lieber Vater,

ich fürchte, ich werde Dir wieder Unannehmlichkeiten bereiten. – Aber bei genauerem Nachdenken glaube ich, Du wirst es mir auch dieses Mal nachsehen, daß ich meine Meinungen über das Reiseangebot äußere. – Meine Entschuldigung und mein Grund ist, daß alle Wedgwoods die Sache ganz anders sehen als Du und meine Schwestern.

Ich habe Onkel Jos eine Liste[1] gegeben, die nach meinem leidenschaftlichen Zutrauen genau und vollständig Deine Einwände aufführt, und er war so freundlich, mir in allen Punkten seine Meinung mitzuteilen. – Die Liste und seine Antworten füge ich bei [s. nachfolgendes Schreiben, Anm. J.V.]. – Aber darf ich Dich um einen großen Gefallen bitten. Es wäre mir die größte Hilfe, wenn Du mir eine entschiedene Antwort geben könntest, ja oder nein. – Wenn Letzteres, wäre ich höchst undankbar, wenn ich mich nicht ohne Murren Deinem besseren Urteil und der freundlichen Nachsicht, welche Du mir während meines ganzen Lebens gewährt hast, beugen würde. – Du kannst Dich darauf verlassen, daß ich das Thema dann nie wieder erwähnen werde. – Ist Deine Antwort aber ja, werde ich direkt zu Henslow gehen und mich gezielt mit ihm beraten und dann nach Shrewsbury kommen. – Die Gefahr scheint mir und allen Wedgwoods nicht groß zu sein. – Die Aufwendungen können nicht schwerwiegend sein, und die Zeit könnte ich damit nach meiner Überzeugung nicht stärker vergeuden als wenn ich zuhause bliebe. – Aber bitte glaube nicht, daß ich derart dazu neigen würde zu fahren, daß ich auch nur einen *einzigen Augenblick* zögern würde, wenn Du glaubst, Du würdest dich nach einer kurzen Zeit immer noch unwohl fühlen.

---

[1] (1) Meinem Ansehen als Geistlicher später abträglich (2) Ein verrückter Einfall. (3) Daß sie es schon vielen anderen angeboten haben müssen, den Platz des Bordnaturalisten. (4) Und bei der nicht erfolgten Annahme muß es einen schwerwiegenden Einwand gegen das Schiff oder die Expedition geben. (5) Daß ich danach mich nie in seßhaftes Leben einfinden würde. (6) Daß meine Unterbringung sehr unbequem sein wird. (7) Daß Dir es ein wiederholter Wechsel meines Berufs scheint. (8) Daß es ein unnützes Unterfangen sei

Ich muß noch einmal erklären, daß ich mir nicht vorstellen kann, ich wäre danach für ein stetiges Leben nicht mehr geeignet. – Ich hoffe, dieser Brief wird Dir kein großes Unwohlsein verursachen. – Ich schicke ihn morgen früh mit dem Wagen, und wenn Du es dir sofort überlegst, wirst Du mir am folgenden Tag auf dem gleichen Weg eine Antwort zukommen lassen. – Falls dieser Brief Dich nicht zuhause vorfindet, hoffe ich, Du wirst ihn so bald beantworten, wie es Dir bequemerweise möglich ist. –

Ich weiß nicht, was ich zu Onkel Jos.' Freundlichkeit sagen soll, ich kann nie vergessen, wie groß sein Interesse an mir ist.

Glaube mir, mein lieber Vater

Dein Dich liebender Sohn

Charles Darwin.

P.S. Frank wäre Dir sehr verbunden, wenn Du das Geschirr zum Hill schicken könntest.

Maer, 31. August 1831

Mein lieber Doktor,

Mit Hinblick auf Ihre Anfrage wegen des Angebots, das man Charles gemacht hat, empfinde ich eine schwere Verantwortung, aber da Sie gewünscht haben, daß Charles mich konsultiert, kann ich es nicht ablehnen, Ihnen das Ergebnis meiner Erwägungen nach bestem Gewissen mitzuteilen. Charles hat dargelegt, was er für Ihre wichtigsten Einwände hält, und nach meiner Überzeugung ist es der beste Weg, wenn ich Ihnen mitteile, was mir zu den einzelnen Punkten einfällt.

1. Ich glaube nicht, daß es seinem Charakter als Geistlicher auch nur im Geringsten abträglich wäre. Im Gegenteil: Ich denke, es ist für ihn ein ehrenhaftes Angebot, und

naturgeschichtliche Forschungen sind, wenn auch sicher nicht professionell betrieben, für einen Geistlichen sehr geeignet.

2. Ich weiß kaum, was ich auf diesen Einwand erwidern soll, aber er hätte definierte Gegenstände, mit denen er sich beschäftigen würde, wobei er seine Auffassungsgabe erwerben und stärken könnte. Ich würde meinen, daß er dies auf allen Wegen tun würde, auf denen er es auch täte, wenn er die nächsten beiden Jahre zuhause verbringt.

3. Der Gedanke ist mir beim Lesen der Briefe nicht gekommen, und auch wenn ich sie mit diesem Gegenstand im Kopf noch einmal lese, sehe ich dafür keinen Grund.

4. Ich kann mir nicht vorstellen, daß die Admiralität ein schlechtes Schiff auf eine solche Mission schicken würde. Was die Einwände gegen die Expedition angeht, so werden sie sich im Falle jedes Mannes unterscheiden, und nach meiner Überzeugung würde es keine Rückschlüsse auf Charles' Fall zulassen, wenn man wüßte, das andere Einwände erhoben haben.

5. Sie können Charles' Charakter viel besser beurteilen als ich. Wenn Sie diese Art, die beiden nächsten Jahre zu verbringen, mit der Art vergleichen, in der er sie vermutlich verbringen würde, wenn er das Angebot nicht annähme, und wenn Sie dann glauben, er werde mit größerer Wahrscheinlichkeit unstet und unfähig zur Seßhaftigkeit werden, so ist dies zweifellos ein gewichtiger Einwand – Es ist nicht so, daß Seeleute dazu neigen würden, sich mit häuslichen, ruhigen Gewohnheiten niederzulassen.

6. In dieser Frage kann ich mir keine Meinung bilden, außer daß er bei einer Ernennung durch die Admiralität einen Anspruch auf die beste Unterbringung hat, die das Schiff zuläßt.

7. Wenn ich erkennen würde, daß Charles derzeit in beruflichen Studien aufgeht, würde ich vermutlich glauben,

daß es nicht ratsam wäre, sie zu unterbrechen. Aber das ist nicht der Fall, und ich glaube, es wird bei ihm auch in Zukunft nicht der Fall sein. Derzeit sucht er nach Kenntnissen auf dem gleichen Weg, den er auch auf der Expedition einschlagen würde.

8. Das Unternehmen wäre im Hinblick auf seinen Beruf nutzlos, aber wenn man ihn als Mann von großer Neugier betrachtet, bietet es ihm eine Gelegenheit, Menschen und Dinge zu sehen, wie nur wenige sie haben.

Bitte bedenken Sie, daß ich sehr wenig Zeit zum Nachdenken hatte und daß Sie und Charles die Personen sind, die entscheiden müssen.

Ich verbleibe

Mein lieber Doktor

In großer Zuneigung

Josiah Wedgwood

Deutsch von Sebastian Vogel.

Alexander von Humboldt an Charles Darwin

Drei Jahre, nachdem Darwin von der Weltumseglung zurückgekehrt war, erschien sein Reisebericht. Ein Exemplar sandte er an den großen deutschen Naturforscher Alexander von Humboldt, der ihn in einem Französisch verfaßten Rückschreiben mit Lob überschüttete: »Nach der Wichtigkeit Ihrer Arbeit«, schrieb Humboldt, »wäre das der größte Erfolg, den meine schwachen Arbeiten erreichen konnten.« Die Verbeugung des Deutschen war vielleicht etwas zu tief, sie drückte aber wohl dennoch eine ehrlich empfundene Begeisterung aus. Humboldt starb im Mai 1859, Darwins *Entstehung der Arten* erschien im November desselben Jahres, und so konnte der bei seinem Tod fast neunzigjährige Forscher nicht miterleben, daß er mit seiner Einschätzung recht behalten sollte.

Sansçouci bei Potsdam den 18. September 1839

Sehr geehrter Herr,

Wenn ich so lange gezögert habe, Ihnen meine lebhafte und herzliche Anerkennung auszusprechen, so geschah es deshalb, weil ich erst seit 14 Tagen Ihr ausgezeichnetes und bewundernswertes Werk in Händen habe und Ihren Brief − der zwei Monate früher ankam − nicht beantworten wollte, ohne Ihnen sagen zu können, was ich alles an Belehrung und Freude aus der Schrift empfing, die Sie so bescheiden »Reisetagebuch eines Naturforschers« nennen. Zweifellos haben mich meine ständige Abwesenheit und die Reisen, die ich mit dem König mache, daran gehindert, früher zu empfangen, was mir so lebhafte Freude bereitet und so dauerhaftes Interesse eingeflößt hat.

Sie sagen mir in Ihrem freundlichen Brief, daß meine Art, die Natur der heißen Zonen zu studieren und zu zeichnen, dazu beitragen konnte, in Ihnen den Eifer und das Verlangen nach weiten Reisen zu entfachen. Nach der Wichtigkeit Ihrer Arbeit wäre das der größte Erfolg, den meine schwachen Arbeiten erreichen konnten. Die Werke sind nur gut, so weit sie bessere entstehen lassen. Übrigens − mit dem guten Namen, den Sie tragen − können Sie Inspiration aus der Erinnerung an den wissenschaftlichen und literarischen Ruhm schöpfen, der das beste Erbteil einer Familie ist. Meine uralte Schrift »Über die gereizte Muskel- und Nervenfaser« verkündet oft, mit welcher Wärme ich von dem dichterischen Autor der »Zoonomia«, [Erasmus Darwin, dem Großvater Darwins, Anm. J.V.] lernte, von demjenigen, der bewiesen hat, daß ein tiefes Gefühl für die Natur, eine nicht träumerische, sondern kräftige und schöpferische Einbildungskraft bei hervorragenden Menschen die Sphäre der Vorstellungen erweitert.

Ich bedaure doppelt, daß meine Stellung und meine noch

immer literarischen Pflichten mich des Glücks berauben, Ihrer berühmten Zusammenkunft beizuwohnen und Ihnen, Herr Charles Darwin, mündlich das zu sagen, was ich hier nur sehr unvollkommen und nicht in der Sprache Ihres Landes ausdrücke. Am Ende meiner Laufbahn angekommen, und ohne Bedauern mit der ganzen reinen Liebe zur Naturwissenschaft die Fortschritte des Geistes und der Freiheit, den Glanz der modernen Zeit genießend, übe ich gegen meine Zeitgenossen nicht jenen herben Ernst und geringes Wohlwollen, die meine eigenen Arbeiten lange Zeit hindurch erfahren haben, sondern ein Urteil, frei von nationalen Vorurteilen, das seinen Teil beiträgt zur Stärkung des Talents, der Zuverlässigkeit, des Umfangs an Kenntnissen, der glücklichen literarischen Veranlagung, das zu schildern, was man fühlt und den Leser empfinden lassen will. In dieser Hinsicht stehen Sie vor meinem Geist sehr hoch: Sie vereinen alle die Qualitäten, die ich nenne, Sie haben eine schöne Laufbahn vor sich. Ihre Arbeit ist bemerkenswert durch die Zahl der neuen und genialen Beobachtungen über die geographische Verbreitung der Organismen, die Physiognomie der Pflanzen (Gewächse), die geologische Beschaffenheit des Bodens, den Einfluß des einzelnen Küstenklimas, der die Cycadeen, die Kolibris und die Papageien mit den Formen von Lappland verbindet, über jene immergrüne und feuchte Vegetation der Ebenen von Paramos, die über Meereshöhe liegen, über die urtümlichen Skelette, die Möglichkeit der Ernährung der großen Dickhäuter bei Abwesenheit einer üppigen Vegetation, über die ehemaligen Lebensgemeinschaften von Tieren, die heute durch große Entfernungen von einander getrennt sind, über den Ursprung der Koralleninseln und die merkwürdige Gleichförmigkeit ihrer fortschreitenden Bildung, über die Erscheinungen, die die Gletscher zeigen, die zur Küste herabsteigen, über die mit Pflanzen bedeckte gefrorene Erde, über die Ursache der Abwesenheit von Wäldern, über die Erdbeben und ihre Beziehung zur umgebenden Luft ... Sie sehen, wie gern ich die Hauptpunkte in meinem Gedächtnis wiederhole, über die Sie meine Ansichten erweitert und berichtigt haben. Sie erinnern sich der »Beobachtungen auf einer Reise um die Welt«, die der alte Forster nach seiner Rückkehr mit dem unsterblichen Cook veröffentlichte, ein Werk über die gesamte Natur, dessen streitsüchtiger Geist damals nicht das ganze große Verdienst spüren ließ. Welch ein Fortschritt in den Naturwissenschaften und unter denen, die sie, wie Sie, so beredt interpretieren, drängt sich einem auf, wenn man Ihr »Journal« vergleicht mit dem Buch von Reinhold Forster, das 1776 so reichhaltig war und heute so ärmlich erscheint.

Ich habe die Angewohnheit, mir die Stellen anzumerken, die mir den Reiz einer glücklichen Eingebung vermitteln, ich lese sie oft wieder, wenn ich – ermüdet von der trüben Eintönigkeit des gesellschaftlichen Lebens – mich in meine Erinnerungen an den Orinoko flüchte, an den Hang der Kordilleren, zu der wilden Fruchtbarkeit des Bodens in der heißen Zone. Eine glückliche Inspiration ließ Sie die schönen Stellen schreiben auf Seite 394, 540, 545, 548, 590, 591, 605 ... Der Schluß Ihres »Journals« (S. 608) ist der Ausdruck jener ruhigen Sittlichkeit, die in einer reinen und wohlwollenden Seele die Berührung mit den unteren Klassen der Gesellschaft zurückläßt. Auf S. 28 steht ein Charakterzug der Sitten, der mit so einer Geschicklichkeit der Einfühlung erfaßt ist, daß ich es besonders bemerken muß.

Ihre Gedanken über die Möglichkeit der Existenz großer Dickhäuter in einem Klima (45–55° Breite) nicht kontinental, sondern insular ähnlich dem von Südamerika, sind ausgezeichnet. Sie sind für mich um so viel mehr von Gewicht, als ich so lange in den alpinen Regionen lebte (in Paramos 1800–2200 Toisen Höhe) wo das Thermometer kontinuierlich zwischen + 4 und 12° Réaum. zeigt. Formen ähnlich den Palmen, Baumfarnen und Cycadeen können zweifellos in diesen mehr kalten als warmen Klimaten wachsen. Ich habe selbst ganz denselben Stamm von alpinen Palmen kennengelernt. Der versteinerte Palmenwald ist viel seltener als unsere Bücher über Geognosie schreiben. Es sind meistens Nadelhölzer, die man für Palmen gehalten hat. Im allgemeinen jedoch lassen die Abdrücke der ursprünglichen Vegetation einige Einwände zu, wo wir sie gegen den Nordpol fortschreiten sehen. Die Musaceen und die Gräser in Corrientes fordern mehr Wärme als Sie ihnen in unserem traurigen Klima bieten können. Der Laubfall, das Abwerfen der Blätter (Anhangsorgane!) ist nur bei den Dikotylen (zweikeimblättrigen) Pflanzen gleichgültig. Die Monokotylen (einkeimblättrigen) können nicht mit dem Stamm, der Blattachse, allein leben. Ich habe lange Zeit geglaubt, daß die ursprüngliche Vegetation eine andere Wärmequelle gehabt hat als die, die unsere heutige Vegetation genießt. Ich habe gedacht, daß unsere Erde wie alle Planeten sein Klima (seine Temperatur) während langer Zeiträume nicht so sehr durch seine relative Stellung zu einem Zentralgestirn (der Sonne) empfängt, sondern durch ihr Inneres. Unter allen Breitengraden ist die Erdkruste gespalten. Der Vulkanismus ist nur die Reaktion des glutflüssigen Erdinnern gegen die erkaltete, erhärtete Oberfläche, die die Wärme durch Ausstrahlung verliert. Nach diesen Ideen (und die Zusammenballung der diffusen Materie in Planeten, Meteoren … ist die Ursache der zentralen Hitze) kann das Tropenklima für einige Zeit in allen Zonen und mit diesem heißen Klima eine große Üppigkeit der Vegetation entstehen lassen. Die offenen Spalten haben während langer Zeiten beitragen können, die nördlichen Wohngebiete der Dickhäuter zu erwärmen. Diese Hitze herrschte nicht mehr

1803, seit 50 Jahren unter einem Flecken um die Hornitos des Vulkans Jorullo (Sie erwähnten eine sehr ähnliche Erscheinung in Ihrer interessanten Beschreibung der Galapagos-Inseln S. 455), wo durch die kleinen, aber zahlreichen Öffnungen, wie bei allen tätigen Vulkanen, das Erdinnere mit der umgebenden Atmosphäre verbunden ist. Je nachdem wie in der Urzeit diese Verbindungen aufgehört haben und die Spalten ausgefüllt wurden mit mineralischer Materie (Erzgänge) oder durch Auffaltung der Gebirgsketten, haben die Klimate unter verschiedenen Breiten begonnen abhängig zu werden allein von der Stellung gegenüber dem wärmenden Zentralkörper, in dem planetarischen System der Sonne. Ein Graben von 1800–3000 Fuß Tiefe von Hamburg bis zu den Alpen würde in unseren Tagen einem großen Teil Deutschlands wieder ein Klima von Oliven und Granatbäumen geben. Dieser Zustand würde solange andauern bis der Einschnitt und seine Ränder durch die Kraft der Umdrehung wieder ins Gleichgewicht mit den benachbarten Oberflächenschichten gebracht wären, wie Fourier es theoretisch bewiesen hat, und meine Beobachtungen im Inneren der ausgeschachteten Bergwerke von Micuipampa (Minen von Gualgayoc) mehr als 2000 Toisen Höhe bestätigen es, daß die Erdschichten Isothermen sind nahe der äußeren Erdkruste trotz der Krümmungen der Täler und Berge. Es scheint mir unmöglich, die zentrale Hitze (das Ergebnis der Bildung der Planeten, der Verdichtung einer nebelartigen Materie) und die Reaktionen (die Dynamik) des Planeteninneren gegen seine Kruste anzuerkennen, ohne gleichzeitig gelten zu lassen, daß in der Urzeit der Erde die zeitweiligen Veränderungen des Klimas von dem rissigen Zustand ihrer Oberfläche abhängig waren.

Zu den sehr bemerkenswerten Betrachtungen, die Sie in Ihrem ausgezeichneten Werk vorlegen über die Mischung

der Formen, die in Süd-Amerika tropisch und die polar erscheinen, kann ich die Tatsache hinzufügen, daß man im
Südwesten des Altai unter dem 50. Breitengrad in einem
Abstand von 30 Meilen den Königstiger erlegen kann zugleich mit dem Ceylon-Tiger, Rentiere und Elenantilopen.
Diese ursprüngliche Mischung der Formen verringert sich
mit der Zeit; die meisten Löwen in Mazedonien, die meisten
Elephanten der Nord-Sahara, im Atlasgebirge, der Königstiger in Sibirien werden seltener, die Papageien haben sich –
nach den Beobachtungen von Ehrenberg – zurückgezogen
nach dem Süden von Nubien seit der Zeit der Römer. Das ist
eine Erscheinung, die der Beachtung wert ist. Eng befreun-
det mit Agassiz teile ich jedoch wenig seine erschreckenden
Theorien der Vereisung, die periodisch die Organisation zerstören. Mir bleiben auch viele Zweifel über den Transport
der Gesteinsblöcke unserer baltischen Ebenen auf Glet-
scherflößen. Man muß unterscheiden zwischen den kleinen
lokalen Erscheinungen, dem Eisgang und dem Einsinken
der benachbarten Granitgebirge und Moränen, die durch
die Gletscher fortgestoßen wurden. Einige Blöcke, die die
Gletscher von Küste zu Küste tragen können, diesen »Strom
der Steine« (S. 254) – sehr bemerkenswert auch in Asien
(Taganay) im Süd-Ural – und jenen Lagerstätten von Blök-
ken, die über weite Flächen gelagert sind und liegen blieben
fern von den Gebirgsketten, denen man sie zuordnen wollte.
Ich glaube mit Ihnen, daß der Mangel an Blöcken in den
tropischen Ebenen (Llanos von Caracas, Amazonas, Sahara)
bemerkenswert ist, aber der Norden von Asien ist ebenfalls
frei von Blöcken. Die Furchen und Felsen, die Skandinavien
durchziehen, führen gleichmäßig zu den nördlichsten Küsten von Norwegen: Die Ursache dieser wichtigen und neu-
beobachteten Erscheinung scheint doch in den Polarmeeren
zu liegen! Wie viele Dinge wissen wir noch nicht! Die Beob-

achtungen sind zu unvollständig. Wie sehr bedauere ich, daß Mr. Henslow die Bestimmung der Familien oder der Verwandtschaft einiger Gattungen Ihrer sehenswerten Sammlung von Pflanzen (S. 460, 537, 541) nicht beenden konnte. Die Vegetation zeigt den Grundcharakter eines Landes an. Wenn man sie behandelt, selbst nur in großen Zügen, gibt man einen Eindruck, der sich einprägt; das ist beinahe unveränderlich. Die Tiere dagegen zeigen veränderliche Charakterzüge.

Ich bitte tausendmal um Entschuldigung für die Länge dieses Briefes und die Unleserlichkeit meiner hieroglyphischen Schrift. Ich habe eine große Schwäche im rechten Arm aus den Wäldern am Orinoko davongetragen, zweifellos dadurch, daß ich mehrere Male auf einem Boden von toten und ständig feuchten Blättern gelagert habe. Ich wollte Ihnen noch erzählen von der kalten Strömung entlang der Peruanischen Küsten und mit der ich mich so viel beschäftigt habe, da ich glaube, daß sie sehr das Küstenklima beeinflußt. (Meerestemperatur an der Oberfläche bei Callao im November 60° F., während außerhalb der kalten Strömung gegen Westen vom Kap Parina man 82°–85° F. antrifft) Sie werden die Karte über die Meeresströmungen von Kapitän Duperrey gesehen haben, der glaubt, daß eine kalte Strömung vom Südwesten kommt und gegen die Küsten von Chile, 35 und 40° südl. Breite, entlang von Peru schlägt. Ich würde gern wissen, ob diese Bemerkung mit Ihren Erfahrungen übereinstimmt und mit denen des verehrten Kapitän Fitz-Roy. Vielleicht ist mir die Stelle, wo in der »Reise der Beagle« diese Strömung erwähnt wird, entgangen. Immerhin ist die Kälte des Meeres zwischen den Galapagos-Inseln (S. 454) sehr wohl beachtenswert, denn dieser Archipel liegt schon nördlich der Linie, wo nahe am Kap Parina (nahe der großen Krümmung von Südamerika) die kalte

Strömung nach Westen biegt. Zwischen den Felseninseln wie zwischen den Sandbänken gibt es einige Streifen kalten Wassers, das aus der Tiefe des Ozeans kommt. Das sind aufsteigende Ströme, wie die absteigenden Luftströme, die man auf dem Gipfel der Kordilleren spürt.

Wollen Sie bitte mit Geduld diese Zeilen lesen, die mit so viel Nachlässigkeit geschrieben sind und Sie meine herzliche und tiefe Achtung entgegennehmen.

Alexander Humboldt

Nachschrift:

Ich hoffe, Ihnen bald eine neue Ausgabe meiner »asiatischen Fragmente« vorlegen zu können. Es ist vielmehr ein ganz anderes Werk das unter dem Titel »Zentral-Asien« erscheint. Meine Geschichte der Geographie vom 15. Jahrhundert (Examen critique) wird mit dem 5. Band abgeschlossen. Ich habe sogar – trotz meines Alters – den stolzen Mut, an einer Naturgeschichte der Welt, besonders der physischen Weltbeschreibung, zu arbeiten, die den Kosmos umfassen wird …

Bitte richten Sie dem Kapitän Fitz-Roy meine lebhafte Anerkennung aus für die Früchte seiner feinen und mutigen Expedition.

Emma Darwin an Charles Darwin

Die Abschriften von zwei Briefen, die Emma Darwin ihrem Mann geschrieben hatte, fanden sich nach ihrem Tod in ihren Unterlagen, beide mit Kommentaren von Charles Darwin versehen. Der erste, undatierte Brief steht auf altmodischem Konzeptpapier und entstand kurz nach der Heirat im Januar 1839. Der zweite muß spätestens 1861 geschrieben worden sein, da Charles Darwin sei-

nen Kommentar mit diesem Datum versah. Emma Darwins Handschrift ist in den Originalen säuberlich und ohne Korrekturen, vermutlich sind die Briefe also Reinschriften. In seiner Autobiographie
spricht Darwin von »ihrem wunderschönen Brief an mich kurz
nach unserer Heirat, den ich sicher aufbewahrt habe«. Seine Bemerkungen schreibt er beide Male unter den Schluß. Die Briefe
beginnen ohne Anrede.

[Erster Brief, 1839]

Diese Einstellung zu Dir möchte ich mir erhalten: Ich
möchte immer das Gefühl haben, daß Du nicht im Unrecht
sein kannst, solange Du gewissenhaft und ehrlich handelst
und versuchst, die Wahrheit zu finden; aber es gibt Gründe,
die auf mich eindrängen und mir so im Weg stehen, daß ich
mir diese Beruhigung nicht immer verschaffen kann. Bestimmt hast Du sie selbst oft bedacht, aber ich will trotzdem
aufschreiben, was mir durch den Kopf geht, denn ich weiß,
daß mein Liebster Nachsicht mit mir haben wird.

Dein Kopf und Deine Zeit sind ausgefüllt mit den interes-
santesten Themen und Gedanken der fesselndsten Art – man
denke nur an die Entdeckungen, die Du machst und weiterver-
folgst –, aber das führt dazu, daß Du kaum vermeiden kannst,
alle anderen Überlegungen, die nicht in Zusammenhang mit
Deinen Arbeitszielen stehen, als Unterbrechungen abzuweh-
ren oder daß Du jedenfalls nicht Deine ganze Aufmerksamkeit
auf die zwei Seiten des Problems richten kannst.

Da ist noch ein Grund zur Beunruhigung – jedenfalls für
eine Frau; ob es einem Mann auch so geht, weiß ich nicht.
Ich meine, daß E. [Erasmus, der ältere Bruder von Charles,
Anm. J.V.], von dessen Verstand Du eine so hohe Meinung
hast und den Du so liebst, Dir als Beispiel vorangegangen ist
– ist es nicht wahrscheinlich, daß er es leichter für Dich ge-

macht und Dir einen Teil der schrecklichen Angst genommen hat, die das Zweifeln zunächst begleitet und die meiner Meinung nach keine unvernünftige oder abergläubische Regung ist? Mir scheint auch, daß die Richtung Deiner Interessen Dich dazu gebracht hat, Schwierigkeiten vor allem auf einer Seite zu sehen, und daß Du noch keine Zeit hattest, auch die Kette von Problemen zu bedenken und zu bearbeiten, die sich auf der anderen Seite ergeben, aber ich glaube nicht, daß Du Deine Meinung als endgültig festgelegt ansiehst. Hoffentlich prägt die Gewohnheit, in der wissenschaftlichen Arbeit nichts zu glauben, bevor es bewiesen ist, nicht dein ganzes Denken: Es gibt auch Dinge, die nicht in derselben Art zu beweisen sind, deren Wahrheit über unser Fassungsvermögen geht. Ich möchte auch sagen, daß im Abweisen der Offenbarung eine Gefahr liegt, die auf der Gegenseite nicht besteht: das ist die Sorge, undankbar zu sein, wenn Du leugnest, was zu Deinem Besten und zum Besten der ganzen Welt getan wurde und was Dich noch umsichtiger, vielleicht sogar besorgt machen sollte, ob Du Dir auch wirklich alle Mühe gegeben hast, um richtig urteilen zu können. Ich weiß nicht, ob ich jetzt so argumentiere, als sei die eine Seite die rechte und die andere die unrechte, das wollte ich nicht, aber ich glaube, so habe ich auch nicht gesprochen. Du hast einmal gesagt, zum Glück müsse man nicht zweifeln, wie man zu handeln habe; darin stimme ich Dir nicht ganz zu. Ich glaube, das Beten ist ein Gegenbeweis, denn in einem Fall ist es eine positive Pflicht und im anderen vielleicht nicht. Aber Du hast wohl Handlungen gemeint, die sich auf andere richten, und darin stimme ich Dir fast zu, wenn auch nicht vollständig. Ich möchte nicht, daß Du mir irgendeine Antwort gibst — ich bin zufrieden, es aufzuschreiben, und wenn ich mit Dir darüber spreche, dann kann ich nicht genau sagen, was ich sagen möchte, und ich weiß, Du

wirst Geduld mit Deiner Frau haben, die Dich liebt. Denk
nicht, das gehe mich nichts an und bedeute mir nicht viel.
Alles was Dich angeht, geht auch mich an, und ich wäre sehr
unglücklich, wenn wir einander nicht für alle Zeiten angehörten. Ich habe wirklich Angst mein lieber *Nigger* wird
denken, ich hätte mein Versprechen vergessen, ihn nie zu
beunruhigen, aber ich bin mir gewiß, daß er mich liebt, und
ich kann gar nicht sagen, wie glücklich er mich macht und
wie sehr ich ihn liebe und wie dankbar ich ihm für all seine
zärtliche Zuneigung bin, die das Glück meines Lebens jeden
Tag vermehrt.

Wenn ich tot bin, sollst
Du wissen, daß ich den Brief viele
Male geküßt und Tränen über
ihm vergossen habe. C. D.[2]*

Deutsch von Christa Krüger

[Zweiter Brief, 1861]

Ich kann Dir nicht sagen, wieviel Mitgefühl mit Deinen
Schmerzen ich in diesen Wochen gehabt habe, in denen Du
so viel leiden mußtest. Auch nicht, wie dankbar ich war für
all die liebevollen und ermutigenden Blicke, die Du mir gegeben hast, obwohl Du Dich ganz elend fühltest.

Mein Herz war oft so voll, daß ich nichts sagen und nicht
einmal ein Zeichen geben konnte. Ich bin mir gewiß, Du
weißt, daß ich Dich genug liebe, um Dein Leiden fast so zu
empfinden, als sei es mein eigenes, und mein einziger Trost

[2] Seinen vierzeiligen Kommentar zeichnete Charles Darwin mit den In-
itialen C. D. Anm. J.V.

ist der Glaube, daß alles von Gott geschickt ist; und ich versuche zu glauben, daß alles Leiden und alle Krankheit uns auferlegt sind, damit wir unseren Geist erheben und voll Hoffnung auf ein zukünftiges Leben blicken können. Wenn ich Deine Geduld ansehe, Dein tiefes Mitgefühl mit anderen, die Selbstbeherrschung und vor allem Deine Dankbarkeit für jeden kleinsten Hilfsdienst, den man Dir erweist, dann kann ich nicht anders, als mir sehnlichst zu wünschen, daß diese kostbaren Empfindungen dem Himmel als Lohn für Dein tägliches Glück dargeboten werden. Aber ich finde es schon für mich selbst schwer genug. Ich denke oft an die Worte: »Wer festen Herzens ist, dem bewahrst Du Frieden.« [Jes. 26,3]. Gefühl, nicht Denken drängt uns zum Gebet.

Es kommt mir überheblich vor, daß ich Dir dies schreibe. Ich spüre tief im Herzen, wie bewundernswürdig Deine Eigenschaften und Gefühle sind, und ich hoffte nur, Du würdest sie auch nach oben lenken, genauso wie auf den Menschen, der sie über alles in der Welt schätzt. Ich werde dies für mich behalten, bis ich wieder heiter und ohne Sorgen Deinetwegen bin, aber es ist mir in letzter Zeit so oft durch den Kopf gegangen, daß ich dachte, ich sollte es aufschreiben, auch damit mir wieder leichter wird.

Gott segne Dich C. D. 1861

Deutsch von Christa Krüger.

Charles Darwin an Emma Darwin

Das Vertrauen zwischen den Eheleuten wurde durch Emmas religiöse Bedenken gegenüber der Forschungsarbeit ihres Mannes nicht getrübt, im Gegenteil, als Darwin im Juli 1844 ein Testament aufsetzte, um festzulegen, was im Fall seines plötzlichen Todes mit dem gerade vollendeten, 231 Seiten umfassenden Manuskript seiner Evolutionstheorie geschehen solle, übertrug er Emma die Aufgabe, einen wissenschaftlichen Herausgeber zu finden. Die Idee, daß die Skizze von 1844 im Falle seines Todes als das einzige Zeugnis seiner Arbeit übrigbleiben könnte, scheint ihm lange beschäftigt zu haben; noch im August des Jahres 1854 fügte er auf der Rückseite des obigen Briefes hinzu: »Hooker bei weitem der beste Mann, mein Spezies-Buch herauszugeben. August 1854.«

Down Bromley Kent, 5. Juli 1844.

... Ich habe soeben die Skizze meiner Spezies-Theorie beendigt. Wenn meine Theorie mit der Zeit auch nur von einem kompetenten Beurteiler aufgenommen wird, so wird dies ein beträchtlicher Fortschritt für die Wissenschaft sein.

Ich schreibe dies für den Fall meines plötzlichen Todes nieder als meinen feierlichen und letzten Wunsch, welchen Du, wie ich ganz sicher weiß, ganz ebenso auffassen wirst, als wäre er nach den Formen des Gesetzes in meinen letzten Willen eingetragen, daß Du £ 400 auf ihre Veröffentlichung wenden und ferner, daß Du Dir selbst, sei es allein oder mit Hilfe Hensleighs) [Mr. Wedgwood, der Bruder von Emma Darwin; Anm. J.V.] Mühe geben wirst, sie zu fördern. Ich wünsche, daß meine Skizze irgendeiner kompetenten Persönlichkeit zusammen mit dieser Summe übergeben werde, um sie zu bestimmen, auf ihre Verbesserung und Erweiterung Mühe zu verwenden. Ich übergebe dieser Persönlichkeit alle meine naturwissenschaftlichen Bücher, welche entweder angestrichen sind oder am Ende Verweisungen auf die Seiten haben, mit der Bitte, sie sorgfältig durchzusehen und diejenigen Stellen in Betracht zu ziehen, welche sich erklärtermaßen auf den Gegenstand beziehen oder möglicherweise auf ihn beziehen könnten. Ich wünsche, daß Du eine Liste von allen solchen Büchern machst als ein Reizmittel für den etwaigen Herausgeber. Ich wünsche gleichfalls, daß Du ihm alle die oberflächlich geordneten, in acht oder zehn Mappen von braunem Papier verteilten Zettel einhändigst. Die Zettel mit abgeschriebenen Stellen aus verschiedenen Werken sind diejenigen, welche meinem Herausgeber helfen können. Ich wünsche auch, daß Du oder irgendein Amanuensis beim Entziffern von solchen Zetteln hilfst, von denen der Herausgeber glaubt, daß sie ihm von irgendeinem möglichen Nutzen sein könnten. Ich überlasse es der Beurteilung des Herausgebers, ob diese Tatsachen in den Text einverleibt werden sollen, oder als Anmerkungen oder als Anhang zu geben sind. Da das Durchsehen der Verweisungen und Zettel eine langwierige Arbeit sein wird und da auch das Korrigieren, Erweitern und Abändern meiner Skizze beträchtliche Zeit in Anspruch nehmen wird, so hinterlasse ich diese Summe von £ 400 als eine Art Entschädigung und ebenso die etwaigen Einnahmen aus dem Werke. Ich halte hierfür den Herausgeber für verbunden, die Skizze entweder bei einem Verleger oder auf sein eigenes Risiko zu veröffentlichen. Viele von den Zetteln in den Mappen enthalten bloß flüchtige Vermutungen und frühere jetzt nutzlose Ansichten, und viele von den Tatsachen werden sich wahrscheinlich als solche herausstellen, welche keine Beziehungen zu meiner Theorie haben.

Was einen Herausgeber betrifft, so würde Mr. Lyell der beste sein, wenn er es unternehmen wollte; ich glaube, er würde die Arbeit angenehm finden und würde einige Tatsachen kennen lernen, die ihm neu sind. Da der Herausgeber ebensowohl ein Geologe wie ein beschreibender Naturforscher sein muß, so würde der nächstbeste Prof. Forbes in London sein. Der nächstbeste (und überhaupt der beste in vielen Beziehungen) wäre Prof. Henslow. Dr. Hooker würde sehr gut sein. Der nächstbeste wäre Dr. Strickland. Wenn keiner der Genannten es unternehmen wollte, so würde ich Dich bitten, mit Mr. Lyell oder irgendeinem andern sachverständigen Mann wegen irgendeines Herausgebers, eines Geologen oder Naturhistorikers, zu beraten. Sollten weitere £ 100 den Ausschlag geben, einen guten Herausgeber zu erlangen, so bitte ich ernstlich, daß Du die Summe auf £ 500 erhöhst.

Meine hinterlassenen Sammlungen über Naturgeschichte mögen irgend jemandem oder irgendeinem Museum gegeben werden, wo sie angenommen werden ...«

(Die folgende Notiz scheint einen Teil des ursprünglich entworfenen Briefes gebildet zu haben, ist aber möglicherweise jüngeren Datums):

»Lyell würde, besonders mit Hilfe von Hooker (und vielleicht irgendeiner guten zoologischen Beihilfe) von allen der beste sein. Wenn sich der Herausgeber nicht verbindlich macht, Zeit darauf zu verwenden, würde es nutzlos sein, eine solche Summe zu bezahlen.

Sollte sich irgendeine Schwierigkeit herausstellen beim Finden eines Herausgebers, welcher gründlich in den Gegenstand eingeht und sich die Beziehungen der in den Büchern angestrichenen Stellen überlegt, dann laß meine Skizze so veröffentlichen, wie sie ist, mit der Bemerkung, daß sie vor mehreren Jahren aus dem Gedächtnis niedergeschrieben worden ist, ohne irgendwelche Werke zu Rate zu ziehen und ohne die Absicht, sie in ihrer gegenwärtigen Form zu veröffentlichen.«

Deutsch von Maria Semon.

Charles Darwin an John Stevens Henslow

Drei Jahre, nachdem Darwin von der Weltumseglung zurückgekehrt war, setzte ein chronisches Leiden ein, das ihn nie wieder
verließ. Die Symptome waren Übelkeit und Magenschmerzen,
immer wieder fuhr er deshalb zur Kur nach Malvern. Dort ließ er
sich von dem Arzt James Manby Gully mit Wasserkuren behandeln, mit wechselndem Erfolg. Freunden wie dem Botaniker und
Geologen Henslow konnte Darwin – je nach gesundheitlicher
Lage – recht humorvoll davon berichten.

The Lodge, Malvern, 6. Mai 1849

Mein lieber Henslow,

Ihre freundliche Notiz wurde mir hierher weitergeleitet.
Sie werden erstaunt sein zu hören, daß wir alle – Kinder,
Diener und alle – seit fast zwei Monaten hier sind. Den
ganzen letzten Herbst und Winter hat sich meine Gesundheit immer weiter verschlechtert; unaufhörliche Übelkeit,
Händezittern und vernebelter Kopf; ich dachte schon, ich
würde den Weg allen Fleisches gehen. Nachdem ich gehört
hatte, welche Erfolge in einigen Fällen mit der Kaltwasserkur erzielt wurden, entschloß ich mich, alle Bemühungen,
etwas zu tun, aufzugeben und mich in die Obhut von Dr.
Gully zu begeben. Es hat in beträchtlichem Maße ange-
schlagen: Meine Übelkeit ist weitgehend unter Kontrolle,
und ich habe an Kraft gewonnen. Außerdem sagt mir Dr. G.
(und ich höre, daß er selten einmal übermäßig kühn
spricht), er habe kaum Zweifel daran, daß er mich im Laufe der Zeit heilen kann, einige Zeit werde es allerdings in
Anspruch nehmen. Ich habe genug Erfahrungen gemacht
und bin sicher, daß die Kaltwasserkur ein sehr wirksames
Mittel ist und alle konstitutionsbedingten Gewohnheiten

durcheinanderbringt. Wo wir gerade bei Gewohnheiten sind: der grausame Halunke hat mich dazu gebracht, dem Schnupftabak zu entsagen, diesem wichtigsten Trost meines Lebens. Wir danken Ihnen aufrichtig für Ihre schnelle, frühzeitige Einladung nach Hitcham zur Brit. Assoc. für 1850. Wenn ich bis dahin wieder gesund und kräftig bin, werde ich sie mit dem *größten* Vergnügen annehmen; bei meinem bisherigen Zustand allerdings wäre eine tägliche Fahrt von einem halben Dutzend Meilen mehr, als ich mir in Verbindung mit der Teilnahme an einer Sitzung zumuten kann. Ich beabsichtige, nach Birmingham zu reisen, wenn ich dazu in der Lage bin; ich bin sogar entschlossen, es zu versuchen, denn ich fühle mich über alle Maßen geehrt, einer der Vizepräsidenten zu sein. Ich bin ungeheuer froh, daß Sie dort sein werden; allerdings fürchte ich, daß wir nicht so reizende Ausflüge machen werden wie nach Nuneham und Dropmoire. Wir werden mindestens bis zum 1. Juni, vielleicht auch bis zum 1. Juli dort bleiben, und ich werde die Wasserbehandlung auch zu Hause noch mehrere Monate fortsetzen müssen. Unter anderem hat die Behandlung bei den meisten Menschen und insbesondere bei mir die einzigartige Wirkung, daß sie einen vollständigen Stillstand des Geistes herbeiführt: Ich denke nicht einmal mehr an Rankenfußkrebse!

Ich habe vor einiger Zeit von Hooker gehört; der Brief war aber so ausschließlich geologisch, daß ich annahm, Miss Henslow werde sich nicht dafür interessieren: Es ging darum, welch ungeheuren Erfolg er anscheinend mit allen seinen Unternehmungen hat. Sie sind jetzt sicher sehr beschäftigt: neulich mußte ich an den Ausflug nach Gamlingay zu den Lilien im Tal denken. Das waren köstliche Tage, als man noch nicht einen solchen Magen als Organ hatte, sondern nur einen Mund und die zugehörigen Kauwerkzeuge.

Es überrascht mich sehr, was Sie sagen, daß Männer anfangen, ernsthaft in der Botanik zu arbeiten. Was für ein Verlust wird es für die Naturforschung sein, daß Sie nicht mehr das ganze Jahr über in Cambridge wohnen.

Mein lieber Henslow, leben Sie wohl.
In tiefer Zuneigung
Ihr C. Darwin

Ich hoffe, es geht Mrs. Henslow besser: Wir blühen alle auf.

Deutsch von Sebastian Vogel.

Charles Darwin an Emma Darwin

Emma und Charles Darwin wurden Eltern von zehn Kindern, drei starben jedoch bereits früh, darunter die 1841 geborene Anne Elizabeth Darwin. Im Jahr 1849 erkrankte sie an Scharlach und sollte sich nie wieder davon erholen. Darwin brachte sie zur Kur nach Malvern, wo sie am 23. April 1851 starb. Ihr Tod stürzte ihn in tiefe Verzweiflung. Wie der Brief an seine Frau zeigt, pflegte er sie bis zuletzt.

Malvern, 20. April 1851

Meine liebe Emma,

ich hatte gestern keine Zeit mehr, noch einen zweiten Brief zu schicken. Ich weiß es nicht, aber ich glaube, für Dich ist es am besten, wenn Du weißt, wie jede Stunde verläuft. Es ist mir eine Erleichterung, es Dir zu erzählen: Denn wenn ich Dir schreibe, kann ich weinen; in aller Stille. Ich weiß nicht mehr, ob ich Dir erzählt habe, daß sie gestern Abend erbrochen hat, und *ein wenig* noch ein zweites Mal. Eine zweite Spritze hatte keinerlei Wirkung und brachte keine Linderung, aber das scheint unwichtig. Wir mußten dann einen Chirurgen holen, der ihr das Wasser abließ: Dies wurde gut gemacht und hat ihr nicht wehgetan, aber sie wehrte sich mit überraschender Kraft dagegen, entblößt zu werden usw. Bald darauf war sie offenkundig erleichtert. Die ganze Nacht hat sie ruhig geschlafen außer etwa zehn Minuten, in denen sie ein wenig erregt herumwanderte. Dr. G. kam um 11 Uhr 30 und sagte wieder, es sei nicht schlimmer geworden. Sie hat aber gestern Abend weniger Haferschleim zu sich genommen und ist beängstigend entkräftet. Aber als Brodie ihr das Gesicht gewaschen hat, bat sie darum, daß ihr auch die Hände gewaschen würden, und dann hat sie sich bei Brodie bedankt. Hat ihr die Arme um den Hals gelegt, mein armes Kind, und sie geküßt.

Heute Morgen hat sie einen Mundvoll erbrochen. Es ist sicher, daß sie sehr wenig leidet – sie döst fast die ganze Zeit: Hin und wieder sagt sie, sie sei sehr schwach. Ich rechne jeden Augenblick mit Dr. G. Gestern Abend hat Dr. G. gesagt: »Sie dürfen mir nicht trauen, denn ich kann für meine Intuition keinen Grund angeben, aber ich glaube, sie wird genesen.« Fanny H. war bis zwei Uhr auf, Gott segne sie. Sie ist sehr mitfühlend und auch ermutigend. So konnte die arme liebe hingebungsvolle Miss Thorley sich eine ganze Nacht ausruhen.

8 Uhr morgens: Dr. G. war wieder hier und sagt, es sei *eindeutig* kein Symptom schlimmer geworden, aber auch keines besser. Das Essen macht ihm weniger Sorge, als ich erwartet hatte: Wenn sie die zwei Wochen übersteht, hat er Hoffnung. Deine beiden bewegenden Notizen kamen heute Morgen. Meine liebe Frau – ich sitze nicht die ganze Zeit bei ihr, sondern laufe ständig hin und her: Ich *kann* einfach nicht stillsitzen.

10 Uhr. Es bekümmert mich sagen zu müssen, daß sie wieder erbrochen hat: Aber Mr. Coates hat wieder *viel Wasser* abgelassen und sagt, das sei ein sehr gutes Zeichen. Gestern Abend war er anscheinend erstaunt über ihre »beängstigende Krankheit«, darüber war ich sehr bedrückt; deshalb habe ich heute Morgen keine Fragen gestellt, und er hat ihr aus eigenem Ermessen den Puls gefühlt und dann plötzlich gesagt: »Ich erkläre hiermit, ich bin fast sicher, daß sie genesen wird.« Ach mein Liebes, was habe ich mich gefreut, das zu hören. Dann hat er gesagt (und nach allem, was mein Vater erzählt hat, glaube ich ihm), daß Fieber in derselben Phase im allgemeinen für viele entweder tödlich ist oder zwar sehr schlimm erscheint, aber nicht tötet: Und er selbst hatte schon sechs oder sieben *noch schwerere Fälle* im Tiefland hinter Malvern, und keiner sei gestorben.

Heute hat sie ihre Sinne bemerkenswert gut beieinander, was sehr gut ist, zeigt es doch, daß der Kopf nicht betroffen ist: Sie hat »Papa« gerufen, als ich leider gerade aus dem Zimmer war, und dann hinzugesetzt: »Ist er draußen?« Das und was sie zu Brodie gesagt hat, zeigt mehr geistige Klarheit als ich bisher beobachtet habe, und sie wußte auch, was Mr. Coates tun würde. Bei mehreren Fieberpatienten von Mr. Coates war die Blase während der ganzen Zeit gelähmt. Ach, ich sehne mich nach dem Dienstag, an dem die zwei Wochen um sind. Aber ich darf mir keine zu große Hoffnung machen. Dieser Wechsel von Hoffnung und Hoffnungslosigkeit macht die Seele krank: Ich kann nicht anders, als ab und zu zuversichtlich zu werden und dann enttäuscht zu sein.

12 Uhr: Sie hat wieder erbrochen und klagt noch stärker über Müdigkeit. Sie ist sehr empfindlich; ich wollte sie bewegen, da hat sie gesagt: »Tu' das bitte nicht«, und als ich aufgehört habe, sagte sie »danke«.

2 Uhr nachmittags: Wieder hat sie erbrochen, aber Dr. G. war gerade hier und sagt erneut, ihr Puls sei eher besser und ganz sicher nicht schlechter. Wir haben ihr ein Senfpflaster auf den Bauch gelegt, das hat ihr ein ziemliches Brennen verursacht, was zeigt, daß sie empfindlicher ist als ich erwartet hatte.

3 Uhr: Sie zittert ein wenig, und wir haben ihr etwas Brandy gegeben. Ich hoffe, sie schläft jetzt, und ich bin zuversichtlich, daß es sie wärmt. Ich habe nie etwas so Bewegendes gesehen wie ihre Geduld und Dankbarkeit. Als ich ihr ein wenig Wasser gegeben habe, sagte sie:»Ich danke dir sehr.« Armer, lieber kleiner Schatz. Um sieben Uhr kommt der Doktor wieder.

4 Uhr 30: der Schüttelfrost hat ziemlich aufgehört und keine Übelkeit mehr. Erholsamer Schlaf.

Ich schreibe wieder, wenn ich Zeit habe.

Dein C. D.

Deutsch von Sebastian Vogel.

Charles Darwin an Asa Gray

Bevor 1859 die *Entstehung der Arten* erschien, zog Darwin nur wenige Personen ins Vertrauen, darunter seine Frau, den Geologen Charles Lyell oder den Botaniker und Geologen John Stevens Henslow. Im Jahr 1855 begann er mit dem amerikanischen Botaniker Asa Gray zu korrespondieren, zwei Jahre später wendet er sich an ihn, um ihn in die Evolutionstheorie einzuweihen. Asa Gray sollte zu einem der engsten Mitstreiter werden.

Down Bromley Kent, 5. September [1857]

Mein lieber Gray,

ich weiß nicht mehr genau, welcher Worte ich mich in meinem letzten Brief bedient habe, aber mit ziemlicher Sicherheit habe ich gesagt, Sie würden mich völlig verachten, wenn ich Ihnen sage, zu welchen Ansichten ich gelangt bin, was ich tat, weil ich glaubte, als ehrlicher Mensch dazu verpflichtet zu sein.

Ich müßte ein seltsamer Zeitgenosse sein, wenn ich sehen würde, wie viel ich Ihrer ganz außerordentlichen Freundlichkeit verdanke, und wenn ich dann damit sagen wollte, daß ich Ihnen auch nur die geringsten schlechten Gefühle zuschreibe. Erlauben Sie mir, Ihnen zu sagen: Bevor ich überhaupt mit Ihnen korrespondiert habe, hatte Hooker mir einige Ihrer Briefe (nicht solche privater Natur) gezeigt, und diese haben mir wärmste Gefühle des Respekts für Sie eingeflößt. Und ich wäre tatsächlich undankbar, wenn Ihre Briefe an mich und alles, was ich über Sie gehört habe, dieses Gefühl nicht beträchtlich verstärkt hätten. Aber ich war mir nicht im mindesten sicher, daß Sie, wenn Sie wüßten, welche Gedanken ich hegte, mich nicht mit meinen Ansichten (zu denen ich weiß Gott langsam genug und hoffentlich gewissenhaft gelangt bin) für so wild und töricht halten würden, daß Sie mich keiner weiteren Beachtung oder Unterstützung mehr für würdig erachten würden. Um Ihnen ein Beispiel zu nennen: Als ich meinen alten Freund Falconer das letzte Mal sah, griff er mich ganz freundlich, aber sehr heftig an und sagte: »Du wirst damit so viel Schaden anrichten, daß zehn Naturforscher ihn nicht wieder gutmachen können.« – »Ich sehe, daß Du auch Hooker schon *korrumpiert* und halb verdorben hast.(!!) Wenn ich solche Gefühle bei meinen ältesten Freunden erlebe, brauchen Sie sich nicht zu wundern, daß ich immer damit rechne, daß meine Ansichten mit Verachtung aufgenommen werden. Aber genug und schon zu viel davon...

1. Es ist wunderbar, was durch Befolgung des Grundsatzes der Auslese vom Menschen erreicht werden kann, d. h. durch das Auslesen gewisser Individuen mit irgendeiner gewünschten Eigenschaft, das Züchten von ihnen und wieder Auslesen usf. Züchter sind selbst über ihre eigenen Resultate erstaunt gewesen. Sie können auf Unterschiede Einfluß äußern, welche für ein unerzogenes Auge nicht wahrnehmbar sind. Auslese ist in Europa nur seit dem letzten halben Jahrhundert methodisch befolgt worden; gelegentlich wurde sie aber, und selbst in einem gewissen Grade methodisch in den allerältesten Zeiten befolgt. Seit sehr langer Zeit muß auch eine Art unbewußter Auslese bestanden haben, nämlich in der Weise, daß, ohne irgend an ihre Nachkommen zu denken, diejenigen Individuen erhalten wurden, welche jeder Menschenrasse unter ihren besonderen Verhältnissen am nützlichsten waren. Das »Ausjäten«, wie die Gärtner das Zerstören der vom Typus abweichenden Varietäten nennen, ist eine Art von Auslese. Ich bin überzeugt, absichtliche und gelegentliche Auslese ist das hauptsächliche Agens in dem Hervorbringen unserer domestizierten Rassen gewesen; wie sich dies aber auch immer verhalten mag, ihr großer Einfluß auf die Modifikation hat sich in neuerer Zeit ganz unbestreitbar herausgestellt. Auslese wirkt nur durch Anhäufung unbedeutender oder größerer Abänderungen, welche durch äußere Bedingungen verursacht worden sind oder einfach in der Tatsache ausgedrückt sind, daß bei der Zeugung das Kind nicht seinem Erzeuger absolut ähnlich ist. Der Mensch paßt durch sein Vermögen, Abänderungen zu häufen, lebende Wesen seinen Bedürfnissen an – man kann sagen, er macht die

Wolle des einen Schafs gut zu Teppichen, die des anderen gut zu Tuch usw.

2. Wenn wir nun annehmen, daß es ein Wesen gäbe, welches nicht bloß nach dem äußeren Ansehen urteilte, sondern die ganze innere Organisation studieren könnte, welches niemals von Launen sich bestimmen ließe, und zu einem bestimmten Zweck Millionen von Generationen lang zur Nachzucht auswählte; wer wird hier angeben wollen, was hier nicht zu erreichen wäre? In der Natur treten irgendwelche unbedeutende Abänderungen in allen Teilen auf; und ich glaube, es läßt sich zeigen, daß veränderte Existenzbedingungen die hauptsächliche Ursache davon sind, daß das Kind nicht ganz genau seinen Eltern gleicht; ferner zeigt uns die Geologie, was für Veränderungen in der Natur stattgefunden haben und noch stattfinden. Wir haben Zeit beinahe ohne Schranken; niemand anders als ein praktischer Geologe kann dies vollständig würdigen. Man denke nur an die Eiszeit, während welcher in ihrer ganzen Dauer dieselben Spezies, wenigstens von Schaltieren, existiert haben; während dieser Zeit müssen Millionen auf Millionen von Generationen gefolgt sein.

3. Ich glaube, es läßt sich nachweisen, daß eine derartige niemals irrende Kraft in der ›Natürlichen Auslese‹ (dies ist der Titel meines Buches) tätig ist, welche ausschließlich zum besten eines jeden organischen Wesens auswählt. Der ältere De Candolle, W. Herbert und Lyell haben ausgezeichnet über den Kampf ums Dasein geschrieben; aber selbst diese haben sich nicht eindringlich genug ausgedrückt. Man überlege sich nur, daß ein jedes Wesen (selbst der Elefant) in einem solchen Verhältnis sich vermehrt, daß in wenigen Jahren, oder höchstens in einigen wenigen Jahrhunderten die Oberfläche der Erde nicht imstande wäre, die Nachkommen eines Paares zu fassen. Ich habe gefunden, daß es sehr

schwer ist, beständig im Auge zu behalten, daß die Zunahme einer jeden Spezies während irgendeines Teiles ihres Lebens oder während einiger kurz aufeinanderfolgender Generationen gehemmt wird. Nur einige wenige von den jährlich geborenen Individuen können leben bleiben, um ihre Art fortzupflanzen. Welcher unbedeutende Unterschied muß da oft bestimmen, welche leben bleiben und welche untergehen sollen!

4. Wir wollen nun den Fall nehmen, daß ein Land irgendeine Veränderung erleidet. Dies wird einige seiner Bewohner dazu bestimmen, unbedeutend zu variieren –, womit ich aber nicht sagen will, daß ich etwa nicht glaubte, die meisten Wesen variierten zu aller Zeit genug, um die Auslese auf sie einwirken lassen zu können. Einige seiner Bewohner werden vertilgt werden und die übrig bleibenden werden der gegenseitigen Einwirkung einer verschiedenen Gesellschaft von Bewohnern ausgesetzt sein, welche, wie ich glaube, bei weitem bedeutungsvoller für ein jedes Wesen ist als das bloße Klima. Bedenkt man die unendlich verschiedenen Methoden, welche lebende Wesen befolgen, durch Kampf mit anderen Organismen sich Nahrung zu verschaffen, zu verschiedenen Zeiten ihres Lebens Gefahren zu entgehen, ihre Eier oder Samen auszubreiten usw., so kann ich nicht daran zweifeln, daß während Millionen von Generationen gelegentlich Individuen einer Spezies geboren werden, welche irgendeine unbedeutende, irgendeinem Teil ihres Lebenshaushalts vorteilhafte Abänderung darbieten. Derartige Individuen werden eine bessere Aussicht haben, leben zu bleiben und ihren neuen und ein wenig abweichenden Bau fortzupflanzen; die Modifikation wird auch durch die akkumulative Tätigkeit der natürlichen Auslese in jeder vorteilhaften Ausdehnung vergrößert werden. Die in dieser Weise gebildete Varietät wird entweder mit ihrer elterlichen Form

zusammen existieren oder, was noch häufiger der Fall sein wird, dieselbe verdrängen. Ein organisches Wesen, wie der Specht oder die Mistel, kann in dieser Weise einer Menge von Beziehungen angepaßt werden –, die natürliche Auslese häuft eben diejenigen unbedeutenden Abänderungen in allen Teilen seines Baus, welche ihm während irgendeines Teils seines Lebens von Nutzen sind.

5. Vielerlei Schwierigkeiten werden sich mit Rücksicht auf diese Theorie einem jeden darbieten. Ich glaube, viele können völlig befriedigend beantwortet werden. Der Satz »Natura non facit saltum« beseitigt einige der augenfälligsten. Die Langsamkeit der Veränderung und der Umstand, daß nur sehr wenige Individuen zu irgendeiner gegebenen Zeit sich verändern, widerlegt andere. Die äußerste Unvollständigkeit unserer geologischen Berichte beseitigt noch andere.

6. Ein anderes Prinzip, welches das Prinzip der Divergenz genannt werden kann, spielt, wie ich glaube, eine bedeutungsvolle Rolle beim Ursprung der Arten. Eine und dieselbe Örtlichkeit wird mehr Lebensformen erhalten können, wenn sie von sehr verschiedenartigen Formen bewohnt wird. Wir sehen dies in den vielen generischen Formen auf einem Quadrat-Yard Rasen und in den Pflanzen oder Insekten auf irgendeiner kleinen, gleichförmige Verhältnisse darbietenden Insel, welche beinahe ausnahmslos zu ebenso vielen Gattungen und Familien wie Spezies gehören. Wir können die Bedeutung dieser Tatsachen bei höheren Tieren einsehen, deren Lebensweise wir verstehen. Wir wissen, daß experimentell nachgewiesen worden ist, daß ein Stück Land ein größeres Gewicht an Heu abgibt, wenn es mit mehreren Spezies und Gattungen von Gräsern besät war, als wenn es nur zwei oder drei Spezies getragen hatte. Man kann nun von jedem organischen Wesen sagen, daß es durch seine so rapide Fortpflan-

zung aufs Äußerste danach ringe, an Zahl zuzunehmen. Dasselbe wird auch der Fall mit den Nachkommen einer jeden Spezies sein, nachdem sie verschieden voneinander geworden sind und entweder Varietäten oder Subspezies oder echte Spezies bilden. Und ich meine, aus den vorstehenden Tatsachen folgt, daß die variierenden Nachkommen einer jeden Spezies es versuchen (nur wenige mit Erfolg), so viele und so verschiedenartige Stellen in dem Haushalt der Natur einzunehmen wie nur möglich. Jede neue Varietät oder Spezies wird, sobald sie gebildet ist, meist die Stelle ihrer weniger gut angepaßten elterlichen Form einnehmen und sie zum Absterben bringen. Ich glaube, dies ist der Ursprung der Klassifikation und der Verwandtschaften organischer Wesen zu allen Zeiten; denn organische Wesen scheinen immer Zweige und Unterzweige zu bilden, wie das Astwerk eines Baumes aus einem gemeinsamen Stamm heraus, wobei die gut gedeihenden und divergierenden Zweige die weniger lebenskräftigen zerstört haben und die abgestorbenen und verlorenen Zweige in ungefährer Weise die abgestorbenen Gattungen und Familien darstellen.

Diese Skizze ist äußerst unvollkommen; aber auf so kleinem Raum kann ich sie nicht besser machen. Ihre Phantasie muß sehr weite Lücken ausfüllen.

Ch. Darwin

Deutsch von Victor Carus.

Charles Darwin an Charles Lyell

Dieser Brief zählt wahrscheinlich zu den berühmtesten Schreiben der Wissenschaftsgeschichte: An einem Junimorgen im Jahr 1858 erreicht Darwin ein Schreiben aus Ternate, einer Insel zwischen

Celebes und Neu-Guinea im malaysischen Archipel. Es trägt die Handschrift Alfred Russel Wallaces und enthält das Exposé zu einer Evolutionstheorie, die zu Darwins Entsetzen bis in die Details seinem eigenen evolutionstheoretischen Entwurf gleicht. Wallace bittet in seinem Schreiben, den Text, falls ihn Darwin interessant genug findet, an Charles Lyell weiterzuleiten. Wallaces Originalbrief ist nicht erhalten. Wir wissen jedoch davon aus dem nachfolgenden Brief Darwins an Lyell. Am 1. Juli 1858 wird Darwins und Wallaces Evolutionstheorie zusammen in einer Sitzung der Linnean Society vorgestellt.

Down Bromley Kent, 18. [Juni 1858]

Mein lieber Lyell,

vor ungefähr einem Jahr haben Sie mir empfohlen, einen Aufsatz von Wallace in den Annals zu lesen, der Ihnen interessant erschien, und als ich ihm schrieb, wußte ich, daß er sich sehr darüber freuen würde, also erzählte ich ihm davon. Heute hat er mir das Beigefügte geschickt und mich gebeten, es an Sie weiterzuleiten. Es scheint mir sehr lesenswert zu sein. Ihre Worte, daß mir jemand zuvorkommen werde, haben sich mit Macht bewahrheitet. Das haben Sie gesagt, als ich Ihnen kurz erklärt habe, was ich über die »natürliche Selektion« und ihre Abhängigkeit vom Kampfe ums Dasein halte. Einen erstaunlicheren Zufall habe ich noch nie erlebt. Hätte Wallace meine 1842 verfaßte Manuskriptskizze gehabt, er hätte keine bessere Zusammenfassung schreiben können! Selbst seine Begriffe stehen heute in den Überschriften meiner Kapitel.

Bitte senden Sie mir das Manuskript zurück, von dem er nicht sagt, daß ich es veröffentlichen soll; aber ich werde ihm natürlich sofort schreiben und ihm anbieten, es an eine Fachzeitschrift zu schicken. Also ist alle meine Originalität, worauf sie auch hinauslaufen mag, zunichte gemacht. Aber wenn mein Buch überhaupt einen Wert hat, wird er dadurch nicht zerstört; denn alle Mühe besteht darin, die Theorie anzuwenden.

Ich hoffe, Sie sind mit Wallaces Skizze einverstanden, so daß ich ihm mitteilen kann, was Sie gesagt haben.

Mein lieber Lyell
Ihr sehr verbundener
C. Darwin

Deutsch von Sebastian Vogel.

Charles Darwin an Asa Gray

Der amerikanische Botaniker Asa Gray, Professor an der Harvard Universität, war Darwins wichtigster Verbündeter in Amerika. Der englische Forscher bewunderte dessen Schlagfertigkeit und verglich ihn, nachdem dieser einen Professor für Zoologie und Geologie an der Harvard University angegriffen hat, mit einem »Schuß aus einer 32-Pfünder Kanone« – damals das schwerste Geschütz der britischen Streitkräfte. In einem anderen Brief schrieb er an Gray: »Bei Gott, ich sage Ihnen, was sie sind, ein Hybrid, eine komplexe Kreuzung aus Anwalt, Dichter, Forscher und Theologe – hat man schon je so ein Monster gesehen?« Darwin teilte aber auch seine Zweifel mit Gray, wie der nachfolgende Brief zeigt.

Down Bromley Kent, 3. April [1860]

Mein lieber Gray,

auch wenn ich sonst nichts besonderes zu sagen habe, muß ich Ihnen doch für Ihren angenehmen Brief vom 19. März danken. Aber lassen Sie mich sagen – ich weiß, was für ein vielbeschäftigter Mann Sie sind und bitte Sie darum, keine Zeit mehr für mich zu vergeuden. Mein Buch, Ihre Rezension, und Briefe usw. usf. müssen schon entsetzlich viel davon in Anspruch genommen haben. In einem gewissen Sinn war die Zeit, die Sie mit der Rezension zugebracht haben, nicht vergeudet; denn ich bin mir ganz sicher (und habe sie schon zum dritten Mal nacheinander gelesen), daß sie große Wirkungen haben wird, weil sie die Menschen zum Denken anregt, und das ist alles, was ich mir wünsche. Hooker sagte mir sogar, daß er Fälle kennt, in denen Ihr Artikel diese Wirkung hatte und daß er die Opposition gegen mein Buch stark abgeschwächt hat. Im wesentlichen stimme ich mit dem überein, was Sie über »vera causa«, »Theorie«, »Hypothese« sagen; als ich Ihre ganze Rezension gelesen habe, habe ich auf einmal sogar bemerkt, daß manche meiner Anmerkungen ziemlich überflüssig waren.

Es ist seltsam: Ich kann mich gut an die Zeit erinnern, als der Gedanke an das Auge mir kalt werden ließ, aber über dieses Stadium der Einwände bin ich hinweg, und jetzt verursachen mir kleine, nebensächliche Einzelheiten der Struktur oft ein ganz ungutes Gefühl. Jedes Mal, wenn ich eine Feder im Schwanz eines Pfauenvogels sehe, macht mich der Anblick ganz krank! Unter diesem Gesichtspunkt bereitet mir Ihre Geschichte über die schwarzen Schweine in den Everglades große Freude, und sie unterstützt auch andere Fälle, die ich kaum verdauen konnte, obwohl sie auf sehr gute Belege gestürzt sind.

Hoffen wir, daß es Prof. Wyman soweit gut geht, daß er mir schreiben kann; außerdem wäre es für mich eine große Ehre und ein Gefallen, *wenn Sie möglicherweise den Namen der roten Nüsse herausfinden könnten.*

Sehr neugierig bin ich auch auf Agassiz' Anmerkungen:

Vor ein paar Tagen habe ich Prof. Cooke aus Ihrem Cambridge getroffen, und er hat mir direkt von Agassiz alle möglichen sehr zivilen Aussprüche übermittelt. Was kann das bedeuten? Ich hoffe bei Gott, daß A. ein aufrichtiger Mensch ist; ich hatte mir immer vorgestellt, daß es sich so verhält.

Sie möchten vielleicht etwas über Rezensionen zu meinem Buch erfahren. Sedgwick hat mich (wie ich und Lyell aufgrund interner Indizien mit Sicherheit annehmen) im Spectator wüst und unfair rezensiert. Der Artikel enthält viele Beschimpfungen und ist in mehrfacher Hinsicht alles andere als gerecht. Er würde sogar jeden, der nichts über Geologie weiß, zu der Annahme verleiten, ich hätte die großen Lücken zwischen aufeinanderfolgenden geologischen Formationen erfunden; in Wirklichkeit ist ihre Existenz eine nahezu allgemein anerkannte Lehrmeinung. Aber mein guter alter Freund Sedgwick mit seinem edlen Herzen ist alt und ganz wild vor Empörung. Es allen recht zu machen, ist schwierig; Sie erinnern sich vielleicht noch, daß ich Sie in meinem letzten Brief gebeten habe, den Abschnitt über die Abtragung des Weald wegzulassen: Das habe ich Jukes gesagt (der die leitende Person der irischen geologischen Behörde ist), und er hat mir vieles vorgeworfen, denn er glaubte jedes Wort davon und hielt es keineswegs für übertrieben! In der Tat haben Geologen kein Mittel, um die Unendlichkeit vergangener Zeiten zu messen. Es gab auch ein Musterbeispiel einer Rezension, nämlich einer *ablehnenden* von dem Paläontologen Pictet von der Biblischen Universität in Genf, die völlig fair und gerecht ist, und ich stimme mit jedem seiner Worte überein; unsere einzige Meinungsverschiedenheit ist nur die, daß er den befürwortenden Argumenten weniger und den gegnerischen Argumenten mehr Gewicht einräumt als ich. Von allen ablehnenden Rezensionen ist dies meiner Ansicht nach die einzig ganz und gar faire, und ich hatte nie damit gerechnet, eine solche zu sehen. Bitte beachten Sie, daß ich Ihre Rezension keineswegs als ablehnend ansehe, auch wenn Sie selbst sie dafür halten! Sie hat mir viel zu viel gute Dienste geleistet, als daß sie in meinen Augen jemals eine solche Stellung einnehmen könnte. Aber ich fürchte, ich langweile Sie mit so vielen Ausführungen über mein Buch. Ich glaube vielmehr, es bestand die gute Chance, daß ich zum selbstverliebtesten Mann in ganz Europa werde! Welch eine herausragende Leistung! Nun ja, Sie haben dazu beigetragen, daß ich dazu geworden bin, und deshalb müssen Sie es mir nachsehen, wenn Sie können.

Mein lieber Gray
Immer der Ihre mit bestem Dank
C. Darwin

Habe Brief an Vilmorin zur Post gegeben.

Deutsch von Sebastian Vogel.

Charles Darwin an Ernst Haeckel

Im Jahr 1866 erhielt Ernst Haeckel, Professor für Zoologie in Jena und glühender Anhänger der Evolutionstheorie, eine der seltenen Einladungen, Darwin in Down House zu besuchen. Haeckel traf an einem Sonntag ein, es empfing ihn die ganze Familie. »Als er eintrat, war er so durcheinander«, schreibt die dreiundzwanzigjährige Tochter Henrietta danach an ihren Bruder George, »daß er das wenige Englisch, das er beherrscht, auch noch vergaß.« Im Vorfeld schickte ihm Darwin eine detaillierte Beschreibung, wie er von London aus Down House erreichte.

Down Bromley Kent, 20. Oktober 1866

Mein lieber Herr,

Es wird mir ein ehrliches, herzliches Vergnügen sein, Sie morgen zu sehen. Sonntags hat man nicht viele Züge zur Auswahl. Sie müssen in der Victoria Station zum »London Chatham & Dover department« gehen. Dort fahren die Züge ab, entweder 10.25 und Ankunft in Bromley 11.3 oder 2.0 ab Victoria und an Bromley 2.40.

Meinen Wagen erkennen Sie an einem weißen und einem kastanienbraunen Pferd. Er wird zu beiden Zügen in Bromley sein, so daß Sie die Wahl haben. Wir wohnen sechs Meilen vom Bahnhof Bromley entfernt. Achten Sie darauf, daß Sie am Bahnhof Bromley aussteigen. Wir hoffen natürlich, daß Sie hier übernachten werden, und können Sie am nächsten Morgen wieder zum Bahnhof bringen.

Meine Gesundheit hat sich erheblich verbessert, aber es ist mir unmöglich, mich länger als eine viertel oder halbe Stunde hintereinander mit jemandem zu unterhalten. Sie müssen es mir also bitte nachsehen, wenn ich Sie häufig alleinlasse.

Ich weiß, daß sie Englisch ausgezeichnet lesen, und ich hoffe, Sie sprechen es auch, denn ich muß beschämt gestehen, daß ich weder des Deutschen noch des Französischen mächtig bin. Es wird mir ein ehrliches Vergnügen sein, Sie zu sehen.

Glauben Sie mir.

Ihr sehr ergebener

Ch. Darwin

Sie fahren mit der Droschke am besten direkt zur Victoria Station, die wenig mehr als eine halbe Meile von der Clarges St. entfernt ist.

Deutsch von Sebastian Vogel.

Charles Darwin an Julius von Haast

Im Jahr 1867 begann Darwin die Arbeit an seinem Buch über den *Ausdruck der Gemütsbewegungen bei den Menschen und den Tieren*, das 1872 erscheinen sollte. Teil davon war die Frage, wie universal Ausdrucksweisen sind. Er selbst beobachtete aufmerksam seine Kinder, zudem schickte er Fragebögen in alle Welt, um Daten zu Mimik und Gestik fremder Völker zu sammeln. Ein solches Frageregister erhält auch Julius von Haast, ein deutschstämmiger Kolonialbeamter, den Darwin um Auskunft über die Neuseeländischen Einheimischen bittet.

Down Bromley Kent, 27. Februar 1867

Mein lieber Dr. Haast,

Ich habe mir gedacht, daß Sie vielleicht einen Missionar, Verwalter oder Siedler kennen, der Verbindung zu den Eingeborenen irgendwo in Neuseeland hat und mir auf Ihre Bitte hin gefällig sein könnte, mir einige Beobachtungen über den Ausdruck ihrer Mienen mitzuteilen, wenn sie durch verschiedene Gefühle bewegt werden. Vielleicht hatten Sie auch selbst die Gelegenheit, dies zu beobachten. Ich wäre äußerst dankbar für jede auch noch so kleine Information und füge zu diesem Zweck einige Fragen bei. Sie müssen sich keine große Mühe machen, aber ich bin überzeugt, daß Sie mir helfen werden, wenn Sie können. Kopien dieser Frage habe ich in verschiedene Weltgegenden geschickt, denn ich bin an dem Thema höchst interessiert.

Ich hoffe, Ihre geologischen Untersuchungen sind weiterhin so interessant wie bisher.

Glauben Sie mir,

mein lieber Dr. Haast

Mit den besten Grüßen

Ch. Darwin
27. Februar

[Anlage]
Fragen über Gefühlsausdrücke.

1. Wird Erstaunen dadurch ausgedrückt, daß Augen und Mund weit geöffnet und die Augenbrauen in die Höhe gezogen werden?

2. Verursacht Scham ein Erröten, wo die Hautfarbe erlaubt, dies zu erkennen?

3. Wenn ein Mann ungehalten oder trotzig ist, runzelt er dann die Stirn, hält er Körper und Kopf aufrecht, zieht er die Schultern zurück und ballt er die Fäuste?

4. Wenn er angestrengt über ein Thema nachdenkt oder ein Rätsel zu verstehen versucht, runzelt er dann die Stirn oder legt sich die Haut unter den unteren Augenlidern in Falten?

5. Wenn er schlechter Laune ist, sind die Mundwinkel dann nach unten gezogen und wird der innere Winkel der Augenbrauen von dem Muskel nach oben gezogen, den die Franzosen als »Trauermuskel« bezeichnen?

6. Wenn er guter Laune ist, glänzen dann die Augen, ist die Haut um sie herum und unter ihnen ein wenig gerunzelt und ist der Mund ein wenig nach hinten gezogen?

7. Wenn ein Mann einen anderen anschnaubt oder anknurrt, ist dann der Winkel der Oberlippe auf der Seite, die dem Angesprochenen zugewandt ist, über den Eckzahn erhoben?

8. Ist ein verbissener oder halsstarriger Ausdruck zu erkennen, der vor allem dadurch gezeigt wird, daß der Mund fest geschlossen ist, die Brauen herabgezogen sind und die Stirn leicht gerunzelt wird?

9. Wird Verachtung durch ein leichtes Vorstülpen der Lippen und ein Rümpfen der Nase mit leichtem Ausatmen ausgedrückt?

10. Wird Abscheu dadurch ausgedrückt, daß die Unterlippe nach unten gezogen und die Oberlippe leicht erhoben ist, wobei ein plötzliches Ausatmen ein wenig einem beginnenden Erbrechen ähnelt?

11. Wird extreme Angst auf die gleiche allgemeine Weise ausgedrückt wie bei Europäern?

12. Wird Lachen jemals so ins Extrem getrieben, daß es Tränen in die Augen treibt?

13. Wenn ein Mann zeigen will, daß er etwas nicht verhindern oder selbst nicht tun kann, zuckt er dann mit den Achseln, wendet er die Ellenbogen nach innen, streckt er die Hände nach außen und öffnet er die Handflächen?

14. Schürzen Kinder, die schmollen, die Lippen oder strekken sie sie stark nach vorn?

15. Ist ein Ausdruck von Schuldgefühl, Schüchternheit oder Eifersucht zu erkennen? – Wobei ich allerdings nicht weiß, wie man diese definieren soll.

16. Wird als Zeichen, daß jemand still sein soll, ein leises Zischen geäußert?

17. Wird der Kopf zur Bestätigung in senkrechte Richtung bewegt und zur Verneinung seitlich geschüttelt?

Am wertvollsten wären natürlich Beobachtungen an Eingeborenen, die wenig Austausch mit Europäern hatten, aber mich interessieren solche an allen beliebigen Eingeborenen.

Allgemeine Bemerkungen über Gefühlsausdrücke sind von vergleichsweise geringem Wert.

Eine eindeutige Beschreibung des Mienenspiels unter dem Einfluß beliebiger Gefühle oder Geisteshaltungen wäre wesentlich wertvoller, und eine Antwort auf jede einzelne der vorgenannten Fragen innerhalb von sechs bis acht Monate oder auch einem Jahr würde ich dankbar annehmen.

Das Gedächtnis trügt einen in solchen Fragen leicht, deshalb hoffe ich, daß ich nicht darauf vertrauen muß.

Down, Bromley, Kent

Ch. Darwin

Deutsch von Sebastian Vogel.

Charles Darwin an James Grant

Für Darwins Zeitgenossen stand außer Zweifel, daß Evolution mehr als nur eine wissenschaftliche Theorie war; so liebenswürdig, geschliffen, gewinnend, bescheiden oder humorvoll Darwin seine Korrespondenten in Briefen umwarb, so eifrig, eilfertig oder hoffnungsvoll schrieben ihm Menschen aus der ganzen Welt. Darwin wurde zur Anlaufstelle für Fragen und Bitten aller Art. Immer wieder wollten Leser vor allem wissen, ob er an Gott glaube und die Evolutionstheorie mit der Religion für vereinbar halte. Darwin antwortete meist zurückhaltend, wie auch im Fall des Journalisten und Calvinisten James Grant, der ihn fragte, ob die Theorie der natürlichen Selektion der Annahme widerspräche, daß Gott existiert.

Down Bromley Kent, 11. März 1878

Sehr geehrter Herr,

es wäre mir eine große Freude gewesen, Ihnen in jeder Hinsicht zu helfen, wenn es in meiner Macht gestanden hätte. Aber Ihre Frage zu beantworten, würde einen ganzen Aufsatz erfordern, und dafür habe ich, da meine Gesundheit zu wünschen übrig läßt, nicht die Kraft. Außerdem hätte ich sie ohne beträchtlichen Kraftaufwand überhaupt nicht eindeutig und zufriedenstellend beantworten können.

Das stichhaltigste Argument für die Existenz Gottes, so scheint mir, ist der Instinkt oder die Intuition, durch den wir alle (wie ich vermute) spüren, daß es einen intelligenten Urheber des Universums gegeben haben muß; dann aber folgen sofort die Zweifel und die Frage, ob solche Intuitionen vertrauenswürdig sind.

Einen solchen schwierigen Punkt habe ich auf den letzten beiden Seiten meiner »Variation von Tieren und Pflanzen unter Domestikation« angeschnitten, aber ich bin gezwungen, das Problem als unlösbar zu belassen.

Kein Mensch, der seine Pflicht tut, hat irgend etwas zu fürchten, und er kann auf alles hoffen, was er ernsthaft erstrebt.

Sehr geehrter Herr,
Ihr sehr ergebener
Ch. Darwin

Deutsch von Sebastian Vogel.

Charles Darwin an Frithiolf Holmgren

Im 19. Jahrhundert setzte die Tierschutzbewegung ein, England verabschiedet als erstes Land in Europa Tierschutzgesetze: 1820 trifft sich zum ersten Mal die Royal Society for the Prevention of Cruelty to Animals (RSPCA), zwei Jahre später verabschiedet das Parlament das erste Tierschutzgesetz, 1860 wurde mit dem *Battersea Dog's Home* in London das erste Tierheim eingerichtet. Es folgten die Vegetarierbewegung und schließlich die großen Anti-Vivisektionskampagnen, die 1876 zur Einführung des *Cruelty to*

Animals Act führte, ein Gesetz, das schmerzhafte Experimente an lebenden Tieren zwar nicht verbot, immerhin jedoch reglementierte und unter Kontrolle stellte. Darwin selbst setzte sich in den 1860er Jahren zusammen mit seiner Frau Emma gegen die Benutzung von Stahlfallen in Jagdrevieren ein und zeigte einen benachbarten Bauern bei der RSPCA an, der Pferde mit wund gescheuerten Nacken für die Feldarbeit einsetzte. Die postulierte Nähe zwischen Mensch und Tiere berührte auch die Frage, wie mit letzteren umzugehen sei. Frithiof Holmgren, Professor für Physiologie in Uppsala, war ein ausdrücklicher Gegner der Vivisektion und wandte sich mit der Bitte um Unterstützung im April 1881 an Darwin. Der englische Forscher antwortete umgehend.

Down Beckenham Kent, 14. April 1881

Sehr geehrter Herr,

Um Ihren freundlichen Brief vom 7. April zu beantworten: Ich habe nichts dagegen, meine Ansichten im Hinblick auf das Recht zu Experimenten mit lebenden Tieren zu äußern. Diesen letzten Ausdruck verwende ich, weil er richtiger und umfassender ist als der Begriff »Vivisektion«. Es steht Ihnen frei, diesen Brief zu nutzen, wie es Ihnen richtig erscheint, aber wenn er veröffentlicht wird, wünsche ich, daß er im Ganzen erscheint. Ich habe mich während meines ganzen Lebens nachdrücklich für Menschlichkeit gegenüber Tieren eingesetzt und in meinen Schriften alles in meiner Macht Stehende getan, um diese Pflicht deutlich zu machen. Als vor einigen Jahren in England die Agitation gegen Physiologen begann, wurde behauptet, hier werde Unmenschlichkeit praktiziert und Tieren unnötiges Leid zugefügt; dies veranlaßt mich zu dem Gedanken, es könne ratsam sein, wenn das Parlament ein Gesetz zu dem Thema verabschiedet. Ich wirkte dann aktiv daran mit, ein solches

Gesetz auf den Weg zu bringen, das alle berechtigten Einwände beseitigen würde und gleichzeitig den Physiologen die Freiheit läßt, ihre Forschung weiterzuverfolgen – ein Gesetz, das ganz anders ausgesehen hätte als jenes, welches seither verabschiedet wurde. Es ist nur recht und billig, wenn man hinzufügt, daß die Anschuldigungen gegen unsere englischen Physiologen sich in der Untersuchung des Themas durch eine Königliche Kommission als falsch erwiesen haben. Nach allem, was ich gehörte habe, fürchte ich jedoch, daß man in manchen Teilen Europas dem Leiden der Tiere wenig Beachtung schenkt, und wenn dies der Fall sein sollte, wäre ich sehr froh darüber, wenn ich aus einem solchen Land über Gesetze gegen die Unmenschlichkeit hören würde. Andererseits weiß ich, daß die Physiologie keine Fortschritte machen kann, wenn keine Experimente an lebenden Tieren ausgeführt werden, und es ist meine tiefste Überzeugung, daß jeder, der sich dem Fortschritt der Physiologie entgegenstellt, ein Verbrechen gegen die Menschlichkeit begeht. Jeder, der sich wie ich noch daran erinnern kann, in welchem Zustand die Wissenschaft vor einem halben Jahrhundert war, muß einräumen, daß sie gewaltige Fortschritte gemacht hat und heute mit immer noch wachsender Geschwindigkeit voranschreitet.

Die Frage, welche Verbesserungen der medizinischen Praxis sich unmittelbar auf die physiologische Forschung zurückführen lassen, kann nur von jenen Physiologen und Medizinern angemessen erörtert werden, die sich mit der Geschichte ihrer Fachgebiete befassen; soweit mir bekannt ist, ist dieser Nutzen aber schon heute groß. Wie dem auch sein mag: Niemand, der nicht völlig unwissend darüber ist, was die Wissenschaft für die Menschheit getan ist, kann auch nur den geringsten Zweifel an dem unschätzbaren Nutzen haben, der sich hiernach aus der Physiologie nicht nur für den Menschen, sondern auch für die niederen Tiere ergibt. Man braucht sich beispielsweise nur anzusehen, zu welchen Ergebnissen Pasteur mit der Abwandlung der Keime für die bösartigsten Krankheiten gelangte, woraus Tiere zufällig zunächst einmal mehr Linderung beziehen werden als Menschen. Es sei daran erinnert, wie viele Menschenleben gerettet und welch fürchterliche Leiden erspart wurden, weil man durch die Experimente von Virchow und anderen an lebenden Tieren neue Erkenntnisse über parasitische Würmer gewonnen hat. In Zukunft wird jeder sich darüber wundern, welche Undankbarkeit zumindest in England diesen Wohltätern der Menschheit entgegengebracht wird. Was mich selbst angeht, so gestatten Sie mir zu versichern, daß ich jeden ehre und immer ehren werde, der die edle Wissenschaft der Physiologie voranbringt.

Sehr geehrter Herr, immer der Ihre
Charles Darwin

Deutsch von Sebastian Vogel.

14.

Der Ausdruck der Gemütsbewegungen

Der Ausdruck der Gemütsbewegungen war das Buch mit den meisten Abbildungen, das einzige, das Fotografien enthielt, das einzige, das Bilder von Menschen zeigte, und zugleich Darwins zunächst erfolgreichstes Buch: In England verkaufte es sich innerhalb von vier Monaten 9000 Mal. Bis zur Jahrhundertwende erschien es in den Vereinigten Staaten, Holland, Frankreich, Deutschland, Italien und Rußland. Die Ergründung der Gebärden von Mensch und Tier war dabei die notwendige Fortsetzung der evolutionstheoretischen Arbeit, die unmittelbar an *Abstammung des Menschen* von 1871 anschloß. Dort hatte Darwin ausgeführt, daß die postulierte Ähnlichkeit zwischen Mensch und Tier nicht nur in physiologischer oder anatomischer Hinsicht gemeint war, sondern auch Geist, Wesen und Verstand umfaßte. Innerhalb von nur vier Monaten nach Abgabe der Druckfahnen für *Abstammung des Menschen* schrieb Darwin *Ausdruck der Gemütsbewegungen*, eine geradezu fließbandhafte Geschwindigkeit, die zeigt, wie eng beide Werke miteinander zusammenhängen. Das Innenleben von Mensch und Tier, das *Abstammung des Menschen* in zahlreichen Erzählungen geschildert und bis zur Ununterscheidbarkeit miteinander überblendet hatte, wurde nun um die evolutionäre Systematik seiner Äußerungsformen erweitert. Das menschliche und tierische Antlitz verschmolzen zu einem untrennbaren Ganzen: Auf den Seiten von *Ausdruck der Gemütsbewegungen* traf der Leser auf Affen, die lachten, und Damen, die ihre Zähne bleckten. Vor dem Hintergrund der Evolutionstheorie erschienen beide Verhaltensweisen nicht mehr überraschend.

Vergnügen, Freude, Zuneigung

Es ist nicht möglich, wenigstens ohne mehr Erfahrung als ich sie besitze, bei Affen den Ausdruck des Vergnügens oder der Freude von dem der Zuneigung zu unterscheiden. Junge Schimpansen geben eine Art von bellendem Laut von sich, wenn sie sich über die Rückkehr irgend jemandes freuen, dem sie anhänglich sind. Wenn dieser Laut, den die Wärter ein Lachen nennen, ausgestoßen wird, werden die Lippen vorgestreckt; doch werden sie dies auch im Zustand verschiedener anderer Erregungen. Nichtsdestoweniger konnte ich doch bemerken, daß, wenn diese Tiere freudig gestimmt waren, die Form der Lippen etwas von der verschieden war, welche sie annahmen, wenn sie sich ärgerten. Wird ein junger Schimpanse gekitzelt, – und die Achselhöhlen sind besonders für das Kitzeln empfindlich, wie bei unseren Kindern – so wird ein noch entschiedenerer kichernder oder lachender Laut ausgestoßen, obschon das Lachen zuweilen von keinem Laut begleitet wird. Die Mundwinkel werden dann zurückgezogen, und dies verursacht zuweilen, daß die unteren Augenlider leicht runzlig werden. Aber dieses Runzeln, welches für unser eigenes Lachen so charakteristisch ist, zeigte sich bei einigen anderen Affen noch deutlicher. Die Zähne im Oberkiefer werden beim Schimpansen nicht exponiert, wenn er seinen lachenden Laut ausstößt, in welcher Hinsicht er von uns abweicht. Aber die Augen funkeln und werden heller, wie Mr. W. L. Martin[1] bemerkt, der der Ausdrucksweise dieser Tiere besondere Aufmerksamkeit zugewendet hat.

Werden junge Orang-Utans gekitzelt, so grinsen sie gleichfalls und machen ein kicherndes Geräusch. Mr. Martin gibt

---

[1] Natural History of Mammalia. Vol. I, 1841, S. 333, 410.

an, daß ihre Augen glänzend werden. Sobald ihr Lachen aufhört, läßt sich beobachten, daß ein Ausdruck über ihr Gesicht geht, welcher wie Mr. Wallace gegenüber mir bemerkt, ein Lächeln genannt werden kann. Ich habe etwas derselben Art beim Schimpansen beobachtet. Dr. Duchenne – und ich kann keine bessere Autorität zitieren – teilt mir mit, daß er in seinem Haus einen sehr zahmen Affen ein Jahr lang gehalten hat; wenn er ihm während der Mahlzeiten irgendeinen ausgesuchten delikaten Bissen gab, beobachtete er, daß die Mundwinkel leicht erhoben wurden. Es ließ sich also ein Ausdruck der Befriedigung, der etwas von der Natur eines beginnenden Lächelns hatte und dem ähnlich war, was oft auf dem Gesicht des Menschen zu sehen ist, deutlich bei diesem Tier bemerken.

Freut sich der *Cebus Azarae*[2], daß er eine geliebte Person wiedersieht, so bringt er einen eigentümlichen kichernden Laut hervor. Er drückt auch angenehme Empfindungen dadurch aus, daß er seine Mundwinkel zurückzieht, ohne irgendeinen Laut hervorzubringen. Rengger nennt diese Bewegung Lachen. Man dürfte es aber angemessener ein Lächeln nennen. Die Form des Mundes ist verschieden, wenn entweder Schmerz oder Schreck ausgedrückt und ein schrillendes Geschrei ausgestoßen wird. Eine andere Art von *Cebus* im zoologischen Garten (*C. hypoleucus*) gibt, wenn er vergnügt gestimmt ist, oft hintereinander einen schrillen Ton von sich und zieht gleichfalls die Mundwinkel zurück, allem Anschein nach infolge der Zusammenziehung derselben Muskeln wie bei uns. Dasselbe tut der Berberaffe (*Inuus ecaudatus*) in einem außerordentlichen Grade; ich habe bei diesem Affen beobachtet, daß die Haut des unteren

---

[2] Rengger (s. Säugetiere von Paraguay, 1830, S. 46) hielt die Affen in ihrem Heimatland Paraguay sieben Jahre lang in Gefangenschaft.

Augenlides sich dann runzelte. In derselben Zeit bewegte er seinen Unterkiefer oder Unterlippe schnell in einer krampfhaften Art, wobei die Zähne exponiert wurden. Aber der dabei hervorgebrachte Laut war kaum deutlicher als der, den wir zuweilen unterdrücktes Lachen nennen. Zwei von den Wärtern bestätigten, daß dieser unbedeutende Laut das Lachen des Tieres sei. Als ich aber meinen Zweifel hierüber ausdrückte (ich hatte zu der Zeit noch gar keine Erfahrung), ließen sie den Affen einen verhaßten *Entellus*, der in derselben Abteilung mit ihm lebte, angreifen oder erschrecken. In dem Augenblick veränderte sich der ganze Ausdruck des Gesichts des *Inuus*. Der Mund wurde viel weiter geöffnet, die Eckzähne wurden vollständig sichtbar gemacht und ein heiserer, bellender Laut wurde ausgestoßen.

Der Anubis-Pavian (*Cynocephalus anubis*) wurde zunächst von seinem Wärter gereizt und in wütenden Zorn gebracht, wie es leicht geschehen kann, worauf der Wärter wieder gut Freund mit ihm wurde und ihm die Hand schüttelte. Sobald die Versöhnung vollzogen war, bewegte der Pavian seine Kinnladen und Lippen schnell auf und nieder und sah befriedigt aus. Wenn wir herzlich lachen, so läßt sich eine ähnliche Bewegung oder ein Zittern mehr oder weniger deutlich in unseren Kinnladen beobachten; aber

Cynopithecus niger in behaglicher Stimmung. Nach dem Leben gez. von Mr. Wolf.

*Derselbe sich über Liebkosungen
freuend.*

beim Menschen werden besonders die Muskeln des Brust-
kastens beeinflußt, während bei diesem Pavian und bei einigen anderen Affen es die Muskeln der Kinnladen und Lippen waren, welche krampfhaft affiziert wurden.

Ich habe bereits Gelegenheit gehabt, die merkwürdige Art
und Weise zu erwähnen, in welcher zwei oder drei Spezies
von Macacus und der Cynopithecus niger ihre Ohren zu-
rückziehen und einen leisen schnatternden Laut ausstoßen,
wenn sie sich über Liebkosungen freuen. Bei dem Cynopithecus (Abb. 16) werden zu derselben Zeit die Mundwinkel
nach rückwärts und aufwärts gezogen, so daß die Zähne
sichtbar werden. Es würde daher dieser Ausdruck von einem
Fremden niemals als einer des Vergnügens erkannt werden.
Der Kamm langer Haare auf dem Vorderkopf wird nieder-
geschlagen und dem Anschein nach die ganze Kopfhaut zurückgezogen. Hierdurch werden die Augenbrauen ein wenig
emporgehoben und die Augen nehmen einen starren Ausdruck an; auch die unteren Augenlider werden leicht gerunzelt; aber dieses Runzeln ist wegen der beständigen Querfurchen auf dem Gesicht nicht auffallend.

Zorn

Diese Gemütserregung wird von vielen Arten von Affen häufig dargeboten und, wie Mr. Martin bemerkt[313], auf viele verschiedene Arten ausgedrückt. »Viele Arten strecken, wenn sie gereizt werden, ihre Lippen vor, starren mit einem fixierten und wilden Blick auf ihren Feind und nehmen wiederholte kurze Anläufe, als wenn sie im Begriff wären, vorwärtszuspringen, während sie zu derselben Zeit innerlich gutturale Laute hervorbringen. Viele zeigen ihren Zorn dadurch, daß sie plötzlich vorwärts kommen, plötzliche Anläufe nehmen und zu derselben Zeit den Mund öffnen und die Lippen zusammenziehen, so daß die Zähne verborgen werden, während die Augen keck auf den Feind fixiert werden wie in wilder Herausforderung. Wieder andere und vorzüglich die langschwänzigen Affen, Guenons, zeigen ihre Zähne und begleiten ihr maliziöses Grinsen mit einem scharfen, abrupten, wiederholten Geschrei.« Mr. Sutton bestätigt die Angabe, daß einige Arten ihre Zähne entblößen, wenn sie wütend werden, während andere dieselben durch Vorstrecken ihrer Lippen bedecken; einige Arten ziehen ihre Ohren zurück. Der vor kurzem angeführte *Cynopithecus niger* handelt in dieser Art, drückt zu derselben Zeit den Haarkamm auf seinem Vorderkopf nieder und zeigt seine Zähne, so daß die Bewegungen der Gesichtszüge im Zorn nahezu dieselben sind wie diejenigen in der Freude, und es können die beiden Ausdrucksweisen nur von denjenigen unterschieden werden, welche mit dem Tier vertraut sind.

Paviane zeigen ihre Leidenschaft und drohen ihrem Feind häufig in einer sehr merkwürdigen Weise, nämlich dadurch, daß sie ihren Mund weit öffnen, wie im Akt des Gähnens.

3 Natural History of Mammalia, 1841, S. 351.

Mr. Bartlett hat es oft gesehen wie zwei Paviane, wenn sie in denselben Käfig getan wurden, zuerst einander gegenübersitzen und nun abwechselnd ihren Mund öffnen. Und diese Bewegung scheint häufig in einem wirklichen Gähnen ihr Ende zu nehmen. Mr. Bartlett glaubt, daß beide Tiere einander zu zeigen wünschen, daß sie mit einem furchtbaren Gebiß, wie dies unzweifelhaft der Fall ist, versehen sind. Da ich die Tatsache dieser gähnenden Gebärde kaum für richtig hielt, reizte Mr. Bartlett den alten Pavian und brachte ihn zur heftigen Leidenschaft; fast unmittelbar darauf begann er diese Bewegung. Einige Spezies von *Macacus* und *Cynopithecus*[4] benehmen sich in derselben Art und Weise. Paviane zeigen auch ihren Zorn, wie Brehm an denen beobachtet hat, die er in Abyssinien lebendig hielt, noch in einer anderen Weise, nämlich dadurch, daß sie den Boden mit der einen Hand schlagen »wie ein zorniger Mensch, der mit der Faust auf den Tisch schlägt«. Ich habe diese Bewegung bei den Pavianen im zoologischen Garten gesehen. Aber zuweilen scheint diese Handlung eher ausdrücken zu sollen, daß sie einen Stein oder einen anderen Gegenstand in ihrem Strohlager suchen.

Mr. Sutton hat oft beobachtet, wie das Gesicht des *Macacus rhesus* rot wurde, wenn er in Wut geriet. Als er dies gegenüber mir erwähnte, griff ein anderer Affe einen *Rhesus* an, und nun sah ich, daß sich sein Gesicht so deutlich wie bei einem Menschen in einer heftigen Leidenschaft rötete. Im Laufe einiger Minuten, nachdem der Kampf vorüber war, erhielt das Gesicht dieses Affen seine natürliche Farbe wieder. In derselben Zeit, als das Gesicht sich rötete, schien der nackte hintere Teil des Körpers, welcher immer rot ist,

---

[4] Brehm: Tierleben, Bd. 1, S. 84. Über Paviane, welche den Boden schlagen, s. S. 61.

noch roter zu werden. Doch kann ich nicht positiv behaupten, daß dies der Fall war. Wenn der Mandrill in irgendeiner Weise gereizt wird, so wird angegeben, daß die brillant gefärbten nackten Teile der Haut noch lebhafter gefärbt werden.

Bei mehreren Arten der Paviane springt die Leiste der Stirn bedeutend über die Augen hervor und ist mit wenig langen Haaren besetzt, die unsere Augenbrauen darstellen. Diese Tiere blicken beständig rund um sich her, und um nach oben sehen zu können, erheben sie ihre Augenbrauen. Es möchte fast scheinen, als hätten sie hierdurch die Gewohnheit erlangt, häufig ihre Augenbrauen zu bewegen. Wie sich dies auch verhalten möge: Viele Arten von Affen besonders die Paviane bewegen, wenn sie zornig oder in irgendeiner Weise gereizt werden, ihre Augenbrauen schnell und unaufhörlich auf und nieder, ebenso wie die behaarte Haut des Vorderkopfes.[5] Da wir beim Menschen das Erheben und Senken der Augenbrauen mit bestimmten Zuständen der Seele assoziieren, so gibt die beinahe unablässige Bewegung der Augenbrauen bei Affen denselben einen sinnlosen Ausdruck. Ich habe einmal einen Mann beobachtet, der die Gewohnheit hatte, fortwährend seine Augenbrauen ohne irgendwelche entsprechende Seelenerregung zu erheben; und dies gab ihm ein närrisches Aussehen. Dasselbe gilt für einige Personen, welche ihre Mundwinkel ein wenig zurück und aufwärts gezogen haben, wie bei einem beginnenden Lächeln, trotzdem sie zu der Zeit weder amüsiert noch vergnügt gestimmt sind.

Ein junger weiblicher Orang-Utan, der von seinem Wärter dadurch eifersüchtig gemacht wurde, daß dieser einem

---

[5] Brehm bemerkt (Tierleben, a.a.O., S. 68), daß die Augenbrauen des *Jnuus ecaudatus* häufig auf- und niederbewegt werden.

anderen Affen Aufmerksamkeit zuwendete, ließ leicht seine Zähne sehen, stieß ein mürrisches Geräusch ungefähr wie »tisch-schist« aus und drehte ihm den Rücken zu. Sowohl Orang-Utans als auch Schimpansen strecken, wenn sie etwas mehr geärgert werden, ihre Lippen bedeutend vor und bringen ein scharfes bellendes Geräusch hervor. Ein junger weiblicher Schimpanse bot in einer heftigen Leidenschaft eine merkwürdige Ähnlichkeit mit einem Kind in demselben Zustand dar. Er schrie laut mit weit geöffnetem Mund, wobei die Lippen zurückgezogen waren, so daß die Zähne vollständig exponiert waren. Er warf die Arme wild um sich herum, sie zuweilen über dem Kopf zusammenschlagend. Er rollte sich auf dem Boden hin, zuweilen auf dem Rücken, zuweilen auf dem Bauch und biß nach jedem Ding, was er erreichen konnte.[6] Man hat einen jungen Gibbon (*Hylobates syndactylus*) beobachtet, der sich in leidenschaftlicher Erregung fast genau in derselben Art benahm.

Die Lippen junger Orang-Utans und Schimpansen werden unter verschiedenen Umständen zuweilen in wunderbarem Grade vorgestreckt. Sie tun dies nicht bloß, wenn sie leicht verärgert, mürrisch und enttäuscht sind, sondern auch, wenn sie sich über irgend etwas beunruhigen – in einem Falle bei dem Anblick einer Schildkröte[7] – und gleichfalls, wenn sie vergnügt werden. Es ist aber weder der Grad des Vorstreckens noch die Form des Mundes, wie ich glaube, in allen Fällen genau dieselbe; auch sind die Laute, welche dann ausgestoßen werden, verschieden. Die folgende Zeichnung (Abb. 17) stellt einen Schimpansen dar, der dadurch mürrisch gemacht worden war, daß man ihm eine Orange

---

[6] G. Bennett: Wanderings in New South Wales etc., Vol. II, 1834, S. 153.

[7] W. C. Martin: Natur. History of Mamm. Animals, 1841, S. 405.

angeboten und dann weggenommen hatte. Ein ähnliches Vorstrecken oder Hängenlassen des Mundes, wenn auch in einem viel unbedeutenderen Grade, kann man bei mürrischen Kindern sehen.

Schimpanse, enttäuscht und mürrisch.
Nach dem Leben gez. von Mr. Wood.

Vor vielen Jahren stellte ich im zoologischen Garten einen Spiegel auf die Erde vor den jungen Orang-Utans hin, welche, soweit es bekannt war, niemals vorher einen solchen gesehen hatten. Zuerst starrten sie ihr eigenes Bild mit der stetesten Überraschung an und änderten oft ihren Standpunkt. Dann näherten sie sich dicht dem Bild und streckten ihre Lippen nach ihm hin, als wenn sie es küssen wollten, in genau derselben Weise, wie sie es gegeneinander getan hatten, als sie wenige Tage vorher in ein und dasselbe Zimmer gebracht worden waren. Dann machten sie alle möglichen Grimassen und stellten sich in verschiedenen Stellungen vor dem Spiegel auf, drückten und rieben die Oberfläche, hielten ihre Hände in verschiedener Entfernung hinter denselben, sahen hinter ihn und schienen endlich beinahe erschreckt zu sein, fuhren etwas zurück,

wurden unwillig und verweigerten nun, länger hineinzusehen.

Wenn wir versuchen, irgendeine unbedeutende Handlung auszuführen, welche schwierig ist und Präzision erfordert, z.B. wenn wir eine Nadel einfädeln wollen, so schließen wir allgemein unsere Lippen fest, wie ich vermute zum
Zweck, unsere Bewegungen nicht durch Atmen zu stören.
Und ich bemerkte dieselbe Bewegung bei einem jungen
Orang-Utan. Das arme kleine Geschöpf war krank und amüsierte sich damit, zu versuchen, die Fliegen an den Fenster-
scheiben mit seinen Knöcheln zu töten. Dies war schwierig,
da die Fliegen umhersummten; und bei jedem Versuch wurden die Lippen fest geschlossen und in derselben Zeit ein
wenig vorgestreckt.

Obschon der Gesichtsausdruck und noch spezieller die
Gebärden von Orang-Utans und Schimpansen in mancher
Hinsicht in hohem Grade ausdrucksvoll sind, so zweifle ich
doch, ob sie im ganzen ebenso ausdrucksvoll sind wie diejenigen einiger anderer Arten von Affen. Dies mag zum Teil
dem Umstand zugeschrieben werden, daß ihre Ohren unbeweglich sind, zum Teil der Nacktheit ihrer Augenbrauen,
deren Bewegungen hierdurch weniger auffallend werden.
Indessen wird, wenn sie ihre Augenbrauen erheben, ihre
Stirn wie bei uns quer gefurcht. Im Vergleich mit dem Menschen sind ihre Gesichter ausdruckslos, hauptsächlich infolge des Umstandes, daß sie die Stirn nicht bei jeder Seelenerregung runzeln, d.h. soweit ich imstande gewesen bin zu
beobachten, und ich habe dem Punkt sorgfältige Aufmerksamkeit zugewendet. Das Stirnrunzeln, welches eine der be-
deutungsvollsten aller Ausdrucksformen bei dem Menschen
ist, ist Folge der Zusammenziehung der Corrugatoren, durch
welche die Augenbrauen herabgezogen und einander genä-
hert werden, so daß sich auf der Stirn senkrechte Falten bil-

den. Man gibt freilich an[8], daß der Orang-Utan und Schimpanse diesen Muskel besitzen; er scheint aber nur selten in
Tätigkeit versetzt zu werden, wenigstens in einer deutlichen
Weise. Ich hielt meine Hände zur Bildung einer Art Gitter
zusammen, brachte einige verlockende Früchte hinein und
ließ nun einen jungen Orang-Utan und einen Schimpansen
ihr Äußerstes versuchen, sie herauszubekommen. Obgleich
sie aber ziemlich unwillig wurden, zeigte sich auch nicht
eine Spur von Stirnrunzeln. Auch trat kein Stirnrunzeln ein,
als sie wütend wurden. Zweimal nahm ich zwei Schimpansen aus ihrem im ganzen dunklen Zimmer plötzlich heraus
in hellen Sonnenschein, welches uns mit Sicherheit die
Stirn zu runzeln veranlaßt hätte. Sie blinkten und winkten
mit ihren Augen, aber nur einmal sah ich ein sehr unbedeutendes Stirnrunzeln. Bei einer anderen Gelegenheit kitzelte
ich die Nase eines Schimpansen mit einem Strohhalm, und
als das Gesicht leicht runzelig wurde, erschienen auch unbedeutende senkrechte Furchen zwischen den Augenbrauen.
Ich habe aber niemals ein Stirnrunzeln bei einem Orang-
Utan gesehen.

Gerät der Gorilla in Wut, so wird beschrieben, daß er seinen Haarkamm aufrichte, seine Unterlippe herabhängen
lasse, seine Nasenlöcher erweitere und furchtbare Töne aus-
stoße. Messrs. Savage und Wyman geben an[9], daß die Kopfhaut frei rück- und vorwärts bewegt werden kann und daß
sie, wenn das Tier gereizt ist, stark zusammengezogen wird.
Ich vermute aber, daß sie mit diesem letzteren Ausdruck

[8] Prof. Owen über den Orang-Utan, s. Proceed. Zoolog. Soc., 1830, S. 28.
Über den Schimpansen s. Prof. MacAlister, in: Ann. and Magaz. of Natur.
Hist., Vol. VII, 1871, S. 342; derselbe gibt an, daß der Corrugator supercilii
von dem Orbicularis palpebrarum nicht zu trennen sei.
[9] Boston Journal of Natur Hist., Vol. V, 1845−47, S. 423; über den Schimpansen s. ebd., Vol. IV, 1843−44, S. 365.

meinen, daß die Kopfhaut herabgezogen wird. Denn sie sagen gleichfalls vom jungen Schimpansen, daß er, wenn er aufschreit, »die Augenbrauen stark zusammengezogen habe«. Die bedeutende Fähigkeit zur Bewegung der Kopfhaut beim Gorilla, vielen Pavianen und anderen Affen verdient in bezug auf den Umstand, daß einige wenige Menschen dieselbe Fähigkeit besitzen, Beachtung; die Fähigkeit, willkürlich die Kopfhaut zu bewegen, ist entweder infolge von Rückschlag eingetreten oder beibehalten worden.

Weinen

Ich habe bereits mit hinreichenden Einzelheiten im dritten Kapitel die Zeichen äußersten Schmerzes beschrieben, wie sie sich durch Schreien und Stöhnen, durch ein Winden des ganzen Körpers und durch das Zusammenschlagen oder Knirschen der Zähne darstellen. Diese Zeichen werden häufig von profusem Schwitzen, Erblassen, Zittern, äußerstem Abgespanntsein oder Ohnmacht begleitet, oder diese Zustände folgen jenen. Kein Leiden ist größer als das infolge äußerster Furcht oder höchsten Schauders; hier kommt aber eine besondere Erregung noch ins Spiel, die später an anderem Orte betrachtet werden wird. Lang andauerndes Leiden besonders des Geistes geht in trübe Stimmung, Kummer, Niedergeschlagenheit und Verzweiflung über, und dieser Zustand wird den Gegenstand des folgenden Kapitels bilden. Hier werde ich mich beinahe ganz auf das Weinen oder Schreien besonders bei Kindern beschränken.

Wenn kleine Kinder selbst geringen Schmerz erdulden, mäßigen Hunger oder Kummer leiden, so werden heftige und anhaltende Schreie ausgestoßen. Während sie in dieser Weise schreien, werden die Augen fest geschlossen, so daß die Haut rings um sie gefaltet und die Stirn zu einem Runzeln zusammengezogen ist. Der Mund ist weit geöffnet und die Lippen sind in einer eigentümlichen Art und Weise zurückgezogen, welche dem Mund eine viereckige Form gibt. Das Zahnfleisch oder die Zähne sind dabei mehr oder weniger exponiert. Der Atem wird beinahe krampfhaft eingezogen. Es ist leicht, kleine Kinder während des Schreiens zu beobachten. Ich habe aber Photographien, welche durch den Prozeß des augenblicklichen Lichtbildens gemacht wurden, als das beste Mittel zur Beobachtung erkannt, da es eingehendere Untersuchung gestattet. Ich habe zwölf davon gesammelt, von denen die meisten ausdrücklich für mich angefertigt wurden. Sie bieten alle dieselben allgemeinen charakteristischen Momente dar. Sechs von ihnen sind auf der nachfolgenden Seite mit den sechs Photographien von Kindern zu sehen.[10]

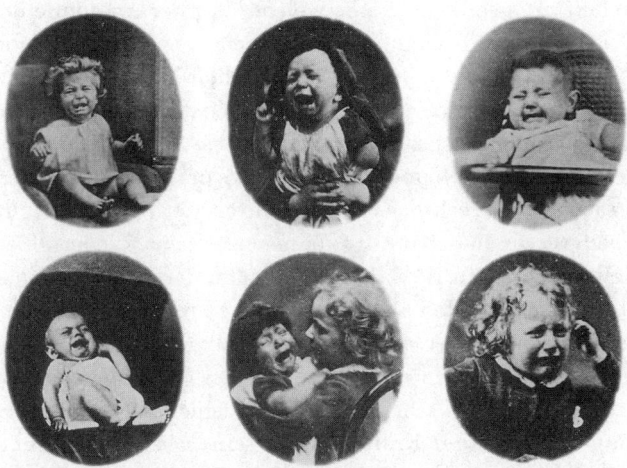

[10] Die besten Photographien in meiner Sammlung sind die von Mr. Rejlander, Victoria Street, London, und von Herrn Kindermann in Hamburg. Die Bilder 1, 3, 4 und 6 sind von dem ersteren, Bilder 2 und 5 von dem letzteren. Bild 6 ist gegeben worden, um das mäßige Weinen bei einem älteren Kind zu zeigen.

Das feste Schließen der Augenlider und die infolge davon eintretende Kompression des Augapfels — und dies ist ein äußerst bedeutungsvolles Moment bei verschiedenen Ausdrucksweisen — dienen dazu, die Augen davor zu schützen, daß sie zu sehr mit Blut überfüllt werden, wie sofort im Detail erklärt werden soll. In bezug auf die Reihenfolge, in welcher sich die verschiedenen Muskeln zusammenziehen, um die Augen fest zusammenzudrücken, bin ich Dr. Langstaff aus Southampton für einige Beobachtungen, die ich seit der Zeit wiederholt habe, zu Dank verpflichtet. Die beste Art, diese Ordnung zu beobachten, ist: eine Person zuerst ihre Augenbrauen erheben (dies erzeugt Furchen quer über die ganze Stirn) und dann allmählich alle die Muskeln rund um das Auge mit so viel Kraft wie nur möglich zusammenziehen zu lassen. Der Leser, welcher mit der Anatomie des Gesichts nicht bekannt ist, sollte sich hier Seite 1181 und 1182 mit den Holzschnitten 1—3 ansehen.[*] Die Augenbrauenrunzler, *corrugator supercilii*, scheinen die ersten Muskeln zu sein, welche sich zusammenziehen; sie ziehen die Augenbrauen nach unten und innen der Basis der Nase zu und verursachen senkrechte Furchen, d. h. also ein Stirnrunzeln, welches zwischen den Augenbrauen erscheint. Zu derselben Zeit verursachen sie das Verschwinden der über die ganze Stirn wegziehenden Querfurchen. Die kreisförmigen Muskeln ziehen sich beinahe gleichzeitig mit den Augenbrauenrunzlern zusammen und rufen Furchen ganz rings um das Auge hervor. Sie scheinen indessen einer Zusammenziehung mit größerer Kraft fähig zu sein, sobald die Zusammenziehung der Augenbrauenrunzler ihnen einen gewissen Stützpunkt gegeben hat. Zuletzt ziehen sich die Pyramiden-

---

[*] Diese Angaben beziehen (und ähnliche im folgenden) sich auf hier nicht abgedruckte Teile der deutschen Ausgabe in Charles Darwin, *Gesammelte Werke*, Frankfurt/Main 2006; Anm. J.V.

muskeln der Nase zusammen. Sie ziehen die Augenbrauen
und die Haut der Stirn noch tiefer herab und erzeugen kurze Querfurchen über der Basis der Nase.[11] Der Kürze wegen
werden diese Muskeln allgemein als die Kreismuskeln oder
als diejenigen, welche das Auge umgeben, erwähnt werden.

Wenn diese Muskeln stark zusammengezogen werden, so
ziehen sich auch diejenigen, welche nach der Oberlippe zu-
laufen[12], zusammen und erheben die Oberlippe. Dies hätte
sich wegen der Art und Weise, in welcher wenigstens einer
derselben, der *Malaris*, mit den kreisförmigen Muskeln in
Zusammenhang steht, erwarten lassen. Ein jeder, welcher
allmählich die Muskeln rings um seine Augen zusammenziehen will, wird in dem Maße, wie er die Kraft verstärkt, fühlen, daß seine Oberlippe und seine Nasenflügel (welche zum
Teil von einem jener Muskeln beeinflußt werden) beinahe
immer ein wenig in die Höhe gezogen werden. Wenn er seinen Mund fest schließt, während er die Muskeln rings um
das Auge zusammenzieht, und dann plötzlich seine Lippen
erschlafft, so wird er fühlen, daß der Druck auf sein Auge sich
sofort verstärkt. Wenn ferner eine Person an einem hellen,
blendenden Tag auf einen entfernten Gegenstand hinzuse-

[11] Henle (Handbuch der systemat. Anat., Bd. 1, 1858, S.139) stimmt mit
Duchenne darin überein, daß dies die Wirkung der Zusammenziehung
des *Pyramidalis nasi* ist.
[12] Es bestehen dieselben aus dem *Levator labii superioris alaeque nasi*,
dem *Levator labii proprius*, dem *Malaris*, und dem *Zygomaticus minor*
oder kleinen Jochbeinmuskel. Dieser letztere Muskel liegt parallel mit
dem großen Jochbeinmuskel und oberhalb desselben und heftet sich an
den äußeren Teil der Oberlippe. Er ist in Fig. 2, (S. 1181), aber nicht in Fig.
1 und 3 dargestellt. Dr. Duchenne wies zuerst (Mécanisme de la Physion.
Hum., Album, 1862, S. 39) die Bedeutung der Zusammenziehung dieses
Muskels in bezug auf die beim Schreien angenommene Form des Gesich-
tes nach. Henle betrachtet die oben genannten Muskeln (mit Ausnahme
des *Malaris*) als Unterabteilungen des *Quadratus labii superioris*.

hen wünscht, sie aber gezwungen ist, teilweise ihre Augenlider zu schließen, so wird beinahe immer zu beobachten sein, daß sie die Oberlippe etwas erhebt. Der Mund mancher sehr kurzsichtigen Personen, welche beständig gezwungen sind, die Öffnung ihrer Augen etwas zu verkleinern, erhält aus dieser selben Ursache einen grinsenden Ausdruck.

Das Erheben der Oberlippe zieht das Fleisch auf den oberen Teilen der Wangen in die Höhe und bewirkt hierdurch eine stark markierte Falte auf jeder Wange – die Nasenlippenfalte – welche von der Nähe der Nasenflügel zu den Mundwinkeln und noch unter dieselben hinabläuft. Diese Falte oder Furche ist in allen den Photographien von weinenden Kindern zu sehen und ist für den Ausdruck eines solchen sehr charakteristisch, obschon eine nahezu ähnliche Falte im Akt des Lachens oder Lächelns gebildet wird.[15]

[15] Obgleich Dr. Duchenne die Zusammenziehung der verschiedenen Muskeln während des Aktes des Weinens und die dadurch hervorgebrachten Furchen im Gesicht so sorgfältig studiert hat, so scheint doch in seiner Schilderung noch irgend etwas unvollständig zu sein; was dies aber ist, kann ich nicht sagen. Er hat eine Abbildung gegeben (Album, Abb. 48), in welcher die eine Hälfte des Gesichts durch Galvanisierung der gehörigen Muskeln lächelnd gemacht worden ist, während in der anderen Hälfte auf ähnliche Weise der Beginn des Weinens dargestellt ist. Beinahe alle diejenigen (nämlich neunzehn unter einundzwanzig Personen), denen ich die lächelnde Hälfte des Gesichts zeigte, erkannten augenblicklich den Ausdruck; aber mit Bezug auf die andere Hälfte erkannten nur sechs unter einundzwanzig Personen deren Ausdruck, d. h. wenn ich solche Ausdrücke, wie ›Kummer‹, ›Elend‹ ›Ärgerlichkeit‹ für korrekt nehme, während fünfzehn Personen sich äußerst komisch irrten. Einige sagten, das Gesicht drücke »Witz«, »Befriedigung«, »Schlauheit«, »Abscheu« usw. aus. Wir können hieraus schließen, daß irgend etwas in dem Ausdruck unrichtig ist. Einige von diesen fünfzehn Personen dürften indessen zum Teil dadurch irregeführt worden sein, daß sie nicht erwarteten, einen alten Mann weinen zu sehen, und daß keine Tränen abgesondert wurden. Was eine andere Figur des Dr. Duchenne (Abb. 49) betrifft, in welcher die Muskeln der einen Gesichtshälfte der Art galvanisiert wurden, daß der

Da die Oberlippe während des Aktes des Schreiens in der eben erklärten Weise sehr in die Höhe gezogen wird, so werden die die Mundwinkel herabziehenden Muskeln (siehe K in Holzschnitt 1 und 2) stark zusammengezogen, um den Mund weit offenzuhalten, so daß ein starker und voluminöser Laut ausgestoßen werden kann. Die Tätigkeit dieser einander entgegenstehenden Muskeln oben und unten strebt dem Mund eine oblonge fast viereckige Kontur zu geben, wie man in den vorangehenden Photographien sehen kann. Ein ausgezeichneter Beobachter[14] sagt bei der Beschreibung eines kleinen Kindes, welches während des Fütterns schrie: »Es bildete seinen Mund zu einem Viereck und ließ die Suppe aus allen vier Ecken herauslaufen.« Ich bin der Ansicht – doch werden wir auf diesen Punkt in einem späteren Kapitel zurückkommen – daß die die Mundwinkel herabziehenden Muskeln weniger unter der besonderen Kontrolle des Willens stehen als die angrenzenden Muskeln, so daß wenn ein kleines Kind nur zweifelhaft geneigt ist, zu schreien, dieser Muskel allgemein der erste ist, welcher sich zusammenzieht, und der letzte, welcher aufhört zusammengezogen zu sein. Wenn ältere Kinder anfangen zu weinen, so sind die Muskeln, welche zur Oberlippe laufen, häufig die ersten, welche sich zusammenziehen. Dies ist vielleicht eine

Beginn des Weinens dargestellt wird, während gleichzeitig die Augenbrauen derselben Seite schräg gestellt sind, was für »Elend« charakteristisch ist, so wurde der Ausdruck von einer verhältnismäßig größeren Zahl von Personen erkannt. Unter dreiundzwanzig Personen antworteten vierzehn ganz richtig: »Kummer«, »Unglück«, Trauer«, »gerade vor dem Ausbruch des Weinens«, »Erdulden von Schmerzen« usw. Andererseits konnten neun Personen entweder gar keine Ansicht sich bilden oder waren vollständig im Irrtum und antworteten: »schlauer Blick«, »Vergnügen«, »Sehen in intensives Licht«, »Sehen auf einen entfernten Gegenstand« usw.

[14] Mrs. Gaskell: »Mary Barton«, New. edit., S. 84.

Folge davon, daß ältere Kinder keine so starke Neigung haben, laut aufzuschreien und infolgedessen ihren Mund weit offenzuhalten, so daß die eben genannten herabziehenden Muskeln in keine so heftige Tätigkeit versetzt werden.

Bei einem meiner eigenen Kinder beobachtete ich von seinem achten Tage an und einige Zeit später noch, daß das erste Zeichen eines Schreianfalls, wenn ein solcher in seinem allmählichen Eintritt beobachtet werden konnte, ein unbedeutendes Stirnrunzeln war infolge der Zusammenziehung der Augenbrauenrunzler. Die Kapillargefäße der nackten Kopf- und Gesichtshaut wurden zu derselben Zeit mit Blut gerötet. Sobald der Schreianfall faktisch begann, wurden alle Muskeln rings um die Augen heftig zusammengezogen und der Mund in der oben beschriebenen Weise weit geöffnet, so daß die Gesichtszüge in dieser früheren Periode dieselbe Form annahmen wie in einem etwas vorgeschritteneren Alter.

Dr. Piderit[15] legt auf die Zusammenziehung gewisser Muskeln großes Gewicht, welche die Nase herabziehen und die Nasenlöcher verengen und welche für den weinenden Ausdruck ganz besonders charakteristisch sein sollen. Die *Depressores anguli* oris werden, wie wir eben gesehen haben, gewöhnlich in derselben Zeit zusammengezogen und streben dann indirekt, den Angaben von Dr. Duchenne zufolge, in derselben Weise auf die Nase zu wirken. Bei Kindern, welche heftigen Schnupfen haben, läßt sich ein ähnliches zusammengekniffenes Aussehen der Nase beobachten, welches, wie Dr. Langstaff mir gegenüber bemerkte, Folge ihres beständigen Schnüffelns und des davon abhängigen Druckes der Atmosphäre auf die beiden Seiten ist. Der

---

[15] Mimik und Physiognomik, 1867, S. 102. Duchenne: Mécanisme de la Physion. Hum., Album, S. 34.

378

Zweck dieser Zusammenziehung der Nasenlöcher bei Kindern, welche Schnupfen haben oder während sie schreien, scheint der zu sein, das Herabfließen des Schleimes und der Tränen zu hemmen und das Ausströmen dieser Flüssigkeiten über die Oberlippe zu verhindern.

Nach einem lang andauernden und heftigen Schreianfall sind die Kopfhaut, das Gesicht und die Augen gerötet infolge davon, daß das Blut nun, wegen der heftigen exspiratorischen Anstrengungen, von dem Kopf zurückzufließen verhindert wurde. Aber die Röte der gereizten Augen ist hauptsächlich Folge des reichlichen Vergießens von Tränen. Die verschiedenen Muskeln des Gesichts, welche stark zusammengezogen worden waren, zucken noch immer ein wenig, die Oberlippe ist noch etwas in die Höhe gezogen oder umgebogen[16] und die Mundwinkel etwas nach abwärts gezogen. Ich habe es selbst gefühlt und es bei anderen erwachsenen Personen beobachtet, daß wenn Tränen mit Schwierigkeit zurückgedrängt werden, wie beim Lesen einer tragischen Geschichte, es beinahe unmöglich ist, zu verhindern, daß die verschiedenen Muskeln, welche bei jungen Kindern während ihrer Schreianfälle in heftige Tätigkeit versetzt werden, leicht zucken oder zittern.

Kleine Kinder vergießen, solange sie noch sehr jung sind, keine Tränen oder weinen nicht, wie es Wärterinnen und Ärzten wohlbekannt ist. Dieser Umstand ist nicht ausschließlich Folge davon, daß die Tränendrüsen noch nicht fähig wären, Tränen abzusondern. Ich beobachtete diese Tatsache zuerst, als ich zufällig mit dem Aufschlag meines Rockes das offene Auge eines meiner Kinder gerieben hatte, als es 77 Tage alt war. Dies verursachte ein reichliches Erfüllen des Auges mit Wasser, und obschon das Kind heftig

---

[16] Dr. Duchenne macht diese Bemerkung, ebd., S. 39.

schrie, blieb das andere Auge trocken oder wurde nur leicht mit Tränen unterlaufen. Ein ähnlicher unbedeutender Erguß trat zehn Tage früher in beiden Augen während eines Schreianfalls ein. Die Tränen liefen nicht über die Augenlider und die Backen bei diesem Kind herab, als es im Alter von 122 Tagen heftig schrie. Dies trat zuerst 17 Tage später ein im Alter von 139 Tagen. Einige wenige andere Kinder sind für mich beobachtet worden; es stellte sich heraus, daß die Periode, wo reichliches Weinen eintritt, sehr variabel zu sein scheint. In einem Fall wurden die Augen leicht wässerig im Alter von nur 20 Tagen, in einem anderen in dem von 62 Tagen. Bei zwei anderen Kindern liefen die Tränen nicht über das Gesicht herab im Alter von 84 und 110 Tagen, aber bei einem dritten Kind liefen sie schon im Alter von 104 Tagen über die Wangen herab. Wie mir positiv versichert wurde, liefen in einem Fall Tränen in dem ungewöhnlich frühen Alter von 42 Tagen über das Gesicht. Es möchte scheinen, als ob die Tränendrüsen in den Individuen etwas Übung erforderten, ehe sie leicht zur Tätigkeit erregt werden können, in ziemlich derselben Art und Weise, wie verschiedene angeerbte konsensuelle Bewegungen und Geschmacksformen eine gewisse Übung erfordern, ehe sie fixiert und vollkommen werden. Dies ist um so wahrscheinlicher bei einer Gewohnheit wie der des Weinens, welche von einer Periode an erlangt worden sein muß, in welcher der Mensch von dem gemeinsamen Urerzeuger der Gattung *Homo* und der nicht weinenden anthropomorphen abgezweigt wurde.

Die Tatsache, daß Tränen in einem sehr frühen Alter nicht aus Schmerz oder irgendeiner geistigen Erregung vergossen werden, ist merkwürdig, da im späteren Leben keine Ausdrucksform allgemeiner oder schärfer ausgeprägt ist als das Weinen. Ist die Gewohnheit einmal von einem Kind erlangt worden, so drückt es in der deutlichsten Art und Weise Leiden aller Arten, sowohl körperlichen Schmerz als auch geistiges Unglück, selbst wenn es von anderen Erregungen wie Furcht oder Wut begleitet wird, durch Weinen aus. Indessen ist der Charakter des Weinens in einem sehr frühen Alter verschieden; wie ich bei meinen eigenen Kindern beobachtet habe: − leidenschaftliches Schreien ist verschieden von dem Weinen vor Kummer. Eine Dame teilt mir mit, daß ihr neun Monate altes Kind laut aufschreit aber nicht weint, wenn es in Leidenschaft gerät. Es vergießt aber Tränen, wenn es dadurch bestraft wird, daß man seinen Stuhl mit dem Rücken nach dem Tische zu umdreht. Diese Verschiedenheit kann vielleicht dem Umstand zugeschrieben werden, daß das Weinen in einem vorgeschritteneren Alter, wie wir sofort sehen werden, in den meisten Fällen mit Ausnahme des Kummers unterdrückt wird, aber auch dem anderen Umstand, daß die Fähigkeit eines solchen Zurückdrängens auf eine frühere Lebensperiode überliefert wird als auf die, in welcher es zum ersten Mal ausgeübt wurde.

Bei Erwachsenen und besonders denen des männlichen Geschlechts hört das Weinen bald auf, durch körperlichen Schmerz verursacht zu werden oder solchen auszudrücken. Dies kann dadurch erklärt werden, daß es für schwächlich und unmännlich gehalten wird, wenn Männer, sowohl zivilisierter als auch barbarischer Rassen, körperlichen Schmerz durch irgendwelche äußerliche Zeichen zu erkennen geben. Mit dieser Ausnahme weinen Wilde aus sehr unbedeutenden Ursachen reichlich, für welche Tatsache Sir J. Lubbock[17] Beispiele gesammelt hat. Ein Neuseeländerhäuptling »weinte wie ein Kind, weil die Matrosen seinen Lieblingsmantel mit Mehl gepudert hatten.« Ich sah auf Feuerland einen

---

[17] The Origin of Civilization, 1870, S. 355.

Eingeborenen, welcher vor kurzem einen Bruder verloren hatte, der abwechselnd mit hysterischer Heftigkeit weinte und dann wieder über irgend etwas, was ihn amüsierte, herzlich lachte. Auch bei zivilisierten Nationen Europas besteht in der Häufigkeit des Weinens ein großer Unterschied. Engländer weinen selten, ausgenommen unter dem Druck des heftigsten Kummers, während in einigen Teilen des Kontinents die Menschen viel leichter und reichlicher Tränen vergießen.

Geisteskranke geben bekanntlich allen ihren Gemütserregungen mit nur geringer oder gar keiner Zurückhaltung nach; Dr. J. Crichton Browne hat mir nun mitgeteilt, daß für einfache Melancholie selbst im männlichen Geschlecht nichts charakteristischer ist, als eine Neigung zu weinen bei der allergeringsten Veranlassung oder auch aus gar keiner Ursache. Sie weinen auch ganz unverhältnismäßig beim Eintritt irgendeiner wirklichen Ursache des Kummers. Die Länge der Zeit, durch welche manche Patienten weinen, ebenso die Menge von Tränen, welche sie vergießen, ist zuweilen staunenerregend. Ein melancholisches Mädchen weinte einen ganzen Tag und gestand Dr. Browne später, daß es geschehen sei, weil sie sich erinnerte, daß sie früher einmal ihre Augenbrauen rasiert habe, um deren Wachstum zu befördern. Viele Patienten in der Anstalt sitzen eine lange Zeit da, sich beständig vorwärts und rückwärts bewegend, »und wenn man sie anredet, hören sie in ihren Bewegungen auf, ziehen ihre Augen zusammen, drücken ihre Mundwinkel herab und brechen in Weinen aus«. In einigen dieser Fälle scheint der Angeredete oder freundlich Gegrüßte sich irgendeine eingebildete oder traurige Idee vor die Seele zu führen; aber in anderen Fällen regt ein Anstoß jeder Art, ganz unabhängig von irgendeiner kummervollen Idee, das Weinen an. Auch Patienten, welche an akuter Manie leiden, haben Paroxysmen von heftigem Weinen mitten in ihren unzusammenhängenden Rasereien. Wir dürfen indessen auf das reichliche Tränenvergießen bei Geisteskranken, als eine Folge des Mangels jeder Zurückhaltung, nicht zuviel Gewicht legen; denn gewisse Gehirnkrankheiten wie Hemiplegie, Hirnschwund und Marasmus haben eine spezielle Neigung, Weinen zu veranlassen. Das Weinen bei Geisteskranken ist ganz allgemein, selbst nachdem ein Zustand völliger Blödsinnigkeit erreicht worden und das Vermögen der Sprache verloren ist. Auch blödsinnig geborene Personen weinen.[18] Man sagt aber, daß es bei Kretins nicht der Fall ist.

Das Weinen scheint, wie wir bei Kindern sehen, die ursprüngliche und natürliche Ausdrucksform für Leiden irgendwelcher Art zu sein, mag es körperlicher Schmerz, der nur wenig der äußersten Agonie nachsteht, oder geistiges Unglück sein. Aber die vorstehend erwähnten Tatsachen und die gewöhnliche Erfahrung zeigt uns, daß eine häufig wiederholte Anstrengung, das Weinen zu unterdrücken, in Verbindung mit gewissen Seelenzuständen sehr wirksam ist, die Gewohnheit zu unterbrechen. Andererseits scheint es fast, als könne das Vermögen zu weinen durch Gewohnheit verstärkt werden. So behauptet Mr. B. Taylor[19], welcher lange in Neuseeland lebte, daß die Frauen dort willkürlich Tränen im Überfluß vergießen können. Sie kommen zu diesem Zweck, um die Toten dadurch zu beklagen, zusammen und setzen ihren Stolz darein, »in der ergreifendsten Weise zu weinen«.

Ein einzelner Versuch des Zurückhaltens, auf die Tränen-

18 S. z. B. Mr. Marshalls Beschreibung eines Blödsinnigen, in: Philos. Transact., 1864, S. 526. In bezug auf Kretins vgl. Piderit: Mimik und Physiognomik, 1867, S. 61.
19 New Zealand and its Inhabitants, 1855, S. 175.

drüsen hingeleitet, scheint wenig zu tun und geradezu zu einem entgegengesetzten Resultat zu führen. Ein alter und erfahrener Arzt hat mir erzählt, daß er immer gefunden habe, wie das einzige Mittel, das gelegentlich bittere Weinen von Damen aufzuhalten, welche ihn um Rat fragten und selbst wünschten aufhören zu können, gewesen sei, sie zu bitten, dies nicht zu versuchen, und ihnen zu versichern, daß sie nichts mehr trösten würde, als lang anhaltendes reichliches Weinen.

Das Schreien kleiner Kinder besteht in lang anhaltendem Ausatmen mit kurzen rapiden, beinahe krampfhaften Inspirationen, dem in etwas vorgeschrittenerem Alter Schluchzen folgt. Der Angabe Gratiolets zufolge[20] ist während des Aktes des Schluchzens hauptsächlich die Stimmritze affiziert. Es wird dieser Laut gehört »im Augenblick, wenn die Inspiration den Widerstand der Stimmritze überwindet und die Luft in dieselbe hineinfährt«. Es ist aber auch der ganze Akt der Atmung krampfhaft und heftig. Die Schultern werden zu derselben Zeit meist gehoben, da durch diese Bewegung das Atemholen erleichtert wird. Bei einem meiner Kinder waren, als es siebenundsiebzig Tage alt war, die Inspirationen so schnell und heftig, daß sie sich dem Charakter des Schluchzens näherten. Als es 138 Tage alt war, bemerkte ich zuerst entschiedenes Schluchzen, welches später jedem schlimmen Weinanfall folgte. Die Atembewegungen sind zum Teil willkürlich, zum Teil unwillkürlich, und ich vermute, daß das Schluchzen wenigstens zum Teil davon herrührt, daß die Kinder nach der frühesten Kindheit eine gewisse Fähigkeit haben, ihre Stimmorgane zu beherrschen und ihr Schreien zu unterbrechen. Da sie aber über ihre Respirationsmuskeln weniger Gewalt haben, so fahren diese

---

[20] De la Physionomie, 1865, S. 126.

eine Zeitlang fort, sich in einer willkürlichen und krampfhaften Art und Weise noch zusammenzuziehen, nachdem
sie einmal in heftige Tätigkeit versetzt worden waren. Das
Schluchzen scheint dem Menschen eigentümlich zu sein,
denn die Wärter im zoologischen Garten versichern mir,
daß sie niemals bei irgendeiner Art von Affen ein Schluchzen gehört haben, obschon Affen häufig laut schreien, während sie gejagt und gefangen werden und dann eine Zeit
lang keuchen. Wir sehen hieraus, daß zwischen dem
Schluchzen und dem reichlichen Vergießen von Tränen eine
strenge Analogie besteht; denn bei Kindern beginnt das
Schluchzen nicht während der frühesten Kindheit, tritt aber
später ziemlich plötzlich ein und folgt dann jedem heftigen
Weinanfall, bis die Gewohnheit mit den fortschreitenden
Jahren abgelegt wird.

Herabziehen der Mundwinkel

Diese Handlung wird durch die *depressores anguli oris* ausgeführt (s. K. in Abb. 1 und 2, S. 1181). Die Fasern gehen
nach abwärts auseinander, während das obere konvergieren-
de Ende rund um die Mundwinkel und an der Unterlippe
ein wenig innerhalb der Mundwinkel[216] befestigt ist. Einige
der Fasern scheinen Antagonisten des großen Jochbeinmus-
kels zu sein, andere die Antagonisten der verschiedenen,
zum äußeren Teil der Oberlippe gehenden Muskeln. Die
Zusammenziehung dieser Muskeln zieht die Mundwinkel,
mit Einschluß des äußeren Teils der Oberlippe und selbst in
einem geringen Grade der Nasenflügel nach unten und außen. Ist der Mund geschlossen und wirkt nun dieser Muskel,

---

[21] Henle: Handbuch der Anatomie des Menschen. Bd. 1, 1858, S.148, Fig.
68 und 69.

so bildet die Kommissur oder die Verbindungslinie der bei-
den Lippen eine gekrümmte Linie mit der Konkavität nach
unten[22] und die Lippen selbst, besonders die Unterlippe,
werden meist ein wenig vorgestreckt. Der Mund in diesem
Zustand ist recht gut in den beiden Photographien von Mr.
Rejlander dargestellt (siehe die Bilder 6 und 7 auf S. 1265).
Der obere Knabe (Bild 6) hatte gerade zu weinen aufgehört,
nachdem er von einem anderen Knaben einen Schlag ins
Gesicht bekommen hatte, und es war gerade der richtige
Moment ergriffen worden, ihn zu photographieren.

Der Ausdruck für Gedrücktsein, Kummer oder Niedergeschlagenheit, wie er sich als Folge der Zusammenziehung
dieses Muskels darstellt, ist von einem jeden bemerkt worden, der über den Gegenstand geschrieben hat. Wenn man
sagt, daß eine Person »den Mund hängen läßt«, so ist dieser
Ausdruck mit dem synonym, daß er gedrückter Stimmung
ist. Das Herabziehen der Mundwinkel kann, wie bereits
nach der Autorität von Dr. Crichton Browne und von Mr.
Nicol gesagt worden ist, oft bei den melancholischen Irren
gesehen werden und war sehr gut in einigen, mir von dem
ersteren der genannten Herren gesandten Photographien
von Patienten mit starker Neigung zum Selbstmord ausgebildet. Bei Menschen, die zu verschiedenen Menschenrassen
gehören, ist es beobachtet worden, namentlich Hindus, den
dunklen Bergstämmen von Indien, bei Malayen und, wie
mir Mr. Hagenauer mitteilt, bei den Eingeborenen von Australien.

Wenn Kinder schreien, so ziehen sie die Muskeln rund
um die Augen fest zusammen und das zieht die Oberlippe in
die Höhe; da sie dabei ihren Mund weit offenhalten müssen,

---

[22] S. die Schilderung der Wirkung dieses Muskels bei Duchenne: Mécanisme de la Physionomie Humaine. Album (1862), VIII, S. 34.

so werden auch die Niederzieher-Muskeln, welche zu den Mundwinkeln gehen, in starke Tätigkeit gesetzt. Dies verursacht allgemein, aber nicht ausnahmslos eine winklige Biegung in der Unterlippe an beiden Seiten in der Nähe der Mundwinkel. Das Resultat davon, daß auf die Ober- und Unterlippe in dieser Weise eingewirkt wird, ist, daß der Mund eine viereckige Gestalt annimmt. Die Zusammenziehung der Niederzieher-Muskeln ist am besten bei kleinen Kindern zu sehen, wenn sie nicht heftig schreien und besonders gerade ehe sie beginnen oder wenn sie aufhören zu schreien. Ihr kleines Gesicht nimmt dann einen äußerst bemitleidenswerten Ausdruck an, wie ich beständig bei meinen eigenen Kindern beobachtete, wenn sie im Alter von ungefähr sechs Wochen und zwei oder drei Monaten waren. Zuweilen wird, wenn sie gegen einen Weinanfall ankämpfen, der Mund in einer so übertriebenen Weise gekrümmt, daß er hufeisenförmig wird und dann wird der Ausdruck des Elends zu einer lächerlichen Karikatur.

Die Erklärung der Zusammenziehung dieses Muskels unter dem Einfluß des Gedrücktseins oder der Niedergeschlagenheit, folgt allem Anschein nach aus demselben allgemeinen Prinzip wie die schräge Stellung der Augenbrauen. Dr. Duchenne teilt mir mit, daß er aus seinen, nun während vieler Jahre fortgesetzten Beobachtungen zu dem Schluß kommt, daß dies einer der Gesichtsmuskeln ist, welcher am wenigsten unter der Kontrolle des Willens steht. Diese Tatsache dürfte in der Tat schon aus dem gefolgert werden, was soeben über Kinder gesagt wurde, die zweifelhaft zu weinen anfangen oder es versuchen, mit Weinen aufzuhören; denn dann beherrschen sie allgemein sämtliche andere Gesichtsmuskeln wirksamer als die Niederzieher der Mundwinkel. Zwei ausgezeichnete Beobachter, welche sich keine Theorie über die Sache gemacht hatten, einer dersel-

387

ben ein Arzt, beobachtete sorgfältig für mich einige ältere Kinder und Frauen, wie dieselben unter etwas entgegenwirkenden Kämpfen sich allmählich dem Punkt näherten, in Tränen auszubrechen; beide Beobachter waren darüber sicher, daß die Niederzieher-Muskeln eher in Tätigkeit zu kommen begannen als irgendeiner der anderen Muskeln. Da nun die Niederzieher wiederholt viele Generationen durch während der frühen Kindheit in heftige Tätigkeit versetzt worden sind, so wird Nervenkraft nach dem Prinzip lange assoziierter Gewohnheit streben, nach denselben Muskeln ebenso wie nach den anderen Gesichtsmuskeln hinzuströmen, sobald im späteren Leben selbst ein leichtes Gefühl der Trübsal empfunden wird. Da aber die Niederzieher etwas weniger unter der Kontrolle des Willens stehen als die meisten anderen Muskeln, so können wir erwarten, daß sie sich häufig in leichtem Grade zusammenziehen werden, während die anderen untätig bleiben. Es ist merkwürdig, eine wie geringe Herabdrückung der Mundwinkel dem Gesicht einen Ausdruck von Gedrücktsein oder Niedergeschlagenheit gibt, so daß eine äußerst unbedeutende Zusammenziehung dieser Muskeln hinreichend ist, diesen Seelenzustand zu verraten.

Ich will hier eine unbedeutende Beobachtung erwähnen, da sie dazu dient, den vorliegenden Gegenstand zusammenzufassen. Eine alte Dame mit gemütlichem, aber in Gedanken vertieftem Ausdruck saß mir in einem Eisenbahnwagen nahezu gegenüber. Während ich nach ihr hinsah, bemerkte ich, daß ihre *depressores anguli* oris sehr unbedeutend aber doch entschieden zusammengezogen wurden; da aber ihr Gesicht so glatt und mild wie immer blieb, so dachte ich nur darüber nach, wie bedeutungslos diese Zusammenziehung war und wie leicht man getäuscht werden dürfte. Der Gedanke war kaum in mir aufgestiegen, als ich sah, wie sich die

Augen der Dame plötzlich so mit Tränen füllten, daß sie beinahe überflossen; dabei sank ihr ganzes Gesicht in sich zusammen. Nun konnte darüber kein Zweifel mehr bestehen,
daß irgendeine schmerzliche Erinnerung, vielleicht an ein
längst verlorenes Kind, ihr durch die Seele zog. Sobald ihr
Sensorium in dieser Art affiziert wurde, überlieferten gewisse Nervenzellen aus langer Gewohnheit augenblicklich einen Befehl an alle Respirationsmuskeln und an die Muskeln
rings um den Mund, sich auf einen Anfall von Weinen bereit
zu machen. Diesem Befehl wurde aber durch den Willen,
oder vielmehr durch eine später erlangte Gewohnheit das
Gleichgewicht gehalten; sämtliche Muskeln gehorchten diesem Einfluß, mit Ausnahme der *depressores anguli oris*, welche in geringem Grade sich zusammenzogen. Der Mund
wurde nicht einmal geöffnet, die Inspiration war nicht beschleunigt, und kein Muskel wurde affiziert, ausgenommen
diejenigen, welche die Mundwinkel herabziehen.

Sobald der Mund dieser Dame, ihrerseits ganz unwillkürlich und unbewußt, begann, die für einen Anfall von Weinen
gehörige Form anzunehmen, konnten wir beinahe sicher sein,
daß etwas Nervenkraft durch die lange gewohnten Kanäle zu
den verschiedenen Respirationsmuskeln, ebenso wie zu den
Muskeln rings um das Auge und zu dem vasomotorischen
Zentrum, welches den Blutzufluß zu den Tränendrüsen beherrscht, überliefert werden würde. Für die letztere Tatsache
haben wir in der Tat einen deutlichen Beweis in der Erscheinung, daß ihre Augen leicht mit Tränen gefüllt wurden; wir
können dies auch verstehen, da die Tränendrüsen weniger
unter der Kontrolle des Willens stehen als die Gesichtsmuskeln. Ohne Zweifel bestand zu derselben Zeit eine gewisse
Neigung in den Muskeln rings um das Auge sich zusammenzuziehen, gewissermaßen um sie vor dem Überfülltwerden
mit Blut zu schützen; diese Zusammenziehung wurde aber

vollständig überwältigt und ihre Augenbrauen blieben un-
gefurcht. Wären die Pyramidenmuskeln, die Augenbrauenrunzler und die Kreismuskeln der Augen so wenig dem Willen gehorsam gewesen, wie sie es bei vielen Personen sind, so
wären sie in geringerem Grade beeinflußt worden; dann
würden sich auch die mittleren Bündel des Stirnmuskels in
Antagonismus zusammengezogen haben und ihre Augenbrauen würden schräg gestellt worden sein mit rechtwink-
ligen Furchen auf der Stirn. Ihr Gesicht würde dann noch
deutlicher, als es tat, den Zustand der Niedergeschlagenheit
oder vielmehr des Kummers ausgedrückt haben.

Durch Vergegenwärtigung solcher Schritte wie der vorstehend geschilderten können wir einsehen, woher es
kommt, daß, sobald irgendein melancholischer Gedanke
durch das Gehirn zieht, eine eben wahrnehmbare Herabzie-
hung der Mundwinkel oder ein leichtes Erheben der inneren Enden der Augenbrauen eintritt, oder daß selbst beide
Bewegungen kombiniert werden, und unmittelbar darauf
ein leichtes Füllen der Augen mit Tränen eintritt. Ein Zug
von Nervenkraft wird mehreren gewohnten Kanälen entlang fortgeleitet und ruft auf jedem Punkt, wo der Wille
nicht durch lange Gewohnheit bedeutende Gewalt des Ein-
greifens erlangt hat, eine Wirkung hervor. Die oben erwähnten Tätigkeiten können als rudimentäre Spuren der
Schreianfälle betrachtet werden, welche während der frühesten Kindheit so häufig und so anhaltend sind. In diesem
Falle, wie in vielen anderen, sind allerdings die Vermitt-
lungsglieder wunderbar, welche bei der Erzeugung der verschiedenen Ausdrucksformen im menschlichen Gesicht Ursache und Wirkung miteinander verbinden; sie erklären uns
die Bedeutung gewisser Bewegungen, welche wir unwillkürlich und unbewußt ausführen, sooft gewisse vorüberge-
hende Erregungen durch unsere Seele ziehen.

Das Aufrichten der Haare

Einige Zeichen der Furcht verdienen noch etwas weitere Betrachtung. Dichter sprechen beständig vom Sträuben der Haare; Brutus sagt zum Geiste Cäsars: »Bist du ein Gott, ein Engel oder Teufel, der starren macht mein Blut, das Haar mir sträubt?« (Julius Cäsar, Akt IV, Szene 3) Kardinal Beaufort ruft nach der Ermordung Glosters aus: »Kämmt nieder doch sein Haar: seht, seht! es starrt!« (Heinrich VI, 2. Teil, Akt III, Szene 3) Da ich nicht sicher war, ob die Dichter nicht etwa auf den Menschen angewendet hätten, was sie häufig bei Tieren beobachtet hatten, bat ich Dr. Crichton Browne um Auskunft in bezug auf ähnliche Erscheinungen bei Geisteskranken. In Antwort hierauf führt er an, daß er wiederholt gesehen habe, wie sich das Haar unter dem Einfluß plötzlicher und äußerster Furcht emporgerichtet habe. Es war z. B. notwendig, bei einer geisteskranken Frau Morphium unter die Haut einzuspritzen; sie fürchtete die Operation außerordentlich, obschon sie sehr wenig Schmerz verursachte; sie glaubt nämlich, daß Gift in ihren Körper eingeführt würde und daß ihre Knochen bald erweicht würden und ihr Fleisch zu Staub verwandelt. Sie wird totenbleich, ihre Gliedmaßen werden durch eine Art tetanischen Krampfes steif und das Haar richtet sich am Vorderteil des Kopfes teilweise in die Höhe.

Dr. Browne bemerkt ferner, daß das borstige Sträuben des Haares, welches bei Geisteskranken so gewöhnlich ist, nicht immer mit äußerster Furcht verbunden ist. Es zeigt sich vielleicht am häufigsten bei chronischen Tobsüchtigen, welche in unzusammenhängender Weise rasen und zerstörende Triebe haben; das borstige Sträuben des Haares ist aber am meisten während ihrer Paroxysmen zu beobachten. Die Tatsache, daß das Haar unter dem Einfluß sowohl der Wut als auch der Furcht sich aufrichtet, stimmt vollständig mit dem

*Nach der Photographie einer geisteskranken Frau,
um den Zustand ihres Haares zu zeigen.*

überein, was wir bei niederen Tieren gesehen haben. Als Beleg hierfür bringt Dr. Browne mehrere Fälle bei. So richtet sich bei einem jetzt in der Anstalt befindlichen Mann vor dem Wiedereintritt jedes tobsüchtigen Paroxysmus »das Haar an seiner Stirn in die Höhe wie die Mähne eines Shetland-Ponys«. Er hat mir von zwei Frauen Photographien geschickt, welche in den Zwischenzeiten ihrer Paroxysmen aufgenommen wurden und fügt in bezug auf die eine dieser beiden Frauen hinzu, »daß der Zustand ihres Haares ein sicheres und bequemes Kriterium ihres geistigen Zustandes sei«. Eine dieser Photographien habe ich kopieren lassen und der Holzschnitt gibt, wenn er aus einer geringen Entfernung betrachtet wird, eine treue Darstellung des Originals mit der Ausnahme, daß das Haar im ganzen etwas zu grob und zu stark gekräuselt erscheint. Der außerordentliche Zustand des Haares bei den Geisteskranken ist nicht bloß Folge des Aufrichtens desselben, sondern auch seiner Trockenheit und Härte, was wiederum davon abhängt, daß die Hautdrüsen nicht tätig sind. Dr. Bucknill sagt[25], daß ein

[25] Zitiert von Dr. Maudsley: Body and Mind, 1870, S. 41.

Wahnsinniger »wahnsinnig bis in die Fingerspitzen ist«; er hätte noch hinzufügen können: und häufig bis zur Spitze jedes einzelnen Haares.

Dr. Browne erwähnt als eine empirische Bestätigung der Beziehung, welche bei Geisteskranken zwischen dem Zustand des Haares und dem der Seele besteht, folgendes. Die Frau eines Arztes, welche die Pflege einer an akuter Melancholie mit starker Furcht vor dem Tod für sich selbst, ihren Mann und ihre Kinder leidenden Dame übernommen hatte, berichtete ihm am Tag, ehe er meinen Brief erhalten hatte, wörtlich wie folgt: »Ich glaube, Mrs. ... wird sich bald bessern, denn ihr Haar fängt an glatt zu werden; und ich habe immer bemerkt, daß unsere Patienten besser werden, sobald ihr Haar aufhört kraus und unbehandelbar zu sein.«

Dr. Browne schreibt den beständigen rauhen Zustand des Haares bei vielen geisteskranken Patienten zum Teil dem Umstand zu, daß ihr Geist fortwährend etwas gestört ist, und zum Teil den Wirkungen der Gewohnheit, d.h. dem Umstand, daß das Haar während der vielen wiederkehrenden Paroxysmen stark aufgerichtet wird. Bei Patienten, bei denen das borstige Sträuben einen extremen Grad erreicht, ist die Krankheit meist dauernd und tödlich; bei anderen aber, wo das Sträuben nur mäßig eintritt, erhält das Haar, sobald sie den gesunden Zustand ihres Geistes wiedererlangen, auch seine Glätte wieder.

In einem früheren Kapitel haben wir gesehen, daß bei Tieren das Haar durch die Zusammenziehung außerordentlich kleiner, nicht gestreifter und unwillkürlicher Muskeln aufgerichtet wird, welche an jeden einzelnen Haarbalg treten. Mr. J. Wood hat, wie er mir mitteilt, deutlich durch das Experiment ermittelt, daß außer jener allgemeinen Wir-

kung die Haare auf dem vorderen Teil des Kopfes beim
Menschen, welche nach vorn niedergelegt sind, und diejenigen am hinteren Teil des Kopfes, welche nach hinten herab-
liegen, durch die Zusammenziehung des Hinterhaupt-
Stirnmuskels oder Kopfhautmuskels in entgegengesetzten
Richtungen aufgerichtet werden. Es scheint daher dieser
Muskel das Aufrichten der Haare am Kopf des Menschen in
derselben Weise zu unterstützen, wie der *panniculus carno-
sus*, oder der große Hautmuskel, bei der Aufrichtung der
Stacheln am Rücken einiger der niederen Tiere unterstüt-
zend wirkt oder geradezu den größten Teil der Wirkung verrichtet.

Zusammenziehung des Platysma-myoides-Muskels

Dieser Muskel breitet sich über den Seiten des Halses aus
und erstreckt sich nach abwärts etwas über die Schlüsselbei-
ne und nach aufwärts bis an die unteren Teile der Backen.
Ein Teil von ihm, der *risorius* oder Lachmuskel genannt, ist
in dem Holzschnitt Abb. 2, M (S. 1181) dargestellt. Die Zusammenziehung dieses Muskels bewirkt die Bewegung der
Mundwinkel und der unteren Teile der Wangen nach unten
und hinten. Gleichzeitig ruft sie divergierende, längs ver-
laufende, vorspringende Falten an den Seiten des Halses bei
jungen Individuen und bei alten mageren Personen feine
Querfalten hervor. Man sagt zuweilen, dieser Muskel stehe
nicht unter der Kontrolle des Willens; aber fast jedermann
setzt ihn in Tätigkeit, wenn ihm gesagt wird, er solle die
Mundwinkel mit großer Kraft nach hinten und unten ziehen. Ich habe indessen von einem Mann gehört, welcher
ihn willkürlich nur an einer Seite des Halses zusammenziehen kann.

Sir Ch. Bell[24] und andere haben angegeben, daß dieser Muskel unter dem Einfluß der Furcht stark zusammengezogen werde; und Duchenne betont seine Bedeutung beim Ausdruck dieser Gemütsbewegung so stark, daß er ihn den »Muskel der Furcht«[25] nennt. Er gibt indessen zu, daß seine Zusammenziehung völlig ausdruckslos ist, wenn sie nicht von weiter Öffnung der Augen und des Mundes begleitet wird. Er hat eine (im beistehenden Holzschnitt kopierte und verkleinerte) Photographie (vgl. S. ##, Abb. 19) des bei früheren Gelegenheiten schon erwähnten alten Mannes gegeben, als dessen Augenbrauen erhoben, der Mund geöffnet und das Platysma zusammengezogen war, und zwar alles dies mittelst des Galvanisierens. Die Originalphotographie wurde vierundzwanzig Personen gezeigt und diese wurden einzeln befragt, ohne daß irgendeine Erklärung gegeben worden wäre, welche Ausdrucksform wohl beabsichtigt sei. Zwanzig antworteten augenblicklich: »intensive Furcht« oder »Schauder«, drei sagten Schmerz und eine »äußerstes Unbehagen«. Dr. Duchenne hat noch eine andere Photographie desselben alten Mannes gegeben, mit zusammengezogenem Platysma, geöffnetem Mund und schräg gestellten Augenbrauen, wiederum mit Hilfe des Galvanismus. Der hierdurch bewirkte Ausdruck ist sehr auffallend (vgl. Bild 2, S. 1327); die schräge Stellung der Augenbrauen fügt noch die Erscheinung großer geistiger Trübsal hinzu. Das Original wurde fünfzehn Personen gezeigt; zwölf antworteten äußerste Furcht oder Schauder und drei Seelenangst oder großes Leiden. Nach diesen Fällen und nach einer Untersuchung der anderen von Dr. Duchenne mitgeteilten Photographien, zusammen mit seinen darüber gemachten Bemer-

---

[24] Anatomy of Expression. S. 168.
[25] Mécanisme de la Physionomie Humaine. Album, Légende XI.

kungen, glaube ich, kann nur wenig Zweifel darüber bestehen, daß die Zusammenziehung des Platysma bedeutend
den Ausdruck der Furcht erhöht. Nichtsdestoweniger sollte
doch dieser Muskel kaum der der Furcht genannt werden,
denn seine Zusammenziehung ist sicherlich kein notwendi-
ger Begleiter dieses Seelenzustandes.

Äußerste Furcht, nach einer Photographie von Dr. Duchenne.

Ein Mensch kann nämlich die äußerste Furcht in der deutlichsten Weise durch totenähnliche Blässe, durch Tropfen
Schweißes auf der Haut und durch vollkommene Abspan-
nung der Kräfte darbieten, und doch sind alle Muskeln mit
Einschluß des Platysma vollständig erschlafft. Obgleich Dr.
Browne häufig diese Muskeln bei Geisteskranken zucken
und sich zusammenziehen gesehen hat, so ist er doch nicht
imstande gewesen, die Zusammenziehung desselben mit irgendeinem bestimmten Seelenzustand in Verbindung zu
bringen, obwohl er sorgfältig Patienten beobachtet hat, die
von Furcht bedeutend litten. Andererseits hat Mr. Nicol drei
Fälle beobachtet, in denen dieser Muskel unter dem Einfluß
der Melancholie, verbunden mit großer Furcht, mehr oder
weniger permanent zusammengezogen zu sein schien; doch

waren in einem dieser Fälle verschiedene andere Muskeln am Hals und Kopf krampfhaften Zusammenziehungen unterworfen.

Dr. W. Ogle beobachtete für mich in einem der Londoner Hospitäler ungefähr zwanzig Patienten, gerade ehe sie wegen einer Operation der Einwirkung des Chloroforms ausgesetzt wurden. Sie zeigten etwas Zittern, aber keinen hohen Grad äußerster Furcht. Nur bei vier Fällen unter diesen war eine Zusammenziehung des Platysma sichtbar, und der Muskel begann nicht eher sich zusammenzuziehen, bis die Patienten anfingen zu schreien. Der Muskel schien sich im Moment einer jeden tief eingezognen Inspiration zusammenzuziehen, so daß es sehr zweifelhaft ist, ob die Zusammenziehung überhaupt von der Erregung der Furcht abhängig war. In einem fünften Fall war der Patient, welcher nicht chloroformiert worden war, in sehr großer Furcht, und sein Platysma war gewaltsamer und dauernder zusammengezogen als in den anderen Fällen. Aber selbst hier kann man noch zweifeln; denn Dr. Ogle hat gesehen, daß sich dieser Muskel, welcher hier ungewöhnlich entwickelt zu sein schien, zusammenzog, als der Mann seinen Kopf vom Kissen in die Höhe hob, nachdem die Operation vorüber war.

Da ich mich darüber sehr in Verlegenheit fühlte, warum in irgendeinem Falle ein oberflächlicher Muskel am Hals speziell von der Furcht affiziert werden sollte, wandte ich mich an meine vielen freundlichen Korrespondenten mit der Bitte um Auskunft über die Zusammenziehung dieses Muskels unter anderen Umständen. Es würde überflüssig sein, alle die Antworten hier mitzuteilen, die ich erhalten habe. Sie zeigen, daß dieser Muskel unter vielen verschiedenen Bedingungen, häufig in einer verschiedenen Art und in einem verschiedenen Grade in Tätigkeit tritt. Er wird in der Wasserscheu heftig zusammengezogen und in einem etwas geringeren Grade bei Kinnbackenkrampf; zuweilen auch in einer ausgesprochenen Weise während der Unempfindlichkeit nach Chloroform. Dr. W. Ogle beobachtete zwei Patienten, welche an einer solchen Schwierigkeit beim Atmen litten, daß die Luftröhre geöffnet werden mußte; in beiden Fällen war das Platysma stark kontrahiert. Einer dieser Männer hörte das Gespräch der ihn umgebenden Ärzte mit an, und als er fähig war zu sprechen, erklärte er, daß er sich nicht gefürchtet habe. In einigen anderen Fällen äußerster Schwierigkeit des Atemholens, obwohl sie keine Tracheotomie nötig machten, bemerkten Dr. Ogle und Dr. Langstaff keine Zusammenziehung des Platysma.

Mr. J. Wood, welcher, wie aus seinen verschiedenen Veröffentlichungen hervorgeht, die Muskeln des menschlichen Körpers mit so großer Sorgfalt untersucht hat, hat das Platysma häufig sich beim Erbrechen, bei Übelkeit und Abscheu oder Widerwillen zusammenziehen sehen; auch bei Kindern und Erwachsenen unter dem Einfluß der Wut, z. B. bei Irländerinnen, welche mit zornigen Gestikulationen zankten und schrieen. Dies wird möglicherweise eine Folge ihrer hohen und zornigen Stimmen gewesen sein; denn ich kenne eine Dame, welche ausgezeichnet musikalisch ist, und beim Singen gewisser hoher Noten immer ihr Platysma zusammenzieht. Dasselbe tut, wie ich gesehen habe, ein junger Mann beim Angeben gewisser Töne auf der Flöte. Mr. J. Wood teilt mir mit, daß er das Platysma am besten bei Personen mit dickem Hals und breiten Schultern entwickelt gefunden habe, und daß bei Familien, in denen sich diese Eigentümlichkeiten vererben, seine Entwicklung gewöhnlich von einer bedeutenden Fähigkeit, willkürlich auf den homologen Hinterhaupt-Stirnmuskel einzuwirken, durch welchen die Kopfhaut bewegt werden kann, begleitet ist.

Keiner der vorstehend angeführten Fälle scheint irgendein Licht auf die Zusammenziehung des Platysma aus
Furcht zu werfen; anders verhält es sich indessen, wie ich
meine, mit den folgenden Fällen. Der vorhin erwähnte
Herr, welcher willkürlich auf diesen Muskel nur an einer
Seite des Halses wirken kann, sagt positiv, daß derselbe sich
an beiden Seiten zusammenziehe, sobald er erschreckt werde. Es sind bereits Belege angeführt worden, welche zeigen,
daß sich dieser Muskel zuweilen, vielleicht um den Mund
weit öffnen zu helfen, zusammenzieht, wenn das Atmen infolge einer Krankheit schwierig wird und während der tiefen Inspirationen der Schreianfälle vor einer Operation. Sobald nun jemand über irgendeinen plötzlichen Anblick oder
Laut zusammenschreckt, so holt er augenblicklich tief Atem;
hiernach könnte möglicherweise die Zusammenziehung
des Platysma mit der Empfindung der Furcht assoziiert worden sein. Es besteht indessen wie ich glaube eine noch wirk-
samere Beziehung. Die erste Empfindung der Furcht oder
die Einbildung irgend etwas Fürchterlichen erregt gewöhnlich ein Schaudern. Ich habe mich selbst dabei überrascht,
daß ich bei einem schmerzvollen Gedanken unwillkürlich
ein wenig schauderte und ich nahm dabei deutlich wahr,
daß sich mein Platysma zusammenzog; dasselbe geschieht,
wenn ich ein Schaudern nachmache. Ich habe andere gebeten, dies zu tun; bei einigen zog sich der Muskel zusammen,
bei anderen nicht. Einer meiner Söhne schauderte vor Kälte
als er aus dem Bett aufstand und da er zufällig seine Hand
am Hals hatte, fühlte er deutlich, daß sich dieser Muskel
zusammenzog. Er schauderte dann willkürlich zusammen,
wie er es bei früheren Gelegenheiten getan hatte; das Platysma wurde aber dabei nicht affiziert. Mr. J. Wood hat auch
mehrere Male beobachtet, wie sich dieser Muskel bei Patienten zusammenzog, die sich der Untersuchung wegen aus-

zukleiden hatten, und zwar nicht weil sie sich gefürchtet hätten, sondern weil sie leicht vor Kälte schauderten. Unglücklicherweise bin ich nicht imstande gewesen zu ermitteln, ob, wenn der ganze Körper wie im Froststadium eines Anfalles von kaltem Fieber geschüttelt wird, das Platysma sich zusammenzieht. Da es sich indessen sicher häufig während eines Schauderns zusammenzieht, und da ein Schaudern häufig die erste Empfindung der Furcht begleitet, so haben wir, meine ich, hierin einen Schlüssel zum Verstehen seiner Tätigkeit im letzteren Falle.[26] Seine Zusammenziehung ist indessen kein unabänderlicher Begleiter der Furcht; denn er tritt wahrscheinlich niemals unter dem Einfluß äußersten, ertötenden Schreckens in Tätigkeit.

Deutsch von Victor Carus.

---

[26] Duchenne hat in der Tat diese Ansicht (a.a.O., S. 45), da er die Zusammenziehung des Platysma dem Schaudern vor Furcht (*frisson de la peur*) zuschreibt; an einem anderen Ort vergleicht er aber die Tätigkeit mit der, welche das Haar erschreckter Säugetiere sich aufzurichten verursacht; und dies kann kaum als völlig korrekt betrachtet werden.

15.

Biographische Skizze eines Kindes

Im April 1877, Darwin war vor einigen Monaten Großvater geworden, publizierte die psychologische Fachzeitschrift »Mind« einen Aufsatz, der fast vierzig Jahre in der Schublade des englischen Forschers gelegen hatte. Der französische Psychologe Hyppolite Taine hatte in der Nummer zuvor einen Artikel veröffentlicht, in dem er die Entwicklung seiner Tochter von der Geburt bis zum Alter von achtzehn Monaten beschrieb. Darwin fühlte sich an die Aufzeichnungen erinnert, die er während der Monate nach der Geburt seines ältesten Sohnes, Francis Darwin, im Jahr 1840 verfaßt hatte. Sorgfältig registriert er darin die Reflexe und Ausdrucksbewegungen des Säuglings, der ihm als Modell dient, um evolutionstheoretische Fragen nach vererbten und erlernten Verhalten zu stellen. Den Herausgeber von »Mind« bat Darwin, er solle ihm das Manuskript, falls er es ungeeignet zur Veröffentlichung fände, »was sehr wahrscheinlich ist«, zurückzuschicken. Erstaunt stellte er jedoch fest, daß seine Skizze nicht nur umgehend gedruckt wurde, sondern auch ein publizistischer Erfolg war: Darwin wurde danach von einer Flut von Leserbriefen überrollt.

* * *

Die sehr interessanten Darlegungen von Monsieur Taine über die geistige Entwicklung eines Kindes, die in der letzten Nummer von »Mind« in Übersetzung erschienen sind, haben mich veranlaßt, ein Tagebuch wieder durchzusehen, das ich vor siebenunddreißig Jahren über eines meiner eigenen Kinder führte. Die Gelegenheit für Beobachtungen aus der Nähe war außerordentlich günstig, und ich schrieb damals sofort auf, was ich beobachtete. Das hauptsächliche Thema waren Ausdrucksbewegungen, und in meinem Buch darüber verwendete ich diese Aufzeichnungen. Da ich aber auch auf einige andere Dinge achtete, können meine Beobachtungen vielleicht im Vergleich mit denen von Taine ein bescheidenes Interesse beanspruchen. Aufgrund dessen, was ich an meinen eigenen Kindern beobachtete, bin ich fest davon überzeugt, daß die Zeit, in der bestimmte Fähigkeiten entwickelt werden, sich bei verschiedenen Kindern als sehr verschieden herausstellen wird.

Während der ersten sieben Tage führte mein Sohn William verschiedene gelungene Reflexbewegungen aus, er nieste, hatte Schluckauf, gähnte, reckte sich und natürlich lutschte er und schrie. Am siebenten Tag berührte ich die nackte Sohle seines Fußes mit einem Stück Papier, und er zuckte zurück, wobei er gleichzeitig seine Zehen einzog, wie viel ältere Kinder es tun, wenn sie gekitzelt werden. Die Perfektion dieser Reflexbewegungen zeigt, daß die extreme Unbeholfenheit der willkürlichen Bewegungen nicht auf den Zustand der Muskeln oder der koordinierenden Zentren zurückzuführen ist, sondern auf die Beschaffenheit des Willenszentrums. Schon zu diesem frühen Zeitpunkt schien es klar, daß eine warme, weiche Hand auf dem Gesicht das Verlangen zu saugen erregte. Man muß dies als einen Reflex oder eine Instinkthandlung ansehen, denn unmöglich kann man glauben, daß Erfahrung und Assoziation mit der Berührung der Mutterbrust schon so früh eine Rolle spielen können. Während der ersten zwei Wochen zuckte der Säugling zusammen, wenn er ein plötzliches Geräusch hörte und zwinkerte mit den Augen. Dasselbe war auch bei meinen anderen Kindern in den ersten zwei Wochen zu beobachten.

Einmal, als William sechsundsechzig Tage alt war, nieste ich, und er zuckte heftig zusammen, runzelte die Stirn, schaute erschrocken drein und schrie ziemlich heftig: Für eine ganze Stunde war er danach in einer Verfassung, die man bei älteren nervös nennen würde, denn das geringste Geräusch ließ ihn zusammenzucken. Ein paar Tage früher war er bei einem plötzlich wahrgenommenen Gegenstand zunächst zusammengezuckt, und noch lange Zeit danach ließen ihn Geräusche viel häufiger zusammenfahren und mit den Augen blinzeln, als daß seine Gesichtszüge Reaktionen zeigten. Als er dann 114 Tage alt war, schüttelte ich einen Pappbehälter mit Konfekt ganz nahe an seinem Gesicht, und er zuckte zusammen, während derselbe Behälter, wenn er leer war, oder irgendein anderer Gegenstand, der genauso nah oder noch näher bei seinem Gesicht hin und her geschüttelt wurde, keinerlei Wirkung hervorriefen. Aus diesen verschiedenen Tatsachen können wir den Schluß ziehen, daß das Blinzeln der Augen, das zweifellos zu ihrem Schutz dient, nicht durch Erfahrung erworben wurde. Obwohl so empfindlich gegenüber Geräuschen im allgemeinen, war er auch nach 124 Tagen noch nicht in der Lage, ohne weiteres zu erkennen, woher ein Geräusch kam, und seinen Kopf in diese Richtung zu wenden.

Was den Gesichtsausdruck betrifft, so fixierten seine Augen schon am neunten Tag eine Kerze, und bis zum fünfzehnten Tag schien nichts sonst sie in vergleichbarer Weise festzuhalten. Doch am neunzehnten Tag wurde seine Aufmerksamkeit von einer hellen bunten Troddel gefesselt, wie daran zu erkennen war, daß sein Blick starr wurde und die Bewegungen seiner Arme aufhörten. Erstaunlich war, wie langsam er kräftig genug wurde, einem rasch hin und her schwingenden Gegenstand mit den Augen zu folgen; er konnte es noch nicht einmal, als er siebeneinhalb Monate alt

403

war. Im Alter von 32 Tagen nahm er den Busen seiner Mutter in einer Entfernung von drei oder vier Zoll wahr, wie man daran merken konnte, daß er seine Lippen spitzte und seine Augen starr wurden. Doch ich möchte bezweifeln, daß dies irgend etwas mit dem Gesichtssinn zu tun hatte: Er hatte die Mutterbrust sicherlich noch nicht berührt. Ob Geruch oder Wärmeempfindung oder aber die Assoziation mit der Stellung, in der er gehalten wurde, dabei bestimmend waren, vermag ich ganz und gar nicht zu beurteilen.

Die Bewegungen seines Körpers und seiner Glieder waren für lange Zeit unbestimmt und ziellos, und gewöhnlich wurden sie ruckartig ausgeführt. Doch von dieser Regel gab es eine Ausnahme: Er konnte nämlich von einem sehr frühen Zeitpunkt an, jedenfalls aber lange, bevor er vierzig Tage alt wurde, seine Hände zum Mund führen. Als er 77 Tage alt war, nahm er die Nuckelflasche (mit der er teilweise ernährt wurde) in seine rechte Hand, unabhängig davon, ob er auf dem linken oder rechten Arm seiner Kinderfrau getragen wurde, und erst eine Woche später nahm er sie in seine Linke, obwohl ich ihn vorzeitig dazu zu bewegen suchte; die Rechte hatte eine Woche Vorsprung vor der Linken. Trotzdem stellte sich später heraus, daß dieses Kind Linkshänder war, wobei dieser Hang zweifellos ererbt war – sein Großvater, seine Mutter und ein Bruder waren oder sind Linkshänder. Zwischen achtzig und neunzig Tagen alt, nahm er alle möglichen Sachen in den Mund, und innerhalb von zwei oder drei Wochen erwarb er dabei ein großes Geschick, auch wenn er mit den Gegenständen häufig zuerst seine Nase berührte und sie dann zum Mund herabzog. Hatte er einen meiner Finger ergriffen und zu seinem Mund gezogen, hinderte ihn oft seine eigene Hand, daran zu saugen. Doch nachdem er am 114. Tag wieder genauso verfahren war, schob er diesmal seine Hand nach unten, so daß er meine Fingerspitze in den Mund schieben konnte. Das wiederholte sich mehrere Male, und ganz offensichtlich war das kein Zufall, sondern eine durchdachte Handlung. Die absichtlichen Bewegungen von Händen und Armen waren denen des Körpers und der Beine offenbar weit voraus, obwohl die ziellosen Bewegungen der letzteren von sehr früh an gewöhnlich abwechselnd geschahen, wie beim Gehen. Als William vier Monate alt war, blickte er oftmals unverwandt auf seine Hände und andere Gegenstände in seiner unmittelbaren Nähe, und wenn er dies tat, waren seine Augen stark nach innen gedreht, so daß er fürchterlich schielte. Zwei Wochen später (als er 132 Tage alt war) beobachtete ich, daß er einen Gegenstand, der so nahe an sein Gesicht gebracht wurde, wie seine Hände greifen konnten, zu fassen versuchte, was ihm aber mehrmals mißlang. Bei Gegenständen jedoch, die weiter entfernt waren, versuchte er es gar nicht erst. Wie ich meine, kann kaum ein Zweifel daran bestehen, daß es die Konvergenz seiner Augen war, die ihn auf die richtige Spur setzte und dazu anregte, seine Arme zu bewegen. Obwohl dieses Kind also sehr früh seine Hände zu benutzen anfing, war es darin nicht besonders geschickt. Denn so hielt es, als es zwei Jahre und vier Monate alt war, Stifte, Federhalter und andere Gegenstände längst nicht so fest und sicher in der Hand wie seine Schwester mit vierzehn Monaten, die eine große angeborene Geschicklichkeit im Umgang mit mancherlei Gegenständen an den Tag legte.

Zorn. – Es war schwer zu entscheiden, wie früh er Zorn fühlte. An seinem achten Tag kräuselte er die Stirn und runzelte die Haut um seine Augen herum, was aber ebensogut auf Unlust oder Kummer zurückgehen konnte und nicht auf Zorn. Als er ungefähr zehn Wochen alt war, bekam er sehr kalte Milch zu trinken und behielt die ganze Zeit über, während er nuckelte, ein leichtes Runzeln auf seiner Stirn, so daß er wie ein Erwachsener aussah, der darüber verärgert ist, etwas tun zu müssen, was er nicht tun will. Als das Kind fast vier Monate alt war, vielleicht sogar noch eher, konnte, danach zu urteilen, wie ihm das Blut ins Gesicht und die Kopfhaut schoß, kein Zweifel daran bestehen, daß er leicht erregbar war. Ein geringfügiger Anlaß genügte. Als er etwas mehr als sieben Monate alt war, schrie er wütend, weil ihm eine Zitrone entglitt und er sie mit seinen Händen nicht greifen konnte. Mit elf Monaten pflegte er, wenn man ihm das falsche Spielzeug gab, dieses wegzustoßen und zu schlagen. Meiner Ansicht nach war dieses Schlagen ein instinktives Zeichen für Zorn so wie das Schnappen eines jungen Krokodils, das gerade aus dem Ei geschlüpft ist, und es war nicht etwa von der Vorstellung geleitet, sein Spielzeug verletzen zu können. Als er zwei Jahre und drei Monate alt war, wurde er ein großer Anhänger des Schmeißens von Büchern und Stöcken nach jedem, der ihn beleidigte, und genauso war es auch bei einigen meiner anderen Söhne. Andererseits konnte ich nie die Spur einer solchen Neigung bei meinen kleinen Töchtern bemerken, und dies läßt mich annehmen, daß die Neigung, mit Gegenständen zu schmeißen, bei Jungen erblich ist.

Furcht. – Wahrscheinlich ist sie eines der frühesten Gefühle, das Säuglinge haben, wie ihr Zusammenzucken bei jedem plötzlichen Laut zeigt, wenn sie gerade einmal einige Wochen alt sind; danach weinen sie. Bevor das Kind, mit dem wir uns befassen, viereinhalb Monate alt war, hatte ich die Gewohnheit angenommen, in seiner Nähe viele sonderbare und laute Geräusche zu machen, die durchweg als gelungener Scherz aufgenommen wurden. Aber als ich eines Tages ein lautes Schnarchgeräusch erzeugte, das ich vorher nie gemacht hatte, zog das Kind sofort ein ernstes Gesicht

und brach in Weinen aus. Zwei oder drei Tage später machte ich dasselbe Geräusch aus Vergeßlichkeit noch einmal,
wieder mit dem gleichen Ergebnis. Etwa gleichzeitig (am
137. Tag) näherte ich mich ihm mit dem Rücken zuerst und
blieb unbewegt stehen: Er schaute ganz ernst und überrascht, und hätte ich mich nicht umgedreht, hätte er zu weinen begonnen; aber nun entspannte sich sein Gesicht sofort
zu einem Lächeln. Es ist bekannt, wie stark Kinder später
unter verschwommenen und unbestimmten Ängsten leiden, wie der Dunkelheit, oder wenn sie die dunkle Ecke eines großen Zimmers durchqueren müssen. Als Beispiel führe ich an, wie ich den Jungen, als er zweieinviertel Jahre alt
war, in den Zoologischen Garten mitnahm und er alle Tiere
vergnügt anschaute, die so aussahen wie jene, die er schon
kannte, wie Rehe, Antilopen etc. und alle Vögel, sogar den
Vogel Strauß, während die verschiedenen größeren Tiere in
den Käfigen ihn sehr beunruhigten. Später sagte er oft, er
wolle wieder hingehen, aber nicht »die wilden Tiere in den
Häusern« sehen. Wir konnten uns diese Angst gar nicht erklären. Müssen wir nicht annehmen, daß die vagen, aber
sehr realen Ängste von Kindern von Erfahrung ganz unabhängig und vielmehr ererbte Folge von wirklichen Ängsten
und von elendem Aberglauben auf der Stufe der Wildheit
sind? Es verträgt sich gut mit dem, was wir über die Weiter-
gabe einst gut entwickelter Merkmale wissen, daß sie in
einer frühen Lebensphase auftreten und später wieder verschwinden.

Lustvolle Empfindungen. – Man kann annehmen, daß
Kleinkinder beim Saugen Lust empfinden, und der Ausdruck ihrer schwimmenden Augen scheint dies zu bestätigen. Unser Kind lächelte, als es fünfundvierzig, ein zweites,
als es sechsundvierzig Tage alt war. Und dies war echtes Lächeln, das Lust anzeigte, denn die Augen leuchteten und die

Augenlider waren leicht geschlossen. Das Lächeln entstand vor allem dann, wenn die Säuglinge ihre Mutter ansahen, und hatte deshalb wahrscheinlich mentale Ursachen. Aber dieses Kind hier lächelte dabei, manchmal auch ein wenig später, aus einem inneren lustvollen Gefühl, denn es gab nichts, was es in diesen Augenblicken hätte erregen oder amüsieren können. Als der Junge hundertzehn Tage alt war, vergnügte er sich höchlichst mit einer Kinderschürze, die über sein Gesicht geworfen und dann weggezogen wurde, und genauso war es, wenn ich mein eigenes Gesicht enthüllte und dem seinen näherte. Er brachte einen unscheinbaren Laut hervor, der die Andeutung eines Lachens war. Den Hauptgrund für das Vergnügen bildete die Überraschung, wie es weitgehend auch beim Humor der Erwachsenen der Fall ist. Ich glaube, drei oder vier Wochen vor jener Zeit, als den Jungen ein plötzlich enthülltes Gesicht amüsierte, hielt er es für einen guten Scherz, wenn man ihn in Nase oder Backen kniff. Ich war zunächst überrascht, daß ein Kind von wenig mehr als drei Monaten Sinn für Humor hatte, aber wir sollten nicht vergessen, wie früh junge Hunde und Katzen zu spielen beginnen. Als mein Junge vier Monate alt war, zeigte er unmißverständlich, daß es ihm gefiel, wenn Klavier gespielt wurde. Offenbar war dies das früheste Zeichen eines ästhetischen Gefühls, es sei denn, man betrachtet schon das Anziehende leuchtender Farben, das sich viel früher zu erkennen gibt, als ein solches.

Zuneigung. – Sie entstand wahrscheinlich sehr früh im Leben, wenn wir danach urteilen, wie der Knabe die anlächelte, die sich um ihn kümmerten, als er noch nicht zwei Monate alt war; obwohl ich, ehe er fast vier Monate alt war, keinen eindeutigen Beweis dafür erhielt, daß er überhaupt jemanden unterscheiden oder wiedererkennen konnte. Mit fast fünf Monaten gab er bloß zu erkennen, daß er zu seinem

Kindermädchen wollte. Spontane Zuneigung jedoch zeigte er offen erst, als er etwas über ein Jahr alt war und sein Kindermädchen, das für kurze Zeit fort gewesen war, mehrere Mal küßte. Als er sechs Monate und elf Tage alt war, ließ sich das verwandte Gefühl der Sympathie von seinem melancholischen Gesicht mit deutlich heruntergezogenen Mundwinkeln ablesen, als sein Kindermädchen so tat, als ob es weinen wollte. Und Eifersucht war unverkennbar seine Reaktion, als ich – er war fünfzehneinhalb Monate alt – eine große Puppe liebkoste und seine kleine Schwester hin und her wiegte. Wenn man bedenkt, ein wie starkes Gefühl die Eifersucht bei Hunden ist, würde sie sich bei Kindern wahrscheinlich zu einem früheren Zeitpunkt äußern als dem jetzt angegebenen, wenn sie in der gehörigen Weise herausgefordert würde.

Ideenassoziation, Verstand etc. – Die erste Handlung, die, soviel ich beobachtet habe, eine Art von praktischem Schließen erkennen ließ, ist schon erwähnt worden: wie er nämlich seine Hand an meinem Finger hinabgleiten ließ, um die Fingerspitze in seinen Mund zu bekommen, und dies ereignete sich am 114. Tag. Als er viereinhalb Monate alt war, lächelte er zum wiederholten Male mein Bild und sein eigenes Bild im Spiegel an und hielt beides zweifellos irrtümlich für wirkliche Objekte. Aber er behielt die Fassung, als meine Stimme, die hinter ihm vernehmbar wurde, ihn offensichtlich überraschte. Wie alle Kleinkinder betrachtete er sich selbst gerne, und in weniger als zwei Monaten hatte er völlig begriffen, daß es sich um ein Bild handelte: Wenn ich nämlich mein Gesicht ganz unmerklich zu einer Grimasse verzog, pflegte er sich plötzlich zu mir umzudrehen. Allerdings verwirrte es ihn, als er sieben Monate alt war, wenn er mich von draußen hinter einem großen Glasfenster sah; er schien dann im Zweifel zu sein, ob es sich um ein Bild handelte oder nicht. Ein anderes meiner Kinder, ein Mädchen, war im Alter von genau einem Jahr nicht annähernd so aufgeweckt und wirkte einigermaßen verdattert, als es im Spiegel das Bild einer Person sah, die sich von hinten näherte. Die höheren Affenarten, die ich mit einem kleinen Spiegelglas auf die Probe stellte, verhielten sich anders. Sie legten ihre Hände hinter das Glas und zeigten damit, wie verständig sie waren. Doch anstatt an der Selbstbetrachtung Vergnügen zu finden, wurden sie zornig und sahen nicht mehr hin.

Als mein Junge fünf Monate alt war, fixierten sich die miteinander verknüpften Vorstellungen in seinem Geist ohne jede weitere Belehrung. So wurde er, sobald man ihm seine Mütze aufsetzte und den Mantel anzog, ganz ärgerlich, wenn es nicht gleich vor die Tür ging. Als er exakt sieben Monate alt war, tat er den großen Schritt, sein Kindermädchen mit ihrem Namen zu verknüpfen, so daß er, sobald wenn ich den Namen rief, nach ihr Ausschau hielt. Ein anderes unserer Kinder unterhielt sich damit, daß es seinen Kopf seitwärts schüttelte: Wir lobten es und machten es nach, wobei wir sagten: »Schüttele deinen Kopf.« Als das Kind sieben Monate alt war, tat es dies manchmal, ohne jede weitere Anleitung, allein auf unsere Worte hin. Während der darauf folgenden vier Monate verknüpfte das nun nicht mehr sprachlose Kind viele Dinge und Handlungen mit Worten. Um einen Kuß gebeten, spitzte es die Lippen und hielt still oder schüttelte den Kopf und sagte mit tadelnder Stimme »Ah« zum Kohlenkasten oder zu verschüttetem Wasser; und so zu allem, von dem man ihm beigebracht hatte, es für schmutzig zu halten. Ich will hinzufügen, daß er, wenige Tage unter neun Monaten alt, seinen eigenen Namen mit seinem Spiegelbild verknüpfte und sich, wenn sein Name gerufen wurde, zum Spiegel drehte, auch wenn dieser ein Stück weit entfernt war. Wenige Tage, nachdem er neun Monate alt geworden war, lernte er spontan, daß eine Hand oder ein anderer Gegenstand, der einen Schatten auf eine Wand fallen ließ, hinter ihm zu suchen war. Als er noch kein Jahr alt war, brauchte man nur irgendeinen Satz in einem gewissen Abstand zwei oder drei Mal zu wiederholen, um eine Ideenassoziation in seinem Bewußtsein zu verankern. Bei dem von Taine geschilderten Kind scheint das Alter, in dem es Vorstellungen leicht miteinander verknüpfte, erheblich weiter fortgeschritten zu sein, es sei denn man hatte früheres Vorkommen übersehen. Die Leichtigkeit, mit der durch Unterweisung herbeigeführte oder spontan entstehende Ideenassoziationen erworben wurden, schien mir den stärksten aller Unterschiede zwischen dem Denken eines Kleinkindes und dem klügsten ausgewachsenen Hund, den ich je gekannt habe, zu bezeichnen. Welch einen Gegensatz bildet das Bewußtsein eines Kleinkindes zu dem von Professor Möbius beschriebenen Hecht, der während dreier ganzer Monate bis zur Bewußtlosigkeit gegen eine Glaswand stieß, die ihn von ein paar Elritzen trennte. Als er aber nach der letzten Lektion, daß er sie nicht ungestraft angreifen konnte, mit denselben Elritzen in ein Aquarium gesetzt wurde, unterließ er es ebenso beharrlich wie sinnlos, sie anzugreifen!

Neugierde zeigen Säuglinge, wie Monsieur Taine bemerkt, zu einem ziemlich frühen Zeitpunkt. In dieser Hinsicht habe ich aber keine besonderen Beobachtungen gemacht. Auch Nachahmung kommt ins Spiel. Als unser Kind nur vier Monate alt war, dachte ich, daß es Laute nachzuahmen versuchte; aber ich hatte mich wohl getäuscht, denn davon, daß es so war, war ich erst dann völlig überzeugt, als es zehn Monate alt wurde. Mit elfeinhalb Monaten konnte er alle möglichen Handlungen nachahmen, wie zum Bei-

411

spiel seinen Kopf schütteln und zu jedem schmutzigen Gegenstand »Ah« sagen oder beim Kinderreim »Pat it and pat
it and mark it with T« seinen Zeigefinger sorgfältig in die
Mitte der Handfläche seiner anderen Hand legen. Amüsant
war es, seinen frohen Gesichtsausdruck zu betrachten, wenn
er irgendeine dieser Fertigkeiten erfolgreich ausgeführt
hatte.

Ich weiß nicht, ob es als Hinweis auf die Gedächtnisstär-
ke von Kleinkindern erwähnenswert ist, daß der Junge, als
er drei Jahre und dreiundzwanzig Tage alt war und ihm ein
Stich von seinem Großvater gezeigt wurde, den er seit genau sechs Monaten nicht gesehen hatte, diesen sofort erkannte und eine ganze Kette von Vorfällen erwähnte, die
sich während des Besuchs bei dem Großvater zugetragen
hatten und die seitdem bestimmt nicht ein einziges Mal
erwähnt worden waren.

Moralempfinden. – Das erste Anzeichen von Moralempfinden machte sich im Alter von fast dreizehn Monaten be-
merkbar. Ich sagte »Doddy – sein Kosename – will dem
armen Papa keinen Kuß geben, böser Doddy.« Diese Worte
bereiteten ihm zweifellos ein gewisses Unbehagen, und zu-
guterletzt, als ich zu meinem Stuhl zurückkehrte, schob er
seine Lippen vor, um zu zeigen, daß er bereit war, mir einen
Kuß zu geben, und dann schüttelte er ärgerlich seine Hand,
bis ich endlich kam, um seinen Kuß entgegenzunehmen.
Fast dieselbe kleine Szene wiederholte sich ein paar Tage
später, und die Versöhnung schien ihn so sehr zu befriedigen, daß er später verschiedentlich so tat, als ob er verärgert
wäre, und mir einen Klaps gab, um dann darauf zu bestehen, daß ich von ihm einen Kuß erhielt. Hier haben wir also
ein Beispiel für die dramatische Kunst vor uns, die von den
meisten Kleinkindern so sehr betont wird. Um diese Zeit
wurde es auch leicht, auf seine Gefühle Einfluß zu nehmen

und ihn alles tun zu lassen, was man nur wollte. Mit zwei Jahren und drei Monaten gab er den letzten Bissen von seinem Lebkuchen seiner kleinen Schwester und rief in lautem Selbstlob aus: »Oh, lieber Doddy, lieber Doddy.« Zwei Monate später zeigte er sich höchst verletzbar durch Lachen und war so mißtrauisch, daß er häufig meinte, die Leute lachten über ihn, und ihr Miteinandersprechen sei ein Lachen über ihn. Etwas später (mit zwei Jahren und siebeneinhalb Monaten) traf ich ihn, wie er aus dem Eßzimmer kam mit unnatürlich glänzenden Augen und einer unnatürlichen oder affektierten Art, so daß ich das Zimmer betrat, um nachzusehen, was da los war, und herausfand, daß er vom Stücken Zucker genommen hatte, der ihm verboten war. Da er nie auch nur im mindesten bestraft worden war, konnte man sein merkwürdiges Betragen sicher nicht auf Angst zurückführen; ich nehme an, es handelte sich um freudige Erregung, die mit schlechtem Gewissen kämpfte. Zwei Wochen später traf ich ihn, wie er aus demselben Zimmer kam und seine Kinderschürze beäugte, die sorgfältig zusammengelegt war; und wieder war sein Betragen so merkwürdig, daß ich mich entschloß nachzusehen, was sich in seiner Kinderschürze befand, obwohl er behauptete, da sei nichts, und mir mehrmals befahl: »Geh weg«. Schließlich fand ich heraus, daß sie Gurkensaftflecken hatte. Es handelte sich also um eine planmäßige Täuschung. Aber da dieses Kind nur durch Einflußnahme auf seine guten Gefühle erzogen wurde, wurde es bald so wahrheitsliebend, offen und gutherzig, wie man es nur wünschen konnte.

Unbewußtheit, Schüchternheit. – Niemand kann sehr kleine Kinder versorgt haben, ohne sich über ihre Unbekümmertheit zu wundern, mit der sie ihre Augen unverwandt und ohne zu blinzeln auf ein neues Gesicht richten; ein Erwachsener kann in dieser Weise nur auf ein Tier oder ein

unbeseeltes Ding blicken. Dies ist, glaube ich, eine Folge davon, daß Kleinkinder nicht im mindesten über sich selbst
nachdenken und deswegen frei von aller Schüchternheit
sind, obwohl sie manchmal vor Fremden Angst haben. Das
erste Symptom der Schüchternheit entdeckte ich bei meinem Jungen, als er fast zwei Jahre und drei Monate alt war.
Sie trat mir gegenüber in Erscheinung, nachdem ich zehn
Tage von zu Hause fort gewesen war, und zeigte sich hauptsächlich daran, daß er seine Augen leicht von mir abwandte.
Aber bald kam er wieder, setzte sich auf meine Knie und
küßte mich, und alle Spuren der Schüchternheit waren verschwunden.

Kommunikationsmittel. – Das Geräusch des Weinens oder
besser des Schreiens, denn lange Zeit werden gar keine Tränen vergossen, wird natürlich instinktiv geäußert, soll aber
eigentlich mitteilen, daß gelitten wird. Nach einer gewissen
Zeit verändert sich der Klang je nachdem, worum es geht,
ob um Hunger oder Schmerzen. Ich bemerkte dies, als der
Junge elf Wochen alt war, zu einem früheren Zeitpunkt, wie
ich meine, als bei einem anderen Kind. Außerdem schien er
bald zu lernen, wie man willentlich schreit oder sein Gesicht
in einer den Umständen entsprechenden Weise in Falten
legt, um zu zeigen, daß man einen Wunsch hat. Mit sechsundvierzig Tagen machte er erst leise Geräusche, ohne Bedeutung, nur um sich damit selbst zu vergnügen, und wan-
delte diese bald ab. Damals glaubte ich, wie schon gesagt, er
versuche Laute nachzuahmen, wie er es sehr viel später tatsächlich tat. Mit fünfeinhalb Monaten brachte er den arti-
kulierten Laut »da« hervor, allerdings ohne einen Sinn mit
ihm zu verknüpfen. Als er etwas über ein Jahr alt war, benutzte er Gebärden, um seine Wünsche mitzuteilen. Ein
einfaches Beispiel: er hob ein Stück Papier auf, gab es mir
und zeigte auf das Feuer, das er oft gesehen und bei dem ihm

gefallen hatte, Papier verbrennen zu sehen. Mit genau einem Jahr machte er den großen Schritt, ein Wort für Essen
zu erfinden, nämlich »mum«. Wie er allerdings darauf gekommen war, konnte ich nicht herausfinden. Und anstatt in
Weinen auszubrechen, wenn er hungrig war, gebrauchte er
dieses Wort jetzt als Zeigewort oder als ein Verb in der Bedeutung: »Gib mir zu essen.« Das Wort entspricht dem Wort
»nam«, das Taines Kind im späteren Alter von vierzehn Monaten gebraucht. Mein Sohn gebrauchte »mum« aber auch
als Substantiv mit weiterer Bedeutung; so nannte er Zucker
»shumum«, und nachdem er etwas später das Wort »black«,
schwarz, gelernt hatte, nannte er Lakritzen »black-shumum«, schwarzen Zucker.

Besonders erstaunt mich, daß er dem Wort »mum«, wenn
er um Essen bat, (ich gebe hier die damals niedergeschriebenen Worte wieder) »einen äußerst stark betonten Frageton
am Ende« gab. Auch dem »Ah«, das er hauptsächlich benutzte, wenn er irgendeine Person oder sein eigenes Bild im
Spiegel sah, gab er den Klang eines Ausrufs, wie wir es tun,
wenn wir überrascht sind. In meinen Aufzeichnungen merke ich an, daß diese Betonungen instinktiv entstanden zu
sein scheinen, und bedaure es, daß in dieser Sache nicht
mehr Beobachtungen angestellt wurden. In meinen Notizen
halte ich aber auch fest, daß er eine ganze Weile später, zwischen achtzehn und einundzwanzig Monaten, seine Stimme, wenn er es entschieden ablehnte, etwas zu tun, zu einem
trotzigen Weinen veränderte, als wollte er sagen: »Das will
ich nicht«. Und sein zustimmendes »Hm« sollte heißen: »Ja,
natürlich.« Taine besteht auch mit Nachdruck auf den
höchst ausdrucksvollen Betonungen der Laute, die sein Kind
hervorbrachte, ehe es zu sprechen begann. Der fragende
Ton, den mein Junge dem Wort »mum« gab, wenn er um
Essen bat, ist besonders auffällig. Denn wenn man ein ein

zelnes Wort oder einen kurzen Satz in dieser Weise ausspricht, wird man finden, daß die Tonhöhe der Stimme am Ende beträchtlich ansteigt. Ich habe damals nicht gesehen, daß dies mit der von mir anderswo vertretenen Ansicht zusammenhängt, daß der Mensch, bevor er artikulierte Sprache benutzte, Töne in einer eigentlich musikalischen Tonleiter hervorbrachte, wie es bei dem Menschenaffen Hylobates der Fall ist.

Schließlich teilen sich die Wünsche eines Kleinkindes anfangs durch instinktive Schreie mit, die nach einer gewissen Zeit zum Teil unbewußt abgewandelt werden, zum Teil aber auch, wie ich glaube, bewußt als Kommunikationsmittel dienen: durch unbewußten Ausdruck von Gesichtszügen; durch Gebärden und in einer auffallenden Weise durch verschiedene Betonungen; schließlich durch Wörter von allgemeiner Art, die von der Natur selbst erfunden sind, dann durch solche von präziserer Beschaffenheit, die durch Nachahmung von Worten gebildet werden, die das Kind hört; letztere werden in erstaunlich rascher Abfolge erworben. Ein Kleinkind versteht, wie ich meine, zu einem gewissen Grade schon sehr früh, was diejenigen, die sich um es kümmern, mit ihrem Gesichtsausdruck sagen wollen oder welche Gefühle sie ausdrücken. Daran kann beim Lächeln kaum ein Zweifel sein, und es schien mir, daß das Kind, dessen Biographie ich hier schildere, nur wenig älter als fünf Monate einen mitfühlenden Ausdruck verstehen konnte. Mit sechs Monaten und elf Tagen zeigte er ganz zweifellos mit seiner Kinderfrau Mitleid, wenn diese so tat, als wollte sie weinen. Wenn er sich freute, weil er eine neue Fertigkeit beherrschte – er war ungefähr ein Jahr alt –, studierte er offenbar die Gesichtszüge derer, die um ihn waren. Wahrscheinlich war es auf die Verschiedenheit des Gesichts und nicht nur der einzelnen Gesichtszüge zurückzuführen, wenn gewisse Gesichter ihm deutlich besser gefielen als andere, und dies schon zu einem sehr frühen Zeitpunkt, nämlich als er etwas über sechs Monate alt war. Bevor er ein Jahr erreichte, verstand er Betonungen und Gesten ebenso wie eine Reihe von Worten und kurzen Sätzen. Ein einziges Wort, nämlich den Namen seiner Kinderfrau, hatte er schon exakt fünf Monate verstanden, bevor er sein erstes eigenes Wort, »mum«, erfand. Dies entspricht ganz den Erwartungen, da schon, wie wir wissen, die niederen Tiere gesprochene Worte leicht verstehen lernen.

Deutsch von Henning Ritter. © Mit freundliche Genehmigung der Friedenauer Presse, Berlin.

16.

Der Instinkt

Dieser Aufsatz erschien nach Darwins Tod, als Teil von George John Romanes Buch »Die geistige Entwicklung im Tierreich« von 1885. Bereits in der *Entstehung der Arten* hatte sich Darwin mit den Behausungen der Tiere beschäftigt, insbesondere der Bienen. »Wir hören von Mathematikern«, schrieb er 1859, »daß die Bienen praktisch ein schwieriges Problem gelöst und ihre Zellen in derjenigen Form, welche die größtmögliche Menge von Honig aufnehmen kann, mit dem geringstmöglichen Aufwand des kostspieligen Baumaterials, des Wachses nämlich, hergestellt haben.« Wie ließ sich dieses Instinktverhalten evolutionstheoretisch erklären? Die gleiche Frage warfen auch die Bauten von Bibern auf oder die Nester von Vögeln. Die Abhandlung über den Instinkt, aus der hier ein Auszug folgt, sollte ursprünglich ein Kapitel in *Enstehung der Arten* bilden, wozu es aus unbekannten Gründen nicht kam. Darwin überließ sein Manuskript jedoch zur Veröffentlichung Romanes, ein Cambridgeabsolvent, Psychologe und seit den siebziger Jahren begeisterter Anhänger der Evolutionstheorie.

* * *

Wohnungen der Säugetiere

Diesen Gegenstand werde ich nur mit wenigen Worten berühren, nachdem die Nester der Vögel so ausführlich behandelt worden sind. Die vom Biber errichteten Bauten sind von altersher berühmt; wir finden aber wenigstens einen Schritt auf dem Wege, auf welchem sein wunderbarer Bauinstinkt sich entwickelt und vervollkommnet haben mag, bei einem nahe verwandten Tiere, der Bisamratte (*Fiber zibethicus*), in ihrem einfacheren Bau verkörpert, der immerhin, wie Hearne bemerkt, demjenigen des Bibers einigermaßen gleicht. Die vereinzelt lebenden Biber in Europa üben bekanntlich ihren Bauinstinkt nicht aus oder sie haben ihn doch zum größten Teil verloren. Gewisse Rattenarten bewohnen jetzt ganz allgemein die Dächer der Häuser, andere Arten aber halten sich in hohlen Bäumen auf – eine Abweichung, welche der bei den Schwalben beobachteten entspricht. Dr. Andrew Smith teilt mir mit, daß die Hyänen in den noch nicht bewohnten Teilen Südafrikas nicht in Höhlen leben, wie dies in bewohnten und häufiger von Menschen gestörten Gegenden der Fall ist. Manche Säugetiere und Vögel bewohnen für gewöhnlich von anderen Tieren gegrabene Höhlen; wo solche aber nicht zu haben sind, da graben sie sich ihre eigenen Wohnungen aus.

In der zur Familie der Honigbienen gehörenden Gattung *Osmia* (Erzbiene) zeigen nicht nur die verschiedenen Arten ganz auffallende Unterschiede in ihren Instinkten, wie dies F. Smith geschildert hat, sondern selbst die Individuen einer und derselben Art variieren in dieser Hinsicht außergewöhnlich stark. Dies bestätigt augenscheinlich das für körperliche Eigenschaften unzweifelhaft gültige Gesetz, daß Teile, welche bei nahe verwandten Arten erheblich von einander abweichen, in der Regel auch innerhalb derselben Art gern variieren. Eine andere Biene, *Megachile maritima*, gräbt sich, wie mir Mr. Smith schreibt, in der Nähe der Küste Gänge in den Sandbänken, während sie in bewaldeten Gegenden Löcher in hölzerne Pfosten bohrt ...

419

Im Vorhergehenden habe ich einige der bedeutsamsten Gruppen von Instinkten besprochen; es bleiben aber noch eine Anzahl Bemerkungen über verschiedene Punkte übrig, welche hier wohl am Platze sein dürften. Zunächst seien einige Fälle von Abänderungen angeführt, die mir besonders auffällig erschienen: Eine Spinne, die zum Krüppel geworden war und ihr Gewebe nicht mehr verfertigen konnte, ging aus Not von ihrer bisherigen Lebensweise zur Jagd über — eine Art des Nahrungserwerbs, die bekanntlich für eine andere große Abteilung der Spinnen die Regel bildet. Manche Insekten zeigen unter verschiedenen Umständen oder in verschiedenen Perioden ihres Lebens zwei sehr verschiedene Instinkte; nun kann aber der eine davon durch natürliche Züchtung zurückgedrängt werden, was natürlich einen scheinbar ganz unvermittelten Gegensatz im Instinkt, verglichen mit demjenigen der nächsten Verwandten des betreffenden Insekts, bedingen muß. So pflegt die Larve eines Käfers (*Cionus scrophulariae*), wenn sie auf *Scrophularia* lebt, eine klebrige Masse abzusondern, welche zu einer durchsichtigen Blase wird, in deren Innerem sie ihre Verwandlung durchmacht; ist die Larve aber, von selbst oder von Menschen versetzt, auf *Verbascum* geraten, so beginnt sie zu bohren und durchläuft ihre Verwandlung in einem Blatte. Die Raupen gewisser Nachtschmetterlinge scheiden sich in zwei große Klassen, solche, die im Parenchym der Blätter Gänge bohren, und solche, die mit wunderbarer Geschicklichkeit Blätter zusammenrollen; nun sind aber einige Raupen in ihrem ersten Stadium Minierer und werden erst nachher Blattwickler, und dieser Wechsel der Lebensweise wurde mit Recht für so bedeutend gehalten, daß man erst in unserer Zeit entdeckte, daß die Raupen zu einer und derselben Art gehören. Die »*Angoumois*«-Motte tritt gewöhnlich in zwei Generationen auf: die erste erscheint im Frühling aus Eiern, die im Herbst auf in Kornkammern aufgehäuften Körnern abgelegt worden waren; und fliegt nach dem Ausschlüpfen sofort in die Felder hinaus, ihre Eier auf dem jungen lebenden Getreide, statt auf den rings um sie aufgespeicherten nackten Körnern abzulegen; die Motten der zweiten Generation (aus den auf das stehende Getreide abgelegten Eiern stammend) schlüpfen erst nach der Ernte auf den Kornböden aus und verlassen diese nicht, sondern legen ihre Eier auf die herumliegenden nackten Körner, woraus dann wieder die Frühlingsgeneration mit dem Instinkt, die Eier auf das grüne Getreide zu legen, hervorgeht. Manche Jagdspinnen geben das Jagen auf, wenn sie Eier und Junge haben, und spinnen ein Gewebe, in dem sie ihre Beute fangen; dies gilt z. B. für eine *Salticus*-Art, welche ihre Eier in Schneckenhäuser legt und zu dieser Zeit ein großes senkrechtes Netz herstellt. Die Puppen einer Art von *Formica* sind *gelegentlich* unbedeckt, d.h. nicht in Kokons eingehüllt, was gewiß eine höchst merkwürdige Abweichung ist, und dasselbe soll beim gemeinen Floh vorkommen. – Lord Brougham führt den merkwürdigen Instinkt an, daß das Küchlein in der Schale ein Loch pickt und dann »mit dem Zahn seines Oberschnabels weiter meißelt, bis es ein ganzes Stück der Schale herausgebrochen hat. Es geht stets von rechts nach links vor und macht das Loch stets am stumpfen Ende der Schale«. Allein dieser Instinkt ist keineswegs so unabänderlich: im Ekkaleobion (Brütanstalt) wurde mir versichert (Mai 1840), daß Fälle vorkämen, wo das Küchlein so nahe am stumpfen Ende beginnt, daß es durch das von hier aus gemachte Loch nicht aus der Schale heraus kann und infolgedessen nochmals zu meißeln anfangen muß, um ein zweites, größeres Stück Schale loszubrechen; außerdem kommt es gelegentlich vor, daß es am spitzen Schalenende anfängt. – Daß das Känguruh manchmal sein Futter wieder-

käut, ist vielleicht eher auf eine Zwischenstufe oder Abweichung in der Ausbildung eines Organs zurückzuführen, als
auf Instinkt; jedenfalls ist es aber erwähnenswert. − Bekannt
ist, daß Vögel derselben Art in verschiedenen Gegenden geringe Unterschiede in ihren Lautäußerungen zeigen; so bemerkt ein vorzüglicher Beobachter: »Eine Kette irischer
Rebhühner fliegt auf, ohne einen Laut von sich zu geben,
während drüben in Schottland die Kette mit aller Macht
schreit, wenn sie aufgejagt wird.« Bechstein erklärt, aus
vieljähriger Erfahrung sich überzeugt zu haben, daß bei der
Nachtigall die Neigung, mitten in der Nacht oder am Tage
zu singen, bei einzelnen Familien vorherrsche und sich
streng vererbe. Es ist höchst merkwürdig, daß manche Vögel
die Fähigkeit haben, lange und schwere Melodien pfeifen zu
lernen, und andere, wie die Elster, alle möglichen Töne und
Geräusche nachzuahmen, ohne daß sie im Naturzustande
jemals solche Fähigkeiten an den Tag legten.

Da es oft schwer hält [fällt], sich vorzustellen, wie ein Instinkt zu allererst entstanden sein mag, so ist es wohl nicht
überflüssig, einige wenige Beispiele aus der großen Zahl der
bekannten Fälle von zufällig auftretenden sonderbaren Gewohnheiten herauszuheben, welche aber nicht als [irrtüm-
lich war »als« in der Vorlage zweimal gedruckt; d. Hg.] richtige Instinkte betrachtet werden können, wohl aber, unserer
Ansicht nach, zur Ausbildung solcher den Anlaß geben
möchten. So wird mehrfach von Insekten, die von Natur
eine ganz verschiedene Lebensweise haben, berichtet, daß
sie im Innern des menschlichen Körpers zur Entwicklung
gekommen seien − schon mit Hinsicht auf die Temperatur,
der sie ausgesetzt waren, eine sehr bemerkenswerte Tatsache, was uns wohl die Entstehung des Instinkts der Dassel-
fliege (*Oestrus*) erklären mag. Wir können auch verstehen,
wie sich bei den Schwalben eine sehr innige Vergesellschaf-

tung entwickeln könnte, denn Lamarck beobachtete, wie
etwa ein Dutzend dieser Vögel einem Paar derselben, das
seines Nestes beraubt worden, behilflich war, und zwar so
wirksam, daß das neue Nest am zweiten Tage fertig war, und
nach den von Macgillivray berichteten Tatsachen läßt sich
gar nicht mehr an der Richtigkeit der alten Geschichten von
Hausschwalben zweifeln, die sich zusammengetan und
Sperlinge, welche eines ihrer Nester in Besitz genommen,
bei lebendigem Leibe eingemauert haben sollen. Es ist allgemein bekannt, daß Korbbienen, deren Pflege vernachläs-
sigt worden ist, »die Gewohnheit annehmen, ihre fleißige-
ren Nachbarn auszuplündern«, und dann Piraten werden;
Huber erzählt den noch viel merkwürdigeren Fall von einigen Korbbienen, die fast völlig vom Neste einer Hummel
Besitz nahmen, welche letztere dann drei Wochen lang fleißig Honig sammelte, um ihn regelmäßig zu Hause auf Veranlassung der Bienen, ohne daß diese irgendwie Gewalt angewendet hätten, wieder von sich zu geben. Dies erinnert an
die Raubmöwen (*Lestris*), welche ausschließlich davon leben, daß sie andere Möwen verfolgen und sie zwingen, ihre
bereits verschluckte Beute wieder auszuspeien.

Bei der Korbbiene kommen manchmal Handlungen vor, die
zu den sonderbarsten Instinkten zu zählen sind, und dennoch
müssen diese Instinkte oft viele Generationen hindurch la-
tent bleiben: Ich habe z.B. den Fall im Auge, wo die Königin
umgekommen ist; dann müssen mehrere Arbeiterlarven aus
ihrem bisherigen Entwickelungsgang herausgerissen, in
große Zellen versetzt und mit königlichem Futter ernährt
werden, wodurch sie sich zu fruchtbaren Weibchen entwik-
keln; ferner: wenn ein Stock seine Königin besitzt, so werden
alle Männchen im Herbst unfehlbar durch die Arbeiter getötet; ist aber keine Königin da, so wird auch nicht eine Drohne

je abgeschlachtet. Vielleicht wirft unsere Theorie doch ein
schwaches Licht auf diese geheimnisvollen, aber wohlver-
bürgten Tatsachen, indem sie unter Beiziehung der Analogie
von andern Formen der Bienenfamilie zu der Ansicht führt,
daß die Korbbiene von andern Bienen abstamme, bei denen
regelmäßig zahlreiche Weibchen den ganzen Sommer über
dasselbe Nest bewohnten und die Männchen niemals von jenen getötet wurden, so daß also, wenn die Drohnen nicht
vernichtet und wenn zahlreiche neue Larven mit normaler
Speise, d.h. mit königlichem Futter, ernährt werden, darin
nur eine Rückkehr zu dem Instinkt der Vorfahren zu erblik-
ken ist – eine Erscheinung, die gleich dem sog. Rückschlag
bei körperlichen Bildungen die Neigung zeigt, nach vielen
Generationen plötzlich wieder aufzutreten.

Ich wende mich nun zu einigen Fällen, welche unserer Theorie besondere Schwierigkeiten bereiten – Fälle, die zum größten Teile denen entsprechen, die im VII. Kapitel [der ›Entstehung der Arten‹] bei Erörterung der körperlichen Bildungen
angeführt wurden. – Nicht selten begegnen wir demselben
eigentümlichen Instinkt bei Tieren, welche in der Stufenleiter der organischen Wesen weit von einander entfernt stehen
und daher diese Eigentümlichkeit unmöglich von gemeinsamen Vorfahren geerbt haben können. Der *Molothrus* (Kuh-
vogel) in Nord- und Südamerika (ein dem Star ähnlicher
Vogel) zeigt genau dasselbe Verhalten wie unser Kuckuck;
jedoch ist der Parasitismus in der ganzen Natur so allgemein
verbreitet, daß diese Übereinstimmung nicht sehr überra-
schen kann. Viel merkwürdiger ist der Parallelismus hinsichtlich des Instinkts zwischen den zu den Neuropteren gehörigen weißen Ameisen oder Termiten und den echten
Ameisen, welche Hymenopteren sind: allein es erweist sich
bei genauerer Prüfung, daß derselbe keineswegs so bedeu-

424

tend ist. Vielleicht einen der eigentümlichsten Fälle der Er-
werbung desselben Instinkts durch zwei Tiere, die keinerlei
nähere Verwandtschaft besitzen, weisen die Larven eines
Neuropters und eines Dipters auf, welche beide im lockeren
Sande eine trichterförmige Fallgrube machen, in deren Grunde sie unbeweglich auf ihre Beute lauern und mit Sand nach
ihr schießen, wenn sie wieder zu entkommen sucht.

Es ist behauptet worden, manche Tiere seien mit Instinkten
ausgerüstet, die weder zu ihrem eigenen individuellen noch
zum Nutzen der sozialen Gruppe, welcher sie angehören,
sondern nur zum Nutzen anderer Lebewesen dienten, während sie selbst dadurch zu Grunde gingen: so hat man behauptet, gewisse Fische wanderten, damit Vögel und andere
Tiere sich von ihnen nähren könnten. Eine solche Auffassung ist nach unserer Theorie der natürlichen Auslese von
zum eigenen Vorteil dienenden Abänderungen des Instinkts
unmöglich. Ich habe aber auch keine einzige der Erwähnung werte Tatsache gefunden, welche diese Ansicht stützen könnte. Irrtümer des Instinkts mögen gelegentlich, wie
wir gleich sehen werden, der einen Art schädlich und einer
andern nützlich werden; eine Art mag gezwungen oder sogar scheinbar durch Überredung gleichsam verleitet werden, ihre Nahrung oder das Produkt ihrer Aussonderung zu
Gunsten einer andern Art aufzugeben; daß aber irgend ein
Tier jemals geradezu mit einem Instinkt begabt worden sei,
der zu seiner eigenen Vernichtung oder Schädigung führe,
kann ich nimmermehr zugeben, so lange nicht bessere Beweise als bisher dafür vorgebracht werden.

Ein Instinkt, den ein Tier während seines ganzen Lebens
nur ein einziges Mal zu betätigen hat, scheint unserer
Theorie auf den ersten Blick große Schwierigkeiten zu be-

reiten; wenn er aber für die Existenz des Tieres unentbehrlich ist, so sehe ich keinen zureichenden Grund, warum er
nicht ebensogut durch natürliche Züchtung erworben worden sein sollte, wie manche körperliche Bildungen, die nur
einmal verwendet werden; so z.B. die harte Spitze am
Schnabel des Küchleins oder die provisorischen Kiefer bei
der Puppe der Köcherfliege (*Phryganea*), die zu nichts anderem dienen, als um die seidene Pforte ihres merkwürdigen Gehäuses zu öffnen und dann für immer abgeworfen
werden. Dennoch kann man wohl kaum anders als gren-
zenloses Staunen empfinden, wenn man z.B. von einer
Raupe liest, die sich zuerst mit ihrem Hinterende an einem
kleinen Hügelchen von Seide aufhängt, welches sie an irgend einem Gegenstand befestigt hatte, und nun ihre Verwandlung durchmacht: nach einiger Zeit reißt ihre Haut
an einer Seite auf, so daß die Puppe sichtbar wird, welche
ohne Gliedmaßen und Sinnesorgane lose im *unteren* Teil
der alten sackförmigen aufgesprungenen Haut der Raupe
liegt, gleichwohl aber bald an dieser Haut, die ihr als Leiter
dient, emporzusteigen beginnt, indem sie sich an gewissen
Stellen zwischen den Falten ihrer Abdominalsegmente
festhält, dann mit ihrem Hinterende, das mit kleinen Häk-
chen versehen ist, herumtastet und so einen neuen Halt
gewinnt, bis sie endlich die alte Larvenhaut, die ihr noch
zum Emporklimmen gedient, gänzlich abstreift und weg-
wirft. Ich kann nicht umhin, noch einen andern Fall ähnlicher Art anzuführen: Die Raupe eines Schmetterlings
(*Thekla*), die im Granatapfel lebt, bahnt sich nach Errei-
chung ihrer vollen Größe einen Weg nach außen (wodurch
sie dem Schmetterling den Ausgang ermöglicht, bevor seine Flügel völlig entfaltet sind) und befestigt dann mit Sei-
denfäden diese Stelle des Granatapfels an dem nächsten
Zweig, damit jener nicht abfallen kann, bevor die Ver-

wandlung vollzogen ist. Hier also, wie in so vielen andern Fällen, ist die Larve gleichzeitig zum Wohl der Puppe und des ausgebildeten Insekts tätig. Unser Erstaunen über diese Maßregeln kann nur wenig gemindert werden, wenn wir hören, daß manche Raupen zu ihrem eigenen Schutze Blätter in mehr oder weniger vollkommener Weise mit Gespinstfäden an die Zweige heften, auf denen sie leben, und daß eine andere Raupe, bevor sie zur Puppe wird, die Ränder eines Blattes zusammenkrümmt, die Innenfläche desselben mit dichtem Seidengewebe auskleidet und dieses am Blattstiel und dem zugehörigen Zweig befestigt: wenn das Blatt später dürr wird und abbröckelt, so bleibt doch der Kokon fest am Stiel und dem Zweig angeheftet. In diesem Falle unterscheidet sich also das Verhalten nur wenig von der gewöhnlichen Herstellung eines Kokons und seiner Befestigung an irgend einem Gegenstande.

Eine in Wirklichkeit viel größere Schwierigkeit bieten jene Fälle dar, wo der Instinkt einer Art bedeutend von dem ihrer nächsten Verwandten abweicht. Dies gilt z.B. für die oben erwähnte *Thekla* des Granatapfels, und ohne Zweifel würden sich leicht noch viele ähnliche Fälle zusammenstellen lassen. Wir dürfen aber nie vergessen, einen wie geringen Bruchteil die heute lebenden Formen gegenüber den ausgestorbenen bei den Insekten ausmachen, deren verschiedene Ordnungen schon so lange auf der Erde leben. Überdies habe ich es, gerade wie bei körperlichen Bildungen, zu meiner eigenen Überraschung oft genug erlebt, daß sich, wenn ich einmal ein Beispiel eines vollkommen vereinzelt dastehenden Instinkts gefunden zu haben glaubte, bei weiterer Untersuchung doch immer wenigstens einige Spuren einer zu demselben hinführenden Stufenreihe aufdecken ließen.

427

Nicht selten drängte sich mir die Überzeugung auf, daß wenig auffällige und mehr nebensächliche Instinkte nach unserer Theorie eigentlich viel schwerer zu erklären sind, als jene, die mit Recht das Erstaunen der Menschen erweckt haben; denn sofern ein Instinkt wirklich keine eigene erhebliche Bedeutung im Kampfe ums Dasein besitzt, kann er auch nicht durch natürliche Auslese abgeändert oder ausgebildet worden sein. Eines der schlagendsten Beispiele hierfür ist wohl die Art, wie die Arbeiterbienen eines Stockes sich manchmal in langen Reihen aufstellen und durch eigentümliche Bewegungen ihrer Flügel den rings geschlossenen Korb ventilieren. Man hat diese Ventilation auch künstlich nachzuahmen vermocht, und da sie selbst im Winter vorgenommen wird, so läßt sich nicht bezweifeln, daß sie die Hereinschaffung von frischer Luft und die Entfernung der ausgeatmeten Kohlensäure bezweckt. Damit erweist sie sich aber entschieden als eine ganz unentbehrliche Einrichtung, und wir können uns denn auch leicht die Abstufungen denken – wie anfangs nur einzelne Bienen zum Flugloch gingen, um sich zu fächeln usw. –, durch welche der Instinkt seine jetzige Vollkommenheit erreicht haben mag. Wir bewundern die instinktive Vorsicht der Fasanhenne, welche sie, wie Waterton bemerkt, veranlaßt, von ihrem Nest aufzufliegen, um so keine Fährte zu hinterlassen, die von einem Raubtier aufgespürt werden könnte; aber auch dies Verfahren mag wohl für die Existenz der Art von großer Bedeutung sein. Es ist fast noch mehr zu verwundern, daß kleine Nestvögel, vom Instinkt geleitet, die Schalen ihrer Eier und die ersten Exkremente der Jungen vom Neste wegtragen, während bei den Rebhühnern, deren Junge sofort ihren Eltern nachlaufen, die Eierschalen rings um das Nest liegen bleiben; wenn wir aber hören, daß die Nester solcher Vögel (z.B. *Halcyonidae*), bei denen die Exkremente nicht mit einem dünnen Häut-

chen überzogen sind und daher kaum von den Eltern entfernt werden könnten, dadurch »sehr augenfällig werden«,
und wenn wir bedenken, wie viele Nester bei uns alljährlich
nur durch Katzen zerstört werden, so können wir jenen Instinkten wohl nicht mehr so ganz untergeordnete Bedeutung
beimessen. Immerhin aber gibt es Instinkte, die man kaum
anders, denn als bloße Einfälle oder manchmal auch als Spiel
auffassen kann: Eine Taube in Abessinien läßt sich, wenn auf
sie geschossen wird, soweit nieder, daß sie beinahe den Jäger
berührt, und schwingt sich dann zu schwindelnder Höhe
hinauf; die Viscacha (*Lagostomus*) sammelt fast immer aller-
hand Abfall, Knochen, Steine, trockenen Dünger usw. in der
Nähe ihrer Höhle an; die Guanacos haben (gleich den Fliegen) die Gewohnheit, stets an dieselbe Stelle zurückzukehren, um ihre Exkremente abzulegen, und ich habe einen so
entstandenen Haufen von acht Fuß Durchmesser gesehen;
da diese Gewohnheit bei allen Arten dieser Gattung wieder-
kehrt, so muß sie wohl instinktiv sein; es läßt sich aber kaum
denken, daß sie den Tieren irgendwie von Nutzen sein
könnte, obwohl sie dies jedenfalls für die Peruaner ist, welche den trockenen Dünger als Brennmaterial verwenden.
Wahrscheinlich werden sich noch viele ähnliche Tatsachen
zusammenstellen lassen.

So merkwürdig und wunderbar die meisten Instinkte sind, so
dürfen sie doch nicht für absolut vollkommen gehalten werden: durch die ganze Natur geht ja der beständige Kampf zwischen dem Instinkt des einen Wesens, seinem Feinde zu entgehen, und dem des andern, seine Beute irgendwie zu erlangen.
Wenn der Instinkt der Spinne bewundernswert erscheint, so
steht derjenige der Fliege, welche in ihr Netz hineinfährt, um
so niedriger. Seltene und nur zufällig sich eröffnende Quellen
der Gefahr werden nicht instinktiv vermieden: wo der Tod

unvermeidlich erfolgt und die Tiere nicht durch Beobachtung des Leidens anderer die Gefahr kennen gelernt haben können, da wird offenbar kein schützender Instinkt entwickelt. So findet man den Boden einer Solfatara in Java bedeckt mit den Leichen von Tigern, Vögeln und ganzen Massen von Insekten, alle getötet durch die hier ausströmenden giftigen Gase, welche merkwürdigerweise ihr Fleisch, ihre Haare und Federn konservieren, ihre Knochen aber vollständig verzehren. Der Wanderinstinkt ist nicht selten mangelhaft ausgebildet und die Tiere gehen, wie wir gesehen haben, dabei zu Grunde. Was sollen wir von dem heftigen Triebe denken, der Lemminge, Eichhörnchen, Hermeline und viele andere Tiere, die gewöhnlich nicht zu wandern pflegen, veranlaßt, sich gelegentlich in großen Scharen zu vereinigen und einen schnurgeraden Weg einzuschlagen, quer über große Ströme und Seen hinüber und selbst ins Meer hinaus, wo eine Unzahl derselben umkommt; wenn sich vollends herausstellt, daß sie schließlich alle zu Grunde gehen? Eine Übervölkerung ihres Heimatlandes scheint den ersten Anstoß zur Wanderung zu geben, es ist aber noch zweifelhaft, ob wirklich in allen Fällen Nahrungsmangel herrschte. Die ganze Erscheinung ist noch völlig unaufgeklärt. Wirkt etwa dasselbe Gefühl auf diese Tiere ein, das auch die Menschen in Not und Furcht antreibt, sich zu vereinigen, und sind dies wirklich nur gelegentliche Wanderungen oder vielmehr Auswanderungen, gleichsam verlorene Posten, vorgeschoben zur Aufsuchung einer neuen, besseren Heimat? Noch merkwürdiger sind eigentlich die zeitweilig auftretenden Wanderzüge von Insekten, die aus zahlreichen verschiedenen Arten gemischt sind und die, wie ich selbst beobachtet habe, in ungezählten Millionen im Meere umkommen müssen; denn diese Tiere gehören sämtlich zu Familien, welche im gewöhnlichen Zustande nicht gesellig leben, noch auch nur zu wandern pflegen.

Der Instinkt der Geselligkeit ist für viele Tiere ganz unentbehrlich, für eine noch weit größere Anzahl sehr nützlich wegen der raschen Mitteilung etwa drohender Gefahren, und für einige wenige Tiere ist er augenscheinlich nur eine angenehme Zugabe. In manchen Fällen aber läßt sich der Gedanke nicht abweisen, daß dieser Instinkt sogar bis zu einem schädlichen Grade entwickelt sei. Die Wanderzüge der Antilopen in Südafrika und diejenigen der Wandertauben in Nordamerika werden von ganzen Scharen fleischfressender Tiere und Vögel begleitet, die kaum in solchen Mengen ihren Unterhalt finden könnten, wenn ihre Beutetiere vereinzelt lebten. Der nordamerikanische Bison wandert in so großen Herden, daß oft genug, wenn sie in die Engpässe der längs der Flüsse sich hinziehenden Felswände geraten, nach Lewis und Clarke die vordersten über den Rand gedrängt und im Abgrund zerschmettert werden. Wenn ein verwundetes herbivores Tier zu seiner eigenen Herde zurückkehrt und nun von seinen bisherigen Genossen angegriffen und durchstoßen wird – ist da wirklich anzunehmen, daß dieser grausame, aber ganz allgemein verbreitete Instinkt der Art von irgend welchem Nutzen sei? Es ist bemerkt worden, daß unter den Hirschen nur diejenigen, welche häufig mit Hunden gehetzt wurden, durch den Selbsterhaltungstrieb dazu gebracht werden, ihre verfolgten und verwundeten Gefährten, welche der Herde Gefahr bringen könnten, aus derselben auszustoßen. Allein auch der furchtlose wilde Elefant pflegt »sehr wenig großmütig den Genossen anzugreifen, der noch mit den Fesseln um die Beine in die Dschungeln entkommen ist,« und ich selbst habe gesehen, wie Haustauben über kranke oder junge und schwächliche Individuen herfielen und sie übel zurichteten.

Der männliche Fasan kräht laut, wenn er zur Ruhe geht, wie man täglich hören kann, und verrät sich auf diese Weise selber dem Wilddieb. Die wilde Henne in Indien gackert, wie ich von Herrn Blyth erfahre, ganz wie ihre domestizierten Nachkommen, wenn sie ein Ei gelegt hat, und so vermögen die Eingebornen ihr Nest leicht zu entdecken. In den La-Plata-Staaten baut der Ofenvogel (*Furnarius*) sein großes ofenförmiges Nest aus Schlamm an so auffallenden Stellen als nur möglich: auf einen nackten Felsblock, auf einem Pfosten oder auf einem Kaktusstamm, derart, daß er in einem dichter bevölkerten Lande mit vielen auf Nester erpichten Jungen bald ausgerottet sein würde. Der große Würger versteckt sein Nest sehr schlecht, und sowohl das Männchen während der Brütezeit, als das Weibchen nach dem Ausschlüpfen der Jungen verraten dasselbe oft noch durch ihr wiederholtes lautes Geschrei. So verrät sich auch eine Art von Spitzmäusen auf Mauritius regelmäßig selber, indem sie laut kreischt, sobald man ihr nahekommt. Es wäre aber ganz falsch, diese Mängel des Instinkts für unwesentlich zu erklären, da sie vorzugsweise das Verhältnis zum Menschen allein betreffen, denn wenn wir instinktive Wildheit dem Menschen gegenüber entwickelt finden, so ist in der Tat nicht einzusehen, warum nicht auch andere Instinkte auf ihn Bezug haben sollten.

Daß der amerikanische Strauß den größten Teil seiner Eier über das Land zerstreut, so daß sie notwendig zu Grunde gehen müssen, ist schon früher berichtet worden. Der Kukkuck legt manchmal zwei Eier in dasselbe Nest, was natürlich zur Folge hat, daß nachher einer der beiden jungen Vögel hinausgedrängt wird. Schon oft ist bemerkt worden, wie häufig Fliegen sich täuschen lassen und ihre Eier auf Dinge legen, welche nicht zur Ernährung ihrer Larven geeignet sind. Eine Spinne, der man ihre in einer seidenen Hülle geborgenen Eier geraubt hat, ergreift statt deren eifrig ein kleines Kügelchen von Baumwolle; läßt man ihr aber die Wahl, so zieht sie ihre Eier vor, und oft packt sie auch das Baumwollkügelchen nicht zum zweiten Mal; hier sehen wir also, wie Verstand oder Vernunft einen erstmaligen Irrtum wieder gut macht. Kleine Vögel befriedigen ihren Haß gegen Raubvögel oft durch Verfolgung eines Habichts und lenken wohl auch seine Aufmerksamkeit dadurch ab; allein häufig täuschen sie sich auch und verfolgen (wie ich selbst gesehen habe) irgend einen ihnen fremden, ganz unschuldigen Vogel. Füchse und andere Raubtiere töten oft weit mehr Beutetiere, als sie verzehren oder fortschleppen können; auch der Bienenfresser schnappt viel mehr Bienen weg, als er aufzufressen imstande ist, und »setzt diesen Zeitvertreib unverständigerweise den ganzen Tag über fort«. Eine Bienenkönigin, welche Huber daran verhinderte, ihre Eier in Arbeiterzellen zu legen, wollte nun überhaupt nicht mehr legen, sondern ließ ihre Eier einfach fallen, worauf diese von den Arbeiterinnen verzehrt wurden. Eine unbefruchtete Königin kann bekanntlich nur männliche Eier legen; diese bringt sie aber sowohl in Arbeiterzellen als in Weiselwiegen unter – eine Abweichung des Instinkts, die unter solchen Umständen allerdings nicht überraschend ist; aber »die Arbeiterinnen selbst benehmen sich dabei so, als ob ihr eigener Instinkt unter dem unvollkommenen Zustande ihrer Königin gelitten hätte, denn sie füttern diese männlichen Larven mit königlicher Speise und behandeln sie ganz so wie richtige Königinnen.« Was aber noch viel merkwürdiger ist: »Die Arbeiterhummeln versuchen regelmäßig die von ihren eigenen Königinnen gelegten Eier an sich zu reißen und sie aufzufressen, und die größte Behendigkeit und Wachsamkeit der Mütter reicht kaum hin, um diesen Ge-

433

waltakt zu verhindern.« Kann diese sonderbare instinktive
Gewohnheit den Hummeln irgendwie von Nutzen sein?
Sollen wir, angesichts der unzähligen wunderbaren Instinkte, die alle auf die Pflege und Vermehrung der Jungen gerichtet sind, wirklich mit Kirby und Spence annehmen, die
eigentümliche Verirrung desselben sei ihnen eingepflanzt
worden, damit sie »die Bevölkerungszahl in gebührenden
Schranken hielten?« Kann der Instinkt, welcher die weibliche Spinne antreibt, das Männchen sofort nach der Paarung
wütend anzugreifen und aufzufressen, der Spezies irgend
welchen Vorteil bringen? Die Leiche des Gatten dient dem
Weibchen jedenfalls zur Nahrung, und so lange sich keine
bessere Erklärung finden läßt, sehen wir uns in der Tat auf
das Prinzip der krassesten Nützlichkeit verwiesen, das jedoch, wie nicht abzuleugnen ist, mit der Theorie von der
natürlichen Auslese durchaus verträglich erscheint. Ich
fürchte, den oben erwähnten Fällen würde sich leicht noch
eine lange Liste ähnlicher Art anfügen lassen.

17.

Mein Leben

Im Alter von siebenundsechzig Jahren begann Darwin seine Erinnerungen aufzuschreiben, die für seine Kinder und deren Nachkommen bestimmt waren. Der Hauptteil – 121 Seiten – entstand
zwischen Mai und August 1876, bis zu seinem Tod 1882 ergänzte
er die Aufzeichnungen, wenn ihm neue Einzelheiten ins Gedächtnis kamen, und er fügte insgesamt noch sechsundsiebzig Seiten
ein. Die Autobiographie erschien 1887, fünf Jahre nach Darwins
Tod, zuerst als Teil von *Life and Letters of Charles Darwin*, herausgegeben von seinem Sohn Francis. Um den nachfolgend abgedruckten Abschnitt »Religiöse Überzeugung« brach in der Familie ein Streit aus: Francis Darwin wollte das Manuskript seines
Vaters ohne Kürzungen veröffentlichen, Emma – Darwins Frau –
und Tochter Henrietta waren dagegen. Die erste vollständige
Ausgabe publizierte schließlich Nora Barlow 1958, eine Enkelin
von Charles Darwin. Ihr wurde der Ausschnitt samt den aufschluß-
reichen Fußnoten entnommen.

* * *

Religiöse Überzeugung

In diesen beiden Jahren[1] dachte ich viel über Religion nach.
An Bord der *Beagle* war ich ganz orthodox, und ich weiß
noch, wie etliche Schiffsoffiziere (auch wenn sie ihrerseits

[1] Oktober 1836 bis Januar 1839. Anm. Francis Darwin.

435

orthodox waren) laut über mich lachten, weil ich die Bibel als unanfechtbare Autorität in einer Frage der Moral zitierte. Ich nehme an, die Neuheit des Arguments überraschte und amüsierte sie. Aber zu diesem Zeitpunkt war mir allmählich klar, daß das Alte Testament ⟨wegen seiner offenkundig falschen Weltgeschichte mit dem Turmbau zu Babel, dem Regenbogen als Zeichen und so weiter und so weiter, und auch deshalb, weil es Gott die Gefühle eines rachsüchtigen Tyrannen zuschreibt,⟩* um nichts glaubwürdiger ist als die heiligen Bücher der Hindus oder irgendeine Barbaren-Religion. Daraus ergab sich für mich immer drängender eine Frage, die mich nicht mehr losließ: Wenn Gott sich jetzt den Hindus offenbarte, könnte man dann glauben, daß er erlaubte, diese Offenbarung so mit dem Glauben an Vischnu, Schiwa u. a. zu verbinden, wie das Christentum mit dem Alten Testament verbunden ist? Mir schien das vollkommen unglaubwürdig.

Nun überlegte ich weiter: um einen klardenkenden Menschen zum Glauben an die Wunder zu bringen, die das Christentum stützen, waren die eindeutigsten Beweismittel nötig, aber – je mehr wir von den feststehenden Gesetzen der Natur wissen, um so unglaubhafter werden Wunder – die Menschen damals waren unwissend und gutgläubig in einem für uns unfaßlichen Maß – man kann nicht beweisen, daß die Evangelien schon zur Zeit der Ereignisse geschrieben wurden – nach meinem Eindruck widersprechen sie einander in vielen wichtigen Einzelheiten, und die Abweichungen sind viel zu gewichtig, als daß man sie noch mit den normalen Ungenauigkeiten von Augenzeugenberichten entschuldigen könnte; – Reflexionen dieser Art, die ich

---

* ⟨ ⟩ bedeutet, daß diese Passagen in der Erstausgabe der Autobiography von Emma Darwin gestrichen worden waren. Anm. J.V.

nicht deswegen wiedergebe, weil ich sie für besonders neu-
artig oder wertvoll hielte, sondern nur, weil sie mich beein-
flußten, waren der Grund dafür, daß ich allmählich nicht
mehr glauben konnte, das Christentum sei eine Offenbarung Gottes. Die Tatsache, daß viele Irrlehren sich wie
Lauffeuer über weite Teile der Erde ausgebreitet haben,
hatte dabei einiges Gewicht für mich. ⟨So wunderbar die
Morallehre des Neuen Testamentes auch ist, läßt sich doch
nicht leugnen, daß ihre Vollkommenheit zum Teil von der
Deutung abhängt, die wir Metaphern und Allegorien jetzt
geben.⟩

Ich war aber gar nicht willens, meinen Glauben aufzugeben; dessen bin ich mir ganz gewiß, denn ich weiß noch
gut, daß ich oft Tagträume hatte, von alten Briefen, die
besonders kluge Römer einander geschrieben hätten, von
Manuskripten, die bei Ausgrabungen in Pompeji oder anderswo gefunden werden könnten – vom Auftauchen
schlagender Beweise für die Richtigkeit aller Angaben der
Evangelien. Aber ich fand es zunehmend schwieriger, Beweismittel zu erfinden, die mich überzeugen würden,
auch wenn ich meiner Phantasie unbegrenzten Spielraum
gab. So beschlich mich der Unglaube ganz langsam, am
Ende aber war er unabweisbar und vollständig. Dieser
Prozeß schritt so unmerklich voran, daß ich kein ungutes
Gefühl dabei hatte ⟨und auch seither keine Sekunde an
der Richtigkeit meiner Schlußfolgerung gezweifelt habe.
Ich kann nun wirklich nicht einsehen, warum sich jemand
wünschen sollte, das Christentum sei wahr; wenn es nämlich wahr wäre, dann, das scheint mir die Sprache des Tex-
tes unmißverständlich zu sagen, würden alle Menschen,
die nicht glauben, also mein Vater, mein Bruder und fast
alle meine nächsten Freunde, ewig dafür büßen müssen.

Und das ist eine verdammenswerte Doktrin.[2]⟩

Erst viel später in meinem Leben dachte ich gründlicher über die Existenz eines persönlichen Gottes nach, trotzdem will ich schon hier die vagen Folgerungen schildern, zu denen ich mich gedrängt fühlte. Das alte Argument vom Bauplan in der Natur, das Argument Paleys, das mir früher so schlüssig vorgekommen war, hat inzwischen, seit das Gesetz der natürlichen Selektion entdeckt ist, seine Kraft verloren. Wir können nicht mehr argumentieren, daß zum Beispiel ein so wundervoller Gegenstand wie eine zweischalige Muschel ebenso von einem intelligenten Wesen gemacht sein muß wie eine Türangel von Menschen. In der Variabilität organischer Wesen und in dem Vorgang natürlicher Selektion scheint uns nicht mehr Planung zu stecken als in der Richtung, aus der der Wind bläst. ⟨Alles in der Natur ist Ergebnis feststehender Gesetze.⟩ Aber mit diesem Thema habe ich mich am Ende meines Buches über die *Variation of Domestic Animals and Plants*[3] [Deutsch: *Das Variieren der*

---

[2] Mrs. Darwin macht eine handschriftliche Randbemerkung zu dieser Passage (von »seither keine Sekunde an der Richtigkeit meiner Schlußfolgerung gezweifelt habe« bis … »verdammenswerte Doktrin«. Sie schrieb: »Ich möchte die eingeklammerte Passage nicht veröffentlicht sehen. Sie scheint mir roh zu sein. Über die Lehre, daß der Unglaube bis in alle Ewigkeit bestraft wird, kann man gar nicht streng genug sprechen – aber nur wenige würden diese Lehre jetzt ›Christentum‹ nennen (auch wenn die Worte da stehen). Hier geht es um die Frage der verbalen Inspiration. E.D.« Oktober 1882. Das wurde sechs Monate nach dem Tod ihres Mannes in ein zweites Exemplar der Autobiographie in Francis' Handschrift eingetragen. Die Passage wurde nicht gedruckt. – Anm. Nora Barlow.

[3] Mein Vater fragt, ob wir glauben sollen, daß die Formen der Bruchsteine vorherbestimmt sind, die Menschen beim Hausbau zusammenfügen. Wenn nicht, warum sollten wir dann glauben, daß die Variationen der domestizierten Tiere und Pflanzen für den Züchter vorherbestimmt sind? »Wenn wir aber das Prinzip in einem Fall aufgeben, … dann besteht auch nicht der Schatten eines Grundes für den Glauben, daß Variationen von

438

Tiere und Pflanzen im Zustande der Domestikation. Aus dem Engl. übers. von Victor Carus, Stuttgart, 1868. A.d.Ü.] befaßt, und meine Beweisführung in jenem Buch ist, soviel ich weiß, nie widerlegt worden.

Wer absieht von den unendlichen wundervollen Anpassungen, denen wir überall begegnen, mag sich aber fragen, wie die im allgemeinen mildtätige Ordnung der Welt sich erklären läßt. Manche Autoren freilich sind vom Ausmaß des Leidens auf der Welt so beeindruckt, daß sie ihre Zweifel daran haben, ob es mehr Elend oder mehr Glück gibt, wenn wir alle fühlenden Wesen mitzählen – ob die Welt als Ganzes eigentlich gut oder schlecht ist. Meiner Einschätzung nach überwiegt das Glück eindeutig, beweisen läßt sich das aber wohl schwerlich. Angenommen, mein Schluß ist richtig, dann befindet er sich im Einklang mit den erwartbaren Wirkungen der natürlichen Selektion. Wenn alle Individuen einer beliebigen Spezies habituell extrem viel leiden müßten, dann würden sie die Fortpflanzung ihrer Art vernachlässigen; wir haben aber keinen Grund anzunehmen, daß dies überhaupt oder auch nur oft der Fall gewesen ist. Andere Überlegungen lassen uns darüber hinaus sogar glauben, daß alle fühlenden Wesen dazu gemacht sind, in der Regel Glück zu erleben. Jeder, der wie ich davon überzeugt ist, daß alle körperlichen und geistigen Organe (außer denen, die ihren Besitzern weder nützen noch schaden) aller Lebewesen sich aufgrund natürlicher Selektion oder des Überlebens der am besten Geeigneten [survival of the fittest] – und auch durch Gebrauch oder Gewohnheit entwik-

gleicher Natur und Ergebnis eben der allgemeinen Gesetze, die durch natürliche Selektion die Vorarbeiten für die Gestaltung der bis zur Vollkommenheit angepaßten Lebewesen, einschließlich des Menschen, in der Welt leisteten, absichtlich und gezielt bestimmt worden seien.« – Variations of Animals and Plants, I. Aufl., Bd. II, S. 431. – Anm. Francis Darwin.

kelt haben[4], wird zugeben, daß diese Organe eine Form angenommen haben, die ihren Eigentümern den erfolgreichen Wettstreit mit anderen und also die Vergrößerung ihrer Anzahl ermöglichte. Nun könnte ein Lebewesen auf verschiedene Weise dazu gebracht werden, so zu handeln, wie es für seine Spezies am günstigsten ist, entweder durch Leiden, Schmerz, Hunger, Durst und Angst – oder durch Annehmlichkeiten, also Essen, Trinken, Fortpflanzung der Art usw., oder auch durch eine Mischung von beidem, zum Beispiel die Suche nach Nahrung. Aber Schmerz oder Leiden jeder Art führen auf die Dauer zu Depression und verringern die Kraft zum Handeln; sie sind jedoch gut geeignet, ein Geschöpf wachsam gegenüber großem oder plötzlichem Unheil zu machen. Angenehme Empfindungen können dagegen andauern, ohne die mindeste deprimierende Wirkung zu haben; im Gegenteil: sie stimulieren das ganze Körpersystem zu gesteigerter Aktivität. Deshalb ist man jetzt überzeugt davon, daß die meisten oder alle fühlenden Wesen sich durch natürliche Selektion dergestalt entwickelt haben, daß sie sich habituell von angenehmen Empfindungen leiten lassen. Das sehen wir an der Freude bei Kraftanstrengungen, bisweilen sogar großen körperlichen oder geistigen Anstrengungen – an der Freude bei unseren täglichen Mahlzeiten und ganz besonders an der Freude, die wir aus Geselligkeit und Liebe zu unseren Familien gewinnen. Ich kann nicht daran zweifeln, daß die Summe solcher habituellen oder häufig wiederkehrenden Freuden oder Annehmlichkeiten den meisten fühlenden Wesen ein Ausmaß an Glück

---

[4] »Gebrauch oder Gewohnheit kommen noch dazu« wurde später ergänzt. Die vielen Korrekturen und Änderungen in diesem Satz zeigen, daß Darwin zunehmend die Möglichkeit einer Mitwirkung anderer, von der natürlichen Selektion verschiedener Kräfte in Erwägung zog. – Anm. Nora Barlow.

gibt, das das Unglück überwiegt, auch wenn viele gelegentlich bitter leiden. Solches Leiden ist durchaus verträglich mit dem Glauben an natürliche Selektion, da sie in ihrem Vorgehen nicht vollkommen ist, sondern nur dazu tendiert, jede Art im Kampf ums Leben mit anderen Arten so erfolgreich wie möglich zu machen – und das unter erstaunlich komplexen und wechselnden Bedingungen.

Daß es auf der Welt viel Leiden gibt, wird niemand bestreiten. Manche Autoren haben versucht, den Sinn menschlichen Leidens damit zu erklären, daß sie sich vorstellen, es diene der Verbesserung der Moral. Aber die Zahl der Menschen auf der Welt ist, verglichen mit anderen fühlenden Wesen, verschwindend gering, und diese anderen leiden sehr, ohne daß eine Besserung der Moral zustande kommt. ⟨Ein so mächtiges und wissendes Wesen wie ein Gott, der das Universum erschaffen könnte, ist für unser begrenztes Vorstellungsvermögen allmächtig und allwissend, und unser Verstand empört sich gegen die Vorstellung, die Güte dieses Wesens sei nicht grenzenlos; denn welchen Vorteil soll das endlose Leiden von Millionen niederer Lebewesen haben?⟩ Dieses sehr alte Argument, die Existenz von Leiden sei ein Beweis gegen die Existenz einer intelligenten ersten Ursache, kommt mir sehr überzeugend vor; jedoch verträgt sich, wie schon gesagt, das Vorhandensein eines hohen Maßes an Leiden gut mit der Auffassung, daß alle organischen Wesen sich durch Variation und natürliche Selektion entwickelt haben.

Heutzutage nimmt man den weitaus üblichsten Beweis für die Existenz eines intelligenten Gottes aus der tiefen inneren Gewißheit und Empfindung, die die meisten Menschen an sich erfahren. ⟨Ganz unzweifelhaft aber könnten Hindus, Mohammedaner und andere in derselben Weise und mit derselben Beweiskraft für die Existenz eines Gottes oder vieler Götter oder, wie die Buddhisten, keines Gottes argumentieren. Es gibt auch viele primitive Stämme, von denen man wirklich nicht sagen kann, sie glaubten an ein Wesen, das wir Gott nennen würden: sie glauben vielmehr an Geister oder Gespenster, und wie Tyler und Spencer gezeigt haben, läßt sich erklären, auf welche Weise ein solcher Glaube mit einiger Wahrscheinlichkeit entsteht.⟩

Früher ließ ich mich von den eben angesprochenen Gefühlen leiten (wenn ich auch nicht meine, daß religiöse Empfindungen in mir je besonders ausgeprägt waren), so daß ich fest überzeugt war, es gebe Gott und die Unsterblichkeit der Seele. In meinem Reisetagebuch schrieb ich, es sei »unmöglich, auch nur annähernd zu schildern, welche gehobenen Gefühle des Staunens, der Bewunderung und Andacht, die den Sinn erheben und erfüllen«, mich ergriffen, als ich inmitten der Großartigkeit eines brasilianischen Waldes stand. Ich erinnere mich genau an meine damalige Gewißheit, daß zum Menschen mehr gehört als nur sein atmender Körper. Aber jetzt würde kein Anblick mehr, und sei er noch so überwältigend, meinen Sinn zu solchen Gewißheiten und Empfindungen bewegen. Man kann wohl zutreffend sagen, ich sei wie ein Mensch, der farbenblind geworden ist, da aber alle Menschen davon überzeugt seien, daß die Farbe Rot existiert, sei mein gegenwärtiger Verlust des Wahrnehmungsvermögens als Beweismaterial wertlos. Diese Beweisführung könnte man gelten lassen, wenn alle Menschen aller Rassen dieselbe innere Gewißheit von der Existenz eines Gottes hätten; wir wissen aber, daß das keineswegs der Fall ist. Deshalb vermag ich nicht zu sehen, daß solche inneren Gewißheiten und Empfindungen auch nur im mindesten als Beweis dafür, daß etwas wirklich existiert, ins Gewicht fallen. Der Gemütszustand, den großartige Landschaften früher in mir hervorriefen − er war eng mit einem Glauben an Gott verbunden –, war nicht wesentlich verschieden von dem Gefühl, das man häufig die Empfindung des Erhabenen nennt; und wie schwierig es auch sein mag, die Entstehung dieser Empfindung zu erklären, als Beweis für die Existenz Gottes läßt sie sich kaum anführen, genauso wenig wie die mächtigen, wenn auch unbestimmten vergleichbaren Empfindungen beim Anhören von Musik.

Was nun die Unsterblichkeit angeht[5], so zeigt mir nichts deutlicher, wie stark, beinah instinktiv wir an sie glauben, als das Nachdenken über die Ansicht, die heute von den meisten Physikern vertreten wird, daß nämlich die Sonne mitsamt allen Planeten im Lauf der Zeit zu kalt für Leben werden wird, wenn nicht noch irgendein großer Körper auf die Sonne aufprallt und ihr damit neues Leben gibt. – Wer wie ich glaubt, daß der Mensch in ferner Zukunft ein viel vollkommeneres Geschöpf sein wird, als er gegenwärtig ist, der wird den Gedanken unerträglich finden, daß Menschen und alle anderen fühlenden Wesen nach einem so lang anhaltenden langsamen Fortschritt zur vollständigen Auslöschung verurteilt sein sollen. Wer aber uneingeschränkt von der Unsterblichkeit der Menschenseele überzeugt ist, wird die Zerstörung unserer Welt nicht ganz so fürchterlich finden.

Ein anderer Grund für den Glauben an die Existenz Gottes, der mit der Vernunft, nicht mit Gefühlen zusammenhängt, scheint mir mehr ins Gewicht zu fallen. Dieser Grund ergibt sich aus der extremen Schwierigkeit oder eigentlich Unmöglichkeit, sich vorzustellen, dieses gewaltige, wunderbare Universum einschließlich des Menschen mitsamt seiner Fähigkeit, weit zurück in die Vergangenheit und weit

---

[5] Spätere Hinzufügung am Ende des Absatzes. – Anm. Nora Barlow.

voraus in die Zukunft zu blicken, sei nur das Ergebnis blinden Zufalls oder blinder Notwendigkeit. Wenn ich darüber nachdenke, sehe ich mich gezwungen, auf eine Erste Ursache zu zählen, die einen denkenden Geist hat, gewissermaßen dem menschlichen Verstand analog; und ich sollte mich wohl einen Theisten nennen.

⟨Wenn ich mich richtig erinnere, beherrschte diese Schlußfolgerung[6] mein Denken in der Zeit, als ich *Über die Entstehung der Arten* schrieb; seither schien sie mir ganz allmählich immer weniger überzeugend; ich schwankte jedoch sehr. Aber dann regt sich der Zweifel: Kann man dem menschlichen Bewußtsein, das – davon bin ich fest überzeugt – sich aus einem so niedrigen Bewußtsein entwickelt hat, wie es das niedrigste Lebewesen besitzt, kann man ihm trauen, wenn es so anspruchsvolle Schlüsse zieht? Könnten sie nicht das Ergebnis der Verbindung von Ursache und Wirkung sein, die uns zwar notwendig vorkommt, aber wahrscheinlich nur auf ererbter Erfahrung beruht? Wir dürfen auch die Möglichkeit nicht außer acht lassen, daß das kindliche, noch nicht voll entwickelte Gehirn stark geprägt wird, vielleicht schließlich eine ererbte Prägung davonträgt, indem Kindern ständig der Glaube an Gott eingeimpft wird, so daß es für sie ebenso schwer wäre, diesen Glauben an Gott abzuschütteln, wie für einen Affen, seine instinktive Angst vor Schlangen und seinen Haß auf sie abzuschütteln.[7]⟩

Ich kann nicht so tun, als sei es mir möglich, auch nur einen Funken Licht in so abstruse Probleme zu bringen. Das

---

[6] Vierzeilige spätere Hinzufügung. In Charles' mit Zwischenblättern versehenem Exemplar des Manuskriptes ist der Zusatz von der Hand seines ältesten Sohnes. In Francis' Exemplar trägt er Charles' eigene Handschrift. – Anm. Nora Barlow.

[7] Spätere Hinzufügung. Emma Darwin schrieb Francis und bat ihn, diesen Satz in seiner Edition der Autobiographie im Jahr 1885 auszulassen.

Mysterium vom Anfang aller Dinge können wir nicht aufklären; und ich jedenfalls muß mich damit zufriedengeben, Agnostiker zu bleiben.

⟨Ein Mann ohne ständig gegenwärtigen und unerschütterlichen Glauben an die Existenz eines persönlichen Gottes oder an ein zukünftiges Dasein mit Vergeltung und Belohnung kann, soweit ich sehen kann, nur eine Lebensregel haben: Er kann nur den Impulsen und Instinkten folgen, die am stärksten ausgeprägt sind oder ihm die besten zu sein scheinen. So handelt ein Hund, aber er tut es blindlings. Ein

Der Brief lautet:

»Emma Darwin an ihren Sohn Francis   1885.

Mein lieber Francis,
einen Satz in der Autobiographie möchte ich sehr gern auslassen, zugegeben deswegen, weil mich Deines Vaters Meinung, alle Moralität habe sich durch Evolution entwickelt, sehr schmerzt; aber auch deshalb, weil man eine Art Schock empfindet, wenn man auf diesen Satz trifft – und weil, wie unberechtigt das auch sein mag, er doch Anlaß geben würde zu sagen, er [Darwin] habe alle geistigen Überzeugungen nur für ererbte Aversionen oder Neigungen gehalten, ganz wie die Angst der Affen vor Schlangen. Ich meine, dieser despektierliche Aspekt würde verschwinden, wenn man die Erläuterung durch das Beispiel mit den Affen und den Schlangen aus der Einfügung wegließe. Ich glaube, Du brauchst Williams Meinung zu dieser Auslassung nicht einzuholen, da sie ja nichts Wesentliches an der Autobiographie verändern würde. Mir liegt am Herzen, Vaters gläubigen Freunden möglichst Kummer zu ersparen; sie hängen sehr an ihm, und ich male mir aus, wie dieser Satz sie treffen würde, auch solche, die so liberal wie Ellen Tollett und Laura sind, und erst recht Admiral Sullivan, Tante Caroline usw. und sogar die alten Diener.
Mein lieber Francis, herzlich E. D.«

Dieser Brief erschien in Henrietta Litchfield, Emma Darwin, in dem Privatdruck der Cambridge University Press 1904. In John Murrays Ausgabe für die Öffentlichkeit wurde er nicht abgedruckt. – Anm. Nora Barlow.

445

Mensch dagegen schaut nach vorn und zurück und stellt Vergleiche zwischen seinen unterschiedlichen Empfindungen, Wünschen und Erinnerungen an. Sodann findet er, übereinstimmend mit dem Schiedsspruch aller Weisen, daß die höchste Befriedigung sich einstellt, wenn man ganz bestimmten Impulsen folgt, nämlich den sozialen Instinkten. Wenn er zum Besten anderer handelt, wird er die Anerkennung seiner Mitmenschen erfahren und die Liebe derer gewinnen, mit denen er zusammenlebt; und dieser zweite Gewinn ist ohne Zweifel die größte Freude auf dieser Erde. Nach und nach wird es unerträglich für ihn werden, seinen sinnlichen Leidenschaften mehr zu gehorchen als seinen höheren Trieben, die beinahe Instinkte heißen könnten, wenn sie zur Gewohnheit geworden sind. Sein Verstand mag ihm gelegentlich gebieten, gegen die Meinungen anderer zu handeln; deren Anerkennung wird er dann nicht finden; aber immer noch wird er die verläßliche Befriedigung haben zu wissen, daß er der Stimme seines Inneren oder seines Gewissens gefolgt ist. – Was mich angeht, so glaube ich, daß ich richtig gehandelt habe, als ich mein Leben unbeirrbar der Wissenschaft widmete. Ich habe keine große Sünde zu bereuen, aber ich habe oft, sehr oft bedauert, daß ich meinen Mitmenschen nicht mehr unmittelbar Gutes getan habe. Dafür habe ich nur eine einzige armselige Entschuldigung: meine oft schwache Gesundheit und meine geistige Konstitution, die es mir äußerst schwer macht, meine Aufmerksamkeit von einem Gegenstand zum anderen zu wenden. Ich kann mir wohl vorstellen, mit hoher Befriedigung meine gesamte Zeit der Philanthropie zu widmen, aber eben nicht nur einen Teil davon, auch wenn das eine weit bessere Verhaltensweise gewesen wäre.

Nichts[8] ist bemerkenswerter als das Zunehmen der Skep-
sis oder des Rationalismus in meiner zweiten Lebenshälfte.
Bevor ich mich verlobte, riet mein Vater mir, meine Zweifel
sorgfältig geheimzuhalten, denn, so sagte er, er habe erlebt,
daß solche Zweifel zu extremem Unglück in einer Ehe führen können. Alles gehe so lange gut, bis Ehemann oder Ehe-
frau ihre Gesundheit einbüßten, und von da an litten manche Ehefrauen schrecklich, weil sie Zweifel am Heil ihrer
Ehemänner bekämen, und die Ehemänner müßten unter
dem Unglück ihrer Frauen mit leiden. Mein Vater sagte
dazu noch, im Laufe seines langen Lebens habe er nur drei
Frauen kennengelernt, die Skeptikerinnen gewesen seien;
dabei darf man nicht vergessen, daß er sehr viele Menschen
genau kannte und eine außergewöhnliche Fähigkeit hatte,
Vertrauen zu schaffen. Als ich ihn fragte, wer diese drei
Frauen seien, mußte er zugeben, daß eine von ihnen, seine
Schwägerin Kitty Wedgewood, ihm keinerlei Beweis, sondern nur ganz vage Anhaltspunkte gegeben habe, außerdem
stütze er sich auf die Überzeugung, daß eine so klarsichtige
Frau nicht gläubig sein könne. Jetzt, in der Gegenwart, kenne oder kannte ich unter den wenigen Bekannten, die ich
habe, doch einige verheiratete Damen, die kaum gläubiger
sind als ihre Ehemänner. Mein Vater zitierte immer ein un-
schlagbares Argument, mit dem ihn eine alte Dame, eine
Mrs. Barlow, bekehren wollte, die ihn im Verdacht hatte, er
sei unorthodox: − »Doktor, ich weiß doch, daß Zucker süß in
meinem Mund ist, und ich weiß, daß mein Erlöser lebet.«⟩

Deutsch von Christa Krüger. © Mit freundlicher Genehmigung des Insel
Verlags, Frankfurt/Main.

[8] Diesen Absatz hat Charles mit einer Randbemerkung versehen: »Geschrieben 1879 − abgeschrieben am 22. April 1881.« Bezieht sich wahrscheinlich auch auf den vorangehenden Absatz. − Anm. Nora Barlow.

18.
Die Bildung der Ackererde
durch die Tätigkeit der Würmer mit Beobachtungen
über deren Lebensweise

Im Oktober 1881, ein halbes Jahr vor seinem Tod, erschien schließlich Darwins letztes Werk, *Die Bildung der Ackererde durch die Thätigkeit der Würmer mit Beoachtung über deren Lebensweise*. Gegenstand des Buchs ist der gemeine Regenwurm, und beim Durchblättern werden wir eine gewisse englische Exzentrik bemerken: Von den fünfzehn Holzschnitten zeigen drei die Exkrementhaufen der Regenwürmer, maßstabsgetreu und derart liebevoll beschrieben, als handele es sich um Sehenswürdigkeiten auf einer Grand Tour. Geradezu leitmotivisch wiederholt Darwins letztes Buch zwei tragende Prinzipien seiner Evolutionstheorie. Zum einen das der sich akkumulierenden kleinen Wirkungen: Mit den Regenwürmern widmete sich Darwin wieder einer dieser kleinen Einheiten, beharrliche Arbeiter, die im Zusammenwirken Großes bewegten. »Der Pflug«, führte Darwin aus, »ist einer der allerältesten und wertvollsten Erfindungen des Menschen; aber schon lange, ehe er existierte, wurde das Land durch Regenwürmer regelmäßig gepflügt und wird fortdauernd noch immer gepflügt.« Das andere Prinzip, das Darwin noch einmal an den Regenwürmern durchspielte, waren die sich auflösenden Kategorien, die er zuvor zwischen Pflanze und Tier, hohen und niedrigen Organismen beschrieben hatte. Und auch im Fall des Regenwurms, von Natur aus fast blind, nur an Vorder- und Hinterende mit lichtempfindlichen Sensoren ausgestattet und in der Lage, auf Erschütterungen des Bodens zu reagieren, war Darwin dazu bereit, dem Organismus Formen von Intelligenz zuzutrauen.

Intelligenz, welche Würmer in der Art, ihre Röhren zuzustopfen, darbieten. – Wenn Jemand eine kleine zylindrische Röhre mit solchen Gegenständen wie Blätter, Blattstiele oder Zweige zu verstopfen hätte, so würde er dieselben mit ihren zugespitzten Enden hineinstecken oder hineinziehen; wären aber diese Gegenstände sehr dünn im Verhältnis zu der Größe der Höhle, so würde er wahrscheinlich einige mit ihrem dickeren oder breiteren Ende voran hineinbringen. Er würde sich in diesem Falle von seiner Intelligenz leiten lassen. Es schien mir daher der Mühe wert zu sein, sorgfältig zu beobachten, wie die Würmer Blätter in ihre Röhren ziehen, ob mit deren Spitzen oder mit den Basen oder mit den mittleren Teilen. Ganz besonders wünschenswert schien mir dies in dem Falle zu sein, wo es sich um Pflanzen handelte, die nicht bei uns einheimisch sind; denn obgleich die Gewohnheit, Blätter in die Röhren zu ziehen, ohne Zweifel bei den Würmern instinktiv ist, so konnte ihnen doch der Instinkt in dem Falle nicht angeben, wie sie handeln sollten, wenn es Blätter betraf, von denen ihre Vorfahren nichts wußten. Wenn überdies Würmer allein durch den Instinkt oder durch einen unveränderlichen vererbten Antrieb handelten, so würden sie alle Arten von Blättern in ein und der nämlichen Weise in ihre Röhren ziehen. Wenn sie keinen derartigen bestimmten Instinkt haben, könnten wir erwarten, daß es der Zufall bestimmen werde, ob die Spitze oder die Basis oder die Mitte eines Blattes ergriffen wird. Werden diese beiden Alternativen ausgeschlossen, so bleibt nur Intelligenz übrig, wenn nicht der Wurm in jedem einzelnen Falle zuerst viele verschiedene Methoden versucht und dann nur derjenigen folgt, welche sich als die einzig mögliche oder als die leichteste herausstellt; aber auch schon diese Art zu handeln und verschiedene Methoden zu versuchen, nähert sich der Intelligenz bedeutend.

An erster Stelle nun wurden 227 verwelkte Blätter verschiedener Arten, meistens von englischen Pflanzen, an verschiedenen Orten aus Wurmröhren herausgezogen. Von diesen waren 181 mit oder nahe an ihren Spitzen in die Wurmlöcher gezogen worden, so daß die Blattstiele nahezu senkrecht aufwärts aus der Mündung der Wurmröhren vorsprangen; 20 waren mit den Basen hineingezogen worden, und in diesem Falle sprangen die Blattspitzen vor; 26 endlich waren in der Nähe der Mitte ergriffen worden, so daß dieselben quer in die Röhren gezogen worden und sehr gerunzelt waren. Es waren daher 80 Prozent (dabei immer die nächste ganze Zahl annehmend) mit der Spitze eingezogen worden, 9 Prozent mit der Basis oder dem Blattstiel und 11 Prozent quer oder mit der Mitte. Dies allein genügt beinahe schon, um zu zeigen, daß es nicht der Zufall ist, welcher bestimmt, in welcher Weise Blätter in die Wurmröhren gezogen werden.

Von den oben erwähnten 227 Blättern waren 70 abgefallene Blätter der gewöhnlichen Linde, welche beinahe sicher kein eingeborener Baum Englands ist. Diese Blätter sind nach der Spitze zu bedeutend zugespitzt und sind an der Basis sehr breit mit einem gut entwickelten Blattstiel. Sie sind dünn, und wenn sie halb verwelkt sind, vollständig biegsam. Von diesen 70 Blättern waren 79 Prozent mit oder nahe an der Spitze eingezogen worden, 4 Prozent mit der Basis oder nahe an derselben, und 17 Prozent quer oder mit der Mitte. Diese Verhältniszahlen stimmen, soweit die Spitze in Betracht kommt, sehr nahe mit den vorhin mitgeteilten überein. Der Prozentsatz der mit der Basis eingezogenen Blätter ist aber kleiner, und das kann wohl der Breite des basalen Teils der Blattfläche zugeschrieben werden. Wir sehen hier auch, daß das Vorhandensein eines Blattstiels, von dem sich hätte erwarten lassen, daß er die Würmer als ein bequemer

Handgriff zu einem Versuche hätte verleiten können, nur geringen oder gar keinen Einfluß auf die Bestimmung der Art und Weise hat, in welcher Lindenblätter in die Wurmröhren hineingezogen werden. Die verhältnismäßig große Menge von Blättern, nämlich 17 Prozent, welche mehr oder weniger quer eingezogen worden waren, hängt ohne Zweifel von der Biegsamkeit dieser halbverwelkten Blätter ab. Die Tatsache, daß so viele mit der Mitte und einige wenige mit der Basis in die Löcher gezogen worden sind, macht es unwahrscheinlich, daß die Würmer es zuerst versuchten, die meisten Blätter nach einer oder nach beiden dieser letzten Methoden hereinzuziehen und daß sie später 79 Prozent mit ihren Spitzen hereinzogen; denn es ist doch ganz offenbar, daß es ihnen nicht schwer geworden wäre, dieselben mit der Basis oder mit der Mitte hereinzuziehen.

Es wurde nun zunächst nach den Blättern einer ausländischen Pflanze gesucht, deren Blattscheiben nach der Spitze nicht mehr zugespitzt waren als nach der Basis zu. Es ergab sich, daß dies bei den Blättern eines Goldregens (einer Bastardform zwischen *Cytisus alpinus* und *laburnum*) der Fall war; denn faltete man die terminale Hälfte über die basale, so paßten beide meistens genau aufeinander; und wenn irgend eine Verschiedenheit bestand, so war die basale Hälfte etwas schmäler. Es hätte sich daher wohl erwarten lassen, daß eine beinahe gleiche Anzahl von diesen Blättern mit der Spitze und mit der Basis in die Röhren gezogen worden seien, oder daß sich ein geringer Überschuß zu Gunsten der letzteren ergebe. Aber von 73 Blättern (welche nicht in der ersten Zahl von 227 enthalten waren), die aus Wurmlöchern gezogen wurden, waren 63 Prozent mit der Spitze eingezogen worden, 27 Prozent mit der Basis und 10 Prozent quer. Wir sehen hier, daß eine verhältnismäßig bei weitem größere Menge, nämlich 27 Prozent, mit der Basis eingezogen worden waren, als es bei den Lindenblättern der Fall war, deren Blattscheiben an der Basis sehr breit sind, und von denen nur 4 Prozent in dieser Weise eingezogen worden waren. Die Tatsache, daß nicht eine verhältnismäßig noch größere Menge von Goldregenblättern mit der Basis eingezogen worden ist, können wir vielleicht daraus erklären, daß die Würmer die Gewohnheit erlangt haben, allgemein die Blätter mit den Spitzen hereinzuziehen, um auf diese Weise die Blattstiele zu vermeiden. Denn der basale Rand der Blattspreite bildet bei vielen Arten von Blättern mit dem Blattstiel einen großen Winkel; und wenn ein derartiges Blatt mit dem Blattstiel hineingezogen würde, so würde der basale Rand plötzlich auf beiden Seiten der Höhlenöffnung mit dem Boden in Berührung kommen und das Hineinziehen des Blattes sehr schwierig machen.

Nichtsdestoweniger verlassen Würmer ihre Gewohnheit, die Blattstiele zu vermeiden, wenn ihnen dieser Teil das bequemste Mittel darbietet, die Blätter in ihre Röhren zu ziehen. Die Blätter der in endloser Weise hybridisierten Varietäten des *Rhododendron* variieren bedeutend in ihrer Gestalt; einige sind am schmälsten nach ihrer Basis zu, andere nach der Spitze zu. Nachdem sie abgefallen sind, wird häufig die Blattscheibe zu beiden Seiten der Mittelrippe während des Austrocknens aufgerollt, zuweilen der ganzen Länge entlang, zuweilen hauptsächlich nach der Basis, zuweilen nach der Spitze zu. Unter 28 abgefallenen Blättern auf einem Torfbeete in meinem Garten waren nicht weniger als 23 in dem basalen Viertel ihrer Länge schmäler als im terminalen Viertel; und diese Schmalheit war hauptsächlich Folge des Einrollens der Ränder. Unter 36 abgefallenen Blättern auf einem anderen Beete, in welchem verschiedene Varietäten von *Rhododendron* wuchsen, waren nur 17 nach der Basis zu schmäler als nach der Spitze zu. Mein Sohn William, welcher zuerst meine Aufmerksamkeit auf diesen Fall lenkte, las 237 in seinem Garten (wo das Rhododendron im natürlichen Boden wächst) abgefallene Blätter auf, und von diesen hätten 65 Prozent von den Würmern leichter mit der Basis oder dem Stielende in ihre Höhlen gezogen werden können als mit der Spitze; und dies war zum Teil Folge der Gestalt des Blattes, und in einem geringeren Grade nur Folge des Einrollens der Ränder; 27 Prozent hätten leichter mit der Spitze als mit der Basis eingezogen werden können; und 8 Prozent mit ungefähr gleicher Leichtigkeit mit jedem der beiden Enden. Die Gestalt eines abgefallenen Blattes muß vorher beurteilt werden, ehe das eine Ende in eine Höhle gezogen worden ist; denn nachdem dies geschehen ist, vertrocknet das freie Ende, mag dies die Spitze oder die Basis sein, schneller als das in dem feuchten Boden eingetauchte Ende; in Folge dessen werden die exponierten Ränder des freien Endes die Neigung haben, stärker nach innen eingerollt zu werden, als sie es zu der Zeit waren, wo das Blatt zuerst vom Wurm ergriffen wurde. Mein Sohn fand 91 Blätter, welche von Würmern in ihre Röhren hineingezogen worden waren, wennschon nicht in eine große Tiefe; von diesen waren 66 Prozent mit der Basis oder dem Blattstiel und 34 Prozent mit der Spitze hineingezogen worden. In diesem Falle beurteilten daher die Würmer mit einem ansehnlichen Grade von Korrektheit, wie die verwelkten Blätter dieser ausländischen Pflanze am besten in ihre Röhren zu ziehen seien, trotzdem daß sie dabei von ihrer gebräuchlichen Gewohnheit, den Blattstiel zu vermeiden, abgehen mußten.

Auf den Kieswegen in meinem Garten wird eine sehr große Zahl von Blättern dreier Arten von *Pinus* (*P. austriaca, nigricans* und *sylvestris*) regelmäßig in die Mündungen der Wurmröhren hineingezogen. Diese Blätter bestehen aus zwei Nadeln, welche in den beiden zuerst genannten Arten von beträchtlicher Länge und in der zuletzt erwähnten Art kurz sind, und die mit einer gemeinschaftlichen Basis verbunden sind; und mit diesem letzteren Teile werden sie beinahe ausnahmslos in die Wurmlöcher gezogen. Ich habe bei Würmern im Naturzustande nur zwei oder höchstens drei Ausnahmen von dieser Regel gesehen. Da die scharf zugespitzten Nadeln ein wenig divergieren und da mehrere Blätter in ein und dieselbe Röhre gezogen werden, so bildet jedes Büschel einen vollkommenen spanischen Reiter. Bei zwei Gelegenheiten wurden des Abends viele solcher Büschel aus der Röhre herausgezogen; am folgenden Morgen aber waren frische Blätter hineingezogen worden, so daß die Röhren wiederum gut beschützt waren. Diese Blätter konnten nicht in die Röhren bis zu irgend einer Tiefe anders als mit ihren Basen hineingezogen werden, da ein Wurm nicht die beiden Nadeln gleichzeitig ergreifen kann, und da, wenn nur eine mit der Spitze ergriffen würde, die andere gegen den Boden angedrückt werden und den Eintritt der ergriffenen verhindern würde. Dies war in den oben erwähnten zwei oder drei Ausnahmefällen offenbar. Damit daher die Würmer ihre Arbeit ordentlich ausführen können, müssen sie Tannenblätter mit den Basen, wo die beiden Nadeln verbunden sind, in ihre Löcher hineinziehen. Auf welche Weise sie aber bei dieser Arbeit geleitet werden, ist eine ziemlich verwirrende Frage.

Diese Schwierigkeit veranlaßte meinen Sohn Francis und mich selbst, Würmer in der Gefangenschaft während mehrerer Nächte mit Hilfe eines trüben Lichts zu beobachten, während sie die Blätter der oben angeführten Tannen in ihre Höhlen zogen. Sie bewegten die vorderen Enden ihrer Körper um die Blätter herum und bei mehreren Gelegenheiten fuhren sie, wenn sie das scharfe Ende einer Nadel

berührten, plötzlich zurück, als wären sie gestochen. Ich be-
zweifle aber, daß sie dadurch verletzt waren, denn sie verhalten sich gegen scharfe Gegenstände indifferent und ver-
schlingen selbst Dornen von Rosen und kleine Glassplitter.
Es dürfte auch bezweifelt werden, daß die spitzen Enden der
Nadeln dazu dienen, ihnen zu sagen, daß dies das falsche
Ende zum Ergreifen des Blatts sei; denn an vielen Blättern
wurden die Spitzen in einer Länge von ungefähr einem Zoll
abgeschnitten, und sieben und fünfzig derselben wurden
mit ihren Basen und nicht mit den abgeschnittenen Enden
voran in die Wurmlöcher gezogen. Die gefangen gehaltenen
Würmer ergriffen häufig die Nadeln in der Nähe der Mitte
und zogen sie nach den Mündungen ihrer Höhlen hin; ein
Wurm versuchte in einer ganz sinnlosen Art, sie durch Biegen derselben in die Höhle zu ziehen. Sie schleppten zuweilen viel mehr Blätter über den Mündungen ihrer Röhren
zusammen (wie in dem früher erwähnten Fall mit den Lindenblättern) als in dieselben hineingehen konnten. Bei anderen Gelegenheiten benahmen sie sich indessen völlig
verschieden; denn sobald sie die Basis eines Tannenblattes
berührten, wurde dasselbe ergriffen, wobei es zuweilen
vollständig in dem Munde der Würmer verschlungen wurde, oder es wurde ein der Basis sehr nahe liegender Punkt
ergriffen, und das Blatt wurde dann schnell in die Röhre
gezogen oder vielmehr geschnellt. Sowohl meinem Sohne
als mir selbst kam es so vor, als ob die Würmer es augenblicklich wahrnähmen, wenn sie das Blatt in der richtigen
Art und Weise ergriffen hatten. Es wurden neun solche Fälle beobachtet; in einem derselben aber gelang es dem Wur-
me nicht, das Blatt in seine Höhle zu ziehen, da er sich mit
anderen in der Nähe befindlichen Blättern verwickelte. In
einem anderen Falle stand ein Blatt nahezu aufrecht mit den
Spitzen der Nadeln zum Teil in eine Röhre eingesenkt, wie

es aber da stand, wurde nicht beobachtet; dann richtete sich aber der Wurm rückwärts auf und ergriff die Basis, welche nun in die Mündung der Röhre durch Biegen des ganzen Blatts gezogen wurde. Andererseits wurde, nachdem ein Wurm die Basis eines Blattes ergriffen hatte, diese bei zwei Gelegenheiten aus irgend einem unbekannten Motive wieder losgelassen.

Wie bereits bemerkt wurde, ist die Gewohnheit, die Mündung der Röhren mit verschiedenen Gegenständen zu verstopfen, ohne Zweifel bei Würmern instinktiv; und ein in einem meiner Töpfe geborener, sehr junger Wurm zog ein Kieferblatt, dessen eine Nadel so lang und beinahe so dick war wie sein eigener Körper, eine Strecke mit fort. In diesem Teile von England ist keine Kieferart einheimisch; es ist daher unglaublich, daß die richtige Art und Weise, Kieferblätter in die Röhren zu ziehen, bei unseren Würmern instinktiv sein könnte. Da aber die Würmer, an welchen die obigen Beobachtungen gemacht wurden, unterhalb oder in der Nähe von einigen Kiefern gegraben worden waren, die vor ungefähr vierzig Jahren dort gepflanzt worden waren, so war es wünschenswert zu beweisen, daß ihre Handlungsweise nicht instinktiv war. Dem entsprechend wurden Kieferblätter auf dem Boden an Stellen ausgestreut, die von irgend einem Kieferbaume weit entfernt waren, und 90 von ihnen wurden mit ihrer Basis in die Wurmhöhlen gezogen. Nur zwei wurden mit der Spitze der Nadeln eingezogen, und diese waren keine wirklichen Ausnahmen, da eins davon nur eine sehr kurze Strecke weit hineingezogen wurde und die beiden Nadeln des anderen zusammenhingen. Andere Kieferblätter wurden Würmern gegeben, welche in Töpfen in einem warmen Zimmer gehalten wurden, und hier war das Resultat verschieden; denn unter 42 in die Wurmröhren gezogenen Blättern wurden nicht weniger als

16 mit der Spitze der Nadeln eingezogen. Diese Würmer arbeiteten indessen in einer sorglosen oder lüderlichen Art und Weise; denn die Blätter wurden häufig nur bis in eine geringe Tiefe gezogen; zuweilen wurden sie nur über der Mündung der Röhren angehäuft, und zuweilen wurden gar keine hineingezogen. Ich glaube, daß diese Sorglosigkeit dadurch erklärt werden kann, daß die Luft des Zimmers warm war und die Würmer in Folge dessen nicht ängstlich darauf bedacht waren, ihre Röhren wirksam zu verstopfen. Von Würmern bewohnte und mit einem Netze, welches den Zutritt kalter Luft gestattete, bedeckte Töpfe wurden mehrere Nächte hindurch im Freien gelassen, und nun wurden 72 Blätter, und zwar sämtlich in der richtigen Weise mit ihrer Basis eingezogen.

Aus den bis jetzt mitgeteilten Tatsachen dürfte vielleicht gefolgert werden, daß die Würmer irgendwie eine allgemeine Vorstellung von der Gestalt oder der Struktur der Kieferblätter erlangen und es einsehen, daß es für sie notwendig ist, die Basis, wo die zwei Nadeln verbunden sind, zu ergreifen. Die folgenden Fälle machen dies aber mehr als zweifelhaft. Die Spitzen einer großen Anzahl von Nadeln von *Pinus austriaca* wurden mit in Alkohol aufgelöstem Schellack zusammengekittet und einige Tage aufbewahrt, bis, wie ich glaube, aller Geruch oder Geschmack verschwunden war; dann wurden sie an Stellen, wo keine Kieferbäume wuchsen, auf dem Boden verstreut in der Nähe von Wurmröhren, aus denen die Pfröpfe entfernt worden waren. Derartige Blätter hätten bei jedem der beiden Enden mit gleicher Leichtigkeit in die Röhren hineingezogen werden können; und nach Analogie zu urteilen, und besonders nach dem sofort mitzuteilenden Falle der Blattstiele von *Clematis montana*, erwartete ich, daß die Spitzen vorgezogen werden würden. Das Resultat war aber, daß unter 121 Blättern mit zusammengekitteten Spitzen 108 mit ihren Basen und nur 13 mit ihren Spitzen eingezogen wurden. In der Meinung, daß die Würmer möglicherweise den Geruch oder Geschmack des Schellacks wahrnehmen und als unangenehm empfinden möchten, obgleich dies sehr unwahrscheinlich war, besonders nachdem die Blätter während mehrerer Nächte im Freien liegen gelassen worden waren, wurden die Spitzen der Nadeln vieler Blätter mit feinem Faden zusammengebunden. Von in dieser Weise behandelten 150 Blättern wurden in Wurmhöhlen gezogen: 123 mit der Basis und 27 mit den zusammengebundenen Spitzen, so daß also zwischen vier und fünfmal soviel mit der Basis hineingezogen wurden, wie mit der Spitze. Es ist möglich, daß die kurzen abgeschnittenen Enden der Fäden, mit denen sie zusammengebunden waren, die Würmer dazu verführt haben dürften, eine verhältnismäßig größere Zahl mit den Spitzen hineinzuziehen, als wenn Kitt gebraucht wurde. Rechnet man die Blätter mit zusammengebundenen und zusammengekitteten Spitzen zusammen (271 von Anzahl), so wurden 85 Prozent hiervon mit der Basis und 15 Prozent mit der Spitze eingezogen. Wir können daher schließen, daß es nicht die Divergenz der beiden Nadeln ist, welche die Würmer im Naturzustande beinahe ausnahmslos dazu führt, Kieferblätter mit ihrer Basis in die Wurmhöhle hineinzuziehen. Auch kann es nicht die Schärfe der Spitze der Nadeln sein, welche die Würmer bestimmt; denn wie wir gesehen haben, werden viele Blätter mit abgeschnittenen Spitzen mit ihrer Basis in die Löcher gezogen. Wir werden hierdurch zu dem Schlusse geführt, daß bei Kieferblättern irgend Etwas an der Basis für die Würmer anziehend sein muß, trotzdem nur wenige gewöhnliche Blätter mit der Basis oder dem Blattstiel eingezogen werden.

Blattstiele. – Wir wollen uns nun zu den Stengeln oder

den Blattstielen zusammengesetzter Blätter, nachdem die Blättchen abgefallen sind, wenden. Die Stiele von *Clematis montana,* welche über einer Veranda wuchs, wurden zeitig im Januar in großer Anzahl in die Wurmhöhlen auf einem naheliegenden Kieswege, Grasplatz und Blumenbeete eingezogen. Diese Blattstiele variieren in der Länge von 2½ bis 4½ Zoll, sind steif und von nahezu gleichförmiger Dicke, ausgenommen dicht an der Basis, wo sie sich ziemlich plötzlich verdicken und hier ungefähr zweimal so dick sind wie an irgend einem anderen Teile. Die Spitze ist etwas zugespitzt, verwelkt aber bald und wird dann leicht abgebrochen. Von solchen Blattstielen wurden 314 aus Wurmlöchern auf den eben erwähnten Orten herausgezogen; und es ergab sich, daß 76 Prozent mit den Spitzen und 24 Prozent mit den Basen hineingezogen worden waren, so daß die mit der Spitze hineingezogenen ein wenig mehr als dreimal so viel betrugen wie die mit der Basis eingezogenen. Einige von den aus dem festgetretenen Kieswege herausgezogenen wurden von den anderen getrennt gehalten; und von diesen (59 der Zahl nach) waren nahezu fünfmal so viel mit der Spitze wie mit der Basis hineingezogen, während bei denen aus dem Rasenplatz und dem Blumenbeet herausgezogenen, wo in Folge des Umstands, daß der Boden leichter nachgibt, beim Verstopfen der Röhren weniger Sorgfalt notwendig sein dürfte, das Verhältnis der mit der Spitze hineingezogenen (130) zu den mit der Basis hineingezogenen (48) etwas weniger als drei zu eins betrug. Daß diese Blattstiele in die Wurmröhren gezogen worden waren, um dieselben zu verstopfen und nicht als Nahrung, ging daraus offenbar hervor, daß, so weit ich sehen konnte, keins von beiden Enden benagt war. Da mehrere Blattstiele gebraucht werden, um ein und dasselbe Loch zuzustopfen, in einem Falle nicht weniger als 10, und in einem anderen Falle nicht weniger als 15, so dürften die Würmer vielleicht zuerst einige wenige mit dem dickeren Ende voraus hineinziehen, um sich Mühe zu ersparen; später aber wird die große Mehrheit mit dem zugespitzten Ende hineingezogen, um die Höhle sicher zu verstopfen.

Zunächst wurden dann die abgefallenen Blattstiele unseres einheimischen Eschenbaums beobachtet, und hier wurde die bei den meisten Gegenständen befolgte Regel, daß nämlich eine große Mehrzahl mit dem zugespitzten Ende in die Röhren gezogen wurde, nicht eingehalten; und diese Tatsache überraschte mich anfangs sehr. Diese Blattstiele variieren in der Länge von 5 bis 8½ Zoll; sie sind nach der Basis zu dick und fleischig, von wo aus sie dann nach der Spitze zu sich sanft verdünnen; die Spitze selbst ist ein wenig verdickt und abgestutzt, wo das terminale Blättchen ursprünglich befestigt war. Unter einigen auf einem mit Gras bewachsenen Stück Feldes wachsenden Eschen wurden 229 Blattstiele aus Wurmröhren zeitig im Januar herausgezogen, und von diesen waren 51,5 Prozent mit der Basis und 48,5 Prozent mit der Spitze hineingezogen worden. Diese Anomalie wurde indes leicht erklärt, sobald das dicke Ende untersucht wurde; denn bei 78 unter 103 Blattstielen war dieser Teil dicht über der hufeisenförmigen Gelenkfläche von Würmern benagt worden. In den meisten Fällen konnte über das Benagtsein gar kein Irrtum bestehen; denn nicht benagte Blattstiele, welche untersucht wurden, nachdem sie dem Wetter noch weitere acht Wochen ausgesetzt worden waren, waren in der Nähe der Basis nicht mehr zerfallen oder zersetzt als irgend wo anders. Es geht hieraus offenbar hervor, daß das dicke basale Ende des Blattstiels nicht nur zum Zwecke des Verstopfens der Mündungen der Röhren, sondern auch zur Nahrung eingezogen wird. Selbst die schmalen abgestutzten Spitzen einiger weniger Blattstiele

waren benagt worden; und dies war bei 6 unter 37 zu diesem
Behufe untersuchten Stielen der Fall. Nachdem die Würmer
das basale Ende hineingezogen und benagt haben, schieben
sie die Blattstiele häufig wieder aus ihren Röhren heraus
und ziehen dann frische herein, entweder mit der Basis als
Nahrung oder mit der Spitze zum wirksameren Verstopfen
der Mündung. So waren unter 37 mit ihren Spitzen in den
Röhren steckenden Blattstielen 5 vorher mit ihren Basen
hineingezogen gewesen, denn dieser Teil war benagt worden. Ferner sammelte ich eine Handvoll lose auf dem Boden
dicht bei einigen zugestopften Wurmröhren liegender Blattstiele, wo die Oberfläche dick mit anderen Blattstielen über-
streut war, welche augenscheinlich niemals von Würmern
berührt worden waren; und 14 unter 47 (d. i. nahezu ein
Drittel) waren, nachdem die Basis benagt worden war, aus
den Röhren herausgestoßen worden und lagen nun lose auf
dem Boden. Aus diesen verschiedenen Tatsachen können
wir schließen, daß die Würmer einige Blattstiele der Esche
mit der Basis hereinziehen, um als Nahrung zu dienen, und
andere mit der Spitze, um die Mündungen ihrer Röhren in
der allerwirksamsten Weise zuzustopfen.

Die Blattstiele der *Robinia pseudo-acacia* variieren in der
Länge von 4 oder 5 bis zu nahezu 12 Zoll; dicht an der Basis
sind sie dick, ehe die weicheren Teile weggefault sind, und
verjüngen sich bedeutend nach dem oberen Ende zu. Sie
sind so biegsam, daß ich einige wenige gesehen habe, welche auf einander gebogen und in dieser Weise in die Röhren
von Würmern gezogen worden waren. Unglücklicherweise
wurden diese Blattstiele nicht eher als im Februar untersucht, in welcher Zeit die weicheren Teile vollständig abge-
fault waren, so daß es unmöglich war, zu ermitteln, ob die
Würmer die Basen benagt hatten, obgleich dies an und für
sich wahrscheinlich ist. Unter 121 zeitig im Februar aus

Wurmlöchern herausgezogenen Blattstielen waren 68 mit
der Basis und 53 mit der Spitze voran hineingebracht worden. Am 5. Februar wurden sämtliche Blattstiele, welche in
die Wurmröhren unter einer *Robinia* hineingezogen worden waren, herausgezogen; und nach einem Verlauf von elf
Tagen waren wiederum 35 Blattstiele, und zwar 19 mit der
Basis und 16 mit der Spitze hineingezogen. Nimmt man diese beiden Sätze zusammen, so wurden 56 Prozent mit der
Basis voran eingezogen und 44 Prozent mit der Spitze. Da
alle anderen weichen Teile schon längst weggefault waren,
so können wir, besonders in dem zuletzt erwähnten Falle,
sicher sein, daß keiner als Nahrungsmittel hineingezogen
worden ist. In dieser Jahreszeit ziehen daher die Würmer
diese Blattstiele ganz gleich mit jedem der beiden Enden in
ihre Röhren, wobei der Basis ein unbedeutender Vorzug gegeben wird. Diese letztere Tatsache dürfte aus der Schwierigkeit erklärt werden, eine Wurmröhre mit so außerordentlich dünnen Gegenständen, wie diese oberen Enden sind, zu
verstopfen. Zur Unterstützung dieser Ansicht mag noch angeführt werden, daß an den 16 Blattstielen, welche mit ihren oberen Enden in die Röhren eingezogen worden waren,
die stärker verjüngte terminale Spitze bei 7 von ihnen vorher durch irgend einen Zufall abgebrochen worden war.

Verbreitung der Regenwürmer. − Regenwürmer finden
sich in allen Teilen der Erde, und einige Gattungen derselben haben eine ungeheure Verbreitung[1]. Sie leben auf den
allerisoliertest gelegenen Inseln; sie sind auf Island äußerst
zahlreich und es ist bekannt, daß sie in West-Indien, auf St.
Helena, Madagaskar, Neu-Kaledonien und Tahiti existieren.
Aus den antarktischen Gebieten sind Regenwürmer von

[1] Perrier, in: Arch. de Zoolog. expérim. Tom. 3. 1874. S. 378.

Kerguelen-Land von Ray Lankester beschrieben worden; und ich habe solche auf den Falkland-Inseln gefunden. Auf welche Weise sie derartige isolierte Inseln erreichen, ist für jetzt vollständig unbekannt. Sie werden leicht durch Salzwasser getötet, und es scheint nicht wahrscheinlich zu sein, daß junge Würmer oder Eierkapseln mit den Füßen oder Schnäbeln von Landvögeln anhängender Erde weiter geschafft werden könnten. Übrigens wird Kerguelen-Land gegenwärtig nicht von einem einzigen Landvogel bewohnt.

Wir haben es in dem vorliegenden Bande hauptsächlich mit der von Würmern aufgeworfenen Erde zu tun, und ich habe einige Tatsachen über diesen Gegenstand in Bezug auf entfernte Länder gesammelt. In den Vereinigten Staaten von Nord-Amerika werfen die Würmer Massen von Exkrementhaufen auf. In Venezuela sind Exkrementhaufen, welche wahrscheinlich von Arten der Gattung *Urochaeta* aufgeworfen werden, in den Gärten und auf den Feldern häufig, wie ich aber von Dr. Ernst in Caracas höre, nicht in den Wäldern. Auf dem, eine Flächenausdehnung von 200 Quadrat-Yard haltenden Hofraume an seinem Hause sammelte er 156 Exkrementmassen. Sie schwankten in der Größe von einem halben Kubikzentimeter bis zu fünf Kubikzentimeter und maßen im Mittel drei Kubikzentimeter. Sie waren daher klein, verglichen mit denen, welche man häufig in England findet, denn sechs große Exkrementmassen von einem Felde in der Nähe meines Hauses maßen im Mittel 16 Kubikzentimeter. In St. Catharina in Süd-Brasilien sind mehrere Spezies von Regenwürmern häufig; und Fritz Müller teilt mir mit, »daß an den meisten Stellen der Wälder und Weideländereien der ganze Boden bis zur Tiefe von einem Viertel-Meter so aussieht, als wäre er wiederholt durch die Darmkanäle von Würmern gegangen, selbst wenn kaum irgend welche Exkrementhaufen auf der Oberfläche zu sehen sind.« Man findet dort, freilich sehr selten, eine riesengroße Art, deren Röhren zuweilen nicht weniger als zwei Zentimeter oder nahezu 4/5 Zoll im Durchmesser groß sind und welche allem Anschein nach den Boden bis zu einer bedeutenden Tiefe durchbohren.

Ich hatte kaum erwartet, daß in dem trockenen Klima von Neu-Süd-Wales Würmer gemein sein würden; Dr. G. Krefft von Sydney teilt mir aber, nachdem er sich bei Gärtnern und anderen Leuten erkundigt hatte, ebenso wie nach seinen eigenen Beobachtungen mit, daß Wurmexkremente äußerst häufig sind. Er schickte mir einige nach heftigem Regen gesammelte, sie bestanden aus kleinen Häufchen von ungefähr 0,15 Zoll Durchmesser; die schwarze sandige Erde, aus welcher sie gebildet waren, hing noch immer mit beträchtlicher Zähigkeit zusammen.

Der verstorbene Mr. John Scott vom botanischen Garten in Kalkutta hat in meinem Interesse viele Beobachtungen über die in dem heißen und feuchten Klima von Bengalen lebenden Würmer angestellt. Die Exkrementhaufen sind beinahe überall äußerst häufig, in Jungles und auf offenem Boden, und zwar, wie er meint, in noch höherem Maße als in England. Nachdem sich das Wasser von den überfluteten Reisfeldern zurückgezogen hat, wird die ganze Fläche sehr bald mit Exkrementmassen dicht besetzt, – eine Tatsache, welche Mr. Scott sehr überraschte, da er nicht wußte, wie lange Würmer unter Wasser leben können. Im botanischen Garten rufen sie viele Unannehmlichkeiten hervor; »denn einige unserer schönsten Rasenplätze »lassen sich nur dadurch einigermaßen in Ordnung halten, daß sie »täglich gewalzt werden; läßt man sie nur einige wenige Tage ungestört, so werden sie mit großen Exkrementhaufen dicht besetzt.« Dieselben sind denen außerordentlich ähnlich, welche als bei Nizza sehr häufig vorkommend erwähnt wurden;

sie sind wahrscheinlich das Werk einer Spezies von *Perichaeta*. Sie erhoben sich wie kleine Türme, mit einem offenen Gange in der Mitte.

Es wird hier eine Abbildung eines dieser Exkrementhaufen nach einer Photographie mitgeteilt (Abb. 3). Der größte, den ich erhalten habe, maß 3½ Zoll in der Höhe und 1,35 Zoll im Durchmesser; ein anderer maß nur ¾ Zoll im Durchmesser, und 2¾ Zoll in der Höhe. Im folgenden Jahre maß Mr. Scott mehrere von den größten Exkrementhaufen; der eine war 6 Zoll hoch und hatte nahezu 1½ Zoll im Durchmesser; zwei andere waren 5 Zoll hoch und maßen beziehungsweise 2 und 2½ Zoll im Durchmesser. Das mittlere Gewicht von den 22 mir gesandten Exkrementmassen war 35 Gramm (1¼ Unze), und einer derselben wog 44,8 Gramm (oder 2 Unzen). Diese sämtlichen Exkrementmassen wurden entweder in einer Nacht aufgeworfen oder in zweien. Wo in Bengalen der Boden trocken ist, wie unter großen Bäumen, finden sich Exkrementmassen einer ver-

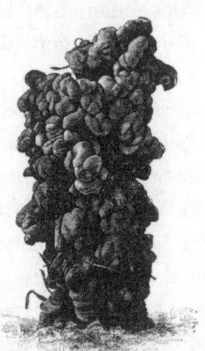

Ein turmartiger Exkrementhaufen, wahrscheinlich von einer Spezies von Perichaeta ausgeworfen, aus dem botanischen Garten in Kalkutta; natürliche Größe, nach einer Photographie in Holz geschnitten.

schiedenen Art in ungeheurer Zahl: dieselben bestehen aus kleinen ovalen oder konischen Körpern von ungefähr $\frac{1}{20}$ bis etwas über $\frac{1}{10}$ Zoll Länge. Sie werden offenbar von einer verschiedenen Spezies von Würmern ausgeleert.

Die Periode, während welcher die Würmer in der Nähe von Kalkutta eine solche außerordentliche Tätigkeit entfalten, dauert nur wenig über zwei Monate, nämlich während der kühlen Jahreszeit nach der Regenperiode. Zu dieser Zeit sind die Würmer meistens ungefähr 10 Zoll unterhalb der Oberfläche zu finden. Während der heißen Jahreszeit bohren sie sich in eine größere Tiefe ein und sind dann zusammengerollt und augenscheinlich Sommerschlaf haltend zu finden. Mr. Scott hat sie nie in einer größeren Tiefe als $2\frac{1}{2}$ Fuß gefunden, er hat aber dann gehört, daß sie bei 4 Fuß Tiefe gefunden worden sind. Innerhalb der Wälder sind frische Exkrementhaufen selbst während der heißen Jahreszeit zu finden. Im botanischen Garten ziehen die Würmer während der kühleren und trockenen Jahreszeit viele Blätter und kleine Zweigstückchen in die Mündungen ihrer Röhren, wie unsere englischen Regenwürmer; während der Regenzeit tun sie dies aber nur selten.

Mr. Scott hat Wurmexkrementmassen auf den hohen Bergen von Sikkim in Nord-Indien gesehen. In Süd-Indien fand Dr. King an einer Stelle, auf dem Plateau der Nilgiris, in einer Erhebung von 7000 Fuß »ziemlich viel Exkrementhaufen«, welche ihrer bedeutenden Größe wegen interessant sind. Die Würmer, welche dieselben auswerfen, sind nur während der nassen Jahreszeit zu sehen, und sollen dem Berichte nach, von 12 bis 15 Zoll in der Länge messen und so dick sein wie der kleine Finger eines Mannes. Diese Exkrementmassen wurden von Dr. KING nach einer Periode von 110 Tagen ohne irgend welchen Regen gesammelt; sie mußten entweder während des Nordost-Monsun oder noch wahrscheinlicher während des vorhergehenden Südwest-Monsun ausgeworfen worden sein, denn ihre Oberflächen hatten etwas durch Zersetzung gelitten, auch waren sie von vielen feinen Wurzeln durchsetzt. Es wird hier eine Abbildung von einer derselben mitgeteilt (Abb. 4), welche noch am besten ihre ursprüngliche Größe und ihr ursprüngliches Ansehen bewahrt zu haben scheint. Trotz etwas Verlustes in Folge der Zersetzung wogen von fünf von den größten dieser Exkrementmassen (nachdem sie gut in der Sonne getrocknet waren), im Mittel eine jede 89,5 Gramm oder über 3 Unzen, und die größte wog 123,14 Gramm, oder 4⅓ Unzen, – d. h. über ein Viertel Pfund! Die größten Windungen waren etwas mehr als einen Zoll im Durchmesser; wahrscheinlich aber hatten sie sich, während sie weich waren, etwas gesenkt, und es war dadurch ihr Durchmesser etwas vergrößert worden. Einige waren so stark auseinander geflossen, daß sie gegenwärtig aus einer Säule übereinanderliegender, platter zusammenfließender Kuchen bestanden. Sie waren sämtlich aus feiner, im Ganzen hell gefärbter Erde gebildet und waren überraschend hart und kompakt, ohne Zweifel in Folge der animalen Substanz, durch welche die Erdpartikelchen mit einander verkittet waren. Sie fielen nicht auseinander, selbst wenn sie einige Stunden lang im Wasser liegen gelassen wurden. Obgleich sie auf die Oberfläche eines kiesigen Bodens ausgeworfen worden waren, enthielten sie doch nur äußerst wenig Steinstückchen, von denen das größte nur 0,15 Zoll im Durchmesser hatte.

Dr. King sah in Ceylon einen Wurm von ungefähr 2 Fuß Länge und ½ Zoll im Durchmesser; es wurde ihm gesagt, daß dies eine während der nassen Jahreszeit sehr häufige Spezies sei. Diese Würmer müssen Exkrementhaufen aus-

Ein Exkrementhaufen von den Nilgiri-Bergen in Süd-Indien;
natürliche Größe, nach einer Photographie in Holz geschnitten.

werfen, welche mindestens ebenso groß sind wie die auf den
Nilgiri-Bergen; während seines kurzen Aufenthalts auf Ceylon sah aber Dr. King keine davon. Es sind nun Tatsachen in
genügender Zahl aufgeführt worden, welche zeigen, daß
die Würmer mit dem Heraufschaffen feiner Erde auf die
Oberfläche in den meisten oder allen Teilen der Erde und
unter den allerverschiedenartigsten Klimaten eine große
Arbeit verrichten.

Nachweise

1. **Die Fahrt der Beagle**, 1845, Deutsch von Eike Schönfeld, Mare Verlag: Hamburg; Kapitel »Feuerland«, S. 279–312; Kapitel »Galapagos-Archipel«, S. 491–527.

2. **Das ist die Frage:** *Heiraten – nicht heiraten*, 1837–8, Deutsch von Christa Krüger, aus: Charles Darwin, *Mein Leben*, Insel Verlag: Frankfurt/Main, S. 266–270.

3. **Notizbücher, 1837–1839**, »Notebook B«, in *Charles Darwin's Notebooks*, Cambridge: Cambridge University Press, S. 175–180; »Notizbuch M«, Deutsch von Henning Ritter, in: Charles Darwin, *Sind Affen Rechtshänder?*, Friedenauer Presse: Berlin 1998, S. 12–17; S. 72–80.

4. **Über den Bau und die Verbreitung der Corallen-Riffe**, 1842/1874, Deutsch von Victor Carus, Schweizerbart: Stuttgart; Kapitel »Untergetauchte und abgestorbene Riffe«, S. 108–113.

5. **Der Essay von 1842**, aus: Francis Darwin, *Die Fundamente zur Entstehung der Arten*, Deutsch von Maria Semon, Teubner Verlag: Leipzig; Kapitel »Schluß«, S. 86–89 (ohne Faksimile).

6. **Der Essay von 1844**, aus: Francis Darwin, *Die Fundamente zur Entstehung der Arten*, Deutsch von Maria Semon, Teubner Verlag: Leipzig; Kapitel »Warum ist man geneigt, die Theorie einer gemeinsamen Abstammung zurückzuweisen?«, S. 310–316; Kapitel »Schluß«, S. 316–318.

7. **Entstehung der Arten**, 1859/1871, Deutsch von Victor Carus, in Charles Darwin, *Gesammelte Werke*, Zweitausendundeins, Frankfurt/Main. Kapitel »Zahme Tauben, ihre Verschiedenheit, ihr Ursprung«, S. 377–382; Kapitel »Zweifelhafte Arten«,

S. 393–398; Kapitel »Ausdruck Kampf ums Dasein im weitesten Sinne gebraucht«, S. 404–404; Kapitel »Geometrisches Verhältnis der Zunahme«, S. 405–406; Kapitel »Wirkung der natürlichen Zuchtwahl«, S. 435–441; Kapitel »Erlöschen der Arten«, S. 590–593; Kapitel »Schluß«, S. 689–691.

8. **Die verschiedenen Einrichtungen durch welche Orchideen von Insekten befruchtet werden**, 1862/1877, Deutsch von Victor Carus, Schweizerbart: Stuttgart, S. 242–244.

9. **Die Bewegungen und Lebensweisen der kletternden Pflanzen**, 1880, Deutsch von Victor Carus, Schweizerbart: Stuttgart; Kapitel »Windende Pflanzen«, S. 2–19.

10. **Insektenfressende Pflanzen**, 1875, Deutsch von Victor Carus, Schweizerbart: Stuttgart; Kapitel »Die Einbiegung der äußeren Tentakeln durch Gegenstände, die mit ihren Drüsen in Berührung gelassen werden, direkt verursacht«, S. 21–29.

11. **Das Variieren der Tiere und Pflanzen**, Bd. II, 1868/1875, Deutsch von Victor Carus, Schweizerbart: Stuttgart; Kapitel »Provisorische Hypothese der Pangenesis, Schluß«, S. 436–439.

12. **Abstammung des Menschen**, 1871/4, Deutsch von Victor Carus, in Charles Darwin, *Gesammelte Werke*, Zweitausendundeins: Frankfurt/Main; Kapitel »Vergleich der Geisteskräfte des Menschen mit den niederen Tieren«, S. 753–760; Kapitel »Der Mensch ein soziales Tier«, S. 782–795; Kapitel »Argusfasan«, S. 1018–1022.

13. **Briefe**

Charles Darwin an Robert Waring Darwin, (mit Einschluß des Briefes von Josiah Wedgwood an R. W. Darwin) am 31. August 1831, aus: Burkhardt, Frederick H., Sydney Smith, et al. (Hg.), *The Correspondence of Charles Darwin (1821–1866)*, Cambridge University Press: Cambridge, Band 1, S. 133.

Emma Darwin an Charles Darwin, circa Februar 1839, aus: Charles Darwin, *Mein Leben*, Insel Verlag: Frankfurt/Main; Kapitel »Mrs. Darwins Aufzeichnungen über Religion«, S. 271–274.

Alexander von Humboldt an Charles Darwin, 18. September 1839, aus Ilse Jahn, *Dem Leben auf der Spur*, Leipzig/Jena/Berlin.

Charles Darwin an Emma Darwin, 5. Juli 1844, aus: Francis Darwin, *Die Fundamente zur Entstehung der Arten*, Deutsch von Maria Semon, Teubner Verlag: Leipzig, S.18–21.

Charles Darwin an John Stevens Henslow, 6. Mai 1849, aus: Burkhardt, Frederick H., Sydney Smith, et al. (Hg.), *The Correspondence of Charles Darwin (1821–1866)*, Cambridge University Press: Cambridge, Band 4, S. 235.

Charles Darwin an Emma Darwin, 20. April 1851, aus: Burkhardt, Frederick H., Sydney Smith, et al. (Hg.), *The Correspondence of Charles Darwin (1821–1866)*, Cambridge University Press: Cambridge, Band 5, S. 18.

Charles Darwin an Asa Gray, 5. September 1857, aus: Burkhardt, Frederick H., Sydney Smith, et al. (Hg.), *The Correspondence of Charles Darwin (1821–1866)*, Cambridge University Press: Cambridge, Band 6, S. 445.

Charles Darwin an Charles Lyell, 18. Juni 1858, aus: Burkhardt, Frederick H., Sydney Smith, et al. (Hg.), *The Correspondence of Charles Darwin (1821–1866)*, Cambridge University Press: Cambridge, Band 7, S. 107.

Charles Darwin an Asa Gray, 3. April 1860, aus: Burkhardt, Frederick H., Sydney Smith, et al. (Hg.), *The Correspondence of Charles Darwin (1821–1866)*, Cambridge University Press: Cambridge, Band 8, S. 142.

Emma Darwin an Charles Darwin, Juni 1861, aus: Charles Darwin, *Mein Leben*, Insel Verlag: Frankfurt/Main; Kapitel »Mrs. Darwins Aufzeichnungen über Religion«, S. 274-275.

Charles Darwin an Ernst Haeckel, 20. Oktober 1866, aus: Burkhardt, Frederick H., Sydney Smith, et al. (Hg.), *The Correspondence of Charles Darwin (1821–1866)*, Cambridge University Press: Cambridge, Band 14.

Nachweise

Charles Darwin an Joseph Wolf, 3. März 1871, aus: Robert Palmer, *Life of Joseph Wolf*, London, S. 193–193.

Charles Darwin an James Grant, 11. März 1878, aus: Darwin Correspondence Project, Letter 11416, http://www.darwinproject.ac.uk/darwinletters/calendar/entry-11416.html

Charles Darwin's Queries about Expressions, aus dem Darwin Archive, Cambridge.

Charles Darwin an Frithiof Holmgren, 14. April 1881, aus dem Darwin Archive, Cambridge.

14. **Der Ausdruck der Gemütsbewegungen**, 1872, Deutsch von Victor Carus, in Charles Darwin, *Gesammelte Werke*, Zweitausendundeins: Frankfurt/Main; Kapitel »Vergnügen, Freude, Zuneigung«, S. 1240–1242; Kapitel »Zorn«, S. 1242–1246; Kapitel »Leiden des Körpers und der Seele, Weinen«, S. 1248–1254; Kapitel »Über das Herabziehen der Mundwinkel«, S. 1272–1274; Kapitel »Das Aufrichten der Haare«, S. 1331–1333; Kapitel »Zusammenziehen des Platysma-myoides-Muskels«, S. 1333–1336.

15. **Biographische Skizze eines Kindes**, 1877 Deutsch von Henning Ritter, in: Charles Darwin, *Sind Affen Rechtshänder?*, Friedenauer Presse: Berlin 1998, S. 139–157.

16. **Der Instinkt**, 1884, aus: George Romanes, *Die geistige Entwicklung im Tierreich*, Schmitz Verlag: Leipzig; Kapitel »Wohnungen der Säugetiere«, S. 41–66.

17. **Mein Leben**, aus: Charles Darwin, *Mein Leben 1809–1882*. Vollständige Ausgabe der »Autobiographie«. Deutsch von Christa Krüger, Insel Verlag: Frankfurt/Main 2008; Kapitel »Religiöse Überzeugung«, S. 90–100.

18. **Die Bildung der Ackererde durch die Tätigkeit der Würmer mit Beobachtung über deren Lebensweise**, 1881, Deutsch von Victor Carus, Schweizerbart: Stuttgart; Kapitel »Intelligenz, welche Würmer in der Art, ihre Röhren zuzustopfen, darbieten«, S. 36–46; Kapitel »Verbreitung der Regenwürmer«, S. 68–72.

Donal O'Shea
Poincarés Vermutung
Die Geschichte eines mathematischen Abenteuers
Aus dem Amerikanischen von Hartmut Schickert
377 Seiten. Gebunden

Die Poincarésche Vermutung ist eines der sieben größten mathematischen Probleme aller Zeiten. Donal O'Shea erklärt in
seinem spannenden Buch die mathematischen Hintergründe
und erzählt von den vielen Genies, die mit ihren bahnbrechenden Arbeiten die Vermutung vorbereitet haben. 1904
formuliert, verzweifelten ein Jahrhundert lang die brillantesten Mathematiker an ihrer Lösung – bis der Russe Gregorij
Perelman kam, der bei seiner Mutter lebt, Opern liebt und das
Preisgeld von einer Million Dollar ablehnte. Packend wie ein
Roman ist »Poincarés Vermutung« eine Reise in die abenteuerliche Geschichte der Mathematik und ein faszinierendes
Porträt der Menschen, die sie betreiben.

»Donal O'Shea [...] erzählt nun nicht nur die Geschichte
von Grigorij Perelman, sondern auch die Mathematik dazu.
Es ist ein Meisterwerk geworden.«
Spektrum der Wissenschaft

»Fast ohne Formeln erschließt O'Shea fesselnd, ja bisweilen
unterhaltsam Geschichte und Denkwelt seiner Zunft.«
KulturSpiegel

S. Fischer

fi 1-054020 / 2

Sean B. Carroll
Die Darwin-DNA.
Wie die neueste Forschung die Evolutionstheorie bestätigt
Aus dem Amerikanischen von Sebastian Vogel
336 Seiten. Gebunden.

Nachdem das Genom des Menschen und vieler anderer Tiere
vollständig entschlüsselt ist, bekommt man durch einen
Vergleich völlig neuartige Einblicke in den Prozess der
Evolution. Sean B. Carroll, einer der renommiertesten Forscher auf dem Gebiet der vergleichenden DNA-Forschung,
erzählt in seinem spannenden Buch von uralten, »unsterblichen« Genen, die alle Lebewesen besitzen, von »fossilen«
Rest-Genen, die ihre Funktion nicht mehr ausüben, sowie
von der verblüffenden Tatsache, dass der Genvergleich zeigt,
wie die Evolution sich selbst wiederholt. Entstanden ist ein
unterhaltsamer und faszinierender Einblick in die neueste
Forschung zur Entstehung und Entwicklung des Lebens.

»Einer der wenigen Wissenschaftler,
die ausgezeichnet schreiben«
USA Today anlässlich der Auszeichnung Best Science Books

»Carroll kann man gar nicht genug feiern«
The Guardian

S. Fischer

fi 1-010231 / 1

Neil Shubin
Der Fisch in uns
Eine Reise durch die 3,5 Milliarden Jahre alte
Geschichte unseres Körpers
Aus dem Amerikanischen von Sebastian Vogel
282 Seiten. Gebunden

»Der Fisch in uns« erzählt die spannende Geschichte, wie
unser Körper so geworden ist, wie wir ihn kennen. Anhand
neuester Ergebnisse aus Paläontologie und der vergleichenden DNA-Forschung schildert Neil Shubin anschaulich und
packend die Evolution aus der Perspektive des menschlichen
Körpers und zeigt ihren außerordentlichen Einfluss über
3,5 Milliarden Jahre. Dabei wird deutlich: Wir haben viel
mehr mit Fischen, Würmern oder Bakterien gemeinsam, als
uns bewusst ist.

»Wenn Sie die Evolution des Menschen und anderer Tiere
verstehen und dieses Jahr nur ein Buch lesen wollen, dann
greifen Sie zu dieser glänzenden Monographie!«
Financial Times

»Ein lohnenswertes Buch, unterhaltsam
und spannend geschrieben.«
Deutschlandradio Kultur

S. Fischer